事例に学ぶ

流体関連振動

[第3版]

Flow Induced Vibrations
Classification and Lessons from Practical Experiences
[3rd Edition]

日本機械学会 編

技報堂出版

書籍のコピー，スキャン，デジタル化等による複製は，
著作権法上での例外を除き禁じられています。

ま　え　が　き

　プラントや機器の健全性は，原子力発電・火力発電・水力発電・化学プラント・冷熱空調・運輸輸送等の関連業界だけでなく，幅広く社会一般から強い関心を持たれている。この健全性を阻害する根本要因の一つは，流れと構造物や音響系が連成することで発生する流体関連振動である。流体関連振動については，世界中のさまざまな研究機関で基礎研究から実機規模での実用研究まで幅広く研究が行われてきた。日本においても，1960年ごろからプラントや機器の大容量化・高速化・軽量化に関係する振動・騒音問題が顕在化したことから，この分野の研究が行われてきた。

　本書は，日本機械学会FIV研究会に集う若手からベテランまでの研究者・技術者集団が，過去30年以上にわたって同研究会で購読した文献をもとに，流体関連振動に関する知見をデータベースの形に集約したものである。初版（2003年9月発行）では，「概論」，「直交流」，「外部平行流」，「管内流」，「管内圧力波」，「熱関連」の6章構成であったが，第2版（2008年6月発行）では，「流体−構造連成系の振動」と「回転機械の関連する振動」を加えて8章構成とした。この度，時代の要請に応える形で，「数値流体力学の適用方法」と「技術ロードマップ」を追加して，全10章構成とした。

　本書の特徴は，基礎的な事項の整理と豊富な事例紹介をセットにした記述にあり，いざという時に過去の事例を参照できる構成にある。設計者や現場担当者が知っておくべき基礎的な事柄を纏めたものであるが，規格技術者，大学院生にとっても有用であると考える。

　本書が，流体関連振動に係る技術者や学生の体系的な理解に役立つとともに，振動問題の予測と防止のみならず，この分野で培われた知識を生かした新しい研究テーマ発掘に役立つことを願っている。

日本機械学会FIV研究会を代表して

主査	金子成彦	（東京大学）
幹事	中村友道	（元 大阪産業大学）
幹事	稲田文夫	（電力中央研究所）
編集幹事	加藤　稔	（コベルコ科研）
編集幹事	石原国彦	（徳島文理大学）
編集幹事	西原　崇	（電力中央研究所）

執筆者一覧

担当	所属	氏名
主　査	東京大学大学院 工学系研究科機械工学専攻 教授	金子　成彦
幹　事	元 大阪産業大学 工学部機械工学科 教授	中村　友道
幹　事	電力中央研究所 原子力技術研究所	稲田　文夫
編集幹事	コベルコ科研 技術本部	加藤　稔
編集幹事	徳島文理大学 保健福祉学部 教授	石原　国彦
編集幹事	電力中央研究所 企画グループ	西原　崇
1.1	東京大学大学院 工学系研究科機械工学専攻 教授	金子　成彦
1.2	東芝 電力システム社	根本　晃
1.2	元 大阪産業大学 工学部機械工学科 教授	中村　友道
1.3	東京大学大学院 工学系研究科機械工学専攻 教授	金子　成彦
1.3	元 大阪産業大学 工学部機械工学科 教授	中村　友道
2.1	東芝 電力・産業システム技術開発センター	萩原　剛
2.2	室蘭工業大学 くらし環境系 教授	飯島　徹
2.3	元 大阪産業大学 工学部機械工学科 教授	中村　友道
2.4	原子力安全推進協会	安尾　明
2.5	元 湘南工科大学 工学部機械システム工学科 教授	西田　英一
2.6	元 大阪産業大学 工学部機械工学科 教授	中村　友道
3.1	元 東芝	齋藤　登
3.1	電力中央研究所 原子力技術研究所	稲田　文夫
3.2	三菱重工業 防衛・宇宙セグメント 特殊機械部	長倉　博
3.3	電力中央研究所 原子力技術研究所	稲田　文夫
4.1	青山学院大学 理工学部機械創造工学科 教授	渡辺　昌宏
4.1	三菱重工業 総合研究所	廣田　和生
4.2	東洋エンジニアリング エンジニアリング・技術統括本部	矢部　一明
4.3	電力中央研究所 企画グループ	米田　公俊
5.1	新川センサテクノロジ 経営企画室	松田　博行
5.1	コベルコ科研 技術本部	加藤　稔
5.1	神戸製鋼所 機械研究所	岡田　徹
5.2	元 静岡理工科大学 機械工学科 教授	浦田　喜彦
改訂者	荏原製作所 技術・研究開発統括部	渡邊　裕輔
改訂者	千代田化工建設 ChAS・デジタルテクノロジー事業本部	林　慈朗
5.3	元 東洋エンジニアリング	木内　龍彦
5.4	元 静岡理工科大学 機械工学科 教授	佐野　勝志
改訂者	千代田化工建設 ChAS・デジタルテクノロジー事業本部	林　慈朗
改訂者	日立製作所 研究開発グループ	高橋　志郎
5.5	三菱重工業 総合研究所	廣田　和生
5.5	IHI 基盤技術研究所	本井　久之
改訂者	東洋エンジニアリング エンジニアリング・技術統括本部	矢部　一明
改訂者	電力中央研究所 原子力技術研究所	森田　良
改訂者	東芝エネルギーシステムズ 原子炉システム・量子応用技術開発部	渡邊　勝信
6.1	元 芦屋大学 教育学部 教授	藤川　猛夫
改訂者	東京大学大学院 工学系研究科機械工学専攻 助教	上道　茜
6.2	電力中央研究所 原子力技術研究所	森田　良

担当	所属	氏名
6.3	千代田化工建設 ChAS・デジタルテクノロジー事業本部	林 慈朗
6.3	東京大学大学院 工学系研究科機械工学専攻 教授	金子 成彦
7.1	徳島文理大学 保健福祉学部 教授	石原 国彦
7.1	電力中央研究所 地球工学研究所	米澤 宏一
7.2	日立製作所 研究開発グループ	山口 和幸
7.3	元 MHI ソリューションテクノロジーズ	森井 茂樹
8.1	電力中央研究所 企画グループ	西原 崇
8.2	電力中央研究所 企画グループ	西原 崇
8.3	三菱重工業 総合研究所	廣田 和生
8.4	大阪電気通信大学 工学部機械工学科 教授	阿南 景子
9.1	電力中央研究所 地球工学研究所	米澤 宏一
9.2	IHI 基盤技術研究所	豊田 真
9.3	電力中央研究所 地球工学研究所	米澤 宏一
9.3	IHI 基盤技術研究所	豊田 真
10 章	東京大学大学院 工学系研究科機械工学専攻 准教授	山崎 由大
執筆協力	元 九州工業大学 情報学部機械システム工学科 教授	田中 博喜
執筆協力	原子力安全システム研究所 技術システム研究所	中村 晶

技術ロードマップ編集協力

・発電用原子力設備

	元 大阪産業大学 工学部機械工学科 教授	中村 友道
	電力中央研究所 原子力技術研究所	稲田 文夫
	三菱重工業 総合研究所	廣田 和生
	日立製作所 研究開発グループ	高橋 志郎
	電力中央研究所 企画グループ	西原 崇

・環境・エネルギー

	コベルコ科研 技術本部	加藤 稔
	元 東洋エンジニアリング	木内 龍彦
	千代田化工建設 ChAS・デジタルテクノロジー事業本部	林 慈朗
	東洋エンジニアリング エンジニアリング・技術統括本部	矢部 一明

・再生可能エネルギー

	大阪電気通信大学 工学部機械工学科 教授	阿南 景子
	東京大学大学院 工学系研究科機械工学専攻 助教	上道 茜
	東京工業大学大学院 理工学研究科機械制御システム専攻 助教	原 謙介
	電力中央研究所 地球工学研究所	米澤 宏一

・圧縮機・ポンプ

	日立製作所 インダストリアルプロダクツビジネスユニット	高橋 直彦

・ウェブハンドリング設備・機器

	青山学院大学 理工学部機械創造工学科 教授	渡辺 昌宏

・鉄道車両空力

	鉄道総合技術研究所 環境工学研究部	佐久間 豊
	鉄道総合技術研究所 環境工学研究部	野口 雄平

・自動車用エンジンのノック

	東京大学大学院 工学系研究科機械工学専攻 准教授	山崎 由大

目　　次

1 **概論** ··· *1*
  1.1 はじめに ·· *1*
  1.2 モデル化の方法 ·· *6*
  1.3 流体関連振動の基本的メカニズム ·· *18*

2 **直交流れによる流体励起振動** ··· *31*
  2.1 円形断面・単一体 ·· *33*
  2.2 円形断面2体 ··· *48*
  2.3 円形断面・多数体 ·· *58*
  2.4 矩形断面 他 ··· *73*
  2.5 管群による気柱共鳴 ··· *89*
  2.6 対策のヒント ··· *107*

3 **外部平行流による振動** ··· *113*
  3.1 直管・管群 ··· *114*
  3.2 弾性平板・シェルの振動 ··· *128*
  3.3 すきま流れによる振動 ·· *138*

4 **管内流による振動** ··· *151*
  4.1 直管・曲がり管 ··· *152*
  4.2 ベローズ関連の振動 ··· *165*
  4.3 コラプシブルチューブ ·· *175*

5 **管内の圧力波による振動** ··· *181*
  5.1 圧縮機に起因する配管内圧力脈動 ··· *182*
  5.2 ポンプ・水車に起因する配管内圧力脈動 ····································· *200*
  5.3 水撃 ··· *216*
  5.4 はく離による自励音等 ·· *225*
  5.5 弁の関係する振動 ··· *236*

6	熱に起因する振動	251
	6.1 熱・燃焼による振動騒音	252
	6.2 凝縮による流体振動	268
	6.3 沸騰に伴う流体振動	272

7	回転機械に関連する振動	281
	7.1 翼および翼列の振動	282
	7.2 部分的に液体を満たす回転体の振動	303
	7.3 シールの流れによる振動	314

8	流体ー構造連成系の振動	325
	8.1 流体ー構造連成系の振動概説	326
	8.2 付加質量・負荷減衰	328
	8.3 スロッシングとバルジング	344
	8.4 ゲートの振動	367

9	流体関連振動の数値解析	375
	9.1 数値流体解析の概要	376
	9.2 構造解析に用いられる数値解析の概要	388
	9.3 流体構造連成振動の解析	401

10	流体関連振動の技術ロードマップ	409
	10.1 はじめに	410
	10.2 社会的・技術的ニーズ	410
	10.3 キーテクノロジー	410
	10.4 将来の社会に対する展望	411
	10.5 技術分野ごとのロードマップ	412

索引	423

記 号 表 以下に本章で使用する主な記号リストを示す。

記号	説明
A	断面積 [m^2]
C_D	抗力係数 [−]
C_m	付加質量係数 [−]
C_n	換算減衰率 [−]
C_L	揚力係数 [−]
C'	ランダム励振力係数 [−]
D	構造物の代表直径 [m]
f_i	構造物の i 次基本固有振動数 [Hz]
f_w	カルマン渦振動数 [Hz]
F	外力 [N/m]
$G(f)$	単位長さ当たりのランダム 励振力のパワースペクトル密度 [N^2·s/m^2]
j	虚数
L	構造物の長さ [m]
m	付加質量を含む構造物の単位 長さ当たりの質量 [kg/m]
p	圧力 [Pa]

記号	説明
Re	レイノルズ数 [−]
St	ストローハル数 [−]
t	時間 [s]
T	温度 [K]
V	流速 [m/s]
V_r	換算流速 [−]
X,Y	座標位置
x,y	変位
α	ボイド率 [−]
δ	構造物の対数減衰率 $\fallingdotseq 2\pi\zeta$ [−]
$\phi_i(x)$	構造物の i 次基本振動モード 関数 [−]
μ	粘度 [Pa·s]
ν	動粘度 [m^2/s]
ρ	密度 [kg/m^3]
ω_i	構造物の i 次基本固有角振動数 $\omega_i=2\pi f_i$ [rad/s]
ζ	構造物の減衰比 [−]

添 字

記号	説明
D	抗力方向
g	気相
L	揚力方向
l	液相

記号	説明
s	構造系
$(\cdot)$	時間微分
$(^-)$	平均値
$(^\sim)$	変動成分

概 **1** 論

1.1 はじめに

　プラントでは，流れに起因したさまざまな振動・騒音問題が発生し，プラントの運転に影響を及ぼすことがある。このような流れに関連した振動現象は，「流体関連振動」または「流動励起振動」(Flow–Induced Vibration：略称 FIV) と呼ばれている。さらに，流れに起因する騒音(Flow–Induced Noise)までを加えて，流体関連振動・騒音(Flow–Induced Vibration and Noise ：略称 FIVN) と呼ぶ。

　流れが時間的に変動する非定常流れの場合には，その中に置かれた物体に作用する流体力が変化し，加振力となり，物体に振動を励起することは容易に理解できる。また，往復流体機械回りの配管のように配管内の流れが変動(脈動)していると，それが加振力となって配管振動が生ずることはよく知られている。しかしながら，流れが定常であっても，物体後流に発生する渦の影響等により，振動問題を発生することが往々にして起こる。高速増殖炉もんじゅの温度計保護管で発生した対称渦による抗力方向振動はこのような振動の例である。このように，流れが定常であるにもかかわらず発生する自励的な流体関連振動は，その発生メカニズムを的確に把握するのが難しい場合も多く，設計やトラブル対応で最も苦慮する振動現象の１つである。また，騒音として発現することも多い。

1.1.1　研究分野の歴史

　流体関連振動に関する会議がドイツ，カールスルーエ大学の Naudascher の呼

1

第1章：概論

びかけで1972年[1] と1979年に[2] に開かれた。とくに1979年の会議は，機械，土木，航空，船舶，原子力をはじめとする工学のさまざまな分野で，それまでに経験された流体関連振動・騒音に関する事例を多く集めたもので，現在でも大変参考になる事例が多く含まれている。この分野の知見を初めて教科書[3] の形にまとめたのは，Blevins である。それ以前にも Flow-Induced Vibration という用語は使われていたと思われるが，この教科書のタイトルに使われることによって定着した。この本の中では，定常流れと非定常流れを軸とした流体関連振動の分類が行われている。おそらく，分類にチャレンジした最初の例であろう。彼は，続いて流体関連振動に関係した構造系および流体系の振動子の固有振動数と固有モードに焦点を当てたハンドブック[4] や，管内流，開水路，はく離流，抵抗，せん断流等に関する情報を網羅的に集めた設計者向けのハンドブック[5] をまとめた。これらの書物も設計者に流体関連振動に関係する要素や現象の情報を与えてくれる。さらに，1990年には Flow-Induced Vibration の第2版[6] を出版している。一方，Naudascher は主として，土木の水理工学の立場からダムやゲートに作用する流体力についての成書[7] をまとめ，さらに，Rockwell と共同で，設計者向きの教科書[8] をまとめた。この中では振動の発生機構による分類が行われており，各種機器を設計する際に参考になることが多い。

特定の形状や現象に焦点を絞った書籍としては，Chen(S.S.)による円柱構造物に関する流体振動を扱ったもの[9] や，Morand らによる圧力容器の流体連成振動に関するもの[10]，Paidoussis による送水管の振動に代表される軸方向流励起振動に関するもの[11] があげられる。また，流体と構造系が連成して発生するこの種の振動の根本的メカニズムに触れた論文として，Paidoussis らによる送水管の振動[12] があげられる。この論文[12] では，流体の絡んだ振動問題を扱う際に共通した力学的な取り扱いを解説するための問題，いわゆる「モデル問題」を振動発生機構の本質を理解するために有用な問題として位置付けている。

わが国で，流体関連振動に関する詳細な記述が掲載された書籍[13] が登場するのは，1976年のことである。これはハンドブックの中の1つの章として書かれたもので，往復動圧縮機による管路系の流体振動とサージングに代表される流体機械の振動に関する知見がまとめられている。1980年には，日本機械学会で流体関連振動に関する研究分科会（田島主査）が立ち上がり，その当時発表された研究を集約するとともに，最終報告書の中では，当時のわが国の産業界で経験した流体

関連振動の事例が集約されている[14]。これに引き続いて1989年には，往復圧縮機による管路内圧力脈動に焦点を絞った成果報告書[15]が葉山主査らによりまとめられた。その後も，流体関連振動の発生機構の基本的メカニズムに関する論文[16]や，現場で経験された実例を紹介する論文[17]が発表されている。これらは，基本的メカニズムを理解するうえで有益な論文である。

また，1990年から原子力に関連した流体関連振動にトピックスを限定して，東大工学部附属原子力施設において弥生研究会という名称で，研究紹介やトラブル事例の紹介が行われてきた[18]。この研究会の主催者である班目は，第1回の研究会の冒頭で，他の振動工学分野では，計算機の利用が進み実用段階に入っているのに対し，流体関連振動の分野では，設計者が自分の限られた知識だけに頼って設計しているのが実情で，将来的には，図1.1-1に示すような，流体関連振動解析コードと流体関連振動データーベースに支えられた設計支援システムが必要であるとの指摘を行っている。このような考えは，その後，関西電力美浜発電所の蒸気発生器のトラブルや，もんじゅの温度計保護管破損事故を契機に行われた，日本機械学会基準制定[19,20]活動に結び付いている。

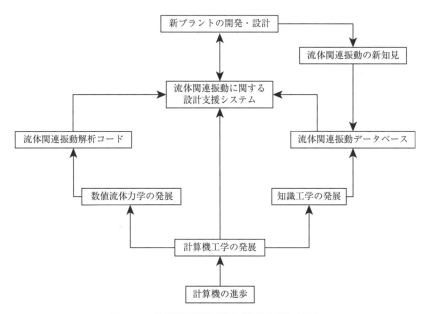

図1.1-1　流体関連振動に関する設計支援システム

第1章：概論

なお，流体騒音については，1979年に国際会議[21]が開催されており，1986年にはBlakeの大著[22]が発表されている。わが国でも，日本騒音制御工学会の活動の一環として，騒音・振動対策事例集[23]が発行されている。この中には，流体騒音の実例が多く含まれており，流体騒音の対策には参考になる。また，流体騒音に関する解説論文[24]も発表されており，その中には研究論文のリストが掲載されている。

流体関連振動に関するおもな学会活動について触れておきたい。まず，アメリカ機械学会では，年次大会において4年に1度の頻度で，International Symposium on Fluid–Structure Interactions, Aeroelasticity, Flow–Induced Vibration & Noiseが開催されており，Pressure Vessel and Piping Divisionの部門講演会の企画としては，ほぼ毎年FIVに関係したセッションが企画されている。ヨーロッパでは，こちらもほぼ4年に1度の頻度でInternational Conference on Flow–Induced Vibrationsが開催されている。これは1973年にイギリスのケズヴィックで開催された会議の流れを汲むもので，対象分野を広げながら現在まで続いている。また，国内では，日本機械学会機械力学・計測制御部門講演会で毎年セッションが組まれているほか，年次大会でも，機械力学・計測制御部門，流体工学部門，環境工学部門合同でセッションが組まれている。

1.1.2　日本機械学会FIV研究会の活動

日本機械学会傘下のFIV研究会は，機械工学分野における流体関連振動(Flow–Induced Vibrations, 略称FIV)に関する世界の最新情報の収集，分析と国内関連研究者の相互交流を目的として，1984年に，原文雄(東京理科大学)，岩壺卓三(神戸大学)を中心に，国内若手研究者約100名の参加を得て活動を開始し，1999年2月に第1期を終了した。同年4月からは，金子が主査となって，第2期目の研究会活動を開始した。第2期の活動の中心は，過去の活動を通じて蓄積されてきた情報の活用方法の検討である。とくに，技術情報を広く，深く活用して創造につなぐコラボレーション技術の開発に力点を置いている。

第1期のFIV研究会は，海外情報の集約と紹介が活動の中心であった。海外で発生した流体関連振動に起因するトラブルや流体関連振動に関する研究成果に関する海外からの報告は，研究会が定めた一定のフォーマットに従って日本語抄録

1.1　はじめに

の形でまとめられ，現在1000編以上集約されている。このデータ集約活動には，流体関連振動分野における日本のほとんどの専門家や研究者が参画しているため，講読した文献の質は高いと考えることができる。しかしながら，過去に講読した論文も相当数に昇っているにもかかわらず，これまでにデータベースとして集約するとの立場からの検討が行われてこなかった。そこで，これまで集めたデータを時代に相応しい形態のデータベースにまとめておくことが技術伝承のみならず知の創造の立場からも有意義であると判断し，本書を企画した。

1.1.3　本書の構成

流体関連振動を大まかに分類すると，以下の分野に分けることができる。そこで，これらに対応したワーキンググループ（WG）を構成した。

① 直交流れによる構造物の振動（WG1：中村友道主査）

② 平行流れによる構造物の振動（WG2：稲田文夫主査）

③ 管内流れおよび圧力脈動による振動・熱に起因する振動（WG3：加藤稔主査）

④ 回転機械に関連する振動（WG4：石原国彦主査）

⑤ 流体-構造連成系の振動（WG5：西原崇主査）

本書では，検討対象の概説，評価法，メカニズム，対策のヒントについて記述した後で，できる限り実際に発生した事例を含めることに努めた。

上記のように，流体関連振動問題は対象によって取り扱い方が異なるので，第2章以降に対象ごとに解説を行っているが，後続の1.2および1.3節の中では，モデル化の方法と数学的取り扱いに関する一般的事項について解説しているので，読者は，これらを読んだ後，第2章以降の必要な章に移ることを薦める。

参　考　文　献

1) E.Naudasher(1972), Flow-Induced Structural Vibrations, Springer Verlag.

2) E.Naudasher and D.Rockwell(1979), Practical Experiences with Flow-Induced Vibrations, Springer Verlag.

3) R.D.Blevins(1977), Flow-Induced Vibration, Van Nostrand Reinhold.

4) R.D.Blevins(1979), Formulas for Natural Frequency and Mode Shape, Van Nostrand Reinhold.

5) R.D.Blevins(1984), Applied Fluid Dynamics Handbook, Van Nostrand Reinhold.

6) R.D.Blevins(1990), Flow-Induced Vibration, 2nd Edition, Van Nostrand Reinhold.

7) E.Naudascher(1991), Hydrodynamic Forces, A.A.Balkema, Rotterdam.

8) E.Naudascher and D.Rockwell(1993), Flow- Induced Vibrations, An Engineering Guide, A.A.Balkema,

Rotterdam.
9) S.S.Chen(1987), Flow-Induced Vibration of Circular Cylindrical Structures, Springer-Verlag.
10) H.J.P.Morand and R.Ohayon(1995), Fluid Structure Interaction, Wiley.
11) M.P.Paidoussis(1998, 2004), Fluid- Structure Interactions Vol.1, 2 Academic Press.
12) M.P.Paidoussis and G.X.Li(1993), Pipes Conveying Fluid：A Model Dynamical Problem, Journal of Fluids and Structurs, 7, pp.137-204.
13) 葉山眞治(1976)，振動工学ハンドブック，第23章，流体機械および流体管路の振動，養賢堂.
14) 機械工学における流体関連振動—その実状と対策—，P-SC10流体関連振動分科会成果報告書(1980)，日本機械学会.
15) 往復動圧縮機による管路内圧力脈動，P-SC105往復動圧縮機・配管系の圧力脈動調査研究分科会成果報告書(1989)，日本機械学会.
16) 岩壺卓三(1988)，流体関連振動，日本機械学会関西支部第63期定時総会講演会講演概要集 No.884-2, p.125.
17) 藤田勝久(1988)，産業界における流体関連振動の話題，機械学会関西支部第63期定時総会講演会講演概要集 No.884-2, p.133.
18) 班目春樹，最近の原子力分野での流体関連振動，原子力分野における流体関連振動研究会報告書，東京大学工学部附属原子力工学研究施設，pp.1-20(1990).
19) 配管内円柱状構造物の流力振動評価指針，JSME S012(1998)日本機械学会.
20) 蒸気発生器伝熱管U字管部流力弾性振動防止指針，JSME S016(2002)日本機械学会.
21) E.A.Muller(1979), Mechanics of Sound Generation in Flows, Springer Verlag.
22) W.K.Blake(1986), Mechanics of Flow-Induced Sound and Vibration, Academic Press.
23) 騒音・振動対策事例集，日本騒音制御工学会(1990).
24) 丸田芳幸，流体音セミナー，エバラ時報，No.181(1998), No.182(1999), No.183(1999), No.184(1999), No.185(1999).

1.2　モデル化の方法

1.2.1　モデル化の重要性

図1.2-1に回転が拘束された半円柱が示されており，紙面の上下左右に対しては非常に柔に弾性支持されている。左側から風を送った場合，この半円柱はどのような挙動を示すだろうか。

工学的な知識を持っている設計者・技術者であれば，この半円柱が振動を始めると回答し，過半数以上は風と直角方向に振動することを予測できる。しかし，その理由を問うと，円柱の後ろに渦が発生

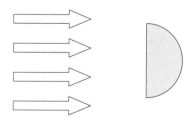

図1.2-1　半円柱に風を当てたらどうなるか？

し，それが加振源となって円柱を揺らすとほとんどの人間が答えるのである。

　振動原因が渦励振であると考え，この振動を抑えようとする場合，たとえば図1.2-2に示すような対策を講じることとなる。すなわち，
① 加振源である渦の発生周波数を調べる
② 弾性支持されている半円柱の固有振動数を計測する
③ 渦と半円柱の固有振動数を離調させる
という手順を踏む。渦の発生周波数を変えるよりも，対処のしやすさから半円柱の支持を剛にして固有振動数を変えるのが一般的である。

　しかし，その対策の効果はというと，離調したはずの半円柱が離調後の周波数で振動し失敗に終わる。これは，振動発生のメカニズム，すなわち振動モデルの推定が間違ったために対策が適切でなかったことによる。半円柱が振動した原因は渦ではなかったのである。

　この振動発生のメカニズムを図1.2-3に模式的に示す。半円柱が上方に揺れているとき（図1.2-3(a)），風は相対的に斜め上方から流れることになるが，このと

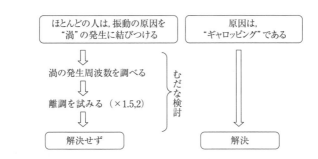

図1.2-2　解決までの道のり

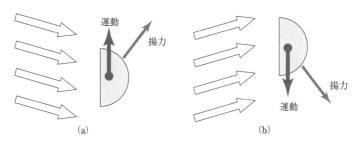

図1.2-3　振動発生のメカニズム

第 *1* 章：概論

き半円柱には運動と同じ方向成分に揚力が発生し，その運動を助長させることになる。半円柱は弾性支持されているので，しばらくすると運動が下方に転じる(図1.2-3(b))。今度は風が相対的に斜め下方から流れ，半円柱にも下方の揚力が作用することになる。結果的に半円柱が上下に振動することで，それ自身の振動をより増長させる力が作用し，次第に振幅が大きくなる。この流れによる発振的な振動はギャロッピングと呼ばれるが，この運動では渦の発生は関与せず，渦励振に対する対策では効果を持たないことがわかる。

このように流動励起振動現象(FIV)を回避するための設計や実験，あるいは解析を行ううえで，モデル化はメカニズムを見定めることであり，支配する物理量を特定していく作業でもある。

次節で示すように，流動励起振動の多くの現象はすでに分類されていて，メカニズムも明らかになっているものが多い。直面する流動励起振動の問題は，これらの分類に包括されるものが多いと考えられるが，対策が功を奏さない場合にはモデル化が適切でないことが考えられる。

モデル化は，発生した事象の原因究明・解決の道筋において，また設計の確認や指針を作成するうえで，解決に至る最短のルートを示すために最も重要な作業である。

1.2.2　流動励起振動の分類とモデル

図1.2-4は流動励起振動を流れの様相により分類したものである。ここでは定常流，非定常流，二相流の各流れに対応し，それぞれ確認されている各流動励起振動を分類したものである。定常流での振動は，自励振動系の作用で流れと振動が相互に作用し，成長するものが主体である。非定常流では，流れの乱れが構造物を振動させる強制振動の類である。二相流は運動量の異なる2種類の流体が混在して流れるために，運動量の時間的変動が構造物への励振源として作用する他，相変化を伴う運動量，圧力変動が励振源となるものである。

たとえば，よく知られるカルマン渦による構造物の振動としては，定常流—外部流れ—渦励起振動があげられる。前述のように，流動励起振動と考えられる現象に遭遇した場合には渦励起振動に結び付けがちであるが，これら多くの分類の1つに過ぎないことに注意する必要がある。

1.2 モデル化の方法

図1.2-5は流動励起振動のメカニズムと振動モデルの一例を示す。図1.2-5(a)は流れあるいは圧力の乱れによる強制振動系における励振メカニズムを示しており、図1.2-5(b)は流れの不安定性に起因する振動である。図1.2-5(c)は構造物や音場の変動によって境界条件と流れの時間的変動に起因した連成振動である。実際には、これらの要因が絡みあって現象が複雑化していることが多い。

たとえば図1.2-6に示す給水加熱器では、加熱のための蒸気、熱水およびその二相混合の流体が流入し、U字型伝熱管群の外部を流れる構成となっているが、1つの機器においても配慮すべき流動励起振動の項目は複数にわたる。

円管群の外部直交流による流動励起振動現象の代表例が図1.2-7である。管群の振動振幅は流速に対して、図1.2-7(a)のように途中にピークを持つ特徴的な傾向を示す。これは図1.2-7(b)の流速に比例して増大する乱流励起振動と、図

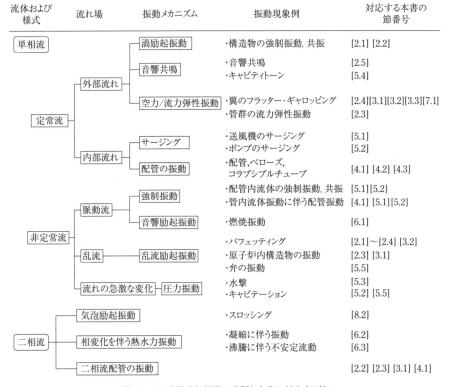

図1.2-4 流動励起振動の分類と本書の対応する節

第1章:概論

	モデル	概説	流速と振動振幅の関係
外部流れによる強制振動	(a) 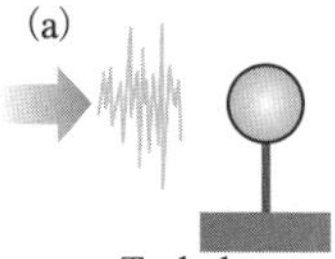 Turbulence buffeting	流れ・圧力場の乱れによる強制振動系	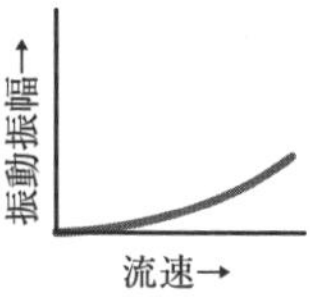
不安定流れによる渦励起振動	(b)  Vortex Shedding	流れの不安定性に起因する強制振動系あるいは連成振動系	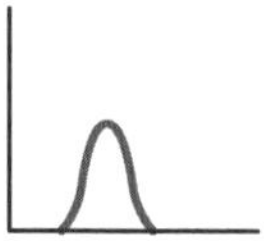
構造物の運動による連成振動	(c)  Flutter	構造物の運動によって境界条件と流れの時間的変動に起因した連成振動系	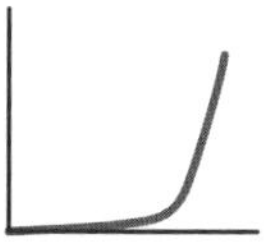

図1.2-5 振動のメカニズムと振動モデルの一例

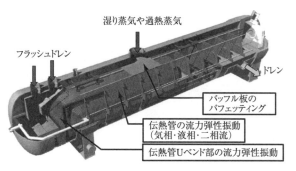

図1.2-6 給水加熱器で設計上配慮される流動励起振動問題

1.2-7(c)の渦放出周期と管の横振動周期が一致して振動する渦励起振動,そして図1.2-7(d)のある流速を境に急激に振動が増大する流力弾性振動が重なり合ったものである。このように,1つの要素においても励振メカニズムが重畳されていることがあり,一概に原因を特定するのが困難な場合もある。

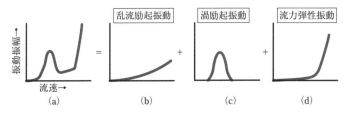

図1.2-7 直交流による管群の流動励起振動現象

1.2.3 モデル化の手順

　工学とは，複雑な実現象をその時点の科学が回答可能な程度に近似して，評価した結果を利用する技術といっても過言ではない。実現象の近似とは，実現象を如何にモデル化するかという技術に他ならず，工学の核心といえる。

　しかしながら，モデル化技術は古くからの徒弟制度のように，実地訓練の賜物として身につける技術と思われている節も多い。

　実際に，モデル化を間違えると結論も間違った方向に走ってしまう危険性を秘めているため，なるべく経験者に相談を持ちかけながら議論して煮詰めるほうが危険は少ない。

　ともあれ，具体的に流動励起振動問題を取り扱う場合のモデル化はつぎの2段階の手順で実施する。

① 現象の同定
② 評価方法の選択

　現象の同定に際して，本質的に2つの異なる立場のアプローチがある。

　1つは極力問題を簡単化して解釈する立場(簡易検討と呼ぶことにする)であり，もう1つは可能な限り厳密なモデル化を実施して解釈する立場(詳細検討と呼ぶことにする)である。

　このどちらの立場をとるかは対象とする問題の重要性等から決められるので，モデル化問題の上流側には重要度分類が位置付けられることになる。

　つまり，図1.2-8に示すような問いかけを繰り返して，どちらの立場をとるかを決定するが，以下にはこのプロセスが終了したとして，2つの立場でどのような検討を行うのかについて解説する。

第1章：概論

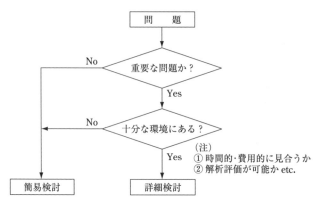

図1.2-8　重要度による区別

【1】簡易検討

　問題をさまざまな理由で簡略化するため，現象の本質を極力正確に把握していないとまったく事実に反する結果が得られ，それが新設計であればさまざまな問題を引き起こすし，トラブル対応であれば方向違いの対策となって問題が解決しない。

　問題を簡易化するということは，構造物と流れの双方の一般には複雑な本質的な部分のみを洗い出すことであるから，現象を理解していないとモデル化はできず結果は悲惨なものになる。

　したがって，簡易検討を正しく実施するためには，対象とする現象に対して過去の知識を基にした知識とその有機的な適用，さらには解析的に検討できる範囲と，それが不可能な部分に関しての区別ができることが必要である。

　具体的には，**図1.2-9**に示す要領で評価可能かどうかを判断し，無理であれば詳細検討で可能か何らかの実験的検討に移行する。

【2】詳細検討

　非常に重要な問題である場合や従来の知見からは簡易検討が不可能な場合には，詳細検討が必要になるので，詳細検討に入るには2種類の異なる動機が存在するが，具体的な内容に差異はなく「解析的アプローチ」と「実験的アプローチ」の2種類の手法のいずれか（重要な問題の場合は両方）で実施する。一般的には前者をとることが多いが，解析手段そのものが信頼性が薄い場合には後者をとる。

1.2 モデル化の方法

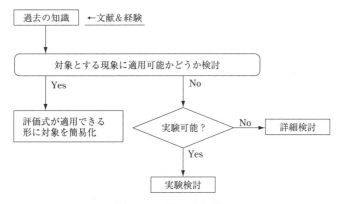

図1.2-9 簡易検討の手順

1.2.4 解析的アプローチ

流動励起振動および流体—構造物相互作用の問題は，1.3節で述べるように問題を定式化して微分方程式等の形で表現し，境界条件を考慮した解析を行う方法と，**表1.2-1**に示すように多数市販されている汎用の解析プログラムを利用する方法があるが，専門家でない限りは後者が得策である。

ただし，汎用プログラムといってもすべての問題に対応できるわけではなく，それぞれに得意分野があるのでその知識が必要である。また，汎用プログラムは精力的にバックアップされている場合が多いので，つぎつぎに改良版が発表されることが多く，なるべく最新の情報を集めて分析し利用方針を立てる。

流動励起振動を含む流体—構造連成問題を取り扱う場合には，まず流れ場と構造物を同時に扱えるプログラムが便利に思えるが，一般に流れのみを取り扱うプログラムの方が流れ場の解析には適していることが多いし，構造物の振動を取り

表1.2-1 汎用解析プログラムの例

プログラム名称	流体	構造	連成方法	開発元
STAR-CD+NASTRAN	FVM	FEM	ファイル結合	Adapco社（米）
LS-DYNA	FEM	FEM	相互境界条件	Livermore（米）
ADINA+ADINA-F	FEM	FEM	同上	ADINA社（米）
CFD-ACE+FEMSTRESS	FVM	FEM	同上	CFD（米）
FINAS	FEM	FEM		CRC他（日）

（注）FVM：有限体積法，FEM：有限要素法

第 *1* 章：概論

扱うプログラムでも同様のことがいえる。いずれも流体と構造は別々にして図 **1.2-10** のようにモデル化することが多い。

なお、このような汎用解析プログラムの内容に関しては、別途数値流体力学や有限要素法の説明書を参照して内容をある程度理解し

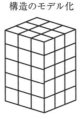
FEM, BEM etc.

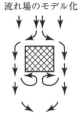
CFD（差分法, FEM etc.）

図 1.2-10　構造と流れ場のモデル化イメージ

たうえで使用する必要がある。とくに、数値流体力学は定常流解析の $k-\varepsilon$ 法から非定常流解析の LES(Large Eddy Simulation) 法、DNS(Direct Numerical Simulation) 法までグレードがあり、構造物との連成解析も適合格子を使えるプログラムやそうでないために複雑な形状に対応しにくいもの等、さまざまであるので注意が必要である。

さらに、これらの流れ解析をベースにした解析プログラムは時系列シミュレーションが主体であることを念頭においておく必要がある。

時系列解析の場合は、パラメータをいろいろ変えて影響を検討する等の手段がとりにくい場合が多く、一般的な知見は得られにくいので、机上で数値実験をやっているだけと思うべきである。もし見通しを持った評価をするのであれば、流れ解析は定常流解析結果のみを利用し、構造系の振動に関しては次章以降で説明される各種流動励起振動評価の知見から評価する方がよい。

この手法をとった一例を図 **1.2-11** に示した。ここでは気液二相流の流れ場は熱流動解析コードで計算し、振動計算はそれと相関式で結んだ評価で実施しており、機械学会基準にもなっている例[4]である。

1.2.5　実験的アプローチ

現象の同定ができない、解析プログラムが利用できない、もしくは信頼性ある解析が可能かどうか疑わしい場合には実験してみるしか方法はない。実験を実施するならば実物そのもので実施することが望ましいが、現実的には無理な場合が多い。

そこで、利用できる実験装置を使って可能な程度のモデルを組み立てて現象を

1.2 モデル化の方法

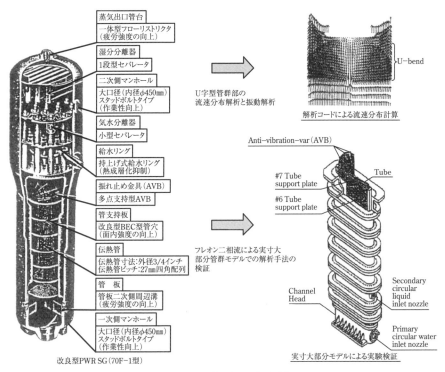

図1.2-11 流動解析と振動解析を融合した例

再現する工夫をする。

【1】試験ループ

最も先に考える必要があるのは試験ループをどうするかである。よほどの規模のプロジェクトでない限り，新たに試験ループから製作することは想定せず，既存の試験ループを利用することを考える。所属している会社（もしくは学校等）に適当な設備がない場合は大学（工学系であれば大小の差異はあってもいくつかの流動試験ループはあるはず）や公的研究機関の装置を調査し，借用可能かどうか（共同研究の可能性を含めて）問い合わせをして計画を煮詰める。

【2】相似則

試験装置は，実際の流れ状況をすべて再現できる場合はむしろまれであり，一

第 *1* 章：概論

般には温度や圧力，流体そのものが合わないということが多い。

そこで対象としている現象を支配する無次元量（たとえばレイノルズ数やフルード数，ストローハル数等）を合わせて実験する。

この考え方が「相似則」と呼ばれる方法論であり，相似則を考えるためには流体側の相似性だけではなく，構造側のモデル相似則も合わせて検討する必要がある。

（1）構造モデル

試験ループを決めると，つぎには検討対象物をそのループで試験可能な大きさのモデルに落とし込んでループ内に設置できるようにする。ここで下記のポイントに気をつけておく必要がある。

① 流れ場と構造物の相互作用に関する問題では，流れ場が相似形状を保つようにする。つまり，構造物の形は可能な限り実際の構造物に近付ける。ただし，モデルは構造物や流れ場の全部をモデル化するのではなく，ほとんどすべての場合で現象に関係すると思われる必要な部分のみを取り出してモデル化することになる。

② 流動励起振動現象を支配する独立した物理量は，熱的な問題が関係しない限り 3 種類しか存在しない。つまり，長さ L・時間 T・力 F であり，すべての物理量はこの 3 つの物理量の従属変数になっているので，現象を支配すると想定される物理量を最初に 3 種類（おのおの独立である必要がある）決定すると他の物理量は一義的に相似比率が決まってしまう。そのため，無理にでも合わせる努力をするか，無視するか（これはその物理量が重要でないと考えたことになる）しかない。

後者は，一般にはバッキンガムの π 定理と呼ばれる方法論が提案されている [2] ので，それに従うことが間違いが少ない。

（2）流体モデル

流れ場を支配する物理量（流速，動圧等）と構造系の物理量（振動数，応力等）の両者の相似比率を完全に満足させる相似則は現実には不可能であり，「工学的方法」としては重要と見なす物理量のみを満足させるモデルになることを念頭においておく。

この物理量として現象を支配する無次元数をとるのが一般的であり，**表 1.2-2** には代表的な無次元数の例を示す。

一例として，円柱後流に形成されるカルマン渦列の問題に関する物理量の関係を示す（**図 1.2-12**）。周波数 f は一様流速 V，円柱の直径 D，流体の密度 ρ，粘性

16

1.2 モデル化の方法

表1.2-2 代表的無次元数とその物理的意味

オイラー数 Leonard Euler (1707–1783) (スイス) 数学者，物理学者	$Eu = \dfrac{p}{\rho \cdot V^2}$	$\dfrac{\text{圧力による力}}{\text{慣性力}}$	・キャビテーション ・流体機械の性能
レイノルズ数 Osborne Reynolds (1842–1912) (英) 物理学者	$Re = \dfrac{V \cdot D}{\nu}$	$\dfrac{\text{慣性力}}{\text{粘性力}}$	・流体の運動
フルード数 William Froude (1810–1879) (英) 造船技術者	$Fr = \dfrac{V^2}{g \cdot D}$	$\dfrac{\text{慣性力}}{\text{重力}}$	・重力場を受ける運動
ストローハル数 Vincenz Strouhal (1850–1925) (チェコ) 物理学者	$St = \dfrac{f_w \cdot D}{V}$	$\dfrac{\text{局所流速 (移流速度)}}{\text{平均流速}}$	・周期的な渦発生 (カルマン渦)
スクルートン数 [質量減衰パラメータとも いわれる] Cristopher Scruton (1911–1990) (英) 物理学者	$\dfrac{m\delta}{\rho D^2}$	$\dfrac{\text{物体質量}}{\text{流体質量}} \cdot \text{減衰}$	・自励振動発生限界

係数 μ の関数である。この5個の物理量から基本量を選択し，次元解析を行うとストローハル数およびレイノルズ数の2つの特性数を求めることができる。さらに，この2つの特性数の関係を組み合わせることにより，ストローハル数はレイノルズ数の関数であることが示される。

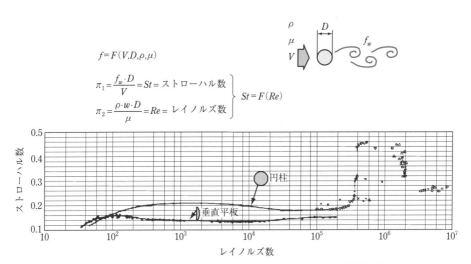

図1.2-12 直交流による離散的渦発生振動数のレイノルズ数依存性

第 *1* 章：概論

参 考 文 献

1)「模型実験の理論と応用」江守一郎著，技報堂出版．
2)「流れの相似則」ユーリゲン・ツィーレップ著，中川武夫訳，金沢工業大学出版局．
3) Naudascher, E., Rockwell, D. "FLOW−INDUCED VIBRATIONS, AnEngineering Guide", Hydraulic Design Considerations, IAHRAIRH (HYDRAULIC STRUCTURES Design Manual).
4) 日本機械学会基準，2002,「蒸気発生器伝熱管 U 字管部流力弾性振動防止指針」JSME S016.

1.3 ▶ 流体関連振動の基本的メカニズム

　流体力学と振動学の境界領域分野である流体関連振動では，現象の解明が重要とされており，現象の本質を捉えたモデル化と，モデル化された問題を微分方程式の形に定式化し，境界条件を考慮した解析が行われる。定式化にあたっては，まず，流体の支配方程式である，連続の式と運動方程式および境界条件を適切な座標系で記述する。続いて，基礎式の無次元化を行い，関係する力の大きさの比を表す無次元数を求める。その後，基礎式の各項のオーダー比較を行うことで，問題の本質を失わない範囲で近似を行い，近似された基礎式を対象に解析を行う。

　線形解析を行う場合には，フーリエ解析，ラプラス変換，モーダル解析等を用いる。一方，応答を求めるときには，非線形解析手法を用いる。非線形解析手法の代表的なものは，平均法，摂動法，多重尺度法等の解析的方法または有限要素法，境界要素法，有限体積法等の数値計算手法を用いることもある。線形解析の結果からは，固有振動数，固有モード，振動成長率，周波数応答，安定限界，過渡応答等が求められ，非線形解析の結果からは，リミットサイクル振幅，時刻歴波形等が求められる。以下では，流体関連振動の基本的メカニズムを理解するための考え方を，最も重要な現象である自励振動から出発して説明する。

1.3.1　自励振動の発生機構

　内在する物理的機構によって，大きなエネルギー源から自分自身で振動のエネルギーを作り出して振動する系を自励振動という。大きなエネルギー源とは

18

1.3 流体関連振動の基本的メカニズム

① 一様流速で流れる流体

② 一定速度で回転している回転体

③ 一定の力が作用している力学系

等である。以下では，1自由度振動系，2自由度振動系，多自由度振動系の場合に
ついて説明を行う。

【1】1自由度振動系の場合

1自由度系の場合には，構造系と流体系とのトータルとしての減衰が負になる
場合に，振動振幅が指数関数的に増大する自励振動が発生する。まず，運動方程
式は

$$m\ddot{x} + c\dot{x} + kx = f(x, \dot{x}, \ddot{x}) \tag{1.3-1}$$

であるが，右辺は，励振力（運動を起こす力）で，左辺の第1～3項は，慣性力，
構造減衰力，復元力を表す。これらは，それぞれ，加速度，速度，変位に比例し
た力である。

仮に，$f(x, \dot{x}, \ddot{x}) = -c_0 \dot{x}$ であるとすれば，励振力は，速度に比例した力であるとい
う。この場合，式(1.3-1)は，

$$m\ddot{x} + (c + c_0)\dot{x} + kx = 0 \tag{1.3-2}$$

と書ける。したがって，$c + c_0 < 0$ となる条件を満たせば，自励振動は成長する。す
なわち，c_0 が負で，その絶対値が c よりも大きな値を取ると，発振が始まる。こ
れを「負減衰力」による発振と呼ぶ。

つぎに，エネルギーからこの現象を考察してみる。式(1.3-1)に対して減衰固有
振動周期にわたるエネルギー積分を実行する。つまり，

$$\int_0^T m\ddot{x}\dot{x}dt + \int_0^T c\dot{x}^2 dt + \int_0^T kx\dot{x}dt = \int_0^T f\dot{x}dt \tag{1.3-3}$$

$$ただし，T = \frac{2\pi}{\omega} = \frac{2\pi}{\sqrt{\dfrac{k}{m}} \cdot \sqrt{1 - \left(\dfrac{c}{2\sqrt{mk}}\right)^2}} \tag{1.3-4}$$

式(1.3-3)をまとめ直して，

$$\int_0^T \left\{ \frac{d}{dt}\left(\frac{1}{2}m\dot{x}^2 + \frac{1}{2}kx^2 \right) \right\} dt = \int_0^T \left(f\dot{x} - c\dot{x}^2 \right) dt \tag{1.3-5}$$

左辺は，全エネルギーの1周期にわたる積分である。したがって，右辺が正であ

19

第 *1* 章：概論

れば，各周期毎に全エネルギーは増えて行くことになる。$f=-c_0\dot{x}$ の場合について右辺を計算すると，

$$右辺 = -(c_0+c)\int_0^T \dot{x}^2 dt \tag{1.3-6}$$

積分記号内は常に正またはゼロであるから，係数が正であれば，全エネルギーは増大してゆく。つまり発振条件は $c_0+c<0$ であり，構造系と流体系とのトータルの減衰が負になる場合に自励振動が発生する。

【2】2 自由度振動系の場合 [1]

2 自由度系の場合には，実質的に 1 自由度として振動する場合に前項で示したのと同様なメカニズムの振動が発生するのとは別に，2 自由度の連成によって生じる自励振動が発生することがある。まず，2 自由度系の場合の運動方程式は，式(1.3-1)に相当する式がつぎの行列形式となる。

$$[M]\{\ddot{x}\}+[C]\{\dot{x}\}+[K]\{x\}=\{F\} \tag{1.3-7}$$

ただし，$[M]=\begin{bmatrix} m_{11} & m_{12} \\ m_{21} & m_{22} \end{bmatrix}, [C]=\begin{bmatrix} c_{11} & c_{12} \\ c_{21} & c_{22} \end{bmatrix}, [K]=\begin{bmatrix} k_{11} & k_{12} \\ k_{21} & k_{22} \end{bmatrix}$

$\{x\}=[x_1 \ \ x_2]^T, \{F\}=[F_1 \ \ F_2]^T$

ここで，励振力は，1 自由度振動系の場合と同様，$\{F(x,\dot{x},\ddot{x})\}$ であるとし，これを左辺に移項し，励振力をも含めたものを改めて $[M],[C],[K]$ とする。

2 つの振動系において励振エネルギーが大きくなるのは，**図1.3-1** に示す系 1 と系 2 から構成される振動系の 1 次と 2 次の固有振動数が接近していて，系 1 と系 2 が相互にエネルギーを伝達する間に振動の位相が励振力より 90 度遅れる場合である。まず，復元力のみに連成がある場合を考える。

$$\begin{bmatrix} m_{11} & 0 \\ 0 & m_{22} \end{bmatrix}\begin{Bmatrix} \ddot{x}_1 \\ \ddot{x}_2 \end{Bmatrix}+\begin{bmatrix} c_{11} & 0 \\ 0 & c_{22} \end{bmatrix}\begin{Bmatrix} \dot{x}_1 \\ \dot{x}_2 \end{Bmatrix}+\begin{bmatrix} k_{11} & k_{12} \\ k_{21} & k_{22} \end{bmatrix}\begin{Bmatrix} x_1 \\ x_2 \end{Bmatrix}=0 \tag{1.3-8}$$

この場合を，変位連成または弾性連成と呼ぶ。

図1.3-1 において，系 1 から系 2 への伝達力は，$k_{21}x_1$ である。したがって，系2 についての運動方程式は，

$$m_{22}\ddot{x}_2+c_{22}\dot{x}_2+k_{22}x_2=-k_{21}x_1 \tag{1.3-9}$$

となり，入力が $-k_{21}x_1$ であることがわかる。今，この振動系が共振状態に近いと

20

1.3 流体関連振動の基本的メカニズム

すると，x_1 に対する x_2 の位相差は，90度進みである。（注：1自由度系の強制加振の式を思い出して欲しい。共振点では，外力に対して変位は90度の位相遅れを持っている。したがって，この場合は，$-k_{21}x_1$ を外力に見立てると，これに対して x_2 は90度位相が遅れるので，x_1 に対しては，x_2 は90度位相が進むことになる。）

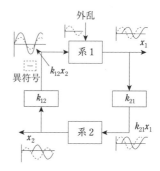

図1.3-1　復元力に干渉がある場合の不安定機構

同様に系1についての運動方程式は，

$$m_{11}\ddot{x}_1 + c_{11}\dot{x}_1 + k_{11}x_1 = -k_{12}x_2 \tag{1.3-10}$$

である。同様の考察を行えば，x_2 に対する x_1 の位相差は，90度進みである。いま，k_{12}, k_{21} の符号が異符号である場合には，この振動系を通過したあとは，0度の位相差となり，振幅が次第に増大する自励振動となる。すなわち，2自由度間の弾性連成により自励振動が発生する可能性がある。

2自由度系の場合についても，以上述べたことをエネルギー論的考察により説明できる。まず，式(1.3-8)に対して周期解を仮定して一振動周期にわたるエネルギー積分を実行する。つまり，

$$\int_0^T \{\dot{x}\}^T [M]\{\ddot{x}\}dt + \int_0^T \{\dot{x}\}^T [C]\{\dot{x}\}dt + \int_0^T \{\dot{x}\}^T [K]\{x\}dt = 0 \tag{1.3-11}$$

第1項は，運動エネルギー，第2項は散逸エネルギー，第3項は，ポテンシャルエネルギーである。

ここで，$\begin{bmatrix} m_{11} & 0 \\ 0 & m_{22} \end{bmatrix}, \begin{bmatrix} c_{11} & 0 \\ 0 & c_{22} \end{bmatrix}$ は対称対角行列である。$[K]$ は，一般に，対称行列ではない。しかしながら，線形代数の教えるところにより，対称行列と交替行列の和として記述することが可能である。つまり，

$$[K] = \begin{bmatrix} k_{11} & k_{12} \\ k_{21} & k_{22} \end{bmatrix} = \begin{bmatrix} k_{11} & k_0 \\ k_0 & k_{22} \end{bmatrix} + \begin{bmatrix} 0 & \Delta k \\ -\Delta k & 0 \end{bmatrix} = [K_0] + [\Delta K] \tag{1.3-12}$$

と書くことができる。これより

$$k_0 = \frac{1}{2}(k_{12} + k_{21}), \quad \Delta k = \frac{1}{2}(k_{12} - k_{21}) \tag{1.3-13}$$

第*1*章：概論

ところで，対称行列成分からのエネルギー積分への寄与はゼロとなるので，全エネルギーは，復元力項の中の交替行列の影響のみとなって，

$$E = \int_0^T \{\dot{x}\}^T [\Delta K]\{\dot{x}\}dt = \int_0^T \Delta k(\dot{x}_1 x_2 - x_1 \dot{x}_2)dt \tag{1.3-14}$$

となる。今，

$$\begin{Bmatrix} x_1 \\ x_2 \end{Bmatrix} = \begin{Bmatrix} u_1 \sin(\omega t + \phi_1) \\ u_2 \sin(\omega t + \phi_2) \end{Bmatrix} \tag{1.3-15}$$

として，計算すれば，

$$E = -(k_{12} - k_{21})u_1 u_2 \sin(\phi_1 - \phi_2) \tag{1.3-16}$$

これは，$k_{12} - k_{21}$ および，$\phi_1 - \phi_2$ の符号でエネルギーの正負が決まる，すなわち，安定性が決定されることを意味している。

たとえば $\phi_2 = \phi_1 + \pi/2$ のとき $k_{12} > 0$，$k_{21} < 0$ の場合には，エネルギーの符号は正となり，自励振動が発生する。

このように，復元力で連成が起こっている場合には，非対角項が異符号となるときに不安定が発生するのである。

同様に，減衰項，質量項に干渉がある場合にも自励振動が発生する可能性があるが，これについては次項で多自由度振動系の場合について，より一般的な形で示す。

【3】 多自由度振動系の場合 [2)

構造物または流体の振動を表現する物理変数を $\{x\} = (x_1, x_2, \cdots, x_n \cdots)$ とベクトルで示し，質量，減衰係数および剛性を行列 $[M_s], [C_s], [K_s]$ で示す。またこの振動体に作用する流体力をベクトル $\{F\}$ で示すと，運動方程式は，

$$[M_S]\{\ddot{x}\} + [C_S]\{\dot{x}\} + [K_S]\{x\} = \{F\} \tag{1.3-17}$$

となる。流体力ベクトル $\{F\}$ は一般的に線形近似すると，次のように書ける。

$$\{F\} = -[M_f]\{\ddot{x}\} - [C_f]\{\dot{x}\} - [K_f]\{x\} + \{G\} \tag{1.3-18}$$

ここで，$[M_f] = $ 付加質量行列，$[C_f] = $ 流体減衰行列，$[K_f] = $ 流体剛性行列，$\{G\} = $ 強制外力ベクトルである。式(1.3-17)と(1.3-18)をブロック図で示すと**図1.3-2**のようになり，式(1.3-18)の右辺の最初の3項がフィードバック流体力となって

22

1.3 流体関連振動の基本的メカニズム

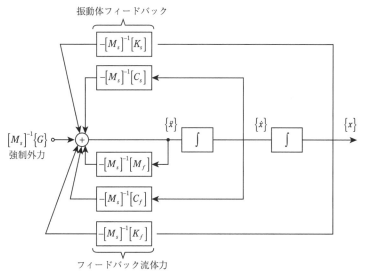

図 1.3-2 フィードバック力

いる。

式(1.3-17)と(1.3-18)において，

$$\left.\begin{array}{l}[M] \equiv [M_S] + [M_f] = ([M_1] + [M_2]) \\ [C] \equiv [C_S] + [C_f] = ([C_1] + [C_2]) \\ [K] \equiv [K_S] + [K_f] = ([K_1] + [K_2])\end{array}\right\} \quad (1.3\text{-}19)$$

とおく。ここで，添字1の行列は対称行列であり添字2の行列は交替行列である。式(1.3-19)を用いて，式(1.3-17)と(1.3-18)をまとめると，次式を得る。

$$[M_1]\{\ddot{x}\} + [C_2]\{\dot{x}\} + [K_1]\{x\} = -[M_2]\{\ddot{x}\} - [C_1]\{\dot{x}\} - [K_2]\{x\} + \{G\} \quad (1.3\text{-}20)$$

式(1.3-20)に$\{\dot{x}\}^T$を乗じ，一振動周期Tについてエネルギー積分を行う。

$$\left.\begin{array}{l}\int_0^T \{\dot{x}\}^T [M_1]\{\ddot{x}\} dt + \int_0^T \{\dot{x}\}^T [C_2]\{\dot{x}\} dt \\ \quad + \int_0^T \{\dot{x}\}^T [K_1]\{x\} dt \\ = -\int_0^T \{\dot{x}\}^T [M_2]\{\ddot{x}\} dt - \int_0^T \{\dot{x}\}^T [C_1]\{\dot{x}\} dt \\ \quad - \int_0^T \{\dot{x}\}^T [K_2]\{x\} dt + \int_0^T \{\dot{x}\}^T \{G\} dt\end{array}\right\} \quad (1.3\text{-}21)$$

23

第 1 章：概論

式(1.3–21)の左辺の第1項と第3項は運動エネルギーとポテンシャルエネルギーの増分であり，この和は力学的エネルギーの増加分 E に相当する。また左辺の第2項は $[C_2]$ が交替行列であるのでゼロになる。したがって，式(1.3–21)の右辺を E と表わすと，この E はつぎの各仕事からなるエネルギーの増分の和に等しい。

$$E_M = -\int_0^T \{\dot{x}\}^T [M_2]\{\ddot{x}\}dt$$
$$= 質量行列 [M] の交替行列成分 [M_2] からなる仕事 \qquad (1.3\text{–}22)$$

$$E_C = -\int_0^T \{\dot{x}\}^T [C_1]\{\dot{x}\}dt$$
$$= 減衰行列 [C] の対称行列成分 [C_1] からなる仕事$$
$$（負の場合は絶対値が消散エネルギー） \qquad (1.3\text{–}23)$$

$$E_K = -\int_0^T \{\dot{x}\}^T [K_2]\{x\}dt$$
$$= 剛性行列 [K] の交替行列成分 [K_2] からなる仕事 \qquad (1.3\text{–}24)$$

$$E_G = \int_0^T \{\dot{x}\}^T \{G\}dt = 強制外力による仕事 \qquad (1.3\text{–}25)$$

すなわち，流体力が振動体を励振するためには，

$$E = E_M + E_C + E_K + E_G \qquad (1.3\text{–}26)$$

のエネルギー増分 E が正であることが必要である。

振動体が1自由度で振動する場合は，力学的エネルギーの増分 E は，

$$E = E_C + E_G \qquad (1.3\text{–}27)$$

となる。強制外力が作用しない場合は，流体力による減衰項 $[C_1]$ が負のとき

$$E = E_C > 0 \qquad (1.3\text{–}28)$$

となり，自励振動が誘起される。この場合を負減衰のフィードバックによる励振と呼ぶ。

一方，振動体が2自由度以上であると，E_K が力学的エネルギーの増分 E に最も寄与する場合があり，行列 $[K_2]$ が流体力によって生成される場合には，流力弾性のフィードバックによる励振と呼ぶ。

また，E_G が力学的エネルギーの増分に最も寄与する場合の振動は，いわゆる強制振動である。

1.3 流体関連振動の基本的メカニズム

1.3.2 強制振動系と付加質量・減衰

【1】強制振動系の解法[3]

式(1.3-18)において，もし最初の3項のフィードバック流体力がなければ強制外力項$\{G\}$のみの仕事となり，運動方程式(1.3-17)の右辺は振動体の振動には無関係で解け，強制振動系となる。

しかし，式(1.3-18)の最初の3項があったとしても式(1.3-22)～(1.3-24)で示す各仕事成分の和$E_M + E_C + E_K$が負で，自励振動が発生しない場合にも強制振動系となる。

強制振動系は流れの乱れによる振動や，渦励起振動で渦と構造物の連成関係を考慮しない場合に次式の形で登場する。

$$([M_S] + [M_f])\{\ddot{x}\} + ([C_S] + [C_f])\{\dot{x}\} + ([K_S] + [K_f])\{x\} = \{F\} \qquad (1.3-29)$$

1自由度系の場合も多自由度系の場合も，その応答は，式(1.3-29)を解析的あるいは数値的に解くことにより得られる。

ここで流体中の梁の振動など連続体の場合については，局所に作用する流体力の軸方向相関の形で強制力が与えられる場合が多いので，その扱い方について触れておく。連続体の場合も非減衰固有モードで展開し，モード間の直交性を考慮すると，流体力によるモード連成が小さい場合には，各モード毎に独立した運動方程式に分離できる。

$$\ddot{q}_j + 2h_j\omega_j\dot{q}_j + \omega_j{}^2 q_j = \frac{1}{M_j}\sum_{i=1\ldots} {}_j\phi_i F'_i \qquad (1.3-30)$$

ここに，q_j：j次モードの時間関数$(x_i = \sum_j \phi_i q_j)$

ω_j：j次モードの固有角振動数$(= 2\pi f_j)$

h_j：j次モードの減衰比

M_j：j次モードのモーダル質量$(= \sum_i m_{ij}\phi_i^2)$

${}_j\phi_i$：j次モードの位置iにおける値

m_i, F'_i：位置iにおける構造物の分布質量と流体励振力

実際，周囲の構造物との連成が小さい多くの場合，付加質量，流体減衰として$[M_f]$および$[C_f]$の対角成分のみが支配的と仮定する場合が多く，この場合式

25

第1章：概論

(1.3-30) が求められる。

式(1.3-30)の右辺は時間的かつ空間的にランダムな励振力であるとすれば，これを統計理論に基づいて解き，振動体の変位振幅の二乗和平均 $\overline{X}_d^2$ に関する以下のような評価式を得る（ただし，モード間の連成項は無視した）。

$$\overline{X}_d(x)^2 = \sum_{j=1}^{\infty} {}_j \phi(x)^2 \int_0^{\infty} L_j(\omega) \left| H_j(\omega) \right|^2 d\omega \tag{1.3-31}$$

$$L_j(\omega) = \frac{1}{M_j^2 \omega_j^4} \iint_{\text{構造物}} R(x,x',\omega)_j \phi(x)_j \phi(x') dx dx' \tag{1.3-32}$$

ここに，$H_j(\omega)$：j次モードの伝達関数 $\left(= \left[\left(1 - \dfrac{\omega^2}{\omega_j^2} \right) + 2ih_j \dfrac{\omega}{\omega_j} \right]^{-1} \right)$

$R(x,x',\omega)$：励振力の振動数成分に関する空間的相関密度

$\left(= \dfrac{1}{\pi} S_F(\omega) \tilde{R}_{xx'}^2(\omega) \cos\theta_{xx'}(\omega) \right)$

$S_F(\omega)$：励振力のパワースペクトル密度

$\tilde{R}_{xx'}(\omega)$：位置 x と x' 間の励振力のコヒーレンス関数

$\theta_{xx'}(\omega)$：位置 x と x' 間の励振力の位相差

式(1.3-32)の $L_j(\omega)$ は，流体力の軸方向相関を表すジョイントアクセプタンスであり，平行流中の円管や直交流中の円管，円管群については実験式が与えられている。

強制外力がランダム波でなく，渦振動のように正弦波で近似される場合でも解法は同様である。

【2】付加質量 [4]

流体による強制振動を評価する場合の多くは，式(1.3-30)に示すように各モードごとに独立した評価が可能であるが，付加質量および流体減衰は，それらを考慮しなかった場合と比較してその特性にかなり影響する。本項では，付加質量の求め方について，静止流体中の円柱を例にとって説明する。

基本的に付加質量は，完全流体のポテンシャル流れで説明ができる。今，円柱が静止流体中で完全に流体に沈んでいるときを想定すると，円柱の動きは周囲の流体によって妨げられる。完全流体を仮定したとき，2次元における流体の連続の式は

26

1.3 流体関連振動の基本的メカニズム

$$\nabla^2 \phi(r,\theta,t) = 0 \tag{1.3-33}$$

で与えられる。ここで ϕ は速度ポテンシャル，∇^2 はラプラス演算子である。

流速と圧力は速度ポテンシャルを用いてつぎの式で表わされる。

$$\vec{U} = \nabla \phi \tag{1.3-34}$$

$$p = -\rho \frac{\partial \phi}{\partial t} \tag{1.3-35}$$

円柱と流体の境界面においては，流体の法線方向速度は円柱のものと等しくなり，

$$u_r = 0 \qquad (r = \infty \text{ のとき}) \tag{1.3-36}$$

$$u_r = \frac{\partial u}{\partial t}\cos\theta \qquad (r = \text{R のとき}) \tag{1.3-37}$$

となる。U_r と ϕ の解を以下のように仮定する。

$$u_r = ae^{i\omega t} \tag{1.3-38}$$

$$\phi(r,\theta,t) = F_r(r)F_\theta(\theta)e^{i\omega t} \tag{1.3-39}$$

式(1.3-39)を式(1.3-33)に代入し，変数分離を行うと，以下のように r と θ に関する常微分方程式が得られる。

$$\frac{1}{r}\left\{ \frac{d}{dr}\left(r\frac{dF_r}{dr} \right) \right\} - \frac{1}{r^2}F_r = 0 \tag{1.3-40}$$

$$\frac{d^2 F_\theta}{d\theta^2} + F_\theta = 0 \tag{1.3-41}$$

境界条件を用いて一般解の係数を決めれば，

$$\phi(r,\theta,t) = -\frac{i\omega R^2 a}{r}\cos\theta\, e^{i\omega t} \tag{1.3-42}$$

となる。円柱の運動方向に作用する流体力は

$$g = -\int_0^{2\pi} p(r,\theta,t)\Big|_{r=R} R\cos\theta\, d\theta \tag{1.3-43}$$

であるから，つぎのように書きなおせる。

$$g = -M_f \frac{d^2 u}{dt^2} \qquad M_f = \pi\rho R^2 \tag{1.3-44}$$

ここでの M_f は単位長さ当たりの付加質量と呼ばれる。付加質量は流体力学的な質量または見せかけの質量とも呼ばれる。実際の付加質量は，置き換えられた

27

第 *1* 章：概論

流体の質量に付加質量係数 C_m をかけたものに等しい。円柱が無限に長い場合には，付加質量係数は1であるが，一般には C_m は1ではない。

付加質量は，固有振動数を低くする効果がある。完全流体を仮定すると，流体減衰は発生せず，固有振動数の変化がその体系において流体が振動系に及ぼす唯一の力学的な特徴である。

【3】 流体減衰 [3)]

流体減衰は，静止流体中の減衰と流れに起因する減衰に分離される。後者は場合によってさまざまであるので，説明は後述の章に委ねることとし，ここでは前者のみについて述べる。

静止流体中の減衰は，流体の粘性による成分と，音として散逸するエネルギーによる成分に分けられる。

流体の粘性による減衰は，抗力係数 C_D を使えば，振動体が速度で振動するときに構造物の代表長さを D として周囲の流体抵抗 F_D が次式で表されるので，

$$F_D = \frac{1}{2} C_D \rho_f |\dot{x}| \dot{x} D \tag{1.3-45}$$

振動が角振動数 ω の正弦波状であると仮定してフーリエ展開の初項のみを採用し，

$$|\dot{x}|\dot{x} \approx \frac{8}{3\pi} X_d{}^2 \omega^2 \cos(\omega t) = \frac{8}{3\pi} X_d \omega \dot{x} \tag{1.3-46}$$

となり，結果として減衰比 $h_f (= C_f/2m\omega_n,\ \omega_n$ は固有角振動数) の形でつぎの減衰成分を与える。

$$h_f = \frac{2}{3\pi} \frac{\rho_f D^2}{m} \frac{X_d}{D} \frac{\omega}{\omega_n} C_D \tag{1.3-47}$$

したがって，抗力係数 C_D さえわかればこの成分は計算できる。しかし，狭いすきま内の円筒や管群中の管等の周囲のように構造物の影響を受ける流体−構造連成系では，単純な抗力係数で表し難いため，対応する章で必要に応じて説明を加える。

また，音として散逸するエネルギーによる減衰は，軽量のパネル構造では無視できない値であるので，つぎのような評価式も提案されている。

$$h_f = \frac{1}{4\pi} \frac{\rho_f a^2 b}{M} \frac{\lambda}{a} \Theta \tag{1.3-48}$$

1.3 流体関連振動の基本的メカニズム

$$\text{ここに,} \quad \Theta = \begin{cases} \left(\dfrac{\pi}{2}\right)^2 \left(a^2 + b^2\right)/\lambda^2, & \text{ただし } a/\lambda \ll 0.2 \\ 1, & \text{ただし } a/\lambda \gg 0.2 \end{cases}$$

質量 M の二辺の長さが a, b の長方形のパネルが角振動数 ω_n, 波長 $\lambda (= 2\pi c/\omega_n$, c：音速)の音波を放射するとしている。

参 考 文 献

1) 岩壺卓三(1988), 流体関連振動, 日本機械学会関西支部第63期定時総会講演会講演概要集 No. 884-2, p.125.
2) 原文雄, ダイナミクスハンドブック(1993), 608, 朝倉書店.
3) Bleveins, R.D., "Flow-InducedVibration 2nd Ed.," (1990).
4) Chen, S. S., Flow-Induced Vibration of Circular Cylindrical Structures(1987), 464, Hemisphere Pub.

直交流れによる流動励起振動 2

　本章では，流れが構造物に直交して衝突する場合の流動励起振動問題について述べる。直交流れによる流動励起振動は，最もポピュラーな現象としてさまざまな分野で問題となり，非常に多くの製品において不具合を引き起こした例が知られている。ここで対象となる製品例と，本章における構造物の分類の対応を**表 2-1** に示す。製品例としては，おもに機械・プラント関係と土木・海洋工学関係の分野の構造物を多く取りあげ，航空工学の分野のものはほとんど取りあげていない。

　なお，この分類が絶対であるということではなく，エンジニアは検討する製品がどの分類にあてはまるかを十分検討しなければならない。製品によっては複数の分類にあてはまる場合もある。

　また，本章で扱う流れの分類を**表 2-2** に示す。

　通常使用されている流体は「気体」「液体」で分類できるが，レイノルズ数等の無次元数が等しければ両者に基本的に差異はなく「単相流」として取り扱う。

　一方，蒸気の発生や凝縮のため液体と気体が混ざって存在するケースがあり，これは「気液二相流」として単相流とは若干異なる取り扱いが必要である。

　以下，単相流については定常流と非定常流に，定常流については一様流とせん断流に分類した。これは二相流に対してそのような分類がないということではなく，分類の細かさはそのまま研究例の多寡を示しているに過ぎない。

　また，構造分類（各節）によっては，これらすべての流れ場に関しての知見が揃っているわけではないことにも留意されたい。

31

第2章：直交流れによる流動励起振動

表2-1 2章で対象とする製品例と構造物の分類対応

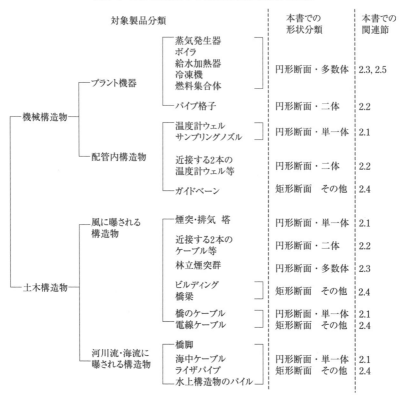

表2-2 2章で扱う流れの分類

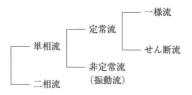

2.1 円形断面・単一体

2.1.1 検討対象の概説

本節では，断面が円形である構造(たとえば管状の物体)が1体のみ存在する場合の流動励起振動問題について述べる。前述したように，この範囲にある製品例として，配管内の温度計ウェル等定常的な流れに曝されるものや，海洋構造物のパイルのように振動流や波に曝されるもの等がある。また，ケーブルや揚水管等のように，長く，軸方向に複数のスパンを持つものもある。

2.1.2 現象の説明と評価の歴史

【1】現象の説明

この節では，対象とする振動を，振動形状から円柱の曲げ振動と円筒殻のオーバル振動に分けた。また，円柱の曲げ振動に関しては，配管内構造物等でみられる定常流によるものと，海洋構造物でおもに問題となる非定常流(振動流)によるものに分けた。さらに定常流によって起こる円柱梁の振動は，**表2.1-1**に示したように4種類に細分した。

以下に各振動に関しての現象を説明する。

(1) 定常流による円柱の曲げ振動

① カルマン渦による強制振動

流れにより構造物後流に渦列(カルマン渦列)が生じ，この渦の円柱表面か

表2.1-1 2.1節で扱う振動の分類

第2章：直交流れによる流動励起振動

らの周期的離脱が円柱に反力として作用する現象である。渦は通常円柱斜め後方へ離脱するため，流れ直交方向の振動と流れ方向の振動の双方が存在する。前者における励振力はカルマン渦のはく離振動数に卓越振動数を有し，後者における励振力はカルマン渦のはく離振動数の2倍に卓越振動数を有する。なお，渦はく離の振動数は以下の式(2.1-1)で表されるストローハル数によって整理される。

$$St = \frac{f_W D}{V} \quad (2.1\text{-}1)$$

② カルマン渦によるロックイン・対称渦を伴う同期振動

構造物の固有振動数が渦による励振振動数に近い場合には，渦のはく離振動数が構造物の固有振動数に同期するロックインと呼ばれる振動が生じる。これらのカルマン渦のはく離により生じる同期振動は，流れ直交方向にも流れ方向にも生じる。また，条件によっては，これらカルマン渦による同期振動とは別に，より低い流速域において対称渦を伴う流れ方向の同期振動が生じることがある。この振動はカルマン渦によるものより低い流速で生じるため十分注意が必要である。なお，流体が気体のように密度が小さい場合には，発生が抑制される条件に適合することが多い。これらが流速の増加とともにどのように現れるかを模式的に示したものが図2.1-1である。

③ 乱れ誘起振動

同期振動域外でも渦励起振動によって強制的に励振されているが，これらの渦による励振力は卓越振動数での周期的な成分のみが存在するわけではなく，ある程度広い振動数範囲にわたって加振力が存在している。したがって，構造物の固有振動数がこれらの卓越振動数から十分離れている場合には，周期的な励振力より，この広範囲に存在する加振力のうち固有振動数における成分で励振されることになる。これをランダム振動と呼ぶ。また，上流側の流れの乱れによっても円柱は加振されるため，この現象を含めてランダム振動と呼ぶ場合もある。

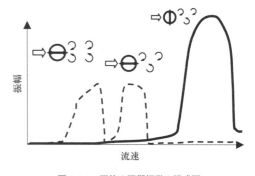

図2.1-1 円柱の同期振動の模式図

④ 高速流での先端渦による振動

カルマン渦による流れ直交方向のロックイン領域よりもさらに速い流速域においても同期振動に匹敵する振幅の振動が生じることがある[2]。これは図2.1-2に示すように円柱先端部で発生する渦による現象である。

先端部での渦はく離振動数は，カルマン渦のそれの約1/3程度である。したがって，この振動が生じる流速域はカルマン渦による流れ直交方向ロックイン領域よりも3倍高い流速域となる。

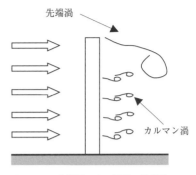

図2.1-2　先端渦による振動の模式図

(2) 振動流による円柱の曲げ振動

図2.1-3に示すような振動流を受ける円柱では，衝突流速が変動するに従い受ける抗力や流体慣性力も変動する。また，円柱からの渦はく離も生じているため，流れに直交する方向の振動も発生する。

これらの合成されたものが振動流中の円柱の曲げ振動である。前者の流体力による流れ方向の振動が顕著であることが特徴である。

振動流では，流れの振動は以下の式(2.1-2)で表現される無次元流速で整理することが多い。なお，この無次元流速は海洋工学の分野ではKeulegan-Carpenter数と呼ばれる。

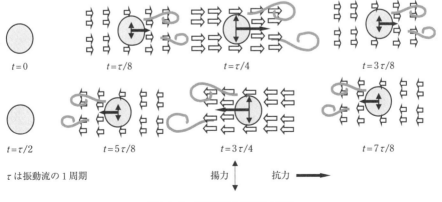

図2.1-3　振動流による流体力変化

第2章：直交流れによる流動励起振動

$$\frac{V_m}{f_{osc}D} \tag{2.1-2}$$

ここで，V_m は流速振幅，f_{osc} は流れの振動数である。

（3）定常流による円筒殻のオーバル振動

前述の2つの振動とは異なり，断面の変形を伴う振動（オーバル振動）が円筒殻に発生するものである。当初は，渦はく離が主要因として考えられていたが，現在では断面変形との相互作用による空力弾性が主要因と考えられている。

【2】評価の歴史

（1）定常流による円柱の曲げ振動

① カルマン渦による強制振動

カルマン渦のはく離振動数は，励振力の振動数に直接結び付くため，多くの研究者によって研究が行われてきた。とくに Karmann は，ストローハル数がほぼ一定値になることを，2列渦列の安定性から理論的に明らかにした。また，ストローハル数は，レイノルズ数や表面粗さ，乱れ強度等により変化することが知られており，多くの研究者によってこれらの関係が測定されている。

② カルマン渦によるロックイン・対称渦を伴う同期振動

渦励振のうち，流れ直交方向のロックインは古くから知られており，流速に対するヒステリシス効果の研究や，現象を説明する半経験モデルの構築，各種のパラメータの影響等，多くの研究がなされている。ヒステリシス効果は Bishop 等多くの研究者によって報告されているが，Williamson と Roshko[1] は，流れ直交方向に円柱を強制加振して渦放出モードを調べ，渦モード間の遷移がヒステリシスの原因であるとした。Brika と Laneville[2] は，渦放出モードの遷移とヒステリシスを直接対応しながら観察し，この主張を裏付けている。

流れ直交方向のロックイン現象を説明するモデルとして，Van der Pols 型の方程式に帰着させるもの[3, 4] や，振動流中の流体力をモデル化する Morison の方法を適用するもの[5] が多く，これ以外には，構造物の振動と流れの振動の間の時間遅れをモデル化するもの[6] 等がある。いずれの方法も定性的には合致するが，ロックインに対する臨界流速等定量的な点では必ずしも一致しない。ただし，多くのモデルは最大振幅が合致するように半経験式を構成しているため，最大振幅評価には有用である。

2.1 円形断面・単一体

パラメータに関しては，せん断流の影響や壁面効果，質量比等が研究されている。実際の構造物では，せん断流の影響が問題となることが多いが，Griffin[7] はレビュー論文の中で，テーパつき円柱[8] と同様に局所流速に対応する渦放出が行われるため，軸方向にはいくつかのセル構造を有することに言及している。ロックイン領域ではセル構造は消滅する傾向にあり，大振幅時には1つの振動数での渦放出が起こるようになる。また，海中の揚水管等の長軸構造物では流速分布の他に各スパンの振動モードの影響もあり，これらを考慮したロックイン判定法[9,10] や応答計算式[11] が提案されている。壁面効果については，Tsahalis[12] が壁面との距離が小さくなると臨界流速が増加し，共振振幅が減少するとしており，King らの例[13] でも，壁面との距離が円柱の半分以下になると規則的な渦放出はみられない。質量比に関して，非常に小さい質量減衰パラメータにおいては質量比と減衰比は独立に影響を与えることを Khalak と Williamson[14] が報告している。

対称渦も含めた渦励振に関しての基準・指針としては，ASME の Code Sec.III Div.1 Appendix N-1300 Series[15] と日本機械学会の「配管内円柱状構造物の流力振動評価指針」[16] がある。後者は，もんじゅでの温度計ウェル破損事故を契機に作成されたもので，最新の知見ができる限り反映されている。

表 2.1-2　渦励振に関するおもな研究

年	おもな研究発表（おもな研究者）
1970	揚力係数と振動変位による Van der Pols 型ロックインモデル（Hartlen & Currie）
1972	テーパ円柱でのセル構造の発見（Vickery & Clark）
1974	流体変位と振動変位による Van der Pols 型ロックインモデル（Iwan & Blevins）
1980	壁面近傍円柱の渦励振（King）
1982	Morison の方法のロックインへの適用（Sarpkaya）
1984	Lock-in に対する壁面効果の研究（Tsahalis）
1985	せん断流中の渦励振に関するレビュー論文（Griffin）
1986	せん断流中の修正を含むロックインモデル（Wang）
1988	ロックイン中の渦剥離モード遷移の研究（Williamson & Roshko）
1991	ロックイン時の流体力の時間遅れ：非定常境界層のモデル化（Lowdon）
1993	海中構造物でのロックイン判定法（Vandiver） 渦はく離モード遷移とヒステリシスの対応付け（Brika & Laneville）
1994	ASME 流動励起振動指針改訂（Au-Yang） マルチスパンの円柱構造物の渦励振応答評価法（Bokaian）
1996	低質量比・低減衰比でのロックイン（Khalak & Williamson）
1998	JSME 配管内円柱状構造物の流力振動評価指針（岡島）

第2章：直交流れによる流動励起振動

③ 乱れ誘起振動

周期渦による励振力以外の広い振動数範囲での励振力のパワースペクトル密度を求める試みは，数多くの研究者によって行われてきた。とくにMulchayは，変動流体力係数として多くの測定結果をレイノルズ数の関数として整理している[16]。渦励起振動と異なり乱流励起振動であるランダム振動は，パワースペクトル密度（PSD）を測定した結果を規格化することで応答計算することが多い。しかし，近年の計算機の発達に伴い流動数値解析を利用して振動応答を計算しようという研究も多く見られるようになってきた[17~19]。

④ 高速流での先端渦による振動

円柱の先端部（先端から径の2倍程度の長さの領域）において，渦のはく離周波数が他の部分に比較して1/3程度であることがFoxとApelt等によって報告されている[20]。この渦はく離によって，カルマン渦によるロックインが生じる流速域よりも遥かに高い流速域で，大振幅の振動が生じることがKitagawaらより報告されている[21]。②と同様に換算流速により発生域が決まるが，ASMEやJSMEの設計指針にはこの知見は反映されていない。

(2) 振動流による円柱の曲げ振動

振動流中の円柱の振動問題は，海洋工学における波を受ける構造物に対する研究から出発している。モデル化された取り扱いとしては，1950年にMorisonが振動流中の物体が受ける力を，慣性力と抗力の和として表す方法を提案しており，大体がこの方法に従ってモデル化を行っている[22]。

一方で，Morisonの方法とは別に，波によるランダム励振力としてパワースペクトル密度（PSD）を推定する方法がLongoriaら[23]により提案されており，低振動数域の励振力をよりよく表現している。

また，振動応答を抑制する方策としては，Morisonモデルによって記述された系を対象に制御を行う方法が研究されている[24, 25]。数値解析では比較的低い無次元流速領域を対象としたものが多く存在し[26~28]，Zhangらの結果[26]では付加質量係数や抗力係数等が実験とよく一致している。

(3) 定常流による円筒殻のオーバル振動

直交流中の円筒殻のオーバル振動では，その原因に関して対立する2つの説（渦励振説[29~31]・空力弾性フラッター説[32~36]）の間で表2.1-3に示すような論争が行われたが，現在では空力弾性フラッター説が正しいと考えられている。これらの経

表 2.1-3　円筒殻のオーバル振動に関する研究

年	おもな研究発表(おもな研究者)
1956	渦の振動数に対しての振動数比が2のオーバル振動の発見(Dockstader)
1974	振動数1～6の整数比での振動の発見(渦励振説を主張)(Johns)
1979	非整数比の振動の発見(Paidoussis) スプリッタプレートがオーバル振動を抑制しないことを発見 (Paidoussis) スプリッタプレートに関する誌上討論(Johns)
1982	渦放出の詳細測定による渦励振説の否定(Paidoussis) 空力弾性フラッター説の提案(Paidoussis)
1985	空力減衰率の測定(空力弾性フラッター説の裏付け)(Katsura)

緯はPaidoussisによるレビュー論文に詳説されている[37]。

2.1.3　評価方法

【1】定常流による円柱の曲げ振動

図2.1-4に定常流による円柱の曲げ振動の評価フローの概略を示すが，必ずしもこのフローに沿ってすべての評価を行う必要はない。

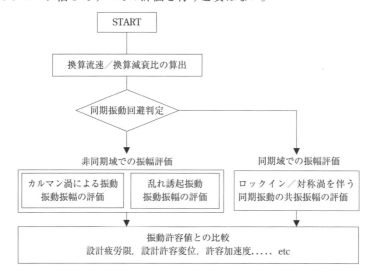

図2.1-4　定常流による円柱の曲げ振動の評価フロー

第2章：直交流れによる流動励起振動

たとえばJSME指針では，カルマン渦による強制振動は非同期時に寄与が少ないとして除外しているし，同期域での設計を考えないため，共振振幅評価は行わない。同様に，許容値として何を比較するかは，対象にどのような制約があるかという問題に直結するため，本来，設計者の判断に委ねられるべきものである。

（1）単相流による振動

① カルマン渦による強制振動

流体から円柱に作用する励振力は周期的であり，その振動数f_Wは式で評価される。

$$f_W = St\frac{V}{D} \tag{2.1-3}$$

なお，式(2.1-3)は流れ直交(揚力)方向の流体励振力の振動数に対応するが，流れ(抗力)方向にはこの2倍の振動数の励振力が作用する。この振動は，これらの励振力の振動数が円柱の固有振動数と近接しない限り，大きな振動にはならず問題とならない。逆に両者が近接する場合は同期域に入る場合が多い。

② カルマン渦によるロックイン・対称渦を伴う同期振動

単円柱の同期振動の回避・抑制条件は次式で定義される換算流速V_rと換算減衰率C_nによって評価される。**図2.1-5**に同期振動の回避・抑制範囲を示す。

ここでf_0は円柱の基本固有振動数である。

$$V_r = \frac{V}{f_0 D} \tag{2.1-4}$$

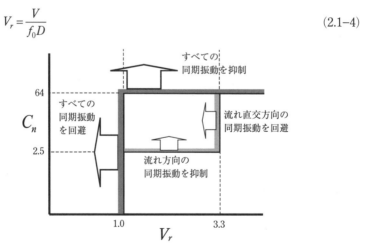

図2.1-5　同期振動の回避・抑制範囲

2.1 円形断面・単一体

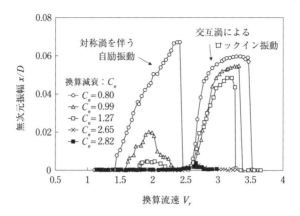

図2.1-6 円柱の抗力方向の同期振動の抑制[16]

$$C_n = 2m^*\delta = \frac{2m\delta}{\rho D^2} = \frac{4\pi m\zeta}{\rho D^2} \qquad (2.1-5)$$

なお，この図中の流れ方向同期振動を抑制する換算減衰のしきい値はJSME指針と同じく，**図2.1-6**に示した岡島らの研究結果[16]を根拠としている。

図2.1-5をもとにしたJSME指針における同期振動の回避・抑制条件を**表2.1-4**に示す。なお，参考のためASME指針も併記した。

つぎに，同期振動が発生した場合の振動の評価について以下に述べる。流れ直交（揚力）方向のロックイン挙動を表すモデルの例として，Iwan-Blevinsモデル[4]を取りあげる。このモデルは，検査体積内の流体の重心に対応するHidden Fluid Parameter z と円柱の中心 y に関して，つぎのような連立方程式を立てて解くものである。

表2.1-4 渦を伴う同期振動の回避・抑制条件

	JSME指針	ASME指針	備考
	どれか条件を満足すること	どれか条件を満足すること	
条件1	$V_r < 1$	$V_r < 1$	回避条件
条件2	$C_n > 64$	$C_n > 64$	抑制条件
条件3	$V_r < 3.3$ かつ $C_n > 2.5$	$V_r < 3.3$ かつ $C_n > 2.5$	揚力方向回避条件+抗力方向抑制条件
条件4	条件1～3のみで十分とし明記せず	$f_v/f_w < 0.7$ または $f_v/f_w > 1.3$	揚力方向のみの回避条件

第 2 章：直交流れによる流動励起振動

$$a_0 \rho D^2 \ddot{z} - \left\{ a_1 \rho D V - a_2 \rho \frac{D}{V} \dot{z}^2 \right\} \dot{z} + \omega_W^2 z = -F \tag{2.1-6}$$

$$m\ddot{y} + c\dot{y} + ky = F \tag{2.1-7}$$

$$F = a_3 \rho D^2 (\ddot{z} - \ddot{y}) + a_4 \rho D V (\dot{z} - \dot{y}) \tag{2.1-8}$$

ここで a_0, a_1, a_2, a_3, a_4 は経験的な定数。

このようなモデルを使うと共振振幅が評価できる。Blevins の半経験式[4] 以外には Griffin[38] や Sarpkaya[39] によるものがある。**表 2.1-5** にそれぞれの式の特徴を示す。

③ ランダム振動

ランダム励振の振動応答式は JSME S 012[16] によればつぎのとおりである。乱流励起振動の応答は，不規則振動理論を用いているが，励振力の空間依存性は，相関長さの影響を含んだ乱流変動流体力係数を導入して考慮している。乱流励起振動振幅の 2 乗平均 $w^2{}_{mean}$ は，以下の式で表される。

$$w^2{}_{mean} = \frac{\beta_0 G(f_0)}{64\pi^3 m^2 f_0^3 \zeta} \phi_0{}^2(z) \tag{2.1-9}$$

ただし，$\beta_0 = \dfrac{\displaystyle\int_{Le} \phi_0(z)dz}{\displaystyle\int_L \phi_0{}^2(z)dz}$ ：基本振動モード $\phi_0(z)$ に対する刺激係数

表 2.1-5　共振振幅の半経験評価式

	半 経 験 式	特 徴
Griffin	$\dfrac{y}{d_o} = \dfrac{1.29\gamma}{\left[1 + 0.43\left(2\pi St^2 C_n\right)\right]^{3.35}}$	低 C_n 域で最も保守側の値を与える
Blevins	$\dfrac{y}{d_o} = \dfrac{0.07\gamma}{(C_n + 1.9)St^2}\left[0.3 + \dfrac{0.72}{(C_n + 1.9)St}\right]^{1/2}$	
Sarpkaya	$\dfrac{y}{d_o} = \dfrac{0.32}{\left[0.06 + \left(2\pi St^2 C_n\right)^2\right]^{1/2}}$	モードの影響考慮なし

単位長さ当たりの乱流励振力のパワースペクトル密度 $G(f)$ は，規格化されたパワースペクトル密度 ϕ とランダム励振力係数 C' を用いて，つぎのように表している。

$$G(f) = (C'\frac{1}{2}\rho V^2 D)^2 \phi(f_r)\frac{D}{V} \tag{2.1-10}$$

$$\phi(f_r) = 4/(1+4\pi^2 f_r^2) \quad (V_r \leq 3.3 : f_r \geq 0.3) \tag{2.1-11}$$

$$\phi(f_r) = 7.979\times10^{-3}/f_r^4 \quad (3.3 < V_r < 5.0 : 0.2 < f_r < 0.3) \tag{2.1-12}$$

ただし，f_r は無次元周波数で，$f_r = fD/V$ で表される。

$\phi(f_r)$ は，ほぼ既存のデータを包絡しており，C' は，Fung のデータ他をもとに約0.13を採用している。なお，上流側に乱れ発生要素がある場合や，臨界レイノルズ数以上の場合では，モデル試験等でパワースペクトル密度(PSD)を測定する必要がある。

④ 高速流での先端渦による振動 [21]

この振動は比較的最近になってから検討されるようになったため，ASME やJSME の設計指針にはまったく触れられていない。換算流速 V_r で10を過ぎたあたりで発生し，$V_r = 15$ 近傍でピークをとる。つまり，カルマン渦による流れ直交方向のロックインの約3倍の流速域での現象である。したがって，通常はこの振動の発生する前に，他の同期振動を経験することが多いと考えられる。

また，この振動は先端形状に依存しており，Kitagawa ら [21] によれば，円柱径の1.6倍以上の径を持つ円形板を先端に取り付けることで振動は抑制される。

(2) 二相流による振動

二相流においては，明確なカルマン渦の発生のない領域が多いが，ボイド率が15％以下では，カルマン渦が単相流と同様に発生していることが原らによって示されている。また，カルマン渦発生の限界ボイド率は，気泡径と円柱径との比に依存しており，気泡が小さいほど限界ボイド率は大きくなる [40]。揚力と抗力についても，原ら [41] がボイド率を変えて測定しているが，どちらも各流速において，あるボイド率から急激に増加する。この特徴は周波数特性にもみられ，ボイド率が高くなると変動揚力・抗力ともに不規則になる。同期振動については，流れ直交方向のロックインは単相流に比較して抑制される傾向がある。

一方，流れ方向の振動では，ボイド率が大きいと単相水流中の場合より大きい

第2章：直交流れによる流動励起振動

振動が発生する[42]（図2.1-7）。いずれの現象に関しても，二相流中の振動について原らによる研究以外には，単相流に比較してほとんどデータがなく，確立された評価指針は存在していない。

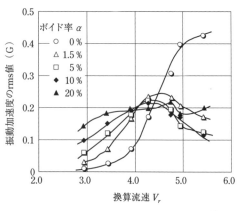

図2.1-7 気液二相流でのロックイン[42]

【2】振動流による円柱の曲げ振動

振動流中の円柱にかかる流体力を計算する方法としては，Morisonのモデル[22]が知られている。このモデルでは，流速変動によって生じる流体慣性力 F_I を浮力項と流体付加質量項の和としてつぎのように表す。

$$F_I = \rho A V + C_m \rho A (V - x) \qquad (2.1\text{--}13)$$

つぎに抗力 F_D の変動を流速変動から，以下のように表す。

$$F_D = \frac{1}{2}\rho |V - x| \cdot (V - x) D C_D \qquad (2.1\text{--}14)$$

したがって，慣性係数を $C_I = 1 + C_m$ と定義すれば円柱の振動の支配方程式は，

$$(m + \rho A C_m)x + 2m\zeta\omega_i x + kx = \rho A C_I V + \frac{1}{2}\rho |V - x|(V - x) D C_D \qquad (2.1\text{--}15)$$

となる。この方程式は非線形の方程式であるため，線形化によって問題を単純化して解く方法も考案されている。この場合は，非線形解よりも振幅が大きめに評価される傾向にある。

【3】定常流による円筒殻のオーバル振動

円筒殻のオーバル振動に関しては，空力弾性フラッターによると結論されている。しかし，日本建築学会の建築荷重指針・同解説[43]では，渦励振との共振も一応念頭において，渦励振に対する式(2.1-16)で与えられる共振風速 U_r と，Uematsuら[44]により式(2.1-17)の形で導かれた空力弾性フラッターの発振風速 U_{thr} の両者よりも，設計風速が下回るように設計するよう求めている。

渦励振に対する共振風速　　$U_r = \dfrac{f_i D}{j S_t}$　　　　　　　(2.1–16)

ここで，f_i：i次のオーバル振動数，j：正の整数($i=2$の時は$j=3$)

空力弾性フラッターの発振風速　　$U_{thr} = 1.03\pi \dfrac{f_i D}{i}$　　　(2.1–17)

なお，式(2.1–17)は実験結果に基づくものであるが，空力弾性フラッター説の理論モデル[34]に基づいて限界流速を求める方法もある。ただし，このモデルでは後流領域の圧力変動の影響もあり[45]，定量的には十分でない部分があり，これを改善するモデル[46]も提出されている。

2.1.4　トラブル事例

揚力方向のロックインについては近年になって，設計者に十分知られてきたため，これによるトラブル事例は比較的少なくなった。渦励振の対策としてスリットや螺旋ストリーク等による渦放出の抑制[47,48]が言及されるが，完全に渦励振を防止できるわけではなく，共振域を変えているに過ぎないことに留意すべきである（図2.1-8）。

また，流れ方向の同期振動に関する報告例[49,50]は少なく，設計者に見過ごされがちな問題である。最初の報告例は，英国のImminghamにおいて北海油田のた

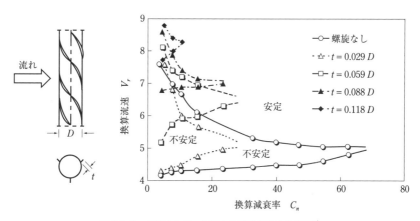

図 2.1-8　螺旋ストリークによる渦励振抑止の効果[48]

第2章：直交流れによる流動励起振動

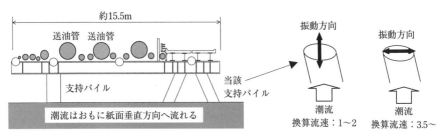

図 2.1-9　海上に設置されたパイルに発生した流れ方向振動[51]

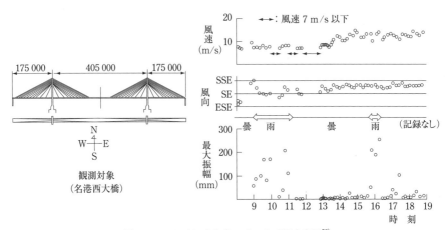

図 2.1-10　レインバイブレーションの国内事例[52]

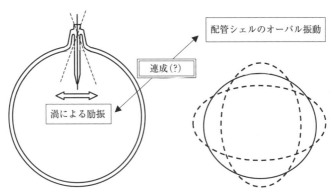

図 2.1-11　配管との連成によるトラブル例[53]

2.1 円形断面・単一体

めの石油ターミナルの建設中に送油路を支えるパイルに発生したもので，低い流速域では潮流の方向に振動している（**図2.1-9**[51]）。

以上に分類・説明した事象以外には，**図2.1-10**に示した斜張橋（名港西大橋）に発生した，雨を含む風がケーブルに当たることで励起されるレインバイブレーション[52]や，**図2.1-11**に示した米国・高速増殖実験炉での温度計ウェル振動のように，渦励振される円柱構造物とその他の構造との連成振動によって起こったと考えられるトラブル[53]もある。したがって，円柱部のみに単純に設計指針をあてはめるだけでなく，円柱部の設置されている環境や全体の構成等も考えて判断する必要がある。

参 考 文 献

1) Williamson, C.H. & Roshko, A., J. Fluid. Struct., 1988, Vol.2, No.4, pp.355–381.

2) Brika, D. & Laneville, A., J. Fluid. Mech., 1993, Vol.250, pp.481–508.

3) Hartlen, R.T. & Currie, I.G., ASCE J. Eng. Mech. Div., 1970, Vol.96.

4) Iwan, W.D. & Blevins, R.D., J. Appl. Mech., 1974, Vol.40, pp.518–586.

5) Sarpkaya, T., Proc. Int. Conf. FIV in Fluid. Eng., 1982, pp.131–139.

6) Lowdon, A., *et al.*, C416/041, IMechE, 1991, p.283.

7) Griffin, O. M., J. Fluid. Eng., 1985, Vol.107, pp.298–306.

8) Vickery, B.J. & Clark, A.W., ASCE J. Struc. Div., 1972, Vol.98, No.ST 1, p.1.

9) Wang, E., *et al.*, Proc. OMAE/Tokyo, ASME, 1986, Vol.III, pp.393–401.

10) Vandiver, J. K., J. Fluid. Struct., 1993, Vol.7, pp.423–455.

11) Bokaian, A., J. Sound Vib., 1994, Vol.175, No.5, pp.607–623.

12) Tsahalis, D.T., J. Energ. Resour. ASME, 1984, Vol.106, pp.206–213.

13) King, R. & Jones, R., Practical Experiences with Flow–Induced Vibrations, E.Naudasher & D.Rockwell (eds.), Springer, 1980.

14) Khalak, A & Williamson, C.H., J. Fluid. Struct., 1996, Vol.10, pp.455–472.

15) ASME, "Boiler and Pressure Vessel Code Section III, Division I Appendix N, Article N–1300", 1995, pp.370–397.

16) 日本機械学会基準，"配管内円柱状構造物の流力振動評価指針"，JSME S 012, 1998.

17) Newman, D.J. & Karniadakis, G., Flow–Induced Vibration Bearman (ed). 1995 Balkema Rotterdam., 1995.

18) Massih, A.R. & Forsberg, K., FSI, AE, FIV+N Vol.I ASME, 1997 AD–Vol.53–1.

19) Anagnostopoulos, P., *et al.*, J. Fluid. Struct., 1998, Vol.12, No.3, pp.225–258.

20) Fox, T. A. & Apelt, C. J., J. Fluid. Struct., 1993, Vol.7, pp.375–386.

21) Kitagawa, *et al.*, J. Fluid. Struct., 1999, Vol.13, pp.499–518.

22) Morison, J.R., *et al.*, AIME Petrol. Trans., 1950, Vol.189, pp.149–154.

23) Longoria, R.G., *et al.*, J. Offshore Mech. Arct., 1993, Vol.115, pp.23–30.

24) Yoshida, K., *et al.*, J. Offshore Mech. Arct., 1990, Vol.112, pp.14–20.

25) Hall, M.S. & Griffin, O.M., J. Fluid. Eng., Vol.115, pp.283–291.

26) Zhang, J., *et al.*, J. Fluid. Struct., 1993, Vol.7, pp.39–56.

27) Meneghini, J.R. & Bearman, P.W., J. Fluid. Struct., 1995, Vol.9, pp.435–455.

28) Badr, H.M. *et al.*, J. Fluid. Mech., 1995, Vol.303, No.6, pp.215–232.

47

第2章：直交流れによる流動励起振動

29) Dockstader, *et al.*, Trans. ASCE, 1956, Vo.121, pp.1088–1112.

30) Johns, D.J. & Sharma, C.B., In Flow–Induced Structural Vibrations (Ed. Naudasher), 1974, pp.650–662.

31) Johns, D.J., J. Sound Vib., 1979, Vol.67, pp.432–435.

32) Paidoussis, M.P. & Helleur, C., J. Sound Vib., 1979, Vol.63, pp.527–542.

33) Paidoussis, M.P., J. Sound Vib., 1985, Vol.103, pp.201–209.

34) Paidoussis, M.P., J. Sound Vib., 1982, Vol.83, pp.533–553.

35) Paidoussis, M.P. & M–Wong, D.T., J. Fluid. Mech., 1982, Vol.115, pp.411–426.

36) Katsura, S., J. Sound Vib., 1985, Vol.100, pp.527–550.

37) Paidoussis, M.P., *et al.*, Int. Conf. FIV, 1987, pp.377–392.

38) Griffin, O.M., *et al.*, Offshhore Tech. Conf., 1975, paper No.OTC–2319.

39) Sarpkaya, T., J. WWPC&Ocean Div.104, ASCE, 1978, pp.275–290.

40) 原・大谷, 機論集, 1982, C 48–431, pp.962–971.

41) 原, 機論集, 1982, C 48–433, pp.1371–1379.

42) 原・小川, 機論集, 1983, C 49–445, pp.1624–1629.

43) 日本建築学会, 建築物荷重指針・同解説, 丸善, 2000, pp.323–325.

44) Uematsu, Y. *et al.*, J.Fluid. Struct., 1988, Vol.2.

45) Paidoussis, M. P., J. Sound Vib., 1982, Vol.83, pp.555–572.

46) Mazouzi, A., *et al.*, P., J. Fluid. Struct., 1991, Vol.5, pp.605–626.

47) Wong, H.Y. & Cox, R.N., 3rd Colloq. Indus. Aerodyn., Fachhochschule Aachen, Germany, Vol.2, 1978.

48) Scruton, C. & Walshe, D.E.J., NPL, UK, Aero Report No.335, 1957.

49) 動力炉・核燃料開発事業団大洗工学センター, "「もんじゅ」ナトリウム漏洩事故原因究明–流体力による温度計の振動について", 1997.

50) King, R., *et al.*, J. Sound Vib., 1973, Vol.29, No.2, p.169.

51) Sainsbury, R.N. & King, D., Proc. Inst. Civil Eng., 1971, Vol.49.

52) 樋上, 日本風工学会誌, 1986, No.27, pp.17–28.

53) Halle, H. & Lawrence, W.P., Practical Experiences with Flow–Induced Vibrations, E.Naudasher & D.Rockwell (eds.). Springer, 1980.

2.2 円形断面２体

2.2.1 検討対象の概説

【1】対象製品例

複数体の円形構造の振動問題は，円形断面が二体の振動の対象としては電線ケーブル，熱交換器，流れのセンサーのさや管，内部パイピングによる交差配列などを設計する場合など多く存在する。ただし，配置，ピッチ，流れ，径の違いなどにより振動様式が異なる。

【2】流れによる分類

通常の土木構造物の場合，流れは，気体か液体かに分類でき，基本的に「単相流」として見なせる。一方，動力プラント等では蒸気の発生や凝縮などで液体，気体が混在する混相流が生じる場合もある。

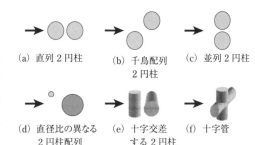

図2.2-1 円形外形2物体の配列

【3】構造形状による分類

2本円柱においてその距離が離れると，1本円柱として取り扱えるようになる。しかし，その距離が近い場合には2円柱の配置により現象の違いが生じる。その配列は，おおまかに、図2.2-1に示される形態に分けられる。

2.2.2 評価の歴史

【1】現象の概説

(1) 定常流れによる円柱の振動

2円柱系の振動は，単1円柱の解説に述べた現象に加え，2円柱の後流の干渉に起因した自励振動が生じる場合がある。前者は，カルマン渦による強制振動流れにより構造物後流に渦（カルマン渦列）が生じ，円柱が近接していない場合には単一円柱と見なせる現象となる。一方後者では，渦は斜め後方に交互に発生し，後方の円柱と干渉し合い流れ直交方向，流れ方向ともにこの渦列の圧力変動から周期的力を受け振動する。流れ直交方向ではカルマン渦の剥離振動数に一致し，流れ方向では剥離振動数の2倍で卓越する。2本円柱が近接する場合は，配列，ピッチや固有振動数，直径差により，渦の発生を左右する剥離点の位置が，単1円柱の場合とは異なる。これは2円柱の流体連成作用によって生じ，流れ直交方向，流れ方向ともに振動が生じる原因起となる。

① 励振動（カルマン渦によるロックインや対称渦を伴う自励振動）

構造物の固有振動数が渦の剥離振動数に近い場合には両者が同期するロックイン振動が生じる。この場合も2.1.2(1)の①と同様に流れ直交方向，流れ方向とも

第2章：直交流れによる流動励起振動

にロックイン振動が生じ，配列条件等により，1円柱と比べても低い流速で対称
渦による流れ方向の自励振動が大きく生じる場合がある。

② 自励振動（カルマン渦によるロックイン・対称渦を伴う自励振動，ウェーク
　　　ギャロッピングなど）

　単一円柱の場合と同様に，構造物の固有振動数が渦の剥離振動数に近い場合に
は両者が同期するロックイン振動が生じる。この場合も①と同様に流れ直交方向，
流れ方向ともにロックイン振動が生じ，配列条件等により，1円柱と比べても低
い流速で対称渦による流れ方向の自励振動が大きく生じる場合がある。また，こ
れら以外にも，2円柱の配列によっては，2円柱とその後流の干渉によるさまざま
なモードやウェークギャロッピング振動など自励振動が生じる場合がある。

③ 乱れ誘起振動

　自励振動域外では1円柱と同様に渦励起振動が励起されるが，これらの渦の励
振力は卓越振動数のみの加振力でなく，ある広域周波数帯の加振力が生じる。こ
れは上流からの流れの乱れ成分を含む場合や，近接する2円柱の連成による乱れ
による振動でもある。

（2）振動流による円柱の振動

　海岸や往復流が生じる場合等で振動流を受ける2円柱系では，流体慣性力と抗
力がその振動流で変動するため，流れ方向振動力が周期的に生じる。また，流れ
のはく離が直交定常流と同様に生じるので直交振動も生じる。しかし，直交流と
異なり，その振動力は流れ方向の振動が大きいことが特徴である。この場合も，
2円柱系では配列により近接する場合はその流体慣性力や抗力係数が異なる。

【2】評価の歴史

（1）定常流による円柱の振動

① カルマン渦による強制振動：基本的に単一円柱の場合と同じであるのでカルマン
渦の剥離振動に関しては単一円柱の項を参照のこと。

② 自励振動：単一円柱に関しては，機器での設計基準として指針化されたASME
指針とJSME指針がある。ただし2円柱では流れ方向ロックインと対称渦を伴う
自励振動を回避できる条件にならない場合があることをASMEで指摘されている
こともあり，実際の振動モードを円柱の直径差や配列により渦の発生状態も異な
るためそれらを以下に分類して述べる。

50

2.2 円形断面2体

Ⅰ）同一直径での2円柱の場合

1円柱の現象と2円柱の場合の相違を明確にしたZdravkovich[1～4]らの中には，詳細な振動様式の区分（表2.2-1）の調査がある。単管の場合については，つぎの3つの領域（近接干渉領域（Proximity），後流干渉領域（Wake），近接および後流干渉領域（Proximity and Wake））に分類される。自励振動に影響を及ぼすパラメータは，L/D（管の前後間隔），T/D（管の横方向間隔），w（換算流速），スクルトン数 $S_c(=2M\delta/\rho D^2H)$，DF（円柱の振動方向の拘束の有無），レイノルズ数，SR（表面粗さ），Ti（自由流の乱れ）が用いられる。（ただし表中の？は不定期な様式で単一なモードで表現できない場合である。）ここでHall[5]らは $P/D = 2.5$ と 1.75 では流れが音響励起された場合，隙間に交互渦が発生し，この音響励振周波数にロックインしやすいが，1.75ではロックイン励振時以外では渦は生じないことが確認されている。

表2.2-1 隣接2円柱の各配列領域毎の振動モード

分類	円柱配列	Stream-wise L/D	Trans-verse T/D	流れのパターン		振動モード Low V_r	MED V_r	High V_r
近接干渉領域	並列	0	1.0 1.2	単一渦列		？ ？	⊕⊕	ジェット偏流
	並列	0	1.1 2.2	斜流ジェット		⊖⊖ ⊖・⊖	⊕・⊕ ⊕'・⊕'	
	並列	0	2.0 4.0	連成渦列		？ ？	⊕⊕	
	千鳥	<3.8	<I_B			？ ？	⊕⊕	
近接および後流干渉領域	直列	1.1 1.5	0	同期再付着		⊖⊖ ⊖⊖	⊕⊕ max	ギャップ流れ SWITCH
	直列	1.5 3.8	0	準静的再付着		⊖○ ⊖⊖ max	⊕⊕ max	
	千鳥	1.1 3.2	0.2 0.3	ギャップ流れ		？ ？	⊕⊕ max	
後流干渉領域	直列	>3.8	0	連成渦列		？ ○⊖	⊕⊕ max	NONE
	直列	>8	0	妨害渦列		⊖○	⊕⊕ max	
	千鳥	>3.2	<C_{Max}	変動する後流		○ ⊖ ？	⊕⊕ max	後流変動
	千鳥	>8	<I_B	後流干渉領域外		干渉なし		後流ギャロッピング

I_B－干渉領域境界

51

第2章：直交流れによる流動励起振動

Ⅱ）異なる直径円柱の配列の場合

円柱の直径比が大きくレイノルズ数が低い範囲では，小円柱の振動力が大円柱の発生渦に干渉し，大円柱の後流が変化して大円柱の振動が制振される現象がある（代表例はStrykowski P.J.[6]ら：円柱の設置領域での渦の抑制領域を数値解析で示した（図2.2-2 参照）。これは小円柱には物体後方の後流内で

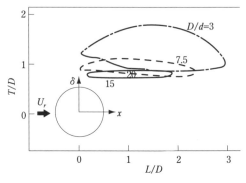

図2.2-2 渦を消失させる抑制管の設置位置の領域

渦の形成の拡散や撹乱により流れを安定化させる効果があり，大円柱の渦形成の機構には小円柱近くの後流干渉領域が関係することを意味する。ただし効果の限界はレイノルズ数=80までで，それ以上では抑制管の位置により渦の形態が異なる。また$L/D>4$ではどの条件でも抑制されない。

そのほか，土木分野において，多導体電線に吹き上げ風が当る場合のサブスパン振動（ウエークギャロッピング）と呼ばれるものがあり，送電線や架線として二本をワイヤーで一部拘束された二本円柱が拘束された中心周りにねじれと並進運動が連成する着氷雪電線のギャロッピングについて2導体を例とした解説が中村らの報告[7]にある。例としては1965年の御崎線架空送電の事例以降P/Dが10から20前後で風速6から18 m/s付近で生じたことが知られている。また，斜張橋などで雨水の道筋による表面形状の変化と供に，二本の円柱で上流側のケーブルが大振動するレインバイブレーション振動と呼ばれる場合の米田らの報告[8]がある。

Ⅲ）十字交差の場合

十字に交差する構造体に関しては，襄ら[9]は，その剥離点が斜め方向に生じることを報告している。富田ら[10]は一様流中に配置された単独円柱から発生するカルマン渦による騒音が，下流に交差して置かれた円柱により抑制されることを示した。同様に上流側円柱が弾性支持されている場合にも同様の機構によりその振動を抑制できるが，その数倍の流速においては下流円柱がない場合よりもはるかに大きな振動が生じることも指摘している。

2.2 円形断面2体

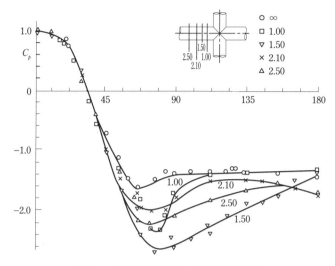

図2.2-3 円柱周りのスパン方向圧力分布結果

Ⅳ) 十字管の場合

十字管の振動についての研究報告は少ないが，1984年のZdravkovich[3]の十字管の中心からの距離Zと直径Dとの比Z/Dで抗力係数と渦の剥離を実験で示している報告がある（図2.2-3）。この場合にZ/Dにより剥離点の角度，圧力分布係数C_pが異なる他，Z/Dが2.5付近で三次元の影響が生じることを指摘した。

(2) 振動流中での場合

海洋構造物などの波浪中における円柱の相互干渉として，1987年の永井荘七郎ら[11]の振動流中における円柱の相互干渉について直径が同じ2本の鉛直円柱が波の進行方向と平行あるいは直角な方向に並べられている場合での円柱の抗力および質量係数等の比較をした実験的報告がある。振動流中における円柱の相互干渉に関しては，1972年の大楠[12]らによる報告で，波の進行方向と平行な方向に同じ直径の2本の鉛直円柱が並んでいる場合について，またSpring and Monkmeyer[13]は，直径の異なる2本の鉛直円柱が波浪中に置かれている場合について，理論的な検討をおこなっている。

第2章：直交流れによる流動励起振動

2.2.3 評価方法

【1】実験的評価

（1）単相流による2円柱の振動

① 渦励起振動

　流体から円柱に作用する励振力は周期的であり，単一円柱の場合と同様でその振動数は以下のように表される。

$$f_W = S_t \frac{V}{D} \tag{2.2-1}$$

② 自励振動（カルマン渦によるロックインや対称渦を伴う自励振動など）

　パラメータは単1円柱の時と同様で換算流速と換算減衰である。ここで2円柱特有の配列による振動様式などは**表2.2-1**を参照。

　そのほか，Zdravkovichはピッチ直径比（P/D）の距離により1本の円柱とみなせる範囲を1985年に明確に実験で示した。同時に2円柱とも弾性支持した場合について整理を行った[1～4]。さらに1994年には，B.H.Lakshmana Gowdaら[14]が，2円柱のうち上流弾性支持円柱が下流の固定円柱による影響を実験し，整理した。同様にこの結果では同じような配置でも振動振幅が異なる場合もある（**図2.2-4**）ことを示しているので，円柱の固定条件により振動様式にはこの図で振幅範囲を把握しておく必要がある。

（2）二相流による2円柱の振動

　機器により実際の流れには単相流と二相流がある。その場合には単相流とは異なる現象が生じる。この研究報告としては2円柱系の連成効果の強弱が比較的大きくみられる場合の飯島，原らの直列2円柱系[15,16]がある。その中で，気泡の励振効果は，流速が小さく単相流では円柱の振動が小さい場合にランダム加振する。気泡の制振効果は，大振動する流速域では後流に気泡が

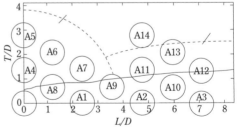

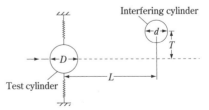

図2.2-4　下流側円柱固定の場合の上流側円柱振動実験

2.2　円形断面2体

入り込みダンピング効果が上がることを示している。そのため二相流になる際の運転にはこの点を把握しておく必要がある。

【2】理論的研究

前節の実験結果を踏まえて，理論的な研究としては以下のものがある。

（1）後流干渉数学モデル：Zdravkovich[1] は1985年に後流干渉の数学モデルを提案している。まず円柱の運動方程式は式(2.2-2)で表される。Fx, Fy は流体力でこれらはSimpsonが準静的であると仮定して線形化して以下の式を導いている。

$$Fx = \frac{1}{2}\rho V^2 DH\left(\frac{\partial C_D}{\partial x}x + \frac{\partial C_D}{\partial y}y\right) + \frac{\rho VDH}{2K}\left(C_L\dot{y} - 2C_L\dot{x}\right)$$

$$Fy = \frac{1}{2}\rho V^2 DH\left(\frac{\partial C_L}{\partial x}x + \frac{\partial C_L}{\partial y}y\right) + \frac{\rho VDH}{2K}\left(C_D\dot{y} + 2C_L\dot{x}\right) \tag{2.2-2}$$

（2）流体－構造連成流動解析

管および管群の流体—構造連成流動解析に関する研究として1993年の市岡ら[17]は，解析手法として，2次元非圧縮性粘性流体の支配方程式であるナビエストークス方程式により，外力を無視して次元表示することで差分法を用いて離散化し，その連立方程式を反復法で移動境界適合座標系を導入した例がある。

（3）流体力による不安定振動の限界流速解析手法

ここで，互いの運動の流体連成を考慮するために，その流体力測定を基に，限界流速を求めた田中らの1981年の研究報告[18] がある。近接2円柱で，振動方向と P/D により強制加振を行うことで測定された流体力から加振力を差し引いて非定常流体力を求め，その加振変位と非定常流体力との位相差により，流速と P/D の関係で振動の一周期あたりのエネルギー収支から不安定振動が起きる限界流速を求める。この手法を用いた詳細なレビューとして1986年の S. S. Chen ら[19] がある。

$$g_j = \frac{1}{2}\rho U^2 DC_{Dj} + \frac{1}{2}\rho U^2 DC'_{Dj}\sin(\Omega_{Dj}t + \phi_{Dj}) + g'_j$$

$$h_j = \frac{1}{2}\rho UDC_{Lj} + \frac{1}{2}\rho U^2 DC'_{Lj}\sin(\Omega_{Lj}t + \phi_{Dj}) + h'_j \quad j=1,2 \tag{2.2-3}$$

g_j：抗力方向の流体力成分，h_j：揚力方向の流体力成分，定常抗力／揚力，第二項　変動抗力／揚力，第三項　ランダム励振力による外力。円柱が可動の場合，以下の流体力が付加される。

55

第2章：直交流れによる流動励起振動

$$g_j = \sum_{k=1}^{2}\left(\overline{\alpha}_{jk}\frac{\partial^2 u_k}{\partial t^2} + \overline{\sigma}_{jk}\frac{\partial^2 \nu k}{\partial t^2} + \overline{\alpha}_{jk}'\frac{\partial u_k}{\partial t} + \overline{\sigma}_{jk}'\frac{\partial \nu_k}{\partial t} + \overline{\sigma}_{jk}''u_k + \overline{\sigma}_{jk}''\nu_k\right)$$

$$h_j = \sum_{k=1}^{2}\left(\overline{\tau}_{jk}\frac{\partial^2 u_k}{\partial t^2} + \overline{\beta}_{jk}\frac{\partial^2 \nu k}{\partial t^2} + \overline{\tau}_{jk}'\frac{\partial u_k}{\partial t} + \overline{\beta}_{jk}'\frac{\partial \nu_k}{\partial t} + \overline{\tau}_{jk}''u_k + \overline{\beta}_{jk}''\nu_k\right) \tag{2.2-4}$$

流れの様式については，**表 2.2-1** のとおりである。流力弾性不安定としては，Wake–Induced Flutter（Wake の境界付近で発生）ととらえ，上流円柱を固定とし，C_D，C_L は位置のみの関数として，下流円柱に働く流体力を求める（**図 2.2-5**）。P/D が小さいときは次式で示される。

$$\frac{V}{fD} = 3.54\left(\frac{P/D}{-\dfrac{\partial C_{L2}}{\partial \beta}\sin\theta}\right)^{0.5}\left(\frac{2\pi\zeta m}{\rho D^2}\right)^{0.5} \tag{2.2-5}$$

2 円柱の応答を流れの様式から分類し，把握しようとする最新の研究として，Sumner ら[22] の $P/D = 0.1 \sim 3.2$ で St 数が 0.15 と 0.27 ～ 0.37 の 2 種類になることを報告しているが，詳細なメカニズムの解明には至っていない。

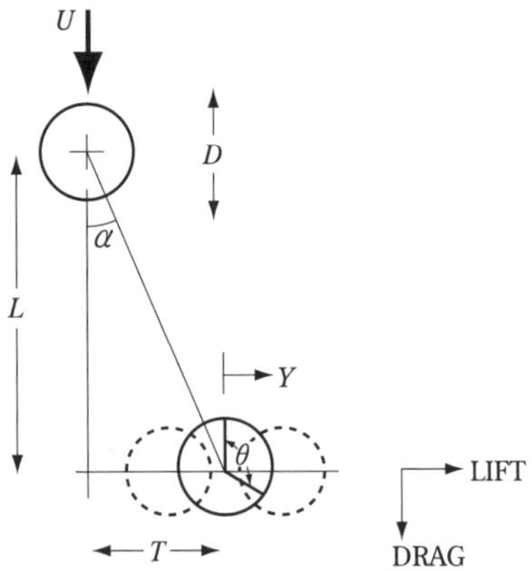

（4）準定常理論

S.J.Price ら[20] により 1988 年に流体力が相対的に変化する流速・流向の影響を以下のように仮定として次式を用いている。換算流速の大きいところで有効であるが，換算流速の遅いところでは誤差が大きくなることを注意すること。

図 2.2-5　円柱の配列

$$C_z = \left(V_r^2/V^2\right)\left\{C_D\cos\alpha + C_L\sin\alpha\right\}, \tag{2.2-6}$$

$$C_y = \left(V_r^2/V^2\right)\left\{C_L\cos\alpha + C_D\sin\alpha\right\}$$

Blevins[21] は準静的な理論の適用限界として換算流速 >10 としている。ただし流体力の変位に対する勾配が考慮されておらず，単なる軌道形が一致しているの

2.2　円形断面2体

表 2.2-2　定常流における評価分類

並列2円柱の場合	直列2円柱の場合
L/D=1.5で1円柱より20%質量係数が増加する	2<L/D<3で1本円柱より質量係数はやや小さい
3<L/D<4で相互干渉はほぼ無視でき1本円柱と見なせる	3<L/D<4で相互干渉はほぼ無視できるが質量係数および抗力は20〜50%程度多く見積もる必要がある

表 2.2-3　振動流における評価分類

同直径	$P/D<5$ 質量減衰パラメータ C_n を用いる	$V_r<1$	どの自励振動も発生しない
		$V_r<3.3$	揚力ロックインは発生しない
		$C_n>64$	どの自励振動も抑制される
		$C_n>2.5$	流れ方向の自励振動は抑制される
異直径	直径比が5を超える場合	1本と見なせる	小円柱の配置で大円柱の振動が抑えられる
十字交差	S/Dを1以上にとる	1本と見なせる	2.1.3参照

みで，現在は用いるのは控える方がよいといえる。

　以上を評価の方法として定常流の場合と振動流の場合に分けて**表2.2-2**と**表2.2-3**にまとめた。

2.2.4　トラブル事例

【1】単相流による振動

　定常流は並列直列の2円柱で最も顕著に報告例があるのは斜張橋や送電線であるが，単一円柱として考えられるケースが多くここでは省略する。

　振動流ではトラブル事例はあまり報告されていないが，**表2.2-3**にあるように直径比により質量係数が大きい場合が生じるため，1本の場合に比べて強度を50%以上多く見積もっておく必要がある。

　十字交差管についての振動も報告され，その対策としては1本として見なせる$S/D>1$を設計指針とし，とくに，0.2，0.3で振動が大幅に大きくなるので注意する。

【2】二相流による事例と対策

　気泡流では，流体の減衰が変化し，換算減衰での調整は困難である他，理論解

57

第2章：直交流れによる流動励起振動

析はまだ進展していない。対策としてはカルマン渦振動が励・制振される場合があるので相変化が生じる場合にもロックイン振動の生じる流速以外でも大振動が生じるので運転状況に注意を要する。

参 考 文 献

1) Zdravkovich, M.M., Journal of sound and vibration 1985 101(4) 511–521.
2) Zdravkovich, M.M., Journal of Fluids Engineering, Dec. 1985, Vol.107, pp.507–511.
3) Zdravkovich, M.M., Proceeding of ASME Winter Meeting 1984 Vol.2, 1984, pp.1–18.
4) Zdravkovich, M.M., Journal of sound and vibration 1985 101(4) pp.511–521.
5) Hall, J.W., Ziada Samir, Weaver, D.S. Proc. Of IMECE 2002, pp.1–12.
6) Strykowski P. J.ら, J. fluid Mech.1990, Vol.218, pp.71–107.
7) 中村・坂本, ケーブルの風による振動, J. of Wind Eng. No.20 1984, pp.129–140.
8) 米田・前田, 斜張橋ケーブルの風による振動と制振法, 橋梁 1992, pp. 54–62.
9) 裳ら, 機論B編 55巻 519号 1989, pp.3328–33322.2–8).
10) 富田ら, 機論.51–468(1987)2571–2580.
11) 永井荘七郎ら, 第24回海岸工学講演会論文集 1977, pp352–356.
12) 大楠ら, 日本造船学会論文集, 1972, 第131号, pp. 53–64.
13) Spring and Monkmeyer, Proceeding of 14th International Conference on Coastal Engineering, pp.1828–1847, 1974.
14) Lakshmana, B.H., Gowda ら, JSV(1994)176(4), pp.497–514.
15) Hara, F. and Iijima, T., ASME Symp. FIV4 Noise, 1988 Vol.2, pp. 63–78.
16) 飯島・原・野島, 機論, 57–537, C(1991), 1469–1476.
17) 市岡ら, 日本機械学会流体工学部門講演会講演論文集 1993年, pp.370–372.
18) 田中ら, J. of sound & Vib. Vol.77, 1981, pp.19–37.
19) Chen, S. S., ASME J. PVP, Vol.108, 1986, pp.382–393.
20) Price, S. J.ら, FIVN–1988, Vol.1, pp.91–111.
21) Blevins, R.D. Flow–Induced vibration, second edition, Kreigwe Pubrishing Co., 1990.
22) Sumner, D., Richards, M.D., Akosile, O.O., J. of Fluids Structures Vol. 20, 2005., pp.255–276.

2.3 ▶ 円形断面・多数体

2.3.1 検討対象の概説

本節では，断面が円形である構造(たとえば管状の物体)が3体以上の多数存在する場合の流動励起振動問題について述べる。さまざまな種類の配列がありうるが，現実的に実験が実施され評価手法が存在する場合は必ずしも多くない。そこで本書では図2.3-1に示す4種類の配列についてのみ説明する。もしこれらと異

なる配列の問題に直面した場合は，最も近いケースをあてはめることを勧める。

現実的には構造体はまっすぐな形だけでなく，U字型に曲がった構造や螺旋状になった場合があるが，ほとんどの実験はまっすぐな形状の構造体を前提に実施されているので，本書では簡単な形状を主対象に説明する。複雑な構造でどの配列に属するか迷う場合は，1.2節で述べた考え方に従って対応を判断することを勧める。

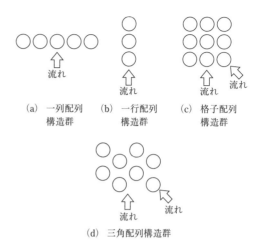

図 2.3-1　本章で取り扱う配列パターン

2.3.2　評価の歴史

【1】現象の概説

多数の円形構造物に直交する流れによる振動は，つぎの3種類に大別され，流速の変化とともに模式的には前出の図 1.2-7のようになるとされる[1]。

① 渦励起振動（カルマン渦による振動）：2.1節の単体の場合と同様である。
② 自励振動（流力弾性振動）：多数の円形構造物がある場合に一定以上の速度の流れが作用すると極端に大きな振動が生じる現象であり，単一構造の場合には見られない円形構造物が多数存在する場合の特有の現象である。本現象はトラブル発生要因として最も気をつける必要がある。
③ 乱れ誘起振動：カルマン渦との共振でもなく流力弾性振動でもない領域を通常はすべてランダム振動領域として分類するので，上流側の渦の離脱周期による加振も一種のランダム振動として取り扱うことがあり，その場合は流体励振力の振動数特性に渦離脱周期の影響が含まれる。

【2】評価の歴史

各種プラントの熱交換器では，熱交換を行う伝熱管群が直交流に曝される状態

第２章：直交流れによる流動励起振動

で設計されることが多いため，円形断面構造体の流動励起振動問題は古くから熱交換器管群の問題として認識されてきた。とくに，伝熱管が破断したり摩耗して管表面が減肉する等のトラブルは記録も正確に残っていない時代から生じており，これを避けるために管の支持スパン長さを一定の値以下に設計する等（たとえばThorngren の評価[2]）の経験的設計評価が行われ，製造メーカーのノウハウとして蓄積される状況であった（以下表2.3-1 と対照されたい）。

2.1 節のように，渦励起振動が単体構造物だけでなく多数の構造物が林立する場合にも生じることは知られており，Chen(Y.N.)[3] は1968 年に管配列・ピッチをパラメータとする無次元振動数のマップを提案し，渦発生振動数と構造物の振動数が同期しないようにすることが設計の重要なポイントになった。

ところが1969 年，ピッツバーグ大学学位論文[4] でConnors が管群の直交流では渦励起振動ではない管相互の運動が流れからエネルギーを取り込む自励振動が発生することと，管の振幅に比例する流体力が作用すると仮定した自励的な振動の発生限界式を理論的に導き，現象を簡単な式(2.3-4)で評価できるとした。「流

表2.3-1　管群の流動励起振動の主要な研究の歴史

年	おもな研究発表（おもな研究者）
1966	ジェットスイッチメカニズム提唱 (Roberts)
1968	管群ストローハル数のマップ (Y.N.Chen)
1969	流力弾性振動限界式の提案 (Connors)
1970	熱交換器管群の管減肉対策指針 (Thorngren)
1972	管群ストローハル数のマップ (Fitz-hugh)
1973	ランダム励振力と気液二相流評価 (Pettigrew)
1980	流力弾性力の実験計測 (田中)
1981	管変位＆速度比例型流力弾性力モデル (S.S.Chen)
1982	はく離点移動モデル提案 (Lever)
1983	準静的流体励振力評価 (Price)
1984	気液二相流中の渦振動消滅確認 (原)
1987	蒸気―水二相流による振動実験 (Axisa)
1988	ランダム励振力の相関評価 (Au-Yang)
1992	気液二相流の2つの安定限界提案 (中村)
1994	ASME流動励起振動指針改定 (Au-Yang)
1996	蒸気―水二相流の流力弾性力の実験計測 (Mureithi)
1997	水―空気二相流の流力弾性力の実験計測 (稲田)
2000	U字管群全体系モデル試験 (中村)
2001	JSME蒸気発生器流力弾性振動防止指針 (岩壺)
2012	流れ方向流力弾性振動の発生と評価 （中村）

2.3 円形断面・多数体

力弾性振動」と名付けられたこの振動現象は 1970 ～ 80 年代の活発な研究活動に繋がっていったが，すでに 1966 年に Roberts[5] が，管群中の流れに生じるジェットスイッチ現象から不安定振動の発生を理論的に予測し，実験的に確認していたので，真の意味では Connors が先駆者ではない。ただ，自励振動の発生限界を簡潔に表す式を導き，当時急ピッチで発達しつつあった原子力産業に応用されたことで一躍脚光を浴び，数多くの後続研究が実施される展開となった。

その先頭に立っていたのは Paidoussis & Price のグループ，Weaver らのグループ，Chen (S.S.) らであり，この流力弾性振動を生じる流体力を準静的な流体力として考える (Paidoussis & Price[6]) か，管群中の管表面での剥離点の移動で説明する (Weaver ら[7]) 等の特徴があるが，Chen (S.S.) ら[1] が提唱していた流力弾性力を管の変位・速度・加速度の関数で与える方式[6] に最大の光明を与えたのが田中ら[8] の流力弾性力の実験計測であり，実験を介するので汎用性が少ないという欠点はあるが理論的には統一的方向が定まった。これらの研究の結果，最初に Connors が示した理論は流力弾性振動の 1 つのメカニズムである「変位メカニズム」のみであったが，実際には「速度メカニズム」と呼ばれる別のメカニズムも存在し，自励振動発生の限界評価も Connors 式のように簡単な評価ではないことがわかった。さらに，2012 年に米国で生じたトラブルは流れ方向流力弾性振動であるとされ[28]，この点に注目した研究が継続している。

なお，ランダム振動応答については工学的興味が低いため目立った研究はないが，1973 年に Pettigrew[9] が管群上流側の管と管群内部の管で差異があるとする研究を発表し，それが ASME の規格にも採用されている。また，ランダム振動応答評価には管軸に沿った励振力の相関の評価が必要であるが，長い間その評価は棚上げにされており，1988 年に Au-Yang[10] が相関に注目した研究を発表するまでは発展はなかった。現在でも相関に関するデータは多いとはいえず，精度の良い評価式は提案されていない。

ところで，上述の歴史は単相流に対する展開であるが，気液二相流についてもほぼ同時期に研究展開が行われてきた。先駆者は Pettigrew[11] であり，気液二相流では規則的な渦放出がないために，渦励起振動は考慮しなくてよいとして，流力弾性振動とランダム振動応答評価の 2 つを対象とした。彼の評価は単相流による振動評価手法をそのまま気液二相流に適用しているが，当初は評価できることそのものが新鮮であった。気液二相流でもボイド率が小さいと渦励起振動が発生

61

第2章：直交流れによる流動励起振動

するため，まったく渦励起振動が問題ないわけではないが，ボイド率が小さい場合は単相流と同様に取り扱えばよいことも原らの研究[12]でわかっている。

1970年代の実験は水—空気二相流試験であったが，実際に気液二相流が問題となる製品は高温・高圧状態であるケースが多く，Axisaらの研究[13]等では，水—蒸気二相流を用いて二相流の付加する減衰を求めている。中村ら[14]の実験も同様であるが，気液二相流の流速評価を独自の流速評価をベースにした，ランダム振動応答評価手法と流力弾性振動発生限界評価手法を発表した。とくに，間欠流と呼ばれる流動様式では「絶対的不安定」と「間欠的不安定」の2種類の安定限界があることを理論的に明らかにした。

1990年代に入ると費用的な観点から安価で技術的に水—空気のような問題点のないフレオン二相流が実験装置として用いられることが多くなってきており，U字型管群全体系のモデル試験のような大規模な実験[15]も実施されている。また，気液二相流でも単相流で成功を収めた田中方式の流力弾性力計測が，稲田ら[16]やMureithiら[17]によって試みられていると共に，流れ方向の流力弾性振動が二相流状態でも生じるという報告がある。

2.3.3　評価方法

【1】単相流による振動

（1）一様流

①　渦励起振動

流体から円柱に作用する励振力は周期的であり，その振動数f_Wは前出の式(2.1-1)で評価される。式中の無次元係数Stは実験的に求められ，現在では図2.3-2の円柱間隔の関数として整理した結果[18]が使用されることが多い。

なお，単体ではストローハル数Stはレイノルズ数Reの関数として示されているが，円柱群ではレイノルズ数依存性に関する文献はない。また，式(2.3-1)は流れ直交方向（揚力方向）の流体励振力の振動数に対応するが，単体の場合に指摘された流れ方向（抗力方向）の2倍の振動数の励振力や，さらに大きなストローハル数に対応する対称渦による振動の可能性もありうる。円柱群でも単円柱と同様に流れ方向（抗力方向）の2倍の振動数の励振力や対称渦による振動を検討することが望ましい。さらに，フィンつき管群にも適用可能な図[19]も提案されている。

62

2.3 円形断面・多数体

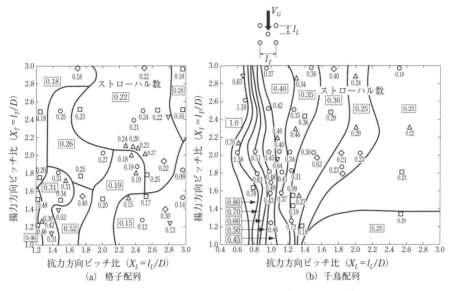

図 2.3-2 管群におけるストローハル数とピッチ比の関係[18]

　また，単円柱の場合と同様に，円柱群でもロックイン現象が生じ，渦の周期的離脱振動数f_Wが円柱の固有振動数f_sに引きずり込まれて共振する，という問題を想定する必要があるが，円柱群の場合は整理された実験データはほとんどないので，設計評価としてASME等ではつぎの近似式が利用される[20]。

$$0.7(\text{or } 0.8) \leq \lambda \leq 1.3(\text{or } 1.2) \qquad \lambda = f_w/f_s : 振動数比 \qquad (2.3\text{--}1)$$

　2.1節の単一円柱と同様にロックイン領域での円柱の応答量を計算する必要があるが，流体励振力Fは次式で定義される無次元励振力係数c_L，c_Dを実験的に計測し，強制的な正弦波状の荷重として与えることにより近似的に評価する場合も多い。ただし，励振力の計測データは数少なく，公表文献ではChen(S.S.)の例[1]がある程度である。

$$F = \begin{cases} \dfrac{1}{2}\rho c_L V_G^{\,2} DL \sin(2\pi f_W t) \\ \dfrac{1}{2}\rho c_D V_G^{\,2} DL \sin(2\pi f_W t) \end{cases} \qquad (2.3\text{--}2)$$

このように流体励振力を強制外力と見なせば，運動方程式を解くことにより応

第2章：直交流れによる流動励起振動

答量が求められ，一般にこの計算は有限要素法等に基づく解析コードを使用して解く．円柱の両端の支持条件が簡単な場合には，次式で近似的に評価できる．

$$X_d(x) = H(\lambda) X_s(x) \tag{2.3-3}$$

ここに，$X_d(x)$：位置xにおける振動応答量

$X_s(x)$：励振力Fが円柱に静的に作用した場合の変形量

$H(\lambda)$：円柱の応答倍率 $\left(= \left[\dfrac{1}{(1-\lambda^2)^2 + (2\zeta\lambda)^2} \right]^{1/2} \right)$

② 流力弾性振動（自励振動）

Connors[4]が流力弾性振動と名付けて提案した，無次元限界係数Kを使った自励振動評価式(2.3-4)があり，**図2.3-3**のグラフで示される．

$$\frac{V_c}{f_S D} = K \left[\frac{m\delta}{\rho D^2} \right]^{1/2} \tag{2.3-4}$$

ここに，V_c：流力弾性振動発生限界流速（円柱間のすきま流速）

これを出発点として流力弾性振動評価には大きく2種類の方法が存在する．

・非定常流体力計測に基づく方法

理論的には最も正確と思われている方法で，構造物の振動によって引き起こされる流体力を実験的[8]もしくは数値流体力学(CFD)等のシミュレーション解析[21]

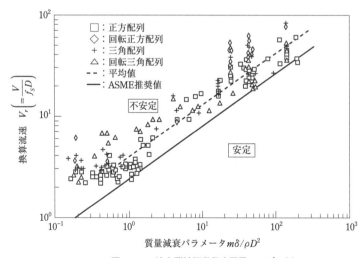

図2.3-3　流力弾性振動発生限界マップの例

2.3 円形断面・多数体

配列	a	b	適用範囲 δ_S
一列円柱	$1.35\ (T/D - 0.375)$	0.06	$0.05 < \delta_S < 0.3$
	$2.30\ (T/D - 0.375)$	0.5	$0.3\ < \delta_S < 4.0$
	$6.00\ (T/D - 0.375)$	0.5	$4.0\ < \delta_S < 300$
正方	2.1	0.15	$0.03 < \delta_S < 0.7$
	2.35	0.5	$0.7\ < \delta_S < 300$
回転正方（45度）	$3.54\ (T/D - 0.5)$	0.5	$0.1\ < \delta_S < 300$
三角	$3.58\ (T/D - 0.9)$	0.1	$0.1\ < \delta_S < 2$
	$6.53\ (T/D - 0.9)$	0.5	$2\ \ < \delta_S < 300$
回転三角（60度）	2.8	0.17	$0.01 < \delta_S < 1$
	2.8	0.5	$1\ \ < \delta_S < 300$

で評価する。さらに構造物振動との位相を考慮し，円柱の変位・速度・加速度に比例するとして前出の評価式(2.2-4)の各項を求め，これを基に運動方程式を解く。

・簡易評価式

Chen(S.S.)が数多くの実験データの中から，流力弾性振動の限界を判定する簡易的な評価式として次式を提案しており[1]，一般にはこれを薦める。

$$\frac{V_c}{f_S D} = a \left[\frac{m_V \delta_V}{\rho D^2} \right]^b \tag{2.3-5}$$

ここに，T：管ピッチ，　$\delta_S = \dfrac{m_V \delta_V}{\rho D^2}$ と定義している

ここに，添字 V はそれぞれ真空中の値を採用することを意味しているが，このようなパラメータを真空中の値で評価するか，実際の流体雰囲気中の値で評価するかは議論が分かれるところであり，限界係数〔式(2.3-4)の K〕の値は，この定義によって大きく左右されるので注意が必要である。とくに，液体中の円柱群の固有振動数は流体—構造連成効果で多数の近接振動数が存在するため，それぞれの文献における定義に注意すべきである。また，**図2.3-3** の回転正方（45度）配列の流力弾性振動の限界値は，流れ方向の流力弾性振動に対する値であるが，その他の配列の限界値は流れ直交方向の流力弾性振動に対する値と考えてよい。

なお，減衰比 $\zeta_V (= \delta_V / 2\pi)$ も対象製品で異なるので一般的な値は提示しがたいが，**表2.3-2** に円柱の1次固有振動数評価式とともに示す値が参考になる。ただ

65

第2章：直交流れによる流動励起振動

し，材料や支持状態の影響も大きいのでこれは単なる目安値である。

③ ランダム振動

ランダム振動につながる流体力の要因は，円柱群上流側の流れの乱れと円柱群で生じる流れの乱れ（渦運動も含まれる）と考えられる。とくに前者は円柱群の置かれている環境に依存するため，一般的な乱れ状況の設定ができない可能性が大きいが，これを乱れ度 TI（平均流速に対する変動成分の比）を1つの尺度として図2.3-4のように無次元流体力係数 c'_D, c'_L（おのおのの抗力と揚力に対応）をレイノルズ数をパラメータとした実験で求めている[1]。無次元量は式(2.3-2)と同様に定義されている。

流体励振力 F'（ランダム変動平均値）が評価できれば，統計理論に基づく解析コードを使用して計算することができるが，常にこのような計算を実施するので

表2.3-2 円柱構造物の振動数評価式と減衰比の目安

円柱両端の支持状態	1次固有振動数近似式	真空中の減衰比 ζ_V の目安値
両端溶接固定	$f_V = \dfrac{(4.73)^2}{2\pi L^2}\left(\dfrac{EI}{m_V}\right)^{1/2}$	0.05〜0.2%
両端間隙支持	$f_V = \dfrac{\pi}{2L^2}\left(\dfrac{EI}{m_V}\right)^{1/2}$	1.0〜1.5%
片端固定他端間隙支持	$f_V = \dfrac{(3.93)^2}{2\pi L^2}\left(\dfrac{EI}{m_V}\right)^{1/2}$	上記の中間

$\zeta_V = \delta_V / 2\pi$

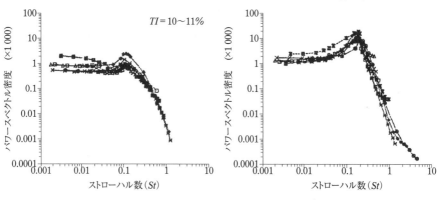

図2.3-4 円柱群に働くランダム励振力計測例[1]

2.3 円形断面・多数体

は間に合わないことも想定されるので、単一円柱の式(2.1-9)と同様に簡略式が求められている。つまり、円柱の全スパン長さにわたって流体励振力はまったく同一の励振力として作用するとし、円柱の対応する振動モードは基本モードのみであり、励振力の振動数成分はこの基本振動数近傍でほぼ一定であると仮定すると、円柱の両端が単純支持であれば次式で円柱の変位振幅の二乗和平均 $\overline{X}_d^2$ の最大値（円柱スパンの中央部の応答値）を求められる。

$$\overline{X}^2{}_d(x = L/2) = \frac{S_F(\omega_1)}{4\pi^5 f_1^3 m^2 h_1} \tag{2.3-6}$$

なお、$\overline{X}_d$ は RMS 値であり、振幅の最大値はこの 3～5 倍程度と評価されている。

(2) 不均一流

① 渦励起振動

式(2.1-1)で周期的渦離脱振動数 f_W を計算する点は一様流と同じであるが、右辺の流速 V_G が場所により一様でないため、発生する渦の振動数が場所により異なる。円柱の全長にわたってほぼ同様と見なせる流れ分布であれば一様流で近似することもできるが、極端に流速分布に傾斜がある場合は、そのどこかでロックイン状態になる可能性がある場合でも、共振現象がまったく見られない場合もある。ただし、実績がない場合には、安全設計の観点よりつぎのケースと同様に扱う必要がある。

領域ごとに区分的に流速が異なる場合は、流速の傾斜分布の場合と異なり、それぞれの領域では同一の渦の周期的離脱があるものと見る方が自然であり、その中には共振状態に入る領域もあるかもしれないので、このような場合には次式で応答計算をする。つまり、運動方程式は線形であるので、各領域 k ごとの励振力 $F_k(k=1, 2, \cdots)$ に対する応答解 $_kX_d(x)$ を式(2.3-3)により求め、これらを単純に足し合わせる。

$$X_d(x) = \sum_{k=1,2,\cdots} {}_kX_d(x) \tag{2.3-7}$$

この和が結果として絶対値和になっているのは、各領域の渦の発生振動数が異なるため、最大値としては重ね合わせの結果としてすべての振動において位相が最大点で一致する場合を想定する必要があるためである。

② 流力弾性振動

式(2.3-4)は流れが一様であることを前提にしており、不均一流れの場合に対しては Connors 自身がエネルギー釣り合い評価式に基づくつぎの評価式を提案[22]し

67

第2章：直交流れによる流動励起振動

ており，物理的には厳密ではないが設計評価式として一般的によく使われている。

$$SR = \frac{V_e}{V_c} \tag{2.3-8}$$

ここに，V_e：有効流速 $\left(= \left[\dfrac{\displaystyle\int_0^L \dfrac{\rho(x)}{\rho_{average}} V_G(x)^2 \phi(x)^2 dx}{\displaystyle\int_0^L \dfrac{m(x)}{m_{average}} \phi(x)^2 dx} \right]^{1/2} \right)$

式(2.3-8)で定義される値 SR が1以下であれば安定，1以上であれば不安定と評価する。これで不均一流れに対する流力弾性振動安定判別は可能であるが，不安定な場合には対策を練る必要がある。

③　ランダム振動

不均一流れの場合は，励振力のパワースペクトル密度 $S_F(\omega)$ $(=2G(\omega))$ が位置により変化するため式(2.3-6)は厳密には成立しない。

しかし，それでは解析不可能になってしまうので，つぎの2種類の方法で対処する。

Ⅰ）近似的に励振力のパワースペクトル密度の振動数特性(図2.3-4)は位置により流速が変わっても次式で表せるとし，これを評価式に代入して計算する。

$$S_F(x,\omega) = \left(\frac{1}{2} \rho c' V_G(x)^2 \right)^2 \bar{S}_F(\omega) \tag{2.3-9}$$

ここに，$\bar{S}_F(\omega)$　：励振力の正規化したパワースペクトル密度

Ⅱ）励振力のパワースペクトル密度の振動数特性が変わらないと判断できる領域を円柱の長手方向に分割し，それぞれの領域 k で上記の方法により変位振幅の二乗和平均 ${}_k \bar{X}_d(x)^2$ を求めたうえでそれらを次式で足し合わせる。

$$\bar{X}_d(x)^2 = \sum_{k=1,2,\cdots} {}_k \bar{X}_d(x)^2 \tag{2.3-10}$$

【2】気液二相流による振動

気液二相流の場合は流動様式と呼ばれる流れの状況で現象が大きく異なる。流動様式に関しては，分類そのものが熱流動分野の大きな研究テーマの1つであるので，ここでは詳細は省略する。流動様式にはさまざまなパラメータが影響するため判定は難しいが，直交流れによる管群内部の流動様式に関しては Grant[23] やベーカー線図[24] と呼ばれるマップがある。ボイド率（全体の容積中の気体の容積

68

の割合)を1つの目安とすると，水系の気液二相流の流動様式は小さなボイド率（液体が主体）から大きなボイド率（気体が主体）に変化するときの様相は以下のようである：

① 気泡流（液体流れが主体で気泡が混入している状態：気泡流等）
② 間欠流（①と③の中間の混入度合であるが，流れは非定常性の強い間欠的な流れとなっている：スラグ流・フロス流・環状流等）
③ 噴霧流（気体流れが主体で液体は霧状に混ざっている状態：噴霧流等）

(1) 渦励起振動

原らの実験[12]によればボイド率が15％以下では単相流と同様の渦の周期的離脱が観察されるが，それ以上の気泡混入率になると周期的な渦の離脱は見られなくなると報告されている。ボイド率が高い方の限界に関しては明確なデータがないが，目安としては噴霧流や環状噴霧流状態では渦の周期的離脱に対する考慮が必要と考えた方が安全側である。

したがって，およそ15～95％程度の範囲のボイド率状態では渦励起振動現象は配慮しなくてよいと考えられるが，それ以外の領域では二相流状態であっても渦励起振動に対する検討が必要である。この領域での検討方法は実は単相流の場合とまったく同じである。

ただし，気液二相流状態で特別に考慮する必要があるのは，流体密度 ρ と流速 V_G が次式で定義されることと減衰比 h が図2.3-5に例示するように単相流より大きく見積もれることである。

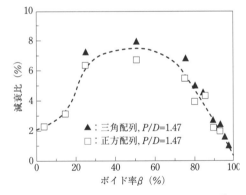

図2.3-5 気液二相流中の管の減衰比計測例[11]

$$\begin{cases} \rho = \rho_g \alpha + \rho_l (1-\alpha) \\ V_G = j_g + j_l \end{cases} \tag{2.3-11}$$

ここに，j_g, j_l：気体と液体の見かけ流速（各流体が流路断面を単相で流れると仮定した場合の流速）

なお，図2.3-5は横軸にボイド率 α のかわりに気体体積流量率 β をとっている

第2章：直交流れによる流動励起振動

が，振動関係の文献では，しばしばこの気体体積流量率 β を「ボイド率」と呼んで使用しており注意が必要である。

（2）流力弾性振動

気液二相流でも流力弾性振動は生じる。これは気泡流・噴霧流状態だけではなく間欠流状態でも同様である。しかし，間欠流状況では後述のようにランダム励振力が大きい場合（温度・圧力が高くない水—空気二相流では顕著）があり，流力弾性振動の発生限界の判定が困難なこともある。

一般的には評価方法は単相流に対するConnors式(2.3-4)を用い，この中の限界係数 K を実験的に求めることで気液二相流の評価とする。Pettigrewは限界係数 K は管配列によらず3を推奨している。

ただし，ここでは単相流と異なり，振動数・減衰比・円柱の質量評価に真空中の値ではなく気液二相流中の値を使用する。つまり，減衰比 h は図2.3-5のような二相減衰比 h_{TP} を真空中の円柱の減衰比 h_V に単純に足し合わせた値を使用するし，振動数も二相流中の値，円柱の単位長質量 m は円柱周囲の流体の排除質量効果を加えた値を使用する。

なお，U字型管群で大規模な実験が実施されConnors評価式にのっとった評価の結果，限界係数 K=7.3 を中心にした設計指針が機械学会から刊行されているので詳細はこれを参照されたい[25]。

（3）ランダム振動

気液二相流が単相流と大きく異なって問題が大きくなるのは，時にこのランダム振動を引き起こす励振力が一部の流動様式で強い力となるためである。気泡流とか噴霧流のように渦励起振動が問題となる流動様式であれば，密度補正だけで単相流と同様の評価をすればよく，むしろ単相流状態よりも減衰が増加して応答が小さくなることもある。しかし，間欠流領域では気泡流状態とは比較にならないほど大きな励振力となることがあるので注意が必要である。したがって，間欠流領域以外では評価手法および励振力の評価式は単相流と同様に扱えばよい。

① 一般的なパワースペクトル密度[26]

次式に基づいて正規化したパワースペクトル密度 $\overline{\Phi}_E(f_r)$ が図2.3-6のように提案されている。

$$\begin{cases} \overline{\Phi}_E(f_r)=10f_r^{-0.5}\,(\text{for }0.06\geq f_r) \\ \overline{\Phi}_E(f_r)=2\times10^{-3}f_r^{-3.5}\,(\text{for }0.06\leq f_r) \end{cases} \quad (2.3\text{-}12)$$

2.3 円形断面・多数体

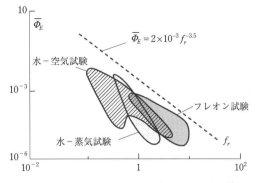

図 2.3-6 気液二相流のランダム励振力提案例[26]

ここに，f_r：無次元振動数（$=fd_B/V_G$，d_B：気泡径）

② 間欠流領域でのパワースペクトル密度[14]

励振力の大きな間欠流領域だけについて，「間欠流状態での流速」の再評価に基づくつぎの評価式が提案されている。これは，励振力と実験的に求めた液スラグ速度V_sが比例関係にあるという想定から励振力のパワースペクトル密度も液スラグ発生のショットノイズで近似している。

$$G_F(\omega) = \frac{1}{2}S_F(\omega) = \frac{4\nu}{\omega^2 + \nu^2} \tag{2.3-13}$$

ここに，ν：インパルス応答の減衰量（実験値）

これらの評価式を式(2.3-9)のパワースペクトル密度として使用する。

2.3.4 トラブル事例

公表されている事例は，実際に存在する数多くの事例の氷山の一角であり，基本的には前節までの評価手法に基づき個々の事例で評価するしかないが，ここには公表文献[27]に示されているトラブル事例から参考にすべき事例を選んで表2.3-3に紹介する。また，日本国内の原子力施設のトラブル情報はネット上の公開ライブラリーで検索することができる。

第2章：直交流れによる流動励起振動

表2.3-3 トラブル事例[27)]

No.	対象構造と流れ	現象	推定メカニズム	対策
1	気液二相流	管表面の減肉が1.3万時間運転後に発生	流力弾性振動 $$K = \frac{U}{fD} / \sqrt{\frac{m\delta}{\rho D^2}} = 17.9$$	U字管部分に支持を追設して振動数を上昇
2	液体ナトリウム BANK 18	13日間の運転で管が破損	流力弾性振動	管支持板増設とクリップ型拘束装置で振動数を上昇
3	蒸気 ~152cm Tube Damage Area 8.89cm Tube Bank Steam Inlet	蒸気流入部の受衝板付近の管のみが破損	ランダム振動	穴あきグリッドを流入窓付近に設置し乱れレベル低下
4	溶解塩 FUEL INLET 1/2-in-OD TUBES THERMAL-BARRIER PLATE TUBE SHEET COOLANT INLET CROSS BAFFLES 16.4-in. OD・0.2-in. WALL・8-11 LONG COOLANT-STREAM SEPARATING BAFFLE COOLANT OUTLET FUEL OUTLET	U字管群部の管が振動しシェルに接触	流力弾性振動 $$\frac{U}{fD} = 19～5.2$$ $$\frac{m\delta}{\rho D^2} = 0.35$$	外周管4本除去，管群間にワイヤ挿入，受衝仮設置，シェル側流路拡大
5	ガス	36時間運転後に支持のない管が減肉	渦励起振動が主体であるがシェル側の気柱共鳴振動数との一致もあった	管群間に棒を挿入して支持点を増加し管同士の振動数も変えた
6	水 Tube A, Row 102 Tube B, Row 103 Position of Failed Tube (Row 100) Outer Edge of inner Baffle Inner Edge of Outer Baffle 30.16cm 31.75cm	3ユニットの同じ位置の管が破断	流力弾性振動が疑われたが現象と一致せず渦励起振動と結論	破断管をプラグし流量制限を設けた
7	水 Damaged Fuel Rods Flow Path Center Baffle Plate Corner Baffle Plate Fuel Rods	コーナー部の燃料集合体の数本のロッドが破損	バッフル板のすきまからの流れでランダム振動が生じたとされるがその後の歴史は流力弾性振動であると判断	バッフル板のすきまをなくす工夫をした

2.4 矩形断面 他

参 考 文 献

1) Chen, S.S., 1987, "Flow-Induced Vibration of Circular Cylindrical Structures", Hemishere Pub.
2) Thorngren, J.T., 1970, Hydrocarbon Processing.
3) Chen, Y.N., 1968, Transaction of ASME, pp.134-146.
4) Connors, H.J., 1969, PhD. Report, University of Pittsburg.
5) Roberts, B.W., 1966, Mechanical Engineering Science, Monograph No.4.
6) Price, S.J., Paidoussis, M.P., 1984, Journal of Sound and Vibration, Vol.97-4, pp.615-640.
7) Lever, J.H., Weaver, D.S., 1982, ASME Journal of Pressure Technology, Vol.104, pp.147-158.
8) 田中博喜, 1980, 機論, 第46巻408号, pp.1398-1407.
9) Pettigrew, M.J., Gorman, D.J., 1973, International Symposium on Vibration Problems in Industry.
10) Au-Yang, M.K., 1999, ASME PVP-Vol.389, pp.17-33.
11) Pettigrew, M.J., et al., 1978, Nuclear Engineering and Design, Vol.48, pp.97-115.
12) 原文雄, 大谷功, 1984, 機論, 第48巻, 第431号, pp.962-969.
13) Axisa, F., et al., 1988, ASME PVP-133.
14) Nakamura, T., et al., 1992, ASME Journal of Pressure Vessel Technology, Vol.114, pp.472-485.
15) Takai, M.et al., 2000, Proceedings of 8th International Conference on Nuclear Engineering, ICONE-8090.
16) Inada, F., et al., 1997, ASME AD-Vol.53-2, pp.357-364.
17) Mureithi, N.W., et al., 1996, ASME PVP-Vol.328, pp.111-121.
18) Fitz-hugh, J.S., 1973, International Symposium on Vibration Problems in Industry.
19) Chen, Y.N., 1968, Transactions of the ASME Journal of Engineering for Industry, pp.134-146.
20) ASME, 1995, ASME Boiler and Pressure Vessel Code-Section III Rules for Constrcution of Nuclear Power Plant Components Division 1-Appendices pp.370-397.
21) Ichioka, T., et al., 1995, 3rd International Conference on Nuclear Engineering, S125-2, pp.603-608.
22) Connors, H.J., 1978, ASME Journal of Mechanical Design, Vol.100, pp.347-353.
23) Grant, I.D.R., 1975, NEL Report No.590, pp.1-22.
24) Baker, O., 1954, Oil and Gas Journal, Vol.53, p.185.
25) 日本機械学会基準, 2002, 「蒸気発生器伝熱管U字管部流力弾性振動防止指針」JSME S016.
26) de Langre, E., Villard, B., 1994, Proceedings in EAHA Conference.
27) Naudascher, E., Rockwell, D., 1980, "Practical Experiences with Flow-Induced Vibrations", Springer-Verlag.
28) Southern California Edison, 2012, "San Onofre Nuclear Generating Station Unit 2 Return to ServiceReport", NRC Wb site, pp.1-54.

2.4 ▶ 矩形断面 他

　本節では，機械工学で取り扱われる領域の構造を中心として，矩形およびその変形断面を有する構造物まわりの流れにより発生する流動励起振動問題について述べる。また，ガイドベーンや航空機等の翼形状断面の構造物，および土木工学で扱われる橋梁，鉄塔についての振動問題についても簡単に触れるが，これらは，その重要性のゆえに研究が鋭意進められており，詳しくは当該分野の文献を参照のこと。

第2章：直交流れによる流動励起振動

2.4.1　検討対象の概説

　ここでは，本節で対象とする製品の例を述べて，取り扱う対象を理解してもらい，つぎに流れと構造形状のおのおのの分類を述べ，対応する種類の振動機構の判別の手引きとする。

【1】 対象製品例

　本節に分類される構造物としては，プラント機器内の流れに曝される構造物，風に曝される構造物や，河川流や海流に曝される構造物等が想定されるが，本節では，矩形断面等の基本的な形状，あるいは機械・プラント関係の分野で頻繁に見られる構造物をおもな対象とした。

【2】 流れによる分類

　流体は，レイノルズ数等の無次元数が等しければ，「気体」か「液体」のいずれかにかかわりなく「単相流」として取り扱う。一方，動力プラント等における「気液二相流」の場合は，単相流とは若干異なる取り扱いが必要であるが，研究例は極めて少なく対象外とした。

　さらに流速が主流方向に時間的に変化しない一様流と，主流方向に時間的に変化する振動流がありうるが，矩形断面に振動流が作用する条件での研究は少なく，また，プラントでの応用上も限定されるため除外し，時間的に定常な流れのみ取りあげた。

　せん断流の影響を考慮しなくてはならないことがあり，とくに海洋工学の分野においてせん断流に関する研究が多く存在するが，機械・プラント関係の分野の構造物ではまれであり対象外とした。

【3】 構造形状による分類

　矩形断面の構造体からなる製品を分類する場合，**図 2.4-1** に示すように，矩形断面構造体の軸方向にも振動を伴う面外振動と，矩形断面内の面内振動に分類される。さらに矩形断面内の面内振動は，平行（軸方向曲げ）振動，回転（軸方向捩り）振動，および，それらの組み合わせの3種に分類される。

2.4 矩形断面 他

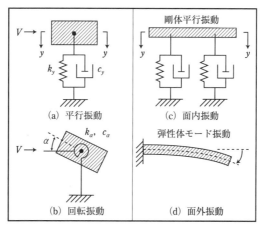

図 2.4-1 構造形状により異なるさまざまな振動形態

(1) 断面内の振動

　機械・プラント関係の構造物や煙突・ビル等の土木構造物で，回転剛性が比較的大きい場合には，流体力によって生じる回転モーメントによる回転振動は無視しうる。この場合，流れに直角方向および流れと同じ方向の曲げ振動のみが問題となる。一方，橋梁等の土木構造物や，航空機の翼等の航空工学分野のものに関しては，構造を軽くする必要があり，曲げ剛性に対して回転剛性は相対的に小さい。そして流体力によって生じる回転モーメントは無視し得なくなり，曲げ振動の他に，ねじり振動，曲げ―ねじり連成振動が生じうる。

(2) 軸方向の振動

　軸方向の振動に関しては，マルチスパンの構造物や長軸の構造物でモード形状の影響を考慮し，多自由度系の振動解析を行わなければならない場合がある。また，軸方向に断面形状が変化する場合や，表面粗さが変化することが考えられるが，この場合は，有限要素法や伝達マトリックス法等を用いて，各要素にこれらの影響を取り込み，多自由度系の振動解析を行うことになる。

　また，上述の梁の曲げやねじり振動問題以外に，矩形型のシェル振動も考えられるが，その特殊性のゆえに省略する。

【4】この章での検討対象

　以上をまとめると，この章では振動問題として機械分野で頻繁に観測される定

第2章：直交流れによる流動励起振動

常直交流による矩形断面またはその変形断面の単一梁の振動現象を中心に取り扱うこととする。その応用としての矩形断面，またはその変形断面の多数の梁が，流れ方向に直角に一列に配置された場合の渦による振動[1]や，梁の後流側に分離板(スプリッタプレート)を設ける場合[13,14]の挙動が報告されているが，ここでは触れない。

2.4.2 現象の説明と評価の歴史

【1】現象の説明

矩形断面を持つ単一の梁(角柱)に直交する定常流によって起こる梁の振動は，さらにつぎの3種類に大別される。

(1) 渦励起振動

角柱においても渦は円柱と同様に斜め後方へ離脱し，流れ直交方向と流れ方向に振動しうる。角柱のカルマン渦の振動数は，縦横比や迎え角の影響を受ける。

円柱の場合と同様に，角柱でも構造物の固有振動数が渦による励振振動数に近い場合に，渦の剥離振動数が構造物の固有振動数に同期するロックインが流れ直交方向にも流れ方向にも生じうるが，とりわけ流れに直交する方向の振動は振幅が大きくなることがあり，トラブル発生要因として最も気をつける必要がある。角柱では，その断面の縦横比や迎え角の違い，どの方向に振動しやすいか(流れおよび流れに垂直な方向，回転方向等)によって，さまざまな振動形態をとりうるが[1]，角柱のロックインの発生に関して，いまだに広範囲の形状ならびに流動パラメータを包括する系統的な知見は確立されてないようである。

(2) 乱れ誘起振動

角柱においても円柱の場合と同様に，構造物の固有振動数が渦による加振力の卓越振動数から十分離れている場合には，おもに流れの乱れで励振されることになる。この乱れによる振動は，円柱の場合に比べて，より大きいものとなる。また，上流側の流れの乱れ強度(乱れ度)によっても角柱の振動は変化する。

(3) ギャロッピング

一様流体中に弾性支持されている矩形断面の角柱が，流れに対し角度をもって置かれている場合を考えてみる。角柱は周囲の流体から静的な揚力，抗力，および回転モーメントを受けるが，これらの流体力の特性によっては，物体が揚力，

抗力，あるいは回転方向に微小に振動することにより流体から動力学的な負の減衰力を受け，振動が自励的に発散する。これをギャロッピングといい，揚力方向モード，抗力方向モード，回転方向モードおよびそれらの連成したモードと，さまざまなモードのギャロッピングが生じうる。同様の機構で発生する自励振動に，フラッターがある。ギャロッピングとフラッターの用語は，対象分野によって使い分けられる。主として土木分野の流線型でない1自由度振動系が風や潮流によって励起される自励振動に対しては，ギャロッピングという用語が用いられることが多いが，航空宇宙分野の流線型翼構造の曲げねじり連成自励振動に対しては，フラッターという呼称が一般的である。ギャロッピングは，カルマン渦による自励振動の発生速度領域以上の高流速で発生するが，スクルートン数 S_c が小さい領域では両者の発生流速領域が重なり現象が複雑化し評価が難しくなる。

【2】評価の歴史

（1）渦励起振動

矩形断面の梁については，カルマン渦のはく離振動数を f_w，流速を V，流れに垂直な方向（高さ方向）の投影長さを d とすると，そのストローハル数 St は次式で定義される。

$$St = \frac{f_w d}{V} \tag{2.4-1}$$

矩形に対する S_t 数は，縦横比や迎え角や断面コーナーの曲率半径等の幾何学的条件の影響を受け，また，主流に対するレイノルズ数 Re や流れの乱れ強度等の流動条件によっても影響を受けることが知られている。これまで多くの研究者が実験によって求められてきた結果，角柱のストローハル数は角に丸みをつけた場合を除き大体 0.1 ～ 0.2 の範囲に収まっているようである[1]。一方，角に丸みをつけた角柱のストローハル数は 0.2 ～ 0.3 の範囲を取ることがある。実際のプラント等で頻繁にみられる高レイノルズ数領域等の流動条件に対するデータは，幾何学条件に対する場合に比べて不足している。

これまでに多くの研究者が，おもに円柱を対象として，ロックイン時の最大振幅特性を理論的に予測することを試みてきたが，角柱を対象とした検討例は少ない。

Naudascher の研究[1] によれば，角柱の場合，角柱の断面形状（縦横比，迎え角，各コーナーの曲率），角柱自体の支持特性（流れ方向，流れに直交する方向，回転

第2章：直交流れによる流動励起振動

方向の質量・減衰・弾性特性）および流れの特性（レイノルズ数，乱れ度）等によって，さまざまな振動形態をとりうる。このため，現状では評価のための体系的なデータベースは確立されておらず，評価したい体系に近い過去の研究を文献で調べ，結果を類推するしかないようである。とくにストローハル数に対するデータと同じく，実験の困難な高レイノルズ数領域での予測が難しい。

（2）乱れ誘起振動

角柱の乱れ誘起振動も，円柱と同様に角柱に作用する乱流流体力のパワースペクトル密度(PSD)を測定した結果を規格化し，これをもとに応答計算を行う。近年の風の影響を受けやすい柔構造ビル等を対象とした，建築，土木の分野では実験データの収集が進んでいる。しかし，渦励起振動の場合と同様，角柱の断面形状（縦横比，迎え角，各コーナーの曲率），流れの特性（レイノルズ数，乱れ度）等の多くのパラメータを含むため，実験の困難な高レイノルズ数領域でのデータが不足している。評価したい体系に近い過去の研究を文献で調べ，結果を類推する。

近年の計算機の発達に伴い，流動数値解析を利用して角柱に作用する乱流流体力のPSDを直接計算できれば，特定の矩形形状に対して実験により流体力を求める必要がなくなるので，非常に有効であり，研究の進展が待たれる。

（3）ギャロッピング

ギャロッピングは，歴史的には着氷した送電線が風を受けたときに，大振幅振動が発生し，これがあたかも馬が跳ねる（ギャロップする）ように見えたことから，命名された。

1940年のTacoma橋崩壊にも関連するこの現象は，1950年にDen Hartogによって理論的に説明された。以来，Novak，中村，Naudascher等の研究者が，主として1950年代から1980年代にかけて，さまざまな断面形状を有する角柱に種々の流動条件下で生じるギャロッピングの研究を進めてきた。現在では，揚力係数と抗力係数を求め，減衰が負となる条件を調べることにより発生領域が推定でき，また，位相—振幅徐変化法等の非線形系解析法の適用により，振動振幅も比較的精度良く求まるようになってきた。航空機の翼での曲げ—ねじり連成フラッターの発生予測は極めて重要で，その発生条件の評価や防止にかかわる研究が1950年代から1980年代にかけて行われ，評価法が構築された。

2.4 矩形断面 他

2.4.3 評価方法

　定常流によって生じる円柱の渦励振および乱れ誘起振動の評価について、初めて基準・指針化したものとして、ASME Code Sec.III Div.1 Appendix N–1300 Series がある。同指針に示す手順により、角柱の渦励振および乱れ励起振動についても評価可能であるが、評価に必要なストローハル数等の実験データベースは、円柱のものしか示されておらず、既往研究例より類似のデータを探す必要がある。ASME Code ではギャロッピングは取り扱ってないが、文献2) に詳しい。

【1】 渦励起振動

　流体から角柱に作用する周期的な渦励振力の振動数 f_w は、次式で評価される。

$$f_w = St \frac{V}{d} \qquad (2.4\text{-}2)$$

　ただし、V は流入流速、d は角柱の厚み(高さ)である。無次元係数であるストローハル数 St は実験的に求められる。この渦励起振動は渦の周期的離脱振動数が角柱の固有振動数と一致しない限り、一般には大きな振動には結び付かず問題とならないが、両者が近接し、自励振動が発生するケースの評価については後述する。また、式(2.4-2)は流れ直交方向(揚力方向)の流体励振力の振動数に対応するが、流れ方向(抗力方向)にはこの2倍の振動数の励振力が作用する。渦による流れ方向の自励振動が発生したときの振幅は、揚力方向の振動に比べて小さいが[3]、問題となる場合もあり注意を有する。

　　[角柱が流れに対して傾いてない場合のストローハル数]

　角柱の形状特性である縦横比 e/d と角柱断面の各コーナーの曲率、および、流れの特性であるレイノルズ数や乱れ度(Turbulence Intensity : TI)等によって変化し(図2.4-2(a))、$0.05 \sim 0.2$ 程度の値をとる。

　　[角柱が流れに対して傾く場合のストローハル数]

　角柱の迎え角 α によってストローハル数の変化する様子を図2.4-2(b)、図2.4-3 に示す。その際、式(2.4-2)の角柱の厚み d の代わりに、角柱の厚みを流れ方向へ投影した長さ d' を用いることに注意する。

　　[角柱に生じる各種の渦励起振動の発生流速]

　無次元流速 V_r が増加すると、角柱の縦横比 e/d と迎え角 α の条件により、**表**

第2章：直交流れによる流動励起振動

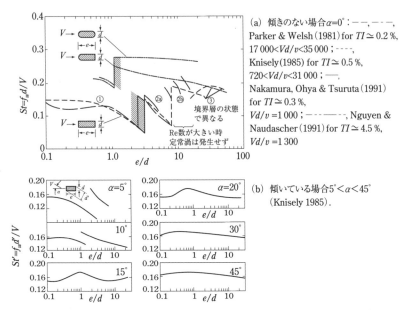

図2.4-2 角柱のストローハル数（縦横比，迎え角，角の丸みの影響）[1]

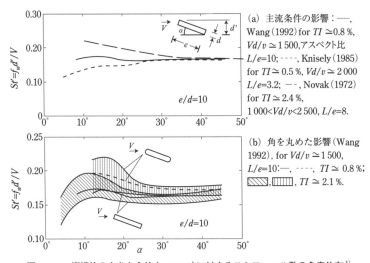

図2.4-3 縦横比の大きな角柱（e/d=10）に対するストローハル数の角度依存[1]

2.4-1 に示す 4 種類の異なる機構の振動が生じる（図 2.4-4，図 2.4-5 参照）。

［角柱に生じる各種の渦励起振動の振動振幅］

円柱と同様の手法で角柱に生じる各種の渦励起振動の振動振幅を予測しうるが，研究例は少ないようである。縦横比や迎え角，角柱断面の角の丸み付けの有無，振動方向等の振幅挙動への影響を，実験で求めた結果が Naudascher の文献 1) に示してある。

【2】乱れ誘起振動

角柱のランダム励振の振動応答式も，円柱の場合と同様に JSME S 012 で計算できる。その手順はすでに 2.1.3 項に示してあるが，以下に要点のみ再記する。

不規則振動理論を用いて乱れ誘起振動の応答を求める。乱れ誘起振動振幅の 2 乗平均 w^2_{mean} は，以下の式で表現している。

$$w^2_{mean} = \frac{\beta_0 G_F(f_0)}{64\pi^3 m^2 f_0^3 \zeta} \phi_0^2(z) \tag{2.4-3}$$

表 2.4-1　角柱に生じる各種の渦励起振動 [1]

縦横比 e/d	迎え角 α	渦の種類	予想される振動
$0<e/d<2$	—	LEVS：Leading−edge vortex shedding（前縁から渦のはく離する領域（図2.4-4））	・カルマン渦による流れに直角方向の振動および流れ方向の振動 ・物体の運動に伴う流体負減衰の作用によるギャロッピング
$2<e/d<16$	—	ILEV：Impinging leading−edge vortex shedding（前縁はく離渦の再付着する領域（図2.4-4））	・カルマン渦による流れ直角方向の振動および流れ方向の振動とモーメントによるねじり振動
$16<e/d$	—	TEVS：Trailing−edge vortex shedding（後縁から渦のはく離する領域（図2.4-4））	・平板と同様の挙動をすると考えられるが，この領域の顕著な振動は認められない。
$10<e/d$	$10°<\alpha$	AEVS：Alternate−edge vortex−shedding（縦横比の大きい矩形柱で迎角が大きい場合に前縁と後縁から交互に渦がでる領域（図2.4-5））	・IEVS の領域や TEVS の領域にある縦横比の大きい矩形柱が，大きな迎角を持ったときに生じる渦で，流れ方向あるいは長手方向の振動が発生

第2章：直交流れによる流動励起振動

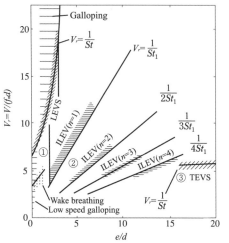

(a) 弾性支持された角柱振動への縦横比の影響
（主流乱れ小，低減衰支持，$\alpha=0$，斜線は流れ
に直交方向の振動，波線は流れ方向の振動）

(b) 渦生成のモードと縦横比の関係

図 2.4-4　角柱に関する各種の渦励振モード[1]

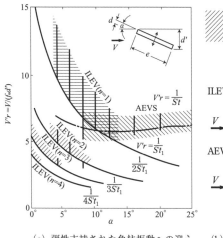

(a) 弾性支持された角柱振動への迎え角の影響（主流乱れ小，低減衰支持，$e/d=10$，斜線は振動範囲）

(b) 渦生成のモードと迎え角の関係

図 2.4-5　縦横比の大きい場合（$e/d=10$）の角度の変化によって生じる渦励振モード[1]

ただし，$\beta_0 = \dfrac{\displaystyle\int_{Le}\phi_0(z)dz}{\displaystyle\int_L\phi_0{}^2(z)dz}$

　乱れ誘起振動振幅のピーク値は，換算係数 C_0 を導入して，式(2.4-3)から以下となる。

$$w_R(z) = C_0\sqrt{\frac{\beta_0 G_F(f_0)}{64\pi^3 m^2 f_0{}^3\zeta}}\phi_0(z) \tag{2.4-4}$$

ただし $C_0 \fallingdotseq 3 \sim 5$ である。

　単位長さ当たりの乱流励振力のパワースペクトル密度 $G_F(f)$ は，規格化されたパワースペクトル密度 ϕ と変動流体力係数 C' を用いて，つぎのように表わす。

$$\begin{aligned}
G_F(f) &= (C'\frac{1}{2}\rho V^2 d)^2\Phi(f) \\
&= (C'\frac{1}{2}\rho V^2 d)^2\Phi(\bar{f})\frac{d}{V}
\end{aligned} \tag{2.4-5}$$

ただし，$\bar{f}$ は無次元周波数で，$\bar{f} = \dfrac{fd}{V}$ で表わされる。

　式(2.4-5)中の角柱に対する規格化された $\Phi(\bar{f})$ は，一般的な式が見あたらず，評価したい条件に近い実験から推定するか，あるいは模型実験で求める必要がある。

【3】ギャロッピング

　流れに直角に振動する角柱のギャロッピングを考える。流速を V，流れ直角方向振動変位を y とすると，角柱の変位によって生じる迎角は

$$\alpha \approx \frac{\dot{y}}{V} \tag{2.4-6}$$

となり，y 方向に角柱に作用する流体力は

$$F_y = -\frac{1}{2}\rho V^2 dC_L\bigg|_{\alpha=0} -\frac{1}{2}\rho V^2 d\left(\frac{\partial C_L}{\partial\alpha} + C_D\right)\bigg|_{\alpha=0}\alpha + 0(\alpha^2) \tag{2.4-7}$$

となる。長方形断面角柱断面に働く流体力の速度項 $\dot{y}/v$ に着目する。縦横比 e/d が約 2 以下の断面は迎角 0 度付近で負の揚力勾配 $\partial C_L/\partial\alpha < 0$ を持っている。負の揚力勾配は流体力が矩形柱の振動方向へ作用することを意味しており，$\partial C_L/\partial\alpha$ の絶対値が正の値である C_D よりも大きくなれば，揚力方向の流体力は振動を助長することになる。そして，流体力の速度項が角柱に作用する内部減衰力を上回ったときに自励振動が起こる。その限界の流速は，矩形柱の質量と減衰係数を導

第2章：直交流れによる流動励起振動

入し，つぎのようになる。

$$V \geq -\frac{4m\zeta\omega}{\rho d\left(\frac{\partial C_L}{\partial \alpha}+C_D\right)\Big|_{\alpha=0}} \tag{2.4-8}$$

これが振動が発生する限界の流速である。ギャロッピングの限界流速を求める際の参考として，さまざまな形状に対する $\partial C_y/\partial \alpha = -\partial C_L/\partial \alpha - C_D$ の値を**表2.4-2**[2] に示す。

流れに垂直な方向に対するギャロッピングの振動振幅は，位相振幅の緩やかな変化を仮定して，推定できる。y を振幅とすると，運動方程式は，

$$m\ddot{y}+2m\zeta_y\omega_y\dot{y}+k_y y=\frac{1}{2}\rho V^2 d C_y \tag{2.4-9}$$

ここで，式(2.4-9)の右辺の揚力係数 C_y を，式(2.4-6)で定義される向かい角 α の多項式で表現する。

$$\begin{aligned}C_y(\alpha)&=a_0+a_1\alpha+a_2\alpha^2+a_3\alpha^3+\cdots\\&=a_0+a_1\left(\frac{\dot{y}}{V}\right)+a_2\left(\frac{\dot{y}}{V}\right)^2+a_3\left(\frac{\dot{y}}{V}\right)^3+\cdots\end{aligned} \tag{2.4-10}$$

$C_y(\alpha)$ の多項式近似の例を**表2.4-3**に示す。

これらのデータをもとに，非線形方程式(2.4-9)の振幅のリミットサイクルの近似解を，位相—振幅徐変化法により求める。C_y を3次の多項式で近似した場合の簡潔な振幅評価式がNovak[10] によって与えられている。

$$A^*=\left[4\left(1-V^*a_1\right)\frac{V^*}{3a_3}\right] \tag{2.4-11}$$

ここで A^* と V^* はそれぞれ無次元振幅と無次元流速で，以下で定義される。

$$A^*=\frac{A_y}{d}\frac{\rho d^2}{4m\zeta_y} \tag{2.4-12}$$

$$V^*=\frac{V}{f_y d}\frac{\rho d^2}{4m(2\pi\zeta_y)} \tag{2.4-13}$$

正方形断面では，C_y を3次の多項式で近似して求めた式(2.4-11)でも概略の評価が可能であるが，7次まで用いるとより定量的な評価が可能となる（**図2.4-6**）。

この他にねじりモードや曲げ—ねじり連成モードでの不安定振動も発生しうる。ねじりモードでの不安定振動の発生条件は，導入は省略して結果のみを記する

84

2.4 矩形断面 他

表 2.4-2 定常流中の種々の断面形状梁の$\partial C_y/\partial\alpha$の値[16〜19]

断　　　面	$\partial Cy/\partial\alpha$[a]		Re 数
	滑らかな流れ	乱流[b]	
正方形 $d \times d$	3.0	3.5	10^5
$\frac{2}{3}d$ 幅 × d	0	0.7	10^5
$d/2$ 幅 × d	− 0.5	0.2	10^5
$d/4$ 幅 × d	− 0.15	0	10^5
$\frac{2}{3}d$ × d	1.3	1.2	66 000
$d/2$ × d	2.8	− 2.0	33 000
$d/4$ × d	− 10	—	2 000 〜 20 000
薄板 d	− 6.3	− 6.3	$>10^3$
翼型 d	− 6.3	− 6.3	$>10^3$
D 形 d	− 0.1	0	66 000
半円	− 0.5	2.9	51 000
山形 d	0.66	—	75 000

出典：Richardson *et al*.(1965)，Partinson and Brooks(1961)，Slater(1969)，
Nakamura and Mizota(1977)，Nakamura and Tomonori(1977)。
[a] αの単位はラジアン；流れは左から右へ。$\partial C_y/\partial\alpha = -\partial C_L/\partial\alpha - C_D$。$C_y$の単位は直径$d$基準。$\partial C_y/\partial\alpha < 0$が安定な条件。
[b] 乱れ度は約10%。

第2章：直交流れによる流動励起振動

表2.4-3　さまざまな断面形状の梁に関する C_y^a の α による多項式近似 [10, 11]

係数	縦長長方形 滑らかな流れ	縦長長方形 乱流	横長長方形 滑らかな流れ	横長長方形 乱流	D-断面 滑らかな流れ	D-断面 乱流	正方形 滑らかな流れ
a_1	0.	0.74285	1.9142	1.833	−0.097431	0.	2.69
a_2	−3.2736E+1[b]	−0.24874	3.4789E+1	5.2396	4.2554	−0.74824	0.
a_3	7.4467E+2	1.7482E+1	−1.7097E+2	−1.4518E+2	−2.8835E+1	5.4705	−1.684E+2
a_4	−5.5834E+3	−3.6060E+2	−2.2074E+1	3.1206E+2	6.1072E+1	−6.3595	0.
a_5	1.4559E+4	2.7099E+3	0.	0.	−4.8006E+1	2.6844	6.27E+3
a_6	8.1990E+3	−6.4052E+3	0.	0.	1.2462E+1	−0.3903	0.
a_7	−5.7367E+4	−1.1454E+4	0.	0.	0.	0.	−5.99E+4
a_8	−1.2038E+5	6.5022E+4	0.	0.	0.	0.	0.
a_9	3.37363E+5	−6.6937E+4	0.	0.	0.	0.	0.
a_{10}	2.0118E+5	0.	0.	0.	0.	0.	0.
a_{11}	−6.7549E+5	0.	0.	0.	0.	0.	0.

出典：Novak and Tanaka(1974), Novak(1969)。

[a] C_y は直径 d 基準の値。
[b] $Re = 5 \times 10^4$。流れは左から右へ。

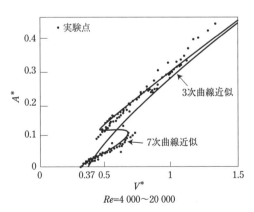

$Re = 4\,000 \sim 20\,000$

図2.4-6　流れに直角に振動可能な正方形柱のギャロッピング発生時の振動振幅 [12]

2.4 矩形断面 他

と，以下の式で示される。

$$\frac{V}{f_\alpha d} \geq -\frac{\left(\dfrac{4J_\alpha(2\pi\zeta_\alpha)}{\rho d^3 R}\right)}{\left(\dfrac{\partial C_M}{\partial \alpha}\right)}$$

(2.4-14)

ここで，$f_\alpha = (k_\alpha/J_\alpha)^{1/2}/(2\pi)$ は回転方向の固有振動数，ζ_d は回転方向の減衰係数である。また，$(\partial C_M/\partial \alpha)$ の例を**表 2.4-4** に示す。なお，翼形状については，他のデータ例を 3.2.1 節にも記載しており，評価の参考としていただきたい。

以上では，流れに直角方向に振動する場合，および，回転方向にのみねじり振動する場合の，最も単純な 2 通りの場合を例にとりギャロッピングを解説したが，この他に曲げ―ねじり連成モードでの不安定振動も発生しうる。これらは比較的柔構造でねじり強度の弱い橋梁や航空機翼構造で評価が重要となり，橋梁工学や

表 2.4-4　定常流中のさまざまな断面形状の梁の $\partial C_M/\partial \alpha$ の値 [15]

断面	$\partial C_M / \partial \alpha$ [a]	Re 数
d の正方形断面	-0.18	10^4–10^5
$2d \times 1d$ 断面	-0.64	5×10^3–5×10^5
$4d \times 1d$ 断面	$-18.$	2×10^3–2×10^4
$5d \times 1d$ 断面	$-26.$	2×10^3–2×10^4
翼形状断面 d，$d/4$，a	$\dfrac{2\pi a}{d}$ [b]	$>10^3$

[a] 迎え角 α の単位はラジアン，流れの方向は左から右へ。
[b] 迎え角 α は 8 度以下

87

第2章：直交流れによる流動励起振動

航空工学で研究が進んでいる[2]。

2.4.4 トラブル事例と対策のヒント

機械プラント分野にて，正方形に近い角柱を流れの中に曝す際のカルマン渦による励振やギャロッピングは，かなり的確に評価されてきている。しかし，縦横比 e/d が2〜16と比較的大きい矩形断面に対する複雑な渦の発生挙動が整理されてきたのは最近であり[1]，この縦横比の領域での渦励振の評価がより正確になると，トラブルはさらに低減できると考えられる。プラント構造物に十字型の断面の管を使う場合があるが，その流力振動の角度依存性等についての研究がなされている[20]。ガイドベーンやエルボスプリッタ(図2.4-7)では多くの発生例があり，これらの設計時に考慮する必要がある。土木，建築工学の分野で見られる，大型の割に柔構造である鉄骨構造ビル，橋梁等は，カルマン渦やギャロッピング，フラッター等の大振幅の自励振動が発生すると，タコマ橋の崩壊例のように被害が甚大となる可能性がある。そのため，事前の模型を使った確認等，その評価はかなり精密になされており，近年のトラブル例は少ない。

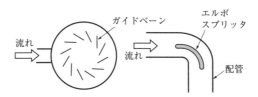

図2.4-7 ガイドベーンとエルボスプリッタの構造

参 考 文 献

1) Naudascher,E., Wang,Y., J. of fluids and structure, Vol.7, pp.341-373, 1993.
2) Blevins,R.D., "Flow-induced vibration", Second edition, Krieger publishing Co., 1990.
3) 岡島他, 機論B編, Vol.65, No.635, pp.2196-2222, 1999.
4) 岡島厚, 機論B編, Vol.65, No.635, pp.2190-2195, 1999.
5) 日本鋼構造協会編, "構造物の耐風工学", 東京電気大学出版局, 1997.
6) 日本建築学会編, "建築物荷重指針・同解説", 丸善, 1993.
7) Balendra,T., "Vibration of building to wind and earthquake loads", Spriger-Verlag, 1993.
8) 中村他, "矩形およびH型断面柱の空力3分力特性について", 九州大学応用力学研究所年報,第40号,1982.
9) Scruton, C., Proc. International Conference of Wind Effects on Buildings and Structures, Teddington, Her Majesty's stationary office, 1963.

10) Novak, M., ASCE Journal of the Engineering Mechanics Division, 96, pp.115–142, 1969.

11) Novak, M., Tanaka, H., ASCE Journal of the Engineering Mechanics Division, 100, pp.27–47, 1974.

12) Parkinson, G. V., Smith, J. D., Quarterly Journal of Mathematics and Applied Mathematics, Vol.17, pp.225–239, 1964.

13) Nakamura, Y., Hirata, K., Urabe, T., Journal of Fluids and Structures, Vol.5, pp.521–549, 1991.

14) Nakamura, Y., Journal of Fluids and Structures, Vol.10, pp.147–158, 1996.

15) Nakamura, Y., Mizota, T., ASCE Journal of Engineering Mechanics Division, Vol.101, pp.125–142, 1975.

16) Richardson, A. S., et. al., Proceedings of the 1st Int. Conf. on Wind Effects on Buildings and Structures, Vol.2, pp.612–686, 1965.

17) Parkinson, G. V., Brooks, N. P. H., Smith, J. D., Journal of Applied Mathematics, Vol.28, pp.252–258, 1961.

18) Salter, J. E., "Aeroelastic Instability of Structual Angle Section", Ph.D. Thesis, University of British Columbia, 1969.

19) Nakamura, Y., Tomonari, Y., Journal of Sound and Vibration, Vol.52, pp.233–241, 1977.

20) 西原崇他, 電力中央研究所研究報告 U01049, pp.1–17, 2002.

2.5 ▶ 管群による気柱共鳴

2.5.1 対象製品と現象の概説

【1】対象製品

　この現象は，ガスヒータ，ボイラ等を総称する熱交換器において生じる。共鳴発生に関連する因子はダクト，伝熱管群(以下，単に管群と称す)，および管軸に直交する気体の流れの3つで，熱交換器の騒音源となって設計者を悩ます問題として古くから知られているが，その予測および抑止方法については未確立な部分が多い。この現象は，管群による「気柱共鳴」あるいは「気柱振動」と呼ばれている。

【2】発生原理

　管群をダクトに内蔵する熱交換器において，ダクトを流れる気体がある流速に達すると，気柱振動が励起されて高レベルの騒音が発生する場合があり，最悪の場合にはプラントの負荷上昇が困難になるばかりでなく，構造の破損を引き起こす。この現象を図2.5-1により説明する。ガス流速の上昇とともに管群内で放出されるカルマン渦の周波数が増大し，ダクトの気柱共鳴周波数と一致すると騒音が発生する。気柱共鳴周波数f_iは音速cとダクト幅Wより次式で算出される。

第2章：直交流れによる流動励起振動

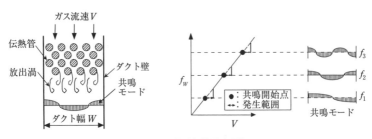

図 2.5-1　管群気柱共鳴現象

$$f_i = \frac{ic}{2W} \tag{2.5-1}$$

ここに，$i=1,2,\cdots$ はモード次数である．また，カルマン渦放出周波数 f_W は次式で与えられる．

$$f_W = St\frac{V_g}{D} \tag{2.5-2}$$

ここで，V_g は管と管の間の流速（ギャップ流速と称す），D は管外径，St は管群の配列で決まるストローハル数である．したがって，流速の上昇とともに高次の気柱共鳴がつぎつぎと発生することになる．以下，流速としてとくに断らない限り，管群前流の流速でなく，ギャップ流速を用いることにする．

この現象は，管群から放出されるカルマン渦が気柱振動を励振し，気柱振動がカルマン渦放出の際の位相が揃った，規則正しい渦放出を促進するという，フィードバック機構を有する自励振動である．この共鳴の発生条件として，以下の2つがともに成り立つことが必要となる．

・第1条件：周波数の一致．渦放出周波数が気柱共鳴周波数に一致する．
・第2条件：エネルギー収支．渦が供給する音響励起エネルギーが，音場で逸散されるエネルギーを上回る．

【3】現象の分類

気柱共鳴現象は，図 2.5-2 に示すように発生する気柱共鳴モードに応じて2つのタイプに分類される．第1のタイプは図 2.5-2(a)に示すように，

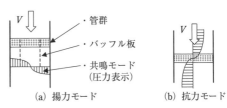

図 2.5-2　共鳴モードによる分類

ガス流れと管軸方向の両者に直交した方向，つまり管の揚力方向に卓越した気柱共鳴モードが発生する場合，第2のタイプは図2.5-2(b)に示すようにガス流れ方向，つまり抗力方向に卓越した共鳴モードが発生する場合である。以下，前者を揚力モード，後者を抗力モードと称する。

　一般には第1の，揚力モードが励起されるタイプが問題となる場合が多い。この場合，対策方法の観点から，気柱共鳴モードの発生場所によってさらに2つに細分される。1つは管群内部で発生する場合で，管群内に空間を仕切る板（バッフル）を設置して対策する。もう1つは揚力モードが管群前後の空間（キャビティ部）にまで広がる場合で，この場合にはキャビティ部にバッフルを設置して，あるいは管群内，キャビティ部ともにバッフルを設置することで共鳴抑止が可能となる。トラブル対策の場合にどの方法を選択するかは，可能であれば内部音圧分布計測を行って決定することが望ましい。なお，バッフルによる対策はいずれも共鳴発生の第1条件の回避，つまりバッフルによってダクト内音響空間のスペースを狭くし，気柱共鳴周波数が渦放出周波数を上回るようにする方法である。

　抗力モードが励起される第2のタイプに対しては，上記のバッフルを用いた対策が通用しないといわれている。このタイプは，渦放出周波数の2倍の気柱共鳴周波数の共鳴モードが励起される点に特徴があるが，詳細はp.95の「抗力モードに関する研究の歴史」の項で述べる。

　なお気柱共鳴発生時には，流速がある程度変化しても渦放出周波数は気柱共鳴周波数に一致した状態，つまりロックインが継続する。2.1.2項では構造物の振動と渦のロックインについて述べたが，音場と渦もロックインを生じることが知られている。

2.5.2　研究の歴史

　熱交換器の管群気柱共鳴についての論文は1950年代前半にも見られる[1]が，カルマン渦に関係したメカニズムについて詳細に検討した，1968年のY.N.Chenの論文[2]が草分け的存在として知られている。この論文では管群による共鳴現象がカルマン渦に起因していることを示すとともに，熱線による渦の計測，管に貼りつけたひずみゲージによる流体力の計測を行い，渦放出が音響共鳴モードと同期していることを指摘した。渦放出周波数が気柱共鳴周波数に拘束される「ロックイン」についても述べている。揚力方向の幅を不等にした千鳥配列バッフル挿入

第2章：直交流れによる流動励起振動

により共鳴周波数を不均一化する対策を提案している。また裸管，フィンつき管を対象に種々のピッチ比で実験し，フィンつき管も含むストローハル数のマップを作成している。さらに設計時点での共鳴予測に有用なパラメータを提案[3]しており，この分野の先駆的な研究といえる。その詳細については2.5.3項で述べる。

以下，これに引き続き行われた研究に関し，揚力モード，抗力モードごとに，設計段階での共鳴発生予測法，共鳴抑止法，フィードバック現象の解明等に関する研究の概要を紹介する。なお，これらの研究の歴史を知るには，Weaver[4]，Paidoussis[5]，Blevins[6]，Eisinger[7] 等によるレビューの論文が有用である。

【1】揚力モードに関する研究の歴史

（1）設計予測法

共鳴発生を設計時点で予測する最も基本的な方法は，第1条件を成立させない，つまりダクトの気柱共鳴周波数を渦放出周波数と一致させないことである。渦放出周波数は式(2.5-2)で示したように，管群のストローハル数より容易に求められる。裸管管群のストローハル数については，Y. N. Chen[2]，Weaver[8] 等の研究もあるが，2.3節の図2.3-2に示したFitz-hughのマップ[9] がよく使われる。フィンつき管については，Y. N. Chen[2]，Mair[10]，奥井[11]，濱川[12,13] 等の研究がある。これについては2.5.3項で詳述する。

もう1つの条件，エネルギー収支に関しては厳密な評価は困難であり，蓄積された実験室データや実機データを管群構造や流速との関係で整理した形での設計予測法の研究が行われてきた。Grotz[14]，Y.N.Chen[2]，Fitzpatrick[15]，Ziada[16]，Blevins[17]，Eisinger[18] 等多数にわたる。また，これらの方法の妥当性を比較評価したものとして，Eisinger[7]，Blevins[17] 等の研究もある。次項では，その中の代表としてY.N.Chen[2] およびEisinger[18,19] の方法を紹介する。

なお各手法の精度も重要であるが，これらの研究のもう1つの成果は「密な管群では共鳴が発生しにくい」傾向を明らかにしたことである。その一例として，図2.5-3(a)，(b)にそれぞれ格子配列と千鳥配列の場合の管群ピッチ比に対する共鳴発生領域を示す[17]。いずれの配列でも原点近傍，つまり管群の配列が密になるほど共鳴が発生しづらいことが認められる。その原因として，渦の成長にはある程度のスペースが必要ではないかと推定されている。共鳴発生時の最大音圧レベルの予測についての研究も行われている[20] が省略する。

2.5 管群による気柱共鳴

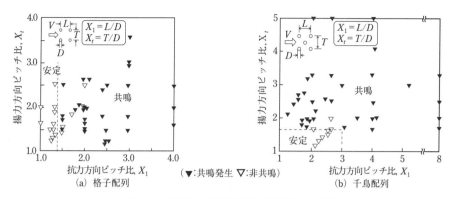

図2.5-3 管群ピッチ比に関する共鳴発生マップ[17]

(2) バッフル設置方法

バッフルは基本的には揚力モード抑止策として用いられる。管群部へのバッフル設置方法の原則は，図2.5-4(b)に示すように共鳴モードの音圧の節(音響粒子速度の腹)に設置することである。したがって慣れた人であれば，共鳴中のダクトに沿って歩いただけで，どこにバッフルを入れるべきかを指摘することができる。図2.5-4(b)は等間隔配列の例である。Y.N.Chenは，図2.5-4(a)に示すようにダクト幅を不等ピッチで仕切る千鳥配列バッフルを提案している[2]が，Eisingerは共鳴実験により効果を否定している[21]。

キャビティ部へのバッフル設置に関しては，共鳴トラブル時に管群部からバッフルを張り出して抑止できた例，管群部に設置不可能なことからキャビティ部のみにバッフルを設置して抑止した例(2.5.4項にその例を示す)等，トラブル対策ではさまざまなケースがある。キャビティ部のバッフル設置に関する研究例として，

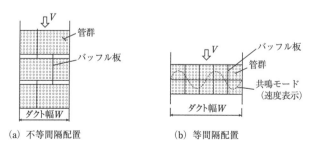

図2.5-4 揚力モード抑止用バッフル配置の一例[21]

第2章：直交流れによる流動励起振動

管群部の上流部や下流部へのバッフル設置効果について，Blevins の研究では顕著な効果が認められないとしている[17]。これに対し，フィンつき管群を対象とした根本の研究[22,23]では，2段管群におけるおのおのの管群内のバッフルを，図2.5-5(a)に示すように管群の抗力方向ピッチの2倍の長さだけキャビティ部に張り出すと抑止効果がある(図2.5-5(b))としている。

抗力モードがバッフル追設で抑止された例も報告されている[24]。しかし，逆に抗力モードの発生が促進される場合もある[25]ことから，抗力モードに対する抑止法としてはバッフルの設置は適切ではないといわざるを得ない。

(3) フィードバック現象の解明

管群部での気柱共鳴は，渦/音場の相互作用によって引き起こされることはY.N.Chen[2]をはじめとして多くの研究者の指摘しているところである。図2.5-6はその概要を模式的に示したものである。安定状態では音圧変動レベルは小さく，かつ時間的にも空間的にもランダムとなる。その場合には，渦放出周波数は一定であるが放出の位相は各渦でランダムである(図2.5-6(a))。これに対し，気柱共鳴により規則正しい周波数で空間的にも同期した音圧変動が生じる場合には，渦は2つの形態での影響を受ける。図2.5-6(b)に示すように，第1に，渦自身の強度が増大する。第2に，渦放出も音圧変動に同期し，3次元的な同期，つまり管と管，あるいは管軸方向の同期範囲(これを相関長さと称す。)が増大する。

このようなフィードバック現象の解明とそれに基づく設計予測の研究は，基本的には図2.5-7に示す考え方に従っている。つまり，渦放出による音響励振力は，管に作用する流体力の反力として評価できる。したがって，音場の周期的な変動に対する管に作用する，渦放出による流体力の位相関係を評価することにより同

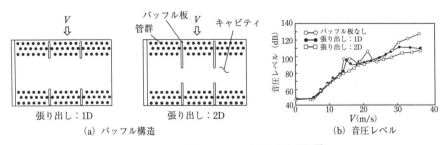

図2.5-5 キャビティバッフルとその抑止効果[23]

2.5 管群による気柱共鳴

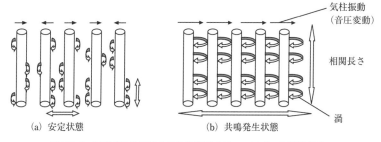

(a) 安定状態　　　　(b) 共鳴発生状態

図 2.5-6　音場（音圧変動）と流れ場（渦）のフィードバックの模式図

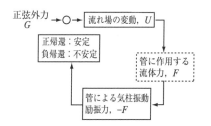

図 2.5-7　音場－流れ場フィードバック機構

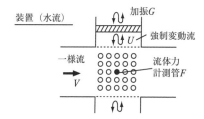

図 2.5-8　強制変動流による安定判別[29]

図に示すような安定判別が可能となる。このような考え方に基づく音場/渦相互作用の実験[26,27,29]，あるいは数値シミュレーション[30]による解明が試みられ，また田中[31]はこの考え方に基づく安定判別式を導出している。図 2.5-8に水流装置を用いた実験方法を示す[28,29]。一様流れである主流に直交する方向（揚力方向）に変動流を与えて管に作用する揚力変動を計測し，その変動流に対する位相差を評価し，その正負で安定不安定を判別している。

しかし，今後この手法が設計予測にまで展開するには，管群内の相関長さの定量化，種々の管配列に対するデータの蓄積，あるいは管群，ダクト出入り口からの音響放射，ダクト内壁の吸音等による音場の消散エネルギー，つまりモード減衰比の評価方法の確立等，残された課題は多い。

【2】抗力モードに関する研究の歴史

この共鳴モードは揚力モードと比較してこれまであまり着目されなかったが，

第2章：直交流れによる流動励起振動

一般に用いられるバッフル板による抑止効果が期待できないこと，発生条件が不明なこと等により熱交換器設計上の隘路事項になっている。

抗力モードの再現に関する最も基礎的な例として，1次元ダクトによる再現実験が葉山らにより行われ，管群の位置が励起される共鳴モードの圧力変動の節（音響粒子速度の腹）にあることが示された[32]が，これは，渦による励振力が双極子型であることを示唆している。実機規模での検討例として，片山らは単段[25]，あるいは多段の管群[33]を内蔵するガスヒータの抗力モード抑止策の開発を目的に模型実験を行っている。抗力モードの共鳴周波数は渦放出周波数の約2倍の関係にあることを示し，それに対応する共鳴モードの同定を行っている。図2.5-9，図2.5-10に西田らがボイラを対象に行った模型実験の結果[34]を示す。図2.5-9において最初に渦放出周波数の2倍の線に沿って抗力モードが生じるが，突然共鳴周波数が低下し，渦放出周波数の線上に移動する。このときに共鳴モードも抗力モードから揚力モードに変化する。それぞれの共鳴モードの代表例を図2.5-10に示す。一般に抗力モード，揚力モードと呼ぶことにしたが，実際は両方向に連成したモード形状であることがわかる。抗力モードの共鳴周波数が揚力モードの場合の約2倍となるが，これは渦放出の形態が，抗力モードと揚力モードの共鳴では異なるためであることに起因する[48]。つまり，揚力モードはよく知られている渦発生形態である交互渦によって励起されるのに対し，抗力モードは対称渦によって励起される。対象渦のストローハル数については，円柱の振動の場合の検討結果が図2.1-6に示されており，この図から対称渦による共振ピークが交互渦の場合の約半分の換算流速で発生すること（つまり，ストローハル数は約2倍となること）が分かるが，これは気柱振動の場合にもあてはまる。以上が抗力モードの共鳴周波数が揚力モードの場合の約2倍となることの原因である。

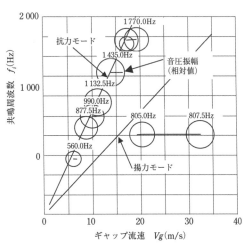

図2.5-9　ボイラ模型における共鳴周波数と流速の関係[34]

2.5 管群による気柱共鳴

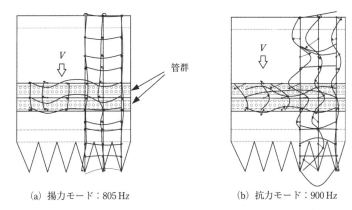

(a) 揚力モード：805 Hz   (b) 抗力モード：900 Hz

図 2.5-10 ボイラ模型における共鳴モード測定結果[34]

抗力モードの抑止法に関する興味深い研究例として，船川は1次元ダクト内に複数の管群を設け，さまざまな対策法を試みている[35]。その実験結果の一例を図 2.5-11 に示す。出口に設けたベルマウスにより共鳴発生流速は5m/sから9m/sに上昇しているが，その原因として，開放端からの音響放射がベルマウスにより

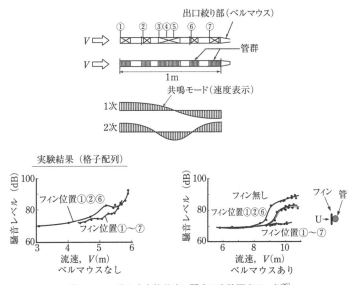

図 2.5-11 流れ方向柱共鳴に関する実験研究の一例[35]

促進されるため，音場の減衰特性が増大したことが考えられる．また管の上流側にフィンを設けた実験も実施し，その効果を検証している．

しかしながら，抗力モードに対する設計時の予測はもちろんのこと，対策についても汎用的な手段は未確立といえる．片山は，バッフル挿入により現象が複雑化し，抗力モードの共鳴が促進される場合もあることを指摘し[25]，特定の条件ではあるが，千鳥配列では格子配列と比較して抗力モードが発生しにくいという結果を得ている[33]．

2.5.3 設計予測方法

以下，とくに断らない限り管群部で生じる揚力モードを対象とする．また流速はギャップ流速を使用する．

【1】共鳴発生の第1条件：渦放出周波数と気柱共鳴周波数の比較による予測

設計段階で共鳴発生を抑止するための最も確実な方法は，共鳴発生の第1条件（渦放出周波数と気柱共鳴周波数の一致）が成り立たないようにすることである．そのためには2つの周波数の予測評価が必要である．

裸管管群の渦放出周波数については，前項で述べたように任意の管配列に対して容易に評価可能である．フィンつき管については図2.5-12(a)に示すように，従来のソリッドフィンと，図2.5-12(b)に示すように，フィンに切り込みを入れてねじる構造により伝熱性能を高めたセレイテッドフィンと称するタイプの2種類がある．濱川らの方法[12,13]では，この両者のフィンつき管の管群における渦放出周波数の予測が可能である．フィンつき管の渦放出周波数は，フィンの流路低減効果を裸管の直径が増大したとみなして評価する．その等価直径については，管群の渦放出計測結果に基づいて提案された次式で算出する．

$$D^* = D + (D_f - D)\frac{nt}{25.4} \quad (2.5\text{-}3)$$

ここにD^*はフィンつき管の等価直径，Dは芯管の直径，D_fはフィン外径，nは1インチ当たりのフィン巻き数である．tはフィン厚さであるが，セレイテッドフィンの場合には，ねじれによる流路方向投影面積の増大を見込んだ値とする．この式により等価直径計算式を導出し，それをも

図2.5-12　フィンつき管

2.5 管群による気柱共鳴

とに，先に示した図 2.3-2 の Fitz-hugh のマップ[9]よりストローハル数を求めて渦放出周波数を推定する。本手法の妥当性を図 2.5-13 に示す。上記の手法から求めたストローハル数は渦放出周波数測定結果から求めたストローハル数と良い一致を示している。なお，いずれのタイプのフィンつき管でも共鳴が発生するが，これについては裸管との差異を比較した一連の研究が根本らによりなされている[36]。

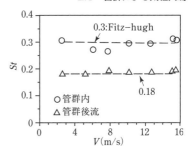

図 2.5-13 フィンつき管群の流速とストローハル数の関係[13]

つぎに気柱共鳴周波数については，揚力方向の 1 次元的な共鳴周波数は式(2.5-1)により容易に算出できるが，温度分布がある場合，ダクト形状が複雑な場合，あるいはダクト開口部等の存在により境界条件が明確でない場合には FEM 計算が必要となる。また管群部内部の音速は，管群による減速効果を考慮し，Parker の式(2.5-4)で評価する必要がある[37]。

$$c' = c/(1+\sigma)^{0.5} \qquad (2.5\text{-}4)$$

c'，c はそれぞれ管群がある場合とない場合の音速，σ は管群充填率，つまり管軸直角平面単位面積当たりの管断面総面積の割合を示す値である。

ここで，2 つの周波数の一致度に関して，Blevins は渦放出周波数と共鳴周波数の接近による共鳴発生範囲を次式で与えている[38]。

$$St(1-\alpha)\frac{V_g}{D} < f_i < St(1+\beta)\frac{V_g}{D} \qquad (2.5\text{-}5)$$

ここに St はストローハル数，V_g はギャップ流速，D は管外径，f_i は n 次の気柱共鳴周波数である。α，β は管配列に依存するが，平均値は各々 0.19，0.29 である。つまり，渦放出周波数が共鳴周波数より小さい流速条件でも共鳴が発生する可能性を示唆している。この際，渦放出周波数が気柱共鳴周波数にロックされる現象が生じることは先に述べたとおりである。

なお，抗力モードに対する周波数の検討をする場合には，渦が気柱を励振する周波数は渦放出周波数の 2 倍である点に留意する必要がある。

第2章：直交流れによる流動励起振動

【2】共鳴発生の第2条件：管群構造と共鳴発生条件の関係に基づく予測

共鳴抑止の基本は第1条件（周波数の一致）の回避にあるが，それに従うと非現実的なほど膨大なバッフル枚数が必要となる場合がある。また，構造上やメンテナンスの都合上，あるいは経済設計のためバッフル数を減らしたい場合がある。このような場合の設計予測においては第2条件（エネルギー収支）の検討が重要となる。しかし前項で述べたように，エネルギー収支についての厳密な評価は困難であることから，実験データや実機データに基づく共鳴発生予測・判定法が提案され，実設計に活用されてきた。ここでは，これらの方法のうち，実機データによる検証[7]の結果として比較的信頼性に優れ，かつよく使われていると考えられるY.N.Chenの方法[2]と，Eisingerの方法[18, 19]の2つを紹介する。

（1）Y.N.Chen の方法[2]

Chenは管群構造，流れ条件に依存する，次式に示すパラメータ ψ（以下，Chenのパラメータと称す）の値がある限界値以上であれば共鳴発生の可能性があるとした。

$$\psi = \frac{Re}{St}(1-\frac{1}{X_l})^2 \frac{1}{X_t} \tag{2.5-6}$$

ここに Re はレイノルズ数，St はストローハル数，X_l, X_t は抗力方向，揚力方向の管ピッチ比である。この式は抗力方向ピッチ比 X_l やレイノルズ数 Re の増大により共鳴が発生しやすくなることを示唆しているが，これらの特徴は，たとえば図2.5-3に示すような実測データの傾向とも符合している。Chenは当初，限界値を600としていたが，実機ボイラの過熱器，再熱器と称する管群部を対象とした研究[3]により，管群部における流れの非一様性を考慮して限界値を2000にまで引き上げた。このことから推定されるように，実際に設計者が使用するには，製品ごとに過去のデータを元にしてこの限界値を定めることが望ましい。

（2）Eisinger の方法[18,19]

つぎに，この方法の特徴を引き継ぎ，さらにChenの方法では考慮できなかった，一般的な共鳴抑止手段であるバッフルの設計を可能にした点で有用なEisinger等の方法を述べる。本方法は任意の方向の共鳴モードに適用できるとしているが，ここでは管群内部の揚力方向モードに限定する。また管群配列は格子配列と千鳥配列のいずれにも適用可能である。

一様流れが管群部で失う単位体積・単位時間当たりのエネルギーは，流速と管群部での圧力損失の積で与えられる。このエネルギーが音場への入力エネルギーに

変換されるという考え方に基づき，Eisinger は次式に示す共鳴発生判定のための
パラメータ（以下，Eisinger のパラメータと称す）を提案した。

$$M\Delta P = (V_g / c')\Delta P \tag{2.5-7}$$

ここに，M はギャップ流速 V_g と管群部内の音速 c' の比で与えられるマッハ数，
ΔP は管群部での圧力損失（単位は Pa で以下同様）である。そして，多数の実機
データ，実験室データに基づき，i 次の共鳴モードに対する流速（式(2.5-10)によ
り求まる）でのこのパラメータの限界値が，図 2.5-14 (a) に示すようにつぎの 2 つ
の式の大きい方の値で与えられるとしている。

$$(M\Delta P)p,i = 0.07 \times 10^{0.4375[(D/WSt)/0.0172-1+i]} \tag{2.5-8}$$

$$(M\Delta P)V,i = 0.035 c'(D/WSt)Re \cdot i \, / \, \psi \tag{2.5-9}$$

その導出過程（詳細は省略）を踏まえ，$(M\Delta P)p,i$ を音響圧力ベースの限界値，
$(M\Delta P)V,i$ を音響粒子速度ベースの限界値と称する。D は管外径，W はダクト代
表寸法（ダクト幅），St はギャップ速度で表したストローハル数，i は共鳴モード
次数，c' は式 (2.5-4) で与えられる管群内での音速，Re はレイノルズ数，ψ は
式 (2.5-6) で与えられる Chen のパラメータである。ψ の計算において揚力方向，
抗力方向ピッチ比 X_t, X_l が必要となるが，千鳥配列におけるこれらの値の定義を
図 2.5-14 (a) に示す。

つぎに本判定方法の適用方法を図 2.5-15 により説明する。最初に 2 重枠内の
設計条件によって決まる諸パラメータを与える。なお，圧力損失の評価には，
Grimison[39]，Jacob[40]，Blevins[41] 等の研究が有用である。つぎに，この諸パラ
メータを用いて，運転流量範囲から発生が推定される共鳴モード次数を抽出する。
基本的には対象とする機器の運転時最大流速での対応する共鳴モード次数（i_{max}）
以下のすべての共鳴モードに対する評価が必要となる。これらの共鳴モードの次
数は流速が与えられれば，式(2.5-1)の共鳴周波数 f_i と式(2.5-2)の渦放出周波数
f_W が等しいという条件

$$f_i = ic'/(2W) = St \cdot V_g/D \tag{2.5-10}$$

によって容易に推定できる。これらの共鳴モードにおける Eisinger のパラメータ
$(M\Delta P)i$ の値が，次式

$$(M\Delta P)upper,i = \max[(M\Delta P)p,i, \, (M\Delta P)V,i] \tag{2.5-11}$$

を上回れば共鳴発生の可能性があるのでバッフル追設が必要となる。図 2.5-14 (c)
にその適用結果の一例を示す。式(2.5-11)の限界値と，運転最大流速での Eisinger

101

第2章：直交流れによる流動励起振動

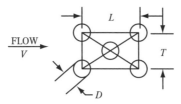

(a) 千鳥配列におけるピッチ比の定義

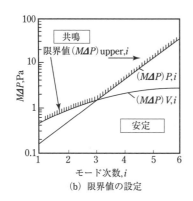

(b) 限界値の設定

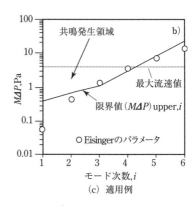

(c) 適用例

図 2.5-14　Eisingerの設計予測法 [19]

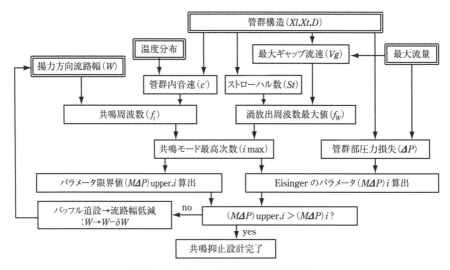

図 2.5-15　Eisingerによる安定判別のフロー

のパラメータ(図中，最大流速値と称す)の2つの線に挟まれた領域が共鳴発生領域であり，この例では3次，4次がそれに該当する。図2.5-4(b)は，これに対応すべく4次モードを抑止するためにバッフル追設を行った例である。なお，本手法も実機／実験データをベースとしているため，実際に設計者が使用するには，製品ごとに過去のデータを基にした検討(とくに限界値の設定)が必要であろう。

2.5.4 トラブル事例と対策のヒント

対策のためには，第1に周波数の一致，第2にエネルギー収支のどちらかの条件の成立を未然に防ぐことが必要となる。具体的な対策として，
・第1条件については，バッフル設置による共鳴周波数の増大，あるいは運転流速の制限
・第2条件については，吸音構造の追設等による音場の減衰増大

その他，広い意味での第2条件(フィードバックを防ぐという意味で)として，ダミーチューブを管群の前に配置する等の方法で流れ場を乱して渦の規則性を崩す方法がある[25,42,43]。

以下，上記の観点からの代表的なトラブルの対策事例を紹介する。

(1) 廃熱回収用ボイラの例[44]

ボイラの構造を図2.5-16(a)に示す。実機測定の結果，図2.5-16(b)に示すように，揚力方向1次の気柱共鳴(共鳴周波数68Hz)が発生していることを確認した。ダクト幅(約3m)とガス温度(約200℃)から式(2.5-1)により求まる揚力方向1次の気柱共鳴周波数は70Hzであり，運転流速(ギャップ流速で約6.5m/s)，管外径(31.8mm)から式(2.5-2)により求まるカルマン渦放出周波数は63Hzで両者は実測値とほぼ一致することから，カルマン渦による揚力方向の気柱共鳴が生じていることが明らかとなった。バッフルをキャビティ部に図2.5-16(c)に示すように追設することにより共鳴現象は完全に消滅した。

(2) シェル＆チューブ型熱交換器の例[45]

対象製品(エアクーラ)の構造を図2.5-17(a)に示す。図2.5-17(b)に示すように，内部音圧測定により，シェル断面内の，管軸と流体の流れ(上下)方向のいずれにも直交する共鳴モード(周波数約120Hz)を検出した。また流速から推定される渦放出周波数と共鳴周波数がほぼ一致する。この2つの事実から，この共鳴はこれ

第2章：直交流れによる流動励起振動

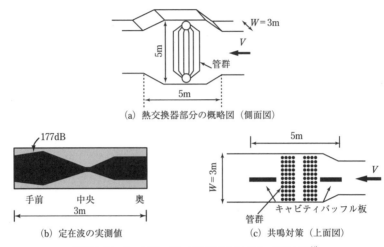

図 2.5-16　キャビティバッフルによる揚力モード抑止例[44]

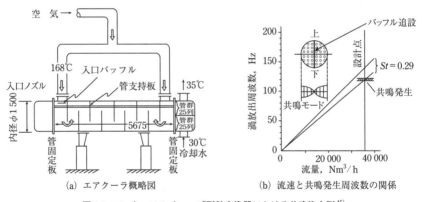

図 2.5-17　シェル＆チューブ型熱交換器における共鳴抑止例[45]

までに述べた分類での揚力モードと確認された．この見解に基づき，鉛直方向にバッフルを追設することでこの問題を解決した．

なおシェル＆チューブ型熱交換器の共鳴については Eisinger の報告もある[46]．この場合，シェル長手方向の共鳴モードを検出し，管支持板開口部に詰め物をして開口率を低減し，音響減衰の増大を図った．その結果開口率を30％まで低減してようやく共鳴を抑止できたが，圧力損失は極めて大きい結果となった．

(3) 石炭焚ボイラの例[47]

図2.5-18に示す石炭焚ボイラに揚力方向，抗力方向の気柱モードが発生した。ボイラ模型風洞模型による再現実験を行った。流速と共鳴周波数の関係，共鳴モード同定結果については図2.5-9と図2.5-10に示したとおりであり，揚力方向，抗力方向両者の共鳴モードが発生していることが推定された。

石炭収容スペース（ホッパ）上に吸音体を設置して両者の共鳴モードの対策を行った。吸音体は音響粒子速度で表した共鳴モードの腹に設置することにより高い吸音効果が得られるが，ホッパを背後空気層として利用することによりこの条件を実現している。また吸音構造を三角形状にすることにより，石炭灰がホッパに滑り落ちるようにするとともに，揚力方向，抗力方向のどちらの共鳴モードに対しても広い吸音面積を確保している。

吸音体の個数，配置位置については，以下の手順で決定した。①実機測定による発振波形データから，共鳴の強さを表す発振強度を同定する。②吸音体設置により得られる音場のモード減衰比の増加分が①の発振強度を上回るようにする必要がある。音響FEM複素固有値解析によりこの増加分を評価して員数，配置を決定した。

実機試験の結果，揚力モードはほぼ完全に抑止され，抗力モードは音圧が約10dB低減し，許容値以内に収まった。

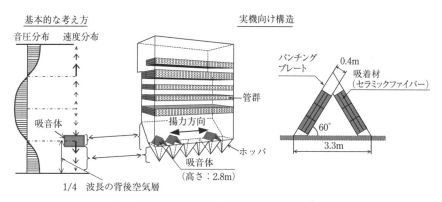

図2.5-18　石炭焚ボイラにおける共鳴抑止例[47]

第2章：直交流れによる流動励起振動

参 考 文 献

1) Baird, R. C., 1954, Combustion, vol. 25, pp. 38–44.

2) Chen, Y. N., 1968, Transactions of the ASME Journal of Engineering for Industry, pp. 134–146.

3) Chen, Y. N., Young, W. C., 1974, Transactions of the ASME, pp. 1072–1075.

4) Weaver, D. S., Fitzpatrick, J. H., 1987, International Conference on Flow Induced Vibrations, Paper A1, pp. 1–17.

5) Paidoussis M. P., 1983, Nuclear Engineering and Design, Vol. 74 (1), pp. 31–60.

6) Blevins, R. D., 1984, Journal of Sound and Vibration, Vol. 92(4), pp. 455–470.

7) Eisinger, F. L., Sullivan, R. E., Francis, J. T., 1994, Journal of Pressure Vessel Technology, Vol. 166, pp. 17–23.

8) Weaver, D. S., Fitzpatrick, J. A., and Kashlan, E. M., 1987, ASME Journal of Pressure Vessel Technology, Vol. 109, pp. 219–223.

9) Fitz–hugh, J. S., 1973, Proc. UKAEA/NPL Int. Symposium on Vibration Problem in Industry, paper 427, pp. 1–17.

10) Mair, W. A., Jones, P. D. F., and Palmer, R. K. W., 1975, Journal of Sound and Vibration, Vol. 39–3, pp. 293–296.

11) 奥井, 岩渕, 小田, 島田, 1995, 日本機械学会 VS Tech' 95　振動・音響新技術シンポジウム講演論文集, pp. 132–135.

12) 濱川, 深野, 新垣, 西田, 1999, 機論（B編）65巻635号, pp. 18–25.

13) 濱川, 深野, 西田, 生田, 諸岡, 2000, 機論（B編）66巻646号, pp. 1301–1308.

14) Grotz, B. J., and Arnold, F. R., 1956, Technical Report No. 31, Mechanical Engineering Department, Stanford University.

15) Fitzpatrick, J. A., 1985, Journal of Sound and Vibration Vol. 99 (3), pp. 425–435.

16) Ziada, S., Oengoren, A., Buhlmann, E. T., 1988, International Symposium on Flow Induced Vibration and Noise, Vol. 3, ASME's Winter Annual Meeting, pp. 245–254.

17) Blevins, R. D., Bressler, M. M., 1987, Transactions of the ASME, Vol. 109, pp. 282–288.

18) Eisinger, F. L., 1995, PVP–Vol. 298, Flow–Induced Vibration ASME, pp. 111–120.

19) Sullivan, R. E., Francis, J. T., Eisinger, F. L., 1998, PVP–vol. 363, ASME, pp. 1–9.

20) Blevins, R. D., Bressler, M. M., 1992, PVP–Vol. 243, Symposium on Flow–Induced Vibration and Noise Volume 4 ASME, pp59–79.

21) Eisinger, F. L., 1980, ASME Journal of Pressure Vessel Technology, Vol. 102, 138–145.

22) Nemoto, A.,Yamada, M., 1994, PVP–Vol. 273, Flow–Induced Vibration ASME, pp273–282.

23) Nemoto, A.,Yamada, M., 1992, PVP–Vol. 243, Symposium on Flow–Induced Vibration and Noise Volume 4 ASME, pp. 137–152.

24) Eisinger, F. L., Sullivan, R. E. 1996, Journal of Fluids and Structures, Vol. 10, pp. 99–107.

25) 片山・坪井・川岡・太田・佐藤, 1999, 機論（C編）65巻640号, pp. 4633–4639.

26) Blevins, R. D., 1985, J. Fluid Mech. Vol. 161, pp. 217–237.

27) 山中, 安達, 1971, 日本音響学会誌27巻5号, pp. 246–256.

28) 田中・今山・古賀・片山, 1989, 機論（B編）509号, pp. 120–125.

29) 佐藤・今山・片山, 1995, 機論（C編）61巻585号 pp. 1763–1768.

30) 佐藤・今山・中島, 1995, 機論（C編）61巻585号, pp. 1769–1775.

31) 田中(博)・田中(和)・清水・飯島, 1998, 機論（B編）64巻626号, pp. 3293–3298.

32) 葉山・渡辺, 1995, 日本機械学会第73期全国大会講演論文集（V）, pp. 155–156.

33) 片山・森井・坪井・川岡・佐藤・今山, 2000, 機論（C編）66巻641号, pp. 60–66.

34) Nishida, E., Miki, M., Sadaoka, N., Fukano,T. and Hamakawa, H., 2002, ASME IMECE 2002–33405.

35) 渡辺・船川, 1993, 日本機械学会機力力学・計測制御講演論文集（Vol. A）, No. 930–42, pp. 370–375.

36) Nemoto, A.,Takakuwa, A.and Tutsui, M., 1997, Fluid–Structure Interaction, Aeroelasticity, Flow–Induced Vibration and Noise Vol. 11, ASME, AD–Vol. 53–2, pp. 311–320.

2.6　対策のヒント

37) Parker, R., 1978, Journal of Sound and Vibration, Vol. 57, pp. 245–260.
38) Blevins, R. D., Bressler, M. M., 1987, Journal of Pressure Vessel Technology, Vol. 190, pp. 275–281.
39) Grimison, E. D., 1937, Trans. ASME, Vol. 59, pp. 583–594.
40) Jacob, M., 1938, Trans. ASEM, Vol. 60, No. 4, pp. 384–386.
41) Blevins, R. D., 1984, "Applied Fluid Dynamics Handbook", Van Nostrand Reinhold Company Inc., New York.
42) Rolsma, B., and Nagamatsu, B., 1981, Design Engineering Technical Conference, Hartford, Sept., pp. 20–23.
43) Strykowski, P. J. 1986, Ph. D. thesis Engineering and Applied Science, Yale University.
44) 排熱ボイラ内の気柱共鳴, 1997, 日本機械学会［No. 920–55］ 設計者のための機械振動の実例「v–BASE」フォーラム資料集, pp. 22–23.
45) シェル型熱交換器の気柱振動, 1992, 日本機械学会［No. 920–65］ 振動・騒音問題の改善事例「v–BASE」フォーラム特別企画資料集, pp. 9–10.
46) Eisinger, F. L., 1992, Symposium on Flow–Induced Vibration and Noise Volume 4 ASME, PVP–Vol. 243, pp. 27–43.
47) 西田・三木・定岡・深野・濱川, 2001, VSTech2001振動・音響新技術シンポジウム, 日本機械学会・日本音響学会共催シンポジウム講演論文集, pp. 309–312.
48) 濱川・深野・西田・藤村, 2005, 日本機械学会機械力学・計測制御部門講演論文, No. 05–15.

2.6 ▶ 対策のヒント

　流動励起振動の励振力は現象ごとに異なる。**表2.6-1**に，この分類に従って述べる。対策は基本的に，励振する側の対策と励振される側の対策に分類できる。

表2.6-1　対策のヒント

現象	対策	備考	具体例
渦励起振動	共振状態に入らない工夫： ①固有振動数を変化させる（通常はスパン長さLを短くし剛にして振動数を高くする） ②流速を変化させ共振状態を回避する（本来は流速を下げるが，流速が長手軸方向に一様でなく分布するようにすれば共振状態に入りにくい場合もあり対策の1つである） ③円柱の場合は表面にスリットや螺旋状の突起等の細工をして渦の周期的離脱を抑制する。角柱の場合も表面に工夫をする場合がある。（角柱に関しては2.4節参照）また，トリッピングワイヤをつける工夫もあるが，固有振動数の選定には注意が必要である。 ④十字管等についての振動も報告され，	①は流れの振動数の5倍以上にまで固有振動数を増加必要な場合がある。 ③は単円柱でも無次元流速や振幅を変えるだけの効果しかなく，2円柱以上の系では有効でないことがある（**表2.6-2**参照）し，角柱では個々の構造物を対象に独自の対策が施さ	③として送電線等，直径比に対する間隔を減衰付加機能つきスペーサ等で振動モードに注意して設置し，剛性を高める他，その直径比を4以上に保持する。

107

第2章：直交流れによる流動励起振動

その対策としては1本として見なせる$S/D>1$とする。とくにS/Dが0.2,0.3で振動が大幅に大きくなるので注意する。	れる場合が多いが，縦横比が大きい矩形柱の断面の角を丸くすると，かえって振動を助長する場合があることに注意する。	
⑤管群の気柱共鳴に関してはバッフル板の設置が一般的であるが，2.5節を参照。	⑤にはダミーチューブを管群の前に配置する等の方法で流れ場を乱して渦の規則性を崩す方法もある。	
共振に入っても応答を小さくする方法：⑥構造に減衰を別途付与して共振しても応答倍率が小さくなるようにする（加熱や音圧等で後流制御）	⑥はさまざまな手法が提案されている[1〜4]が，現実的には困難な場合が多い。角柱では，構造減衰を増しても渦励振の限界流速はあまり変わらないものの，発生範囲は狭くなる（**図2.6-1**）。	⑥として橋梁ケーブル支持部にアクティブマスダンパ装着する対応を行う。架空送電線では偏心重量ダンパ，捻回抑制型ギャロッピングダンパ等を用いる検討がされている。相関スペーサ設置を行う対策では重量増加やトラッキング劣化する等問題が多い。またフリクションダンパ等は，あまり効果がない場合が多い等，注意が必要である。その他V-ストライヴケーブル等形状表面を雨が伝う道をあらかじめつける対策[6]がある。
振動 ①構造系の固有振動数を高くする。②流速を低下させ限界流速以下にする（流速が構造系の長手軸方向に一様でなく，固定箇所に近い領域を早くしスパンの中央付近の流速を下げるように分布させれば，有効流速が低下して対策となることがある。）③構造に減衰を別途付与して限界流速が大きくなるようにする。④構造表面に突起等の細工をして流力弾性振動を抑制する。⑤角柱のギャロッピングに関しては，曲げとねじりに対する限界流速式[7]から，限界流速V_{cr}に対する質量mと剛	①スパン長さLを短くし円柱を剛にすることが一般的である。③は現実的には困難な場合が多いがアクティブ制振技術もある。④は効果の程度は大きくない場合があるが，円筒殻の場合は後流側に細管を貼りつけて抑制した例[5]もある。	⑤に関連して，航空機で見られる流線型の翼構造が流れに対して小

108

2.6 対策のヒント

<table>
<tr>
<td></td>
<td>性 k の依存性は次式で表せる。
$$V_{cr} \propto m^{1/2}k^{1/2}$$
この関係は曲げとねじりの連成する場合にも成立する[7]。同式から設計時に梁の等価質量 m と等価剛性 k を増やし，限界流速を上げること，あるいは角柱に付属品をつけることで負の揚力勾配を多少改善すること，等が考えられる。また，形状を変えて抗力係数をあげられれば，静的な抗力は増加するものの構造物の減衰をあげるのと同様の効果がある。</td>
<td></td>
<td>さい迎え角で設置されている場合に，曲げ–ねじり連成フラッターと静的不安定のダイバージェンスをともに防止するための，翼内での重心，弾性軸，および流体力合力の作用点の，三者の間の翼先端からの位置関係を，**表2.6-3**に示す。この場合翼の重心は弾性軸より上流に，また翼に作用する流体力の合力の作用点は弾性軸より下流に設置することにより，フラッター，ダイバージェンスは発生せず，安定化が図れる。</td>
</tr>
<tr>
<td>ランダム振動</td>
<td>完全な撲滅は困難であるが，レベル低減は以下の方法で可能：
①円柱の固有振動数を高くする。

②流速を低下させる。とくに，構造物に直交する成分を低下させるとか，構造物の支持位置に近い箇所の流速を上昇させて構造物の振動が大きい箇所の流速を低減することにより有効な励振力成分を逃がす。</td>
<td>①スパン長さ L を短くし構造を剛にする。
②受衝板を設けて管への流れを制限する方法も存在する。</td>
<td></td>
</tr>
<tr>
<td>気柱共鳴</td>
<td>渦の発生を変化させるか，共鳴側の音場の状態を変化させるが，前者は「渦励起振動」項と通じるのでおもに後者を記す：
①ダクト内に板を挿入して音場の振動数を変化させる。
②ダクト壁に減衰材を用いて音場の減衰を増加させる。ただし，減衰材の背後空気層が必要である。
③流れの状態（温度等）を変化させて音場の固有振動数を変える。</td>
<td>①高次モードに変化し有効でないこともある。
②減衰増加には穴あき壁も含む。ただし，音場の圧力の腹の位置では効果がない。
③運転状態の変更。</td>
<td></td>
</tr>
</table>

109

第2章：直交流れによる流動励起振動

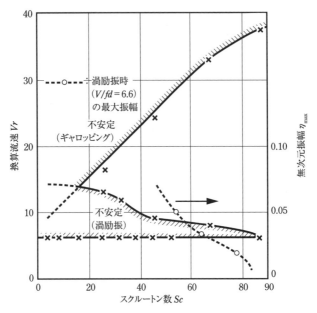

図 2.6-1　スクルートン数による正方形柱の渦励振の発生範囲および振動の最大振幅[8]
（実線は渦励振発生境界，点線は最大振幅）

表 2.6-2　並列2円柱の対策

定常流	受動的手法フィン等をつける	$T/D>4$	単一円柱とほぼ見なせる	2.1.4参照
		$T/D<4$	配列や流れによっては制振できない場合もある。	2.1.4参照
	能動的手法	$T/D>4$	T/Dが変更できない場合	トリッピングワイヤーを用いることもできようが，固有振動数の選定は注意を有する
振動流	受動的手法フィン等をつける	$P/D>5$	単一円柱とほぼ見なせる場合	2.1.4参照
		$P/D<5$	配列や流れによっては制振できない場合もある。	2.1.4参照
	減衰付加機能つき	$20<P/D<50$	$f>3Hz$ $\delta>0.03$	ウェークギャロッピングが$1.5<V_r<3.5$で生じるので注意
	能動的手法	$P/D<5$	P/Dが変更できない場合	トリッピングワイヤーで抑制できるが，その際の固有振動数の選定は注意を有する

2.6 対策のヒント

表2.6-3　翼内での重心，弾性軸，および流体力合力の位置関係によるフラッターとダイバージェンスの発生の有無（向かい角の小さい場合）[7]

［翼前縁］−流体力合力−弾性軸−重心−［翼後縁］ のとき	［翼前縁］−流体力合力−重心−弾性軸−［翼後縁］ または ［翼前縁］−重心−流体力合力−弾性軸−［翼後縁］ のとき
→フラッター　　　　発　生　× →ダイバージェンス　発　生　×	→フラッター　　　　　発生せず○ →ダイバージェンス　　発　生　×
［翼前縁］−弾性軸−重心−流体力合力−［翼後縁］ または ［翼前縁］−弾性軸−流体力合力−重心−［翼後縁］ のとき	［翼前縁］−重心−弾性軸−流体力合力−［翼後縁］ のとき
→フラッター　　　　発　生　× →ダイバージェンス　発生せず○	→フラッター　　　　　発生せず○ →ダイバージェンス　　発生せず○

参　考　文　献

1) Monkewitz, P.A., 1992, IUTAM Symposium, Gottingen, Bluff−Body Wakes Dynamics and Instabilities, pp.227−240.
2) Williams, J.E.F., Zhao, B.C., 1988, Flow−Induced Vibration and Noise−1988, Vol.1, p.51.
3) Baz, A., Kim, M., 1991, ASME PVP Vol.206, p.75.
4) Roussopoulos, K., 1993, Journal of Fluids Mechanics, Vol.248, pp.267−296.
5) Paidoussis, M.P., Price, S.J., Ang, S.Y., 1987, International Conference on Flow Induced Vibrations, pp.377−392.
6) 宮崎, 風向シンポジウム 1988, pp. 145−150.
7) Blevins, R.D., 1990, "Flow−induced vibration", Second edition, Krieger publishing Co.
8) Scruton, C., 1963, Proc. International Conference of Wind Effects on Buildings and Structures, Teddington, Her Majesty's stationary office.

外部平行流による振動

3

流体が直管・管群および弾性平板・シェルに沿って流れる場合，および，すきま流れによる振動を取りあげる。直管・管群で流力振動が問題となる場合の多くは流れの乱れによるランダム振動であり，3.1 節では単相流と二相流の場合の振幅評価法を扱う。また，かなり流速が速い場合には，フラッター・ダイバージェンスの不安定現象も発生する場合があり，その概略評価法を説明する。一方，構造物の剛性が比較的低い弾性平板・シェル，および，構造物の振動に対する流体フィードバック力が大きくなるすきま流れに曝される構造物では，比較的低い流速でもフラッター・ダイバージェンスが発生する場合があり，それぞれの評価法を 3.2 節，3.3 節で説明する。

第*3*章：外部平行流による振動

3.1 ▶ 直管・管群

3.1.1 検討対象の概説

　原子力発電所の燃料集合体（図3.1-1（a））や熱交換器伝熱管（図3.1-1（b））でみられる外部平行流中の直管・管群では，流速が非常に高くなると不安定現象のフラッター・ダイバージェンスが発生する。また，この不安定現象が発生する流速以下でもランダムな圧力変動による振動が発生する。しかし，平行流中の振動は前章で示した直交流中のものに比べ，ランダム振動の振動レベルは小さく，また，フラッター・ダイバージェンスの発生する臨界流速も高い。

　外部平行流によるランダム振動の励振源には，対象物近傍の境界層で発生する乱れ（near-field flow noise）によるものと，対象物の上流遠方で発生する乱れ（far-field flow noise）によるものがある。near-field flow noiseによる励振源は圧力のゆらぎであり，壁面近傍の乱流境界層中の乱れが主要因である。一方，far-field flow noiseは流体脈動・流体中の構造物からの渦放出・曲がり管等で発生する乱流・キャビテーション等である。

　対象物近傍の境界層で発生する乱れは，その統計的性質を設計相関式として整理可能であるが，far-field flow noiseによるものはその励振源に依存して変化し，現状では簡便な設計相関式は見あたらない。3.1.2項では，near-field flow noiseにより励振されるランダム振動の評価法について述べる。

　また，外部平行流によるフラッター・ダイバージェンスの評価法については，3.1.3項で説明する。

3.1.2 流れの乱れによるランダム振動

【1】評価の歴史

　外部平行流の乱れによる管・管群のランダム振動は，原子炉の開発とともに1960年代からおもに二相流体系についてその検討が始まった。1960年代初頭には，Quinn[1]が沸騰水型原子炉（BWR）の燃料集合体を水―蒸気系で模擬した流動実験を行い，燃料棒の固有振動数と最大振幅の関係を導いた。1970年代には，Gorman[2]，Pettigrew[3]らが水―空気，水―蒸気系で二相流条件をパラメータとした研究を

114

3.1 直管・管群

行っている。同時期に，単相流を対象とした理論的なアプローチとしては，Chen[4]らが管の振動をランダム振動理論に従って，圧力変動データを用いて解析する手法を提案している。1980年代には，Paidoussis[5]らが管群に関して，互いに連成しあう事象を考慮した解析手法を示している。

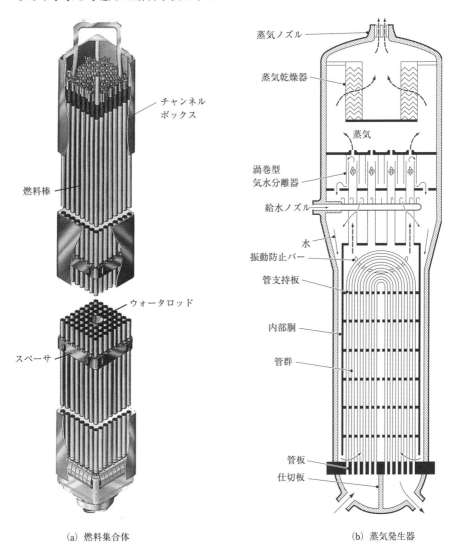

(a) 燃料集合体　　　　　　　　　(b) 蒸気発生器

図3.1-1　BWR燃料集合体および蒸気発生器外観図

第3章:外部平行流による振動

【2】単相流中の評価方法

本項では，この near-field flow noise により励振されるランダム振動の評価方法について述べる。

平行単相流中の管の振動については，S.S.Chen の著書[4]に，Chen and Wambsganss[6] 他の論文を引用して評価方法がまとめられている。その手法ではランダム振動理論に従って評価しており，その励振力である流体力には空間的な相関，すなわち，軸方向および周方向の相関関係を考慮している。流体力の相互相関関数には，Corcos[7] の壁面圧力場の現象論的モデル式(3.1-1)を用いている。(図 3.1-2 参照)

$$\psi_{pp}(\omega, z_1, z_2, \theta_1, \theta_2) = \Phi_{pp}(\omega) A\left(\frac{\omega|z_2-z_1|}{V_c}\right) B\left(\frac{\omega D|\theta_2-\theta_1|}{2V_c}\right) \exp\left(\frac{j\omega|z_2-z_1|}{V_c}\right) \tag{3.1-1}$$

ここで，ψ_{pp}：任意の点における壁面圧力相互パワースペクトル密度
$\Phi_{pp}(\omega)$：管壁の局所に作用する圧力パワースペクトル密度
A および B：相関の軸方向および周方向の減衰を表す係数
V_c：対流速度

Chen and Wambsganss は，式(3.1-1) の $\Phi_{pp}(\omega)$，A および B，V_c を以下のように定式化し，実験結果と比較している。

管壁の局所に作用する圧力のパワースペクトル密度 Φ_{pp} の実験結果は図 3.1-3 および式(3.1-2)に示している。

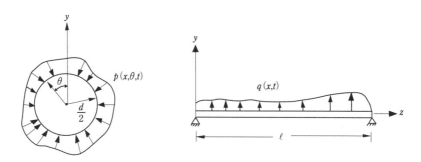

図 3.1-2　平行流に曝される円柱表面の圧力分布

3.1 直管・管群

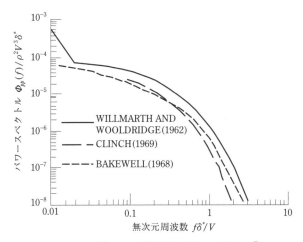

図 3.1-3 壁面圧力パワースペクトル[6]

$$\Phi_{pp}(f_r) = \frac{\Phi_{pp}(f)}{\rho^2 V^4}\frac{V}{d_h}$$

$$= 0.272\times 10^{-5}/f_r^{0.25} \quad f_r < 5$$

$$22.75\times 10^{-5}/f_r^3 \quad f_r > 5 \tag{3.1-2}$$

ここで,d_h:水力等価直径

$$f_r = fd_h/V, \quad f = \omega/2\pi$$

減衰を表す係数 A および B は,式(3.1-3)で表されており,Willmarth and Wooldridge 他[8,9] の実験結果との比較を図 3.1-4,図 3.1-5 に示している.

$$A\left(\frac{\omega|z_2-z_1|}{V_c}\right) = \exp\left(-0.1\left|\frac{\omega(z_2-z_1)}{V_c}\right|\right)$$

$$B\left(\frac{\omega D|\theta_2-\theta_1|}{2V_c}\right) = \exp\left(-0.55\left|\frac{\omega D(\theta_2-\theta_1)}{2V_c}\right|\right) \tag{3.1-3}$$

乱流境界層の平均対流速度 V_c は,式(3.1-4)で表されており,Bakewell[10] および Schloemer[11] の実験結果との比較を,図 3.1-6 に示している.

$$\frac{V_c}{V} = 0.6 + 0.4\exp\left(-2.2\frac{\omega\delta^*}{V}\right) \tag{3.1-4}$$

ここで,δ^*:境界層の排除厚さ

第3章：外部平行流による振動

$$\delta^* = \frac{d_h}{2(n+1)} \quad (\text{太い管・流路})$$

$$n = 0.125m^3 - 0.181m^2 + 0.625m + 5.851$$

$$m = \log_{10}(Re) - 3$$

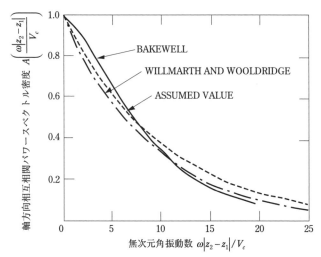

図 3.1-4　壁面圧力相互パワースペクトル密度（軸方向）[6]

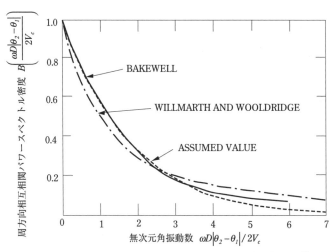

図 3.1-5　壁面圧力相互パワースペクトル密度（周方向）[6]

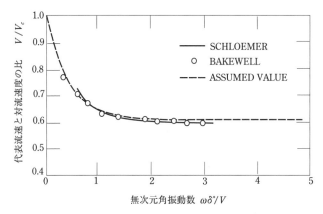

図3.1-6 乱流境界層の平均対流速度[6]

以上の式(3.1-2),式(3.1-3),式(3.1-4)から,式(3.1-1)の管壁面圧力相互相関スペクトル密度が求められる。この式を用いてランダム振動理論に従って管の振動振幅rms値や振幅パワースペクトル密度を求めることができる。

near-field flow noiseにより励振される円柱の応答は,数学モデルおよび圧力場の特性から,

・1次モードの応答が他の高次モードに比べ顕著であり,1次モードのみの近似で十分な精度を得られる。
・圧力場のパワースペクトル密度の大きさは軸方向流速の3乗にほぼ比例することから,円柱の振動振幅rms値は流速の1.5乗から3.0乗に比例する。近似的に,次式のように円柱の無次元固有振動数に依存する形で表現できる。

$$\begin{aligned} y_{rms} &\propto V^{1.5} & f_r < 0.2 \\ y_{rms} &\propto V^{2.0} & 0.2 < f_r < 3.5 \\ y_{rms} &\propto V^{3.0} & 3.5 < f_r \end{aligned} \quad (3.1\text{-}5)$$

以下に,ランダム振動評価式による予測値と実験値の比較の一例を示す。**図3.1-7**[12]には,両端固定支持円柱の振幅rms値を予測値とともに示している。低流速において予測値は実験結果に比べ過小評価されているが,これは評価式に考慮されていないfar-field flow noiseによるものと推定される。流速が高くなるにつれて乱流境界層の圧力変動が支配的になり,予測値は実験値をよく再現している。しかしTEST 1-Cでは,その他の条件と比べ予測値が実験値を過大評価している。

第3章:外部平行流による振動

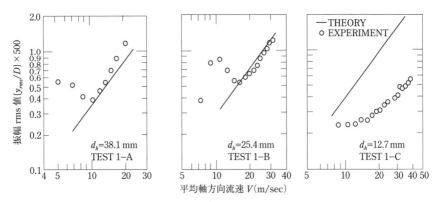

図 3.1-7　両端固定支持円柱の振幅 rms 値[12]

これは,評価式で用いた式(3.1-2)の圧力パワースペクトル密度が水力等価直径 25.4 mm の単一円柱に基づいたものであり,TEST 1-C の実験体系は水力等価直径 12.7 mm であることに起因すると考えられる。水力等価直径が減少すると,乱流強度も減少し,それに伴い振動振幅も小さくなる。このように振動振幅の予測では,水力等価直径も重要なパラメータになることがわかる。

管群においては,Paidoussis ら[5]によって当該の管とその周辺管群との連成の影響が理論的な計算と実験結果との比較により評価されている。

【3】二相流中の評価方法

平行二相流中の管の振動については,以下のような実験研究が行われている。

Quinn[1] は,BWR の燃料棒振動評価のために,水―蒸気系単管および管群基礎実験を,平均圧力が 7.0 MPa,温度が 260 ℃,乾き度(クオリティ:気液混合物全体の質量流量に対する気相の質量流量の比)が 0.15 以下の条件下で行っている。図 3.1-1(a) に BWR 燃料集合体の概観図を示す。振動計測用の管は,実機模擬のため内部に模擬ペレットを内蔵しており,管の振動は管の内壁に取り付けられた歪みゲージで振幅を測定し,単管および管群実験に共用している。単管実験(管外径:10 mm,流路内径:32 mm,支持点間距離:1 875 mm)では,流速をパラメータとして二相流でも行っているが,おもに単相流条件下で実験を実施し,振幅の最大値と振動周波数が測定されている。管群実験(6×6)では,対象とした実機流速(2.1 m/s)近傍で単相・二相流条件下において,支持点間距離を変えて卓越周波

数が3.2Hz, 11.0Hz, 27.5Hzの3条件で実験を実施し, 振幅の最大値と卓越周波数の関係をまとめている。

Gorman[2] は, BWRの燃料棒振動評価の水—空気系単管基礎実験を行っている。二相流条件としては, 平均圧力を0.28 MPa, 質量流量が一定となるようにして, クオリティ範囲を0.04～0.44と変化させている。管(外径: 19 mm, 支持点間距離: 520 mm)の振動はQuinnの実験と同様に内部に取り付けられた歪みゲージで振幅を測定し, 励振力は管の表面で計測するのではなく, 流路を形成する外部の管(内径: 32 mm)の対向する内表面の圧力を差圧計で計測している。差圧変動の計測から, 軸および周方向の圧力変動の相関を求めており, 周方向の圧力相関は単相流に比べはるかに大きいことを示している。差圧変動rms値はクオリティの変化に対してクオリティ0.1～0.2間で最大値を示し, 同様に管の支持点間中央の振幅rms値もクオリティ0.1～0.2間で最大値を示す。また管の減衰比も打撃実験により計測されており, 減衰比はクオリティによって大きな変化をしないこと, 単相流の結果と比べて4倍程度になるとしている。

Pettigrew & Gorman[3] は, CANDU型原子炉の蒸気発生器伝熱管振動評価で発熱単管による基礎実験(管外径: 20 mm, 流路内径: 29 mm, 支持点間距離: 1 700 mm)を行っている。平均圧力を2.8～5.5 MPa, 質量流束を最大1 760 kg/m²s, クオリティを最大0.65の二相流条件で実験を行っている。管の最大振幅はほぼ質量流束に比例し, 平均圧力の増加に対して振幅が小さくなる傾向にある。クオリティと管振幅の関係は, 質量流束が大きいほど, また, 平均圧力が低いほど, 最大振幅を発生するクオリティは低くなる。低質量流束でクオリティ範囲を大きく振った実験からは, クオリティに対して管振幅は2ヶ所(クオリティ0.1～0.25および0.4～0.5)で極大が存在することを示し, 二相流の流動様式が影響するとしている。

また最近の知見では, Pettigrew[13] はBWR燃料条件(平均圧力: 2.8～9.0 MPa, 熱流束: ≦1 000 kW/m², クオリティ: ≦0.25, 質量流束: ≦4 600 kg/m²s)の実験より, 発熱管表面の核沸騰は管の振動に対してほとんど影響を及ぼさないとしている。水—蒸気系実験の成果をまとめると, 励振力パワースペクトル密度は流速の1.56～2.7乗に, 振幅は0.78～1.35乗に比例するとしている。また, 管の最大振幅はほぼ質量流束に比例することから, 振幅が流速のほぼ2乗に比例する単相流の乱流スペクトルは, 二相流で適用できないと述べている。

最近の国内の実験的研究には, Saitoら[14] によるBWR燃料集合体管群の水力

第3章:外部平行流による振動

振動に関するものがある。この研究では,BWR燃料条件下(平均圧力:≦7.2MPa,温度:≦270℃,クオリティ:≦0.25,質量流束:≦2110 kg/m²s)で,2×2集合体の基礎実験と8×8および9×9の実寸大模擬実験を実施している。模擬燃料棒の振動は,軸方向の数ヶ所に直交2軸加速度計を内蔵した計測ロッドで計測し,また,同時に近傍のチャンネル流路内壁の圧力変動を計測している。これらの実験結果からは,燃料棒は沸騰二相流動の乱れによってランダム励振されており,チャンネル内壁面の圧力変動rms値は質量流束にほぼ比例(比例定数はクオリティ依存)し,燃料棒振幅rms値は圧力変動rms値にほぼ比例する。また,平均圧力の増加に対して燃料棒振幅が小さくなる傾向があるとしている。

またKawamuraら[15]は,加圧水型原子炉(PWR)の蒸気発生器を対象に,実機圧力までの条件で,実機スケールの伝熱管および支持板条件における水—蒸気系の振動実験を行っている。その結果をランダム振動の理論を用いて一般化力の形で整理している。振動振幅は以下の式(3.1–6)で表される。

$$y_{rms}^2 = \sum_n \frac{\beta_n^2 \phi_n^2(z)}{64\pi^3 m_s^2 f_n^3 \zeta_s} \Phi_e(f_n)$$

$$\Phi_e(f_n) = 16\pi^4 \psi_{nn}(f_n) \tag{3.1–6}$$

各モードの振幅rms値 $y_{n \cdot rms}$ を実験的に求め,(3.1–6)を用いて Φ_e を逆算している。それを相関式として,

$$\Phi_{pp}(f) = b\alpha(1-\alpha)^\lambda \tag{3.1–7}$$

と表わしている。ここで,b と λ は圧力と振動数の関数として図3.1–8に示される。振動振幅は振動数の増加,また,圧力の増加に従い小さくなる傾向がある。

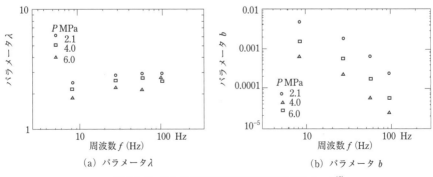

図3.1–8 ランダム振動評価式で使用するパラメータ[15]

この評価法では一般化力に対して整理しているが，支持位置が変わる等，モード形状が異なる場合の評価には，空間的な相関を求める必要がある．

水－空気中でその相関を求めたものには，Gorman[2]ら，Inadaら[16]の研究がある．Inadaらは，管に作用する流体力の空間的相関を式(3.1-1)と類似の形として次式のように仮定した．

$$\psi_{pp} = \frac{\overline{F}^2}{f_0}\exp(-\xi|z_2-z_1|)\exp\left(-j\frac{2\pi f(z_2-z_1)}{V_c}\right) \quad (3.1\text{-}8)$$

ここで，$\overline{F}^2$は周波数20 Hz以下の局所に作用する流体力の二乗平均値で，f_0は対象としている周波数帯(20 Hz)である．ξとV_cを実験的に図3.1-9のように求めている．図より相関長さ$1/\xi$は直交流の場合よりかなり長いこと，ボイド率の増加とともに短くなること，V_cは気相の速度に近いこと等がわかっている．ランダム振動では水－空気系と水－蒸気系において，かなり異なる特性を有する可能性があるが，現在のところ水－蒸気系は測定された例が見あたらず今後の課題となっている．

【4】振幅の実験評価式

平行流中における管のランダム振動の応答予測のための簡便な実験相関式は，さまざまな研究者より提案されており，ここではその概略を表3.1-1で紹介する．

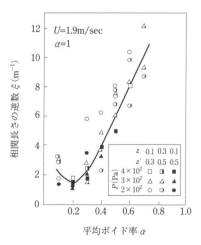
(a) 相関長さの逆数 ξ

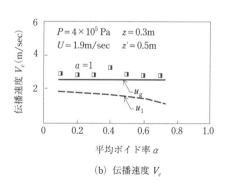
(b) 伝播速度 V_c

図3.1-9 水－空気系の空間相関を表すパラメータ[16]

第 *3* 章：外部平行流による振動

表 3.1-1 振幅の実験評価式

作成者	実験評価式	評価他
Bur- green[17]	$$\left(\frac{y_{pp}}{d_h}\right)^{1.3}=0.83\times10^{-10}\kappa\left(\frac{\rho V^2 L^4}{EI}\right)\left(\frac{\rho V^2}{\mu\omega}\right)$$ 無次元パラメータは， $\rho V^2 L^4/EI,\ \rho V^2/\mu\omega,\ Re$ 数 y_{pp}：振動振幅（peak–peak） κ：管の支持条件によって決まる係数 （単純支持の場合 $\kappa=5$）	ランダム振動に関する実験データを関係付けようとした最初のものであり，最も簡単な関係式である。次元解析から，振動振幅が3個の無次元パラメータの関数であるとした。実験データと比較すると，その差は最大2桁に達すると考えられる。(Paidoussis, Pavlica and Marshall)
Reavis[18]	$$y_{pp}=C_a\eta_D\eta_h\eta_L\frac{D}{mf^{1.5}\zeta^{0.5}}V\rho\nu^{0.5}$$ $\eta_D,\ \eta_h,\ \eta_L$ はスケールファクタでそれぞれ， $fD/V,\ fd_h/V,\ fL/V$ C_a：修正係数 m：単位長さ当たりの管の質量	流体力関数は，管内流れにおける乱流の壁面圧力変動を測定した Bakewall の測定値をもとにしている。比較できる実験データと比べると，純然たる理論値は測定された最大変位に比べ 1/3.5 ～ 1/240 と見積もることがわかったため，修正係数 C_a を設けている。
Paidous- sis[19]	$$\frac{y_{max}}{D}=\alpha_1^{-4}\left[\frac{v_r^{1.6}L_r^{1.8}Re^{0.25}}{1+v_r^2}\right]\left[\left(\frac{d_h}{D}\right)^{0.4}\left(\frac{\beta^{2/3}}{1+4\beta}\right)\left(5\times10^{-4}\kappa\right)\right]$$ α_1：無次元化された管の1次固有振動数 Re：水力等価直径を代表長さとした時のレイノルズ数 $\left(=Vd_h/\nu\right)$ κ：軸方向の一様な定常流の乱れおよび機械的に伝搬する振動の程度を表わすパラメータ $\kappa=1$：上流側の乱れが小さくかつ機械的に伝搬する振動レベルが低いとき $\kappa=5$：一般の工学的な環境のもとでの値 v_r：無次元流速 $\left(=(m_a/EI)^{0.5}VL\right)$ m_a：付加質量 $\left(=\pi D^2/4\cdot\rho C_m\right)$ C_m：付加質量係数 L_r：無次元長さ $(=L/D)$ β：付加質量比 $(=m_a/(m+m_a))$	振動が軸方向の一様な定常流の乱れによるものと仮定している。 図 3.1–10 に Paidoussis の式による計算値と実験値を比較している。全体としてはおおむね一致しているが，低流速側で大きな差が生じている。これは機械的に伝わってくる振動や他の要因によるものであると考えられ，これは高流速になると目立たなくなっている。
Chen & Weber[20]	$$\frac{y}{d_h}=\left[1-\left(\frac{V}{V_{cr}}\right)^2\right]^{-1}\left(\frac{\kappa V}{V_{cr}}\right)^2$$ κ：initial turbulence factor で，理想的な乱れのない流れでの 0.5 から現実の流れでは 2 となるとした。 $$V_{cr}=\left[\frac{\left(\xi^2/L^2\right)EI}{\frac{\xi}{4}C_f\pi LD+m_a}\right]^{0.5}$$ C_f：表面摩擦係数	管の励振機構がパラメトリック振動によって説明できると考えて，運動方程式を正弦的に変動する流速の変動分を導入して，critical buckling velocity V_{cr} を定義した。
Chen & Wambs- ganss[21]	$$y_{rms}(z,V)=\frac{0.018\kappa D^{1.5}d_h^{1.5}V^2\phi(z)}{L^{0.5}f^{1.5}(m+m_a)\zeta^{0.5}}$$ κ：実験的に求められる定数 $\phi(z)$：管のモード関数	軸流下の管振幅の rms 値を計算する理論的な関係式。

124

3.1 直管・管群

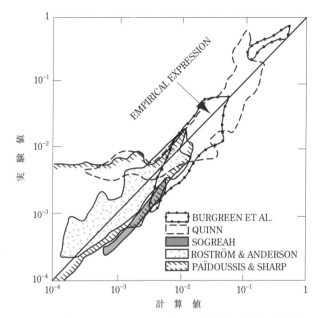

図3.1-10 Paidoussisの式による計算値と実験値の比較[4]

　これらの実験評価式は，無次元解析と実験結果に基づいてモデル化されている。この評価式は，実験結果の傾向を求めるうえでは有効であるものの，その予測値には大きなバラツキがあり，そのバラツキを補正するために係数が導入されている。現実の問題に対する評価式の適用にあたっては，ある程度の不確定性を考慮しておく必要がある。

3.1.3　フラッター・ダイバージェンス

【1】評価の歴史

　平行流中の管のフラッター・ダイバージェンスについては，流体輸送管（内部平行流）の安定性を調べる研究が1950～1960年代にPaidoussisらにより行われてきており，4.1節で詳しく説明する。一方外部平行流の場合の安定性については，1961年にHawthorne[22]が初めてダイバージェンス型の不安定の発生を示し，その後1966年にPaidoussis[23～26]が基礎式を導出し，解析的にフラッターおよびダ

第*3*章：外部平行流による振動

イバージェンスの発生条件を調べるとともに，実験により検証を行っている。その後，モデルをさらに詳細化したり，不安定現象の発生メカニズムを調べる研究等，1980年代まで多くの研究が行われた[27]。基本的には外部平行流中の管の応答は，流体輸送管と，振動に対する流体力の応答や系全体の動特性が極めて類似している。

【2】 評価の方法と不安定現象の防止法

基本的にはある臨界流速以上でダイバージェンスが発生する。また，さらに流速を上昇させると，管支持状態や管周囲状況により**表3.1-2**に示すようなさまざまな不安定現象が生じる[24, 28]。

流体の管壁における摩擦は，下流端が軸方向に自由端となっている場合に，系を安定化させる張力として作用する。Lee[29]およびTriantafyllou & Chryssostomidis[30]は，**表3.1-3**に示すいずれかの条件を満たすとき，系は安定となるとしている。

3.1.4 トラブル事例と対策のヒント

ランダム振動の事例には，原子炉で中性子束変動の誤信号の原因となる中性子計装管の振動，被覆管表面のフレッティング摩耗を引き起こす沸騰水型軽水炉，CANDU炉および高速増殖炉の試験炉・原型炉の燃料棒の振動[注]，熱交換器・蒸気

表3.1-2 管支持状態等と不安定現象

管支持状態等	発生する不安定現象
両端で支持された管	複数のモードが連成するフラッター
片持ち支持された管	一自由度フラッター：下流側自由端の形状により不安定の発生流速が影響を受け，滑らかなテーパ端の場合には，それを取り付けない場合と比較して限界流速が低下
まわりに弾性管がある管群構造物	管同士の流体を介した連成により不安定の発生限界流速が低下

表3.1-3 外部平行流による不安定現象を防ぐ条件

下記いずれかの条件を満たすと系は安定化する	
下流端の張力$>\rho A U^2$	$L/D > \pi/(2C_f)$

注）熱流力振動によるフレッティング摩耗の可能性も指摘されている（Otsubo, Aら，J.Nucl.Sci.Tech.,Vol.36(1999) pp.522-534）

3.1 直管・管群

発生器の支持管板での伝熱管表面のフレッティング摩耗を引き起こす伝熱管の振動等があるが，管の破断まで至るケースはほとんど見あたらない。

外部平行流における乱れの near field 成分によるランダム振動の振動応答は，前節の評価方法で述べたように，単相流においては流速の 1.5 乗から 3.0 乗に，二相流においては流速の 0.78 乗から 1.35 乗に比例する。また，励振力の周波数特性が周波数の増加とともにその大きさが減少する傾向がある。以上のことから，流速を下げること，管および管群の固有振動数をあげることは画期的な効果がある。

また，ダイバージェンスやフラッターについては，管に張力を与えること，管の長さを長くすると安定化するといわれており，**表3.1-3**の条件を満たすようにすることは効果が期待される。さらに，不安定現象がある無次元流速以上で発生することを考慮すると，①肉厚UP，②補強リブ，支持点追加による固有振動数の上昇，流速の低下は不安定現象を防止するのに効果が期待される。

参 考 文 献

1) Quinn, E. P., GEAP–4059, General Electric Co. (1962).
2) Gorman, D. J., Nucl. Sci. and Eng. Vol. 44, (1971) pp.277–290.
3) Pettigrew, M. J. and Gorman, D. J., AECL–4514, Chalk River Nuclear Lab. (1973).
4) Chen, S. S., 1987, "Flow–Induced Vibration of Circular Cylindrical Structures", Hemisphere Publishing Corp.
5) Paidoussis, M. P. and Curling, LL. R., J. Sound and Vibration, Vol. 98(4), (1985) pp.493–517.
6) Chen, S. S. and Wambsganss, Jr., M. W., Proc. Conference on Flow–Induced Vibrations in Reactor System Components, ANL–7685, Argonne National Lab. (1970).
7) Corcos, G. M., J. Acoust. Soc. Am., Vol. 35(2), (1963) pp.192–199.
8) Willmarth, W. W. and Wooldridge, C. E., J. Fluid Mech. Vol. 14(Pt. 2), (1962) pp.187–210.
9) Clinch, J. M., J. Sound Vib. Vol.9(3), (1969) pp.398–419.
10) Bakewell, Jr., H. P., J. Acoust. Soc. Am., Vol. 43(6), (1968) pp.1358–1363.
11) Schloemer, H. H., J. Acoust. Soc. Am., Vol. 42, (1967) pp.93–113.
12) Chen, S. S. and Wambsganss, M.W., Nuclear Engineering & Design, Vol.18 (1972) pp.253–278.
13) Pettigrew, M. J. and Taylor, C. E., J. of Pressure Vessel Technology, Vol.116, (1994) pp.233–253.
14) Saito, N., Tsukuda, Y., *et.al.*, 10th Int. Conf. on Nuclear Engineering, ICONE10–22557.
15) Kawamura, K., Yasuo, A. and Inada, F., 4th Int. Conf. on Fluid–Structure Interactions, Aeroelasticity, Flow–Induced Vibration and Noise, Vol. 2, ASME AD–Vol. 53–2, (1997) pp.83–92.
16) Inada, F., Kawamura, K. and Yasuo, A., Symp. Flow–Induced Vibrations, IMechE, (1991) pp.379–384.
17) Burgreen, D., Byrnes, J. J. and Benforado, D. M., Trans. ASME Vol. 80(5), (1958) pp.991–1003.
18) Reavis, J. R., Nucl. Sci. and Eng. Vol. 38(1), (1969) pp.63–69.
19) Paidoussis, M. P., Nucl. Sci. and Eng. Vol. 35(1), (1969) pp.127–138.
20) Chen, Y. N. and Wever, M., ASME Symp. on Flow–Induced Vibration in Heat Exchangers, New York, Dec. (1970) pp.57–77.
21) Wambsganss, M. W. and Chen, S. S., ANL–ETD–71–07, Argonne National Lab. (1971).

22) Hawthorne, W.R., Proc. Instn. Mech. Engrs, Vol.175, (1961) p.52.
23) Paidoussis, M. P., J. Fluid Mech. Vol.26-4, (1966) pp.717-736.
24) Paidoussis, M. P., J. Fluid Mech. Vol.26-4, (1966) pp.737-751.
25) Paidoussis, M. P., J. Sound and Vibration, Vol.29-3, (1973) pp.365-385.
26) Paidoussis, M.P., Ostoja-Starzewski, M., AIAA Journal, Vol.19, (1981) pp.1467-1475.
27) Paidoussis, M.P., Applied Mechanics Review, Vol.40-2 (1987) pp.163-175.
28) Paidoussis, M.P., Trans. ASME, J. Press. Vess. Tech., Vol.115 (1993) pp.2-14.
29) Lee, T.S., J. Fluid Mechanics, Vol.110, (1981) pp.293-295.
30) Triantafyllou, G.S., Chryssostomidis, C., Journal of Energy Resources Technology, Vol.107, (1985) pp.421-425.

3.2 弾性平板・シェルの振動

流れに沿って置かれた平板やシェルでは自励振動や流れの乱れに起因する強制振動が生じることがある。本節では曲げ捩りフラッター，パネルフラッター，シートフラッター，シェルフラッター等の自励振動と，ランダム流体力による強制振動について概説する。

3.2.1 翼の曲げ捩りフラッター

【1】評価の歴史

曲げ捩りフラッターは，図 3.2-1[1] に示すようなたわみやすい弾性構造物において並進(曲げ)と回転(捩り)が連成して生じる自励振動である。流速が臨界流速を超えると発生し，曲げ捩り間にある位相差を持つ特徴がある(図 3.2-2[1] 参照)。初期の航空機では翼の捩りダイバージェンスを克服した後，フラッターによる破壊事故をしばしば経験した。2次元振動翼面に作用する非定常空気力に関する理論の原型は第2次世界大戦前におおむね完成し，1950年代には著書[2,3] が発刊された。近年では，翼構造に異方性を持たせ空力弾性特性を向上させる研究[4]，数値流体力学による振動翼

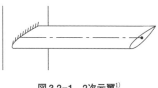

図 3.2-1　2次元翼[1]

図 3.2-2　位相差90°の場合の曲げ捩り調和振動[1]

3.2 弾性平板・シェルの振動

周りの非定常空気力計算に関する研究[5],アクティブ制御に関する研究[6]等が盛んである。

【2】評価方法

図3.2-3のように2次元非圧縮流中にあるコード長$2b$の単位幅翼を例にとって説明する。フラッター解析の一般的手法として,平衡点周りの微小振動の安定性を調べる。詳細は文献1, 2)を参照。

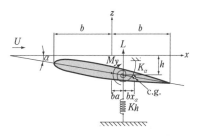

図3.2-3 2次元流中の単位幅翼[2]

翼は弾性軸位置にて2種類のバネで支持され,並進変位hに対しては復元力$K_h(1+jg_h)h$が,回転変位αに対しては復元モーメント$K_\alpha(1+jg_\alpha)\alpha$が作用する。非定常揚力を$L$,弾性軸周りのモーメントを$M_\alpha$とすれば,並進および回転の運動方程式は次式となる。

$$\left.\begin{array}{l} m\ddot{h}+S_\alpha\ddot{\alpha}+K_h(1+jg_h)h=-L \\ S_\alpha\ddot{h}+I_\alpha\ddot{\alpha}+K_\alpha(1+jg_\alpha)\alpha=M_\alpha \end{array}\right\} \quad (3.2\text{-}1)$$

m, I_αは翼の質量および弾性軸周りの慣性モーメント,$S_\alpha=mbx_\alpha$は弾性軸周りの静的モーメントである。並進の固有円振動数を$\omega_h(=\sqrt{K_h/m})$,回転の固有円振動数を$\omega_\alpha(=\sqrt{K_\alpha/I_\alpha})$と置き,以後は調和振動を取り扱うものとして$h=\bar{h}e^{j\omega t}$,$\alpha=\bar{\alpha}e^{j\omega t}$,$L=\bar{L}e^{j\omega t}$,$M_\alpha=\bar{M}_\alpha e^{j\omega t}$とおけば運動方程式は次式となる。

$$\left.\begin{array}{l} -m\omega^2\bar{h}-S_\alpha\omega^2\bar{\alpha}+m\omega_h^2\bar{h}(1+jg_h)=-\bar{L} \\ -S_\alpha\omega^2\bar{h}-I_\alpha\omega^2\bar{\alpha}+I_\alpha\omega_\alpha^2\bar{\alpha}(1+jg_\alpha)=\bar{M}_\alpha \end{array}\right\} \quad (3.2\text{-}2)$$

振動翼理論によれば,揚力$\bar{L}$と弾性軸周りの空力モーメント$\bar{M}_\alpha$は次式で表される。

$$\left.\begin{array}{l} \bar{L}=-\pi\rho b^3\omega^2\{A_{hh}(\bar{h}/b)+A_{h\alpha}\bar{\alpha}\} \\ \bar{M}_\alpha=\pi\rho b^4\omega^2\{A_{\alpha h}(\bar{h}/b)+A_{\alpha\alpha}\bar{\alpha}\} \end{array}\right\} \quad (3.2\text{-}3)$$

式(3.2-3)中の係数$A_{hh}, A_{h\alpha}, A_{\alpha h}, A_{\alpha\alpha}$は無次元振動数$k\equiv\omega b/U$の関数である。式(3.2-3)を式(3.2-2)に代入すると次式が得られる。

$$\begin{bmatrix} \mu\{1-(\frac{\omega_h}{\omega})^2(1+jg_h)\}+A_{hh} & \mu x_\alpha+A_{h\alpha} \\ \mu x_\alpha+A_{\alpha h} & \mu r_\alpha^2\{1-(\frac{\omega_\alpha}{\omega})^2(1+jg_\alpha)\}+A_{\alpha\alpha} \end{bmatrix}\begin{Bmatrix}\bar{h}/b \\ \bar{\alpha}\end{Bmatrix}=\begin{Bmatrix}0 \\ 0\end{Bmatrix}$$

$$(3.2\text{-}4)$$

ただし$\mu=m/\pi\rho b^2$,$x_\alpha=S_\alpha/mb$,$r_\alpha^2=I_\alpha/mb^2$と置き換えた。式(3.2-4)の行

第3章：外部平行流による振動

列の行列式をゼロと置いたものが特性方程式であり，複素固有値解析によりフラッター速度 U_F およびフラッター振動数 ω_F が定まり，その値を式(3.2-4)に代入すると $\bar{h}/b$ と $\bar{\alpha}$ の振幅比と位相差が決定される。

曲げ捩り振動数比 ω_h/ω_α，質量比 $\mu = m/\pi\rho b^2$，重心の弾性軸からのずれ量 $x_\alpha = S_\alpha/mb$ 等のパラメータを変えて解析した結果が文献2)に図示されている。

図3.2-4に例を示す。横軸は曲げ捩り振動数比，縦軸は無次元フラッター速度で，x_α の値を変えて計算している。$x_\alpha = 0$（静的不釣合なし）のときはフラッター速度が高く，$x_\alpha = 0.05 \sim 0.1$ ではフラッター速度が低下し，とくに $\omega_h/\omega_\alpha \approx 1$ 付近で極小になること等がわかる。

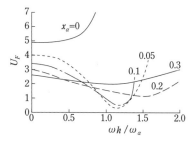

図3.2-4　フラッター速度の計算例[2)]

図3.2-5　パネルフラッター[3)]

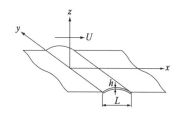

図3.2-6　片側を流体が流れる無限幅平板[7)]

3.2.2　パネルフラッター

【1】評価の歴史

パネルフラッターは，図3.2-5のように周辺を支持され片面を高速流れに曝される平板に生じる自励振動である。第2次世界大戦中，ドイツV-2ロケットが実験中にパネルフラッターのため多数の事故を起こしたのは有名である[1)]。超音速パネルフラッターに関する理論研究は1950年代初頭より見られる。とくに高速では空力加熱のためパネルに圧縮応力が生じてパネルフラッターが起きやすいことが知られており，この種の問題で平衡状態での面内方向応力が安定性に影響することがうかがわれる[3)]。また，事故例はとくに報告されていないものの，空気に比べ密度がはるかに高い水の流れに片面を曝されたパネルの振動に関する研究も実施されている[7)]。

3.2 弾性平板・シェルの振動

【2】評価方法

平衡点周りの微小な調和振動を仮定し，流体力をパネルの非減衰固有モードで展開したときの一般化力の形で表現して，複素固有値解析により安定判別を行う手法を説明する[7]。

図3.2-6のように長さ L，厚さ h で両端支持された密度 ρ_m の弾性平板の片面を密度 ρ_0 の非粘性非圧縮流体が流速 U で流れるとする。平板のたわみを W として運動方程式と境界条件は次式で表される。

$$D\nabla^4 W + \rho_m h \frac{\partial^2 W}{\partial t^2} + \rho_m h \gamma \frac{\partial W}{\partial t} + P = 0 \tag{3.2-5}$$

$$W(0) = W(L) = 0, \qquad (\partial^2 W / \partial x^2)_{x=0} = (\partial^2 W / \partial x^2)_{x=L} = 0 \tag{3.2-6}$$

流体の速度ポテンシャルを ϕ とすれば，平板に作用する圧力は非定常ベルヌーイの式からつぎのように表される。

$$P = -\rho_0 \{(\partial \phi / \partial t) + U(\partial \phi / \partial x)\}_{z=0} \tag{3.2-7}$$

速度ポテンシャルはラプラスの式

$$\nabla^2 \phi(x,z,t) = 0 \tag{3.2-8}$$

と振動する平板の表面における運動学的条件

$$(\partial \phi / \partial z)_{z=0} = (\partial W / \partial t) + U(\partial W / \partial x), \qquad 0 \leq x \leq L \tag{3.2-9}$$

を満足するとともに，$z \to \infty$ において有限でなければならない。以上が基礎式である。ここで平板の変形 W を固有モードの級数和に展開する。

$$W(x,t) = \sum_{n=1}^{\infty} A_n \sin \frac{n\pi x}{\ell} \cdot e^{j\omega t} \tag{3.2-10}$$

以上すべてを連立すると未定係数ベクトル $\{A_n\}$ に関する連立一次方程式が得られ，$\{A_n\}$ の係数行列の行列式をゼロとおけば固有振動数方程式が求められる。

安定性計算例を図3.2-7に示す。横軸は構造流体質量比，縦軸は換算流速である。質量比が一定の下で流速をあげていくと，まずダイバージェンスが発生し，さらに流速をあげていくとフラッターが発生することがわかる。相対的に流体の質量が大きくなると臨界流速は低下する。

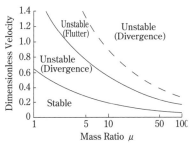

図3.2-7 臨界流速の計算例[7]

3.2.3 シートフラッター

【1】評価の歴史

　紙やフィルム，布などの薄いシートが気流にさらされる場合にも，フラッターが発生することが知られている。印刷機械やフィルム製造装置では，このフラッターが原因で紙詰まりや傷などの品質不良を引き起こすことがある。このため，これまでに気流中のシートのフラッター発生条件およびフラッター特性が調べられている。主に1960年代から研究成果が報告されており，Taneda[8]は気流中の布のフラッター流速やフラッタモードを風洞実験で調べている。

　これまでの研究を大別すると，無限幅シート周りの流体流れを二次元流れとして取り扱った二次元フラッター解析[9〜12]と，図3.2-8に示す枚葉紙のような有限幅の矩形シートを対象とした三次元フラッター解析[13〜15]に分類できる。ここで，前者の体系は，前縁と後縁を共に支持すると，前節のパネルフラッターと同じ体系となる。以下では，後者の有限幅の矩形シートの体系について，渡辺ら[15]による非定常揚力面理論に基づく三次元フラッター解析と実験結果について概説する。

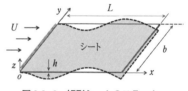

図3.2-8　矩形シートのフラッター

【2】評価方法

　図3.2-8に示すような上流側の一辺が固定支持された矩形シートの運動方程式は，FEMを用いて次式のように得られる。式の右辺はシートに作用する非定常流体力で，非定常揚力面理論より求められる項であり，A_eは流力弾性行列である。また，式中のXは節点変位ベクトルである。式の詳細は文献15）を参照。

$$M\ddot{X} + C\dot{X} + KX = \frac{1}{2}\rho_f U^2 b A_e X \qquad (3.2\text{-}11)$$

低次の固有振動モードとモードの直交性を用いて上式をモード近似し，時間に関してラプラス変換を行うと，以下の特性方程式が得られる。

$$\det\left[s^2 I + s\Gamma + \Omega - \frac{1}{2}\rho_f U^2 b A'_e(\bar{s}) \right] = 0 \qquad (3.2\text{-}12)$$

ここで，sは特性根であり，流速Uを変化させて特性根の実数部と虚数部を調べ

3.2 弾性平板・シェルの振動

ることで系の安定性を判別する。得られる特性根 s のうち 1 つでも実数部が正の根があれば，系は不安定となり，このとき虚数部が零でない場合にはフラッターが発生する。

図 3.2-9 と図 3.2-10 に，アスペクト比 $\Lambda(=b/L)$ および質量比 $\mu(=\rho_b L/\rho_s h)$ に対する無次元フラッター流速 U_{cf}^* の変化を示す。ここで，式中の ρ_f と ρ_s は，それぞれ流体とシートの密度である。図よりアスペクト比が大きくなると，フラッター流速は単調に低下することがわかる。また，質量比が大きくなると，フラッター流速はフラッターモードの変化に伴って局所的に増加するが，大域的には低下する。図 3.2-11 にフラッターモードを示す。質量比が大きくなると波数の大きな進行波モードのフラッターが発生することがわかる。文献 15) では，フラッター発生時のシート表面での流体力の仕事分布が調べられており，シート中央付近に作用する流体力の仕事が正になることで，フラッターが励振されることがわかっている。

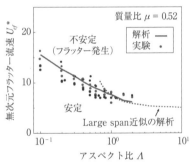
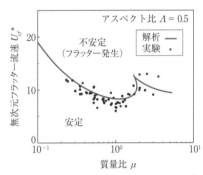

図 3.2-9　アスペクト比に対するフラッター流速 [15]　　図 3.2-10　質量比に対するフラッター流速 [15]

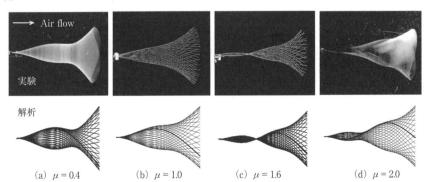

図 3.2-11　シートのフラッターモード [15]

3.2.4 シェルフラッター

◆**高速流れによるオーバルモードのフラッター**

内外面(の一方または両方)を高速流れに曝される薄肉シェルは，オーバルモードで自励振動する場合がある[16]。ジェットエンジンアフターバーナー熱遮蔽シェルの損傷例が知られている[17]。とくにシェルが多重円筒構造で環状の流路が狭い場合には，シェルの弾性変形に伴う流路形状や流路面積の変化が大きいためシェルに作用する流体力そのものが変化を受けて不安定が発生しやすいといわれているが，発振のメカニズムは十分に解明されていない。

内部を流体が流れる円筒シェルおよび角筒シェルのような単純な体系に関しては，これまでにいくつかの研究[18~21]が報告されている。図3.2-13に円筒シェルのシェル長さ比L^*($=L/a$)に対する無次元フラッター流速U_{cf}^*の変化を示す。ここで，aはシェルの半径である。図より，シェルが長くなるとフラッター流速が低下するが，ある程度大きくなると一定値に収束することがわかる。円筒シェルでは，図3.2-14に示すような周方向波数が2つのモード

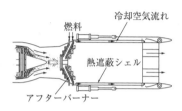

図3.2-12 アフターバーナー

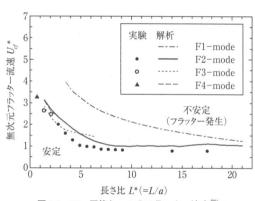

図3.2-13 円筒シェルのフラッター流速[20]

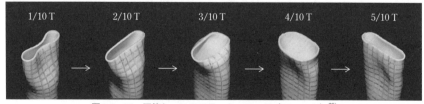

図3.2-14 円筒シェルのフラッターモード(F2-mode)[20]

3.2 弾性平板・シェルの振動

(F2-mode) が低流速で発生しやすい。シェルが短い場合には，波数の多いモードのフラッターが高い流速で発生する。**図3.2-15**に角筒シェルのシェル長さ比$L^*(=L/d)$に対する無次元フラッター流速U_d^*の変化を示す。ここで，dは角筒シェルの一辺の長さである。角筒シェルでは，**図3.2-16**に示すような，隣り合う辺が同じ方向に振動する同位相モード（In-phase mode）と逆方向に振動する逆位相モード（Anti-phase mode）が発生する。特に，同位相モードのフラッターが低流速で発生する。文献20, 21)では，フラッター発生時のシェル表面での流体力の仕事分布が示されている。

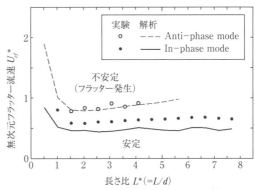

図3.2-15 角筒シェルのフラッター流速 [21]

(a) In-phase mode（同位相モード）

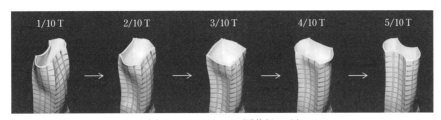

(b) Anti-phase mode（逆位相モード）
図3.2-16 角筒シェルのフラッターモード [21]

第 *3* 章：外部平行流による振動

3.2.5 流れの乱れによる振動

【1】 検討対象

以上では自励振動について紹介したが，上流で生じる乱れにより後流中の弾性構造物の強制振動が引き起こされる事象も多い。航空機尾翼のバフェッティングは代表例である。機械工学の分野ではダクトや配管のエルボ，分岐，絞り等で生じる広帯域な圧力変動により，後流に存在する弾性構造物が選択的に固有振動数成分で振動し，損傷に至る場合もある。各種流れ場での圧力変動スペクトルについては文献22)，ランダム流体力を受ける弾性構造物の振動応答については文献23)を参照のこと。

【2】 評価方法

表面にランダムな圧力変動が作用する板の振動応答の評価法を，文献23) の方法に従って説明する。圧力変動 P を受ける板の運動方程式は，つぎのように表される。

$$m\frac{\partial^2 W}{\partial t^2} + L[W(x,y,z,t)] = P(x,y,z,t) \tag{3.2-13}$$

ただし，$m(x,y,z)$ は単位面積当たりの質量，L は板の外力と変形の関係を表す線形演算子である。ここで，たわみ W を固有モード $\tilde{w}_i(x,y,z)$ の級数和に展開する。

$$W(x,y,z,t) = \sum_{i=1}^{N} \tilde{w}_i(x,y,z)w_i(t) \tag{3.2-14}$$

また，圧力変動が空間と時間の関数の積で表されるとする。

$$P(x,y,z,t) = \tilde{p}(x,y,z)p(t) \tag{3.2-15}$$

式(3.2-14)を式(3.2-13)に代入し，モードの直交性を利用すれば，つぎのようなモードごとの運動方程式が得られる。

$$\ddot{w}_i(t) + 2\zeta_i\omega_i\dot{w}_i(t) + \omega_i^2 w_i(t) = \frac{\int \tilde{p}(x,y,z)\tilde{w}_i(x,y,z)ds}{\int m(x,y,z)\tilde{w}_i^2(x,y,z)ds} \cdot p(t) \tag{3.2-16}$$

以降では，各モードの固有振動数が互いに十分離れており，それぞれを1自由度系として取り扱える場合を考える。また，簡単なため式(3.2-16)右辺 $p(t)$ の係数が ω_i^2 であるとする。式(3.2-16)の解 $w_i(t)$ のパワースペクトル密度 $S_{wi}(f)$ は次

3.2 弾性平板・シェルの振動

式で与えられる．

$$S_{wi}(f) = \frac{S_p(f)}{\left[1-(f/f_i)^2\right]^2 + (2\zeta_i f/f_i)^2} \quad (3.2\text{-}17)$$

ただし，$S_p(f)$ は圧力変動 $p(t)$ のパワースペクトル密度である．図 3.2-17 に曲がりダクトで圧力変動のスペクトルの例を示す．$w_i(t)$ の2乗平均値は，式(3.2-17)を圧力変動周波数の下限 f_1 から上限 f_2 まで積分することにより得られる．とくに外力のパワースペクトル密度が周波数 f_1 から f_2 の

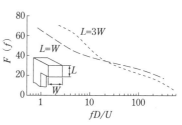

図 3.2-17　曲がりダクトでの圧力変動スペクトル[22]

範囲で平坦な場合には，rms値はつぎのように近似することができる．

$$w_{i,rms} = \sqrt{\int_{f_1}^{f_2} \frac{S_p(f)}{\left[1-(f/f_i)^2\right]^2 + (2\zeta_i f/f_i)^2} df} \approx \sqrt{\frac{\pi}{4\zeta_i} \cdot f_i \cdot S_p(f_i)} \quad (3.2\text{-}18)$$

正弦波外力に対する応答振幅はよく知られるように減衰比の逆数に比例するが，ランダム外力に対する応答のrms値は，式(3.2-18)からわかるように，減衰比の逆数の平方根に比例する．

3.2.6　トラブル対策のヒント

【1】自励振動

無次元流速 $U/f_n D$（U：流速，f_n：固有振動数，D：代表寸法）が臨界値を超えるとき自励振動が発生することを考慮すれば，構造系の剛性を増して固有振動数を上昇させることは安定化の効果がある．また，構造に減衰を付加することができれば臨界流速は上昇する．

【2】ランダム振動

正弦的な流体力による構造系の共振ならば，構造系の固有振動数を多少ずらすだけで応答振幅を大幅に低減できるが，流体力が広帯域の場合，固有振動数を励振力周波数帯域より十分高くするのは一般に困難である．したがって，構造系の剛性を高め，その分だけ応答振幅を低減させる対策が普通である．構造に減衰を

第3章：外部平行流による振動

付加することができれば，式(3.2-18)から明らかなように応答は低減する。また，可能であればランダムな圧力変動を生じさせる部位から下流側に十分離れた場所に構造物を設置するのも有効な対策である。

参　考　文　献

1) 鷲津, 空力弾性学, 共立出版, (1957).
2) Bisplinghoff, R.L., Ashley, H. and Halfman, R.L., Aeroelasticity, Addison−Wesley Publishing Co. Inc. (1955).
3) Fung, Y.C., An introduction to the theory of aeroelasticity, John Wiley & Sons, Inc. (1955).
4) 磯貝他, 航技研報告 NAL−TR−827, (1984).
5) 中道, 日本航空宇宙学会誌 Vol.43, No.501, (1995)pp.549−556.
6) 松下, 日本建築学会「建築雑誌」Vol.109, No.1351, (1994).
7) Weaver, D.S. and Unny, T.E., Trans.ASME, J. Appl. Mech., (1970) pp.823−827.
8) Taneda,S., J. Physical Society of Japan, Vol.24, (1968) pp.329−401.
9) Kornecki, A., Dowell, E. H. and O’Brien, J., J. Sound and Vibration, Vol.47, (1976) pp.163−178.
10) Tang, L. and Paidoussis, M. P., J. Sound and Vibration, Vol.305, (2007) pp.97−115.
11) Tang, L. and Paidoussis, M. P., J. Sound and Vibration, Vol.310, (2008) pp.512−526.
12) Tang, L., Paidoussis, M. P. and Jiang, J., J. Sound and Vibration, Vol.326, (2009) pp.263−276.
13) Eloy, C., *et. al*., J. Fluids and Structures, Vol.23, (2007), pp.904−919.
14) Tang, D. M., *et. al*., J. Fluids and Structures, Vol.17, (2003), pp.225−242.
15) 渡辺他, 日本機械学会論文集, Vol.82, No.841, (2016) 16−00170, [DOI:10.1299/transjsme.16−00170].
16) Paidoussis, M.P., Chan, S.P. and Misra, A.K., J. Sound Vib., Vol.97, No.2, (1984) pp.201−235.
17) Ziada, S. and Buhlmann ,E.T., J. Fluids and Structures, No.2, (1988) pp.177−196.
18) Paidoussis, M. P. and Denise, J.−P., J. Sound and Vibration, Vol.16, (1971) pp.459−461.
19) Paidoussis, M. P. and Denise, J.−P., J .Sound and Vibration, Vol.20, No.1, (1972) pp.9−26.
20) 伊藤・原・渡辺, 日本機械学会論文集, Vol. 81, No. 822, (2015) [DOI:10.1299/transjsme.14−00428].
21) 伊藤・原・渡辺, 日本機械学会論文集, Vol. 81, No. 826, (2015) [DOI:10.1299/transjsme.14−00626].
22) Blake, W.K., Mechanics of Flow−Induced Sound and Vibration, Academic Press INC. (1986).
23) Blevins, R. D., Flow−Induced Vibration 2nd ed., Van Nostrand Reinhold, (1990).

3.3 すきま流れによる振動

3.3.1　検討対象の概説

狭いすきま内の流れにより，すきまを構成する構造物に大振幅の自励振動が生じる例がある。すきま流れ振動の特徴は，すきまを構成する構造物が変位・変形すると流動損失が大きく変化し，軸方向流速の変化を介して構造物に大きな流体力変動としてフィードバックすることであり，PWR の炉心バレルや BWR の給水スパージャ（**図 3.3−1** 参照）[1] 等大型構造物の振動事例も目立つ。

138

3.3 すきま流れによる振動

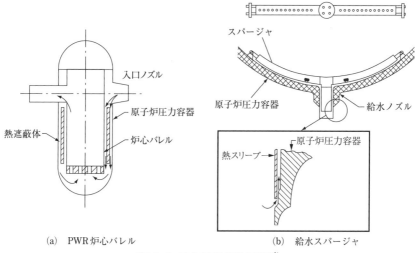

(a) PWR炉心バレル　　　(b) 給水スパージャ

図3.3-1　すきま流れ振動の事例[1]

【1】検討対象の基本ケース

本節で検討対象とする基本ケースは，流体系としては液体あるいは気体の単相の非圧縮性流れ（おおむねマッハ数0.3以下）であり，また流路形状としては，1次元のテーパすきまおよび任意形状のすきま（図3.3-2参照）を構成する構造物が，並進1自由度系として振動可能な場合である．

【2】検討対象のその他のケース

1次元すきまを構成する構造物が回転1自由度系，並進・回転の2自由度系および連続体の場合について，並進1自由度系との特性・現象の違いを概説する．最後に内管や外管が回転しない環状すきまの場合の評価の現状についても触れる．

3.3.2　テーパすきまの壁面が並進1自由度振動する場合の評価法[2]

本項ではすきまの拡大率 $\alpha\left(=\{\overline{H}(L)-\overline{H}(0)\}/\overline{H}(0),\ ^-$は定常状態$\right)$ のテーパすきまの壁面が振動する場合について，壁面に作用する流体力の求め方とその特性を示す．

第3章:外部平行流による振動

【1】すきま流れの基礎式

図3.3-2(a)で示すテーパすきま流路の壁面が角振動数 Ω で振動する場合, Q をすきま内の単位幅あたりの体積流量とすると,すきま流れの基礎式となる質量および運動量の保存式, 入口・出口の境界条件式は次式で表される.

$$\frac{\partial Q}{\partial Y}+\frac{\partial H}{\partial t}=0, \quad \frac{\partial Q}{\partial t}+\frac{\partial}{\partial Y}\left(\frac{Q^2}{H}\right)=-\frac{H}{\rho}\frac{\partial P}{\partial Y}-\frac{1}{4}\lambda\frac{Q^2}{H^2}$$

$$P(0)=P_{in}-\xi_{in}\frac{1}{2}\rho\frac{Q^2(0)}{H^2(0)}, \quad P(L)=P_{ex}+\xi_{ex}\frac{1}{2}\rho\frac{Q^2(L)}{H^2(L)} \qquad (3.3-1)$$

ここで ξ_{in}, ξ_{ex} はすきまの入口・出口の圧力損失係数, λ は流路摩擦係数である. 概略評価のためには ξ_{in}, ξ_{ex} として管路の入口・出口損失係数が使用でき, 入口で急縮小の場合には ξ_{in}=1.5, 入口角部が丸く損失が小さい場合には ξ_{in}=1, 出口で急拡大の場合は ξ_{ex}=0 である. また λ は準定常状態を仮定し層流域では λ=48/Re ($Re<1\,000$), 乱流域では $\lambda = 0.266Re^{-0.25}$ ($Re>1\,000$), ただし $Re=Q/\nu$ である.

【2】定常流量と両端差圧との関係

定常状態の解析から定常流量と両端差圧との関係は,

$$\frac{\overline{Q}}{H_0}=\sqrt{\frac{P_{in}-P_{ex}}{\rho\{(\beta-\alpha)I_3(1)+\xi_{in}/2+\xi_{ex}/\{2h^2(1)\}\}}} \qquad (3.3-2)$$

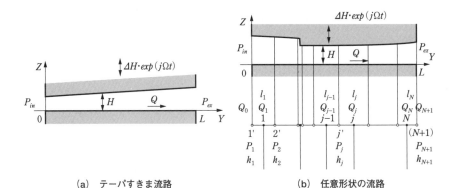

(a) テーパすきま流路　　　　　(b) 任意形状の流路

図3.3-2　検討対象とする1次元すきま流路と座標系

と求められる。ここで H_0 は入口定常すきま $\overline{H}(0)$ であり，流路有効圧力損失係数 β，無次元軸方向座標 y，無次元すきま h，関数 $I_n(y)$ は以下のように定義した。

$$\beta = \overline{\lambda} L / (4H_0), \quad y = Y/L, \quad h = \overline{H}/H_0 = 1 + \alpha y$$

$$I_n(y) = \frac{1}{(n-1)\alpha}\left[1 - \frac{1}{h(y)^{n-1}}\right] \ (n \neq 1), \quad \ln(h(y))/\alpha \ (n=1) \tag{3.3-3}$$

【3】非定常流体力の解析

基礎式を定常状態のまわりで線形化して，非定常圧力分布を求め，それを壁面上で積分することにより，壁面が振幅 ΔH で微少振動した場合に単位幅の壁面に作用する流体力 ΔF が求められる。無次元振動数を $\omega = \Omega H_0 L / \overline{Q}$ と定義すると，

$$\Delta F = -\frac{\rho \overline{Q}^2 L}{H_0^2}\left\{\left(j\omega m + c_1 + \frac{c_2}{1+j\omega T}\right)j\omega + \left(k_1 + \frac{k_2}{1+j\omega T}\right)\right\}\frac{\Delta H}{H_0} \tag{3.3-4}$$

となる。式(3.3-4)の m，c_1，c_2，k_1，k_2 は，**表3.3-1** を参照のこと。式(3.3-4)の中括弧内の第1項目はすきま壁面の振動により流路軸方向に流れが誘起されて生じるスクイーズ膜効果による成分，2項目が流路抵抗の変動によって生じる流量変動による成分である。式(3.3-4)には，流体慣性力により1次遅れの項が生じる。安定判別する場合には，式(3.3-4)で $j\omega$ をラプラス変換パラメータ $\hat{s}$ で置き換え，すきま壁面の運動方程式に代入すればよく，すきま壁面が2次系の振動方程式で表される場合，固有方程式は3次方程式となる。

式(3.3-4)を書き換えると，

$$\Delta F = -\left\{M_a \Delta \ddot{H} + (C_w + C_e)\Delta \dot{H} + K_a \Delta H\right\} \tag{3.3-5}$$

と書ける。ここで・は時間による微分を表す。M_a，$(C_w + C_e)$，K_a はそれぞれ付加質量，付加減衰，付加剛性係数であり，以下のように ω に依存した形で表される。

$$M_a = \frac{\rho L^3}{H_0}\left(m - \frac{c_2 T}{1+\omega^2 T^2}\right), \ C_w = \frac{\rho \overline{Q} L^2}{H_0^2}\left(c_1 + \frac{c_2}{1+\omega^2 T^2}\right), \ C_e = -\frac{\rho \overline{Q} L^2}{H_0^2}\frac{k_2 T}{1+\omega^2 T^2},$$

$$K_a = \frac{\rho \overline{Q}^2 L}{H_0^3}\left(k_1 + \frac{k_2}{1+\omega^2 T^2}\right) \tag{3.3-6}$$

C_w はスクイーズ膜効果による減衰成分で一般に正であるが，流量変動による減

141

第3章：外部平行流による振動

表3.3-1 式(3.3-4)中の各パラメータの定義式

式(3.3-4)の各パラメータ
$m = J_1 N_1 / I_1 - N_1^*,$
$c_1 = 2(\beta\gamma - \alpha)\left(\dfrac{N_1 J_3}{I_1} + \dfrac{N_3 J_1}{I_1} - \dfrac{J_1 N_1 I_3}{I_1^2} - N_3^*\right) + 2\left(\dfrac{I_2 N_1}{I_1} - N_2\right) + \xi_{in}\dfrac{J_1}{I_1}\left(1 - \dfrac{N_1}{I_1}\right)$
$\quad + \dfrac{\xi_{ex}}{h^2(1)}\dfrac{N_1}{I_1}\left(1 - \dfrac{J_1}{I_1}\right),$
$c_2 = (J_1 N_1 / I_1^2) \cdot (B_1 B_3 / r),$
$k_1 = 3(\beta - \alpha)\left(\dfrac{N_1 I_4}{I_1} - N_4\right) - \xi_{in}\left(1 - \dfrac{N_1}{I_1}\right) + \dfrac{\xi_{ex}}{h^3(1)}\dfrac{N_1}{I_1}, \quad k_2 = \dfrac{N_1}{I_1}\cdot\dfrac{B_2 B_3}{r}, \quad T = \dfrac{I_1}{r}$

上式で現れる記号
$J_n(y) = (I_{n-1}(y) - I_n(y))/\alpha, \quad I_n = I_n(1), \quad J_n = J_n(1), \quad N_n = I_n - J_n,$
$N_n^* = \dfrac{2+\alpha}{2\alpha^2} - \dfrac{1+\alpha}{\alpha^3}\ln(1+\alpha) \quad (n=1), \quad \dfrac{2+\alpha}{2\alpha^2(1+\alpha)} - \dfrac{1}{\alpha^3}\ln(1+\alpha) \quad (n=3),$
$\gamma = 1 + \dfrac{\overline{Q}}{2\overline{\lambda}}\left(\dfrac{d\lambda}{dQ}\right)_0$
$B_1 = 2(\beta\gamma - \alpha)\left(\dfrac{I_1 J_3}{J_1} - I_3\right) + 2\dfrac{I_1 I_2}{J_1} - \xi_{in} - \dfrac{\xi_{ex}}{h^2(1)}\left(1 - \dfrac{I_1}{J_1}\right),$
$B_2 = 3(\beta - \alpha)I_4 + \xi_{in} + \dfrac{\xi_{ex}}{h^3(1)},$
$B_3 = 2(\beta\gamma - \alpha)\left(\dfrac{I_1 N_3}{N_1} - I_3\right) - \xi_{in}\left(1 - \dfrac{I_1}{N_1}\right) - \dfrac{\xi_{ex}}{h^2(1)}$
$r = 2(\beta\gamma - \alpha)I_3 + \xi_{in} + \dfrac{\xi_{ex}}{h^2(1)}$

衰成分 C_e は，流体の慣性力による位相遅れにより末広流路の場合に負になって自励振動の原因となる。また末広流路の場合，付加剛性 K_a が負になりダイバージェンス（座屈型の不安定）が生じることもある。図3.3-3 に $C_w + C_e$ および K_a が負になる α と β の条件を示す。ωT をパラメータとして示しているが，自励振動を止めるには $1+\alpha$ を1以下，すなわち先細流路とすることが有効であることがわかる。

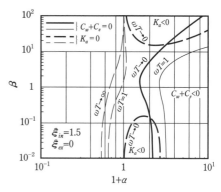

図3.3-3 1次元テーパすきまの壁面が並進振動する場合に負減衰，負剛性になる領域[2]

3.3.3 任意形状すきまの壁面が並進 1 自由度振動する場合の評価法 [2)]

【1】 平衡状態の解析法

1次元すきまの場合には，**図 3.3-2(b)** に示すような任意形状すきまでも伝達マトリックス法により比較的単純に定常状態や非定常流体力の解析を行うことが可能である。定常流量 $\overline{Q}$ を仮定すると，流路入口に接続された要素の伝達マトリックスおよびその要素出口の圧力が計算される。この圧力がそのつぎに接続されている要素入口の圧力になる。これを順番に計算すると流路の入口直前から出口直後に至る流路全体の伝達マトリックス $\boldsymbol{M}$ および出口直後の圧力 P_{ex} が，つぎの形に求められる。

$$\begin{bmatrix} P_{ex}/P^* \\ 1 \end{bmatrix} = \boldsymbol{M} \begin{bmatrix} P_{in}/P^* \\ 1 \end{bmatrix}, \quad \boldsymbol{M} = \boldsymbol{M}_{ex}\boldsymbol{M}_N\boldsymbol{M}_{N-1}\ldots\ldots\boldsymbol{M}_1\boldsymbol{M}_{in} = \begin{bmatrix} 1 & -M \\ 0 & 1 \end{bmatrix}$$

$$(3.3\text{--}7)$$

ここで，$P^* = \rho\overline{Q}^2/H_0^2$ である。したがって定常流量と両端差圧との関係は，

$$\overline{Q}/H_0 = \sqrt{(P_{in} - P_{ex})/\rho M}$$

$$(3.3\text{--}8)$$

と求められる。各要素の伝達マトリックスは，**表 3.3-2** に示す。

表 3.3-2 定常状態解析の伝達マトリックス

なめらかな流路要素	入口	出口	断面急変要素
$\begin{bmatrix} 1 & -\dfrac{1}{2}\left\{\left(\dfrac{1}{h_{j+1}^2} - \dfrac{1}{h_j^2}\right) + \beta l_j\left(\dfrac{1}{h_{j+1}^3} + \dfrac{1}{h_j^3}\right)\right\} \\ 0 & 1 \end{bmatrix}$	$\begin{bmatrix} 1 & -\dfrac{\xi_{in}}{2} \\ 0 & 1 \end{bmatrix}$	$\begin{bmatrix} 1 & -\dfrac{\xi_{ex}}{2h_{N+1}^2} \\ 0 & 1 \end{bmatrix}$	$\begin{bmatrix} 1 & -\dfrac{1}{2}\left(\dfrac{1}{h_{j+1}^2} - \dfrac{1}{h_j^2} + \dfrac{\overline{\xi}_i}{h_i^{*2}}\right) \\ 0 & 1 \end{bmatrix}$

h_i^* は ξ_i を定義したときのすきま

【2】 非定常流体力の解析法

非定常流体力も伝達マトリックス法により解析することが可能である。各要素の伝達マトリックスを $\boldsymbol{m}_j$ とすれば，流路の入口直前から出口直後に至る伝達マトリックス $\boldsymbol{m}$ は，次式の形となる。

第 *3* 章：外部平行流による振動

$$m = m_{ex} m_N m_{N-1} \cdots m_1 m_{in} = \begin{bmatrix} 1 & -(j\omega A + B) & j\omega C + D & E \\ 0 & 1 & -G & 0 \\ 0 & 0 & 1 & 0 \\ 0 & 0 & 0 & 1 \end{bmatrix} \tag{3.3-9}$$

式 (3.3-9) を用いると，各部の圧力，流量の変動成分 ΔP_j，ΔQ_j および出口直後の圧力，流量 ΔP_{N+2}，ΔQ_{N+2} は，入口直前の圧力，流量 ΔP_0，ΔQ_0 を用いて，式 (3.3-10) のように表される．

$$\left[p_{j+1}, q_{j+1}, q_w, e \right]^T = m_j m_{j-1} \cdots m_1 m_{in} \left[p_0, q_0, q_w, e \right]^T$$

$$\left[p_{N+2}, q_{N+2}, q_w, e \right]^T = m \left[p_0, q_0, q_w, e \right]^T$$

$$p = \Delta P / P^*, \quad q = \Delta Q / \overline{Q}, \quad e = \Delta H / H_0, \quad q_w = j\omega e$$

$$\tag{3.3-10}$$

ここで ^{T} は，転置行列を表す。各要素の伝達マトリックスは，**表 3.3-3** に示す。入口直前，出口直後の圧力の変動成分 p_0，p_{N+2} がゼロであることを考慮すると，式 (3.3-10) の第 2 式の 1 行目より q_0 は q_w，e の関数として次式の形に求められる。

表 3.3-3 非定常解析の伝達マトリックス

なめらかな流路要素	入口要素	断面急変要素
$m_j = \begin{bmatrix} 1 & -(j\omega A_j + B_j) & D_j & E_j \\ 0 & 1 & -G_j & 0 \\ 0 & 0 & 1 & 0 \\ 0 & 0 & 0 & 1 \end{bmatrix}$	$\begin{bmatrix} 1 & -\xi_{in} & 0 & \xi_{in} \\ 0 & 1 & -l_1/2 & 0 \\ 0 & 0 & 1 & 0 \\ 0 & 0 & 0 & 1 \end{bmatrix}$	$m_j = \begin{bmatrix} 1 & -B_j & 0 & E_j \\ 0 & 1 & 0 & 0 \\ 0 & 0 & 1 & 0 \\ 0 & 0 & 0 & 1 \end{bmatrix}$
$A_j = \dfrac{l_j}{2}\left(\dfrac{1}{h_j} + \dfrac{1}{h_{j+1}} \right),$		$B_j = \dfrac{1}{h_{j+1}^2} - \dfrac{1}{h_j^2} + \dfrac{\overline{\xi_i}}{h_i^{*2}}$
$B_j = \beta \gamma l_j \left(\dfrac{1}{h_{j+1}^3} + \dfrac{1}{h_j^3} \right) + \dfrac{1}{h_{j+1}^2} - \dfrac{1}{h_j^2}$		$E_j = \dfrac{1}{h_{j+1}^3} - \dfrac{1}{h_j^3} + \dfrac{\overline{\xi_i}\eta_i}{h_i^{*3}}$
$D_j = l_j \left(\dfrac{1}{h_{j+1}^2} + \dfrac{1}{h_j^2} \right),$	出口要素	$\eta_i = 1 - \dfrac{d\overline{\xi_i}}{2\overline{\xi_i}d\left(\dfrac{h_{j+1}}{h_j}\right)}\left(\dfrac{h_i^*}{h_{j+1}} - \dfrac{h_i^*}{h_j} \right)\left(\dfrac{h_{j+1}}{h_j} \right)$
$E_j = \dfrac{3}{2}\beta l_j \left(\dfrac{1}{h_{j+1}^4} + \dfrac{1}{h_j^4} \right) + \dfrac{1}{h_{j+1}^3} - \dfrac{1}{h_j^3}$	$\begin{bmatrix} 1 & -\xi_{ex}/h_{N+1}^2 & 0 & \xi_{ex}/h_{N+1}^3 \\ 0 & 1 & 0 & 0 \\ 0 & 0 & 1 & 0 \\ 0 & 0 & 0 & 1 \end{bmatrix}$	
$G_j = \begin{cases} (l_{j+1} + l_j)/2 \ (j = 1, \cdots, N-1) \\ l_N/2 \ (j = N) \end{cases}$		

144

3.3 すきま流れによる振動

$$q_0 = \frac{j\omega C + D}{j\omega A + B} q_w + \frac{E}{j\omega A + B} e \tag{3.3-11}$$

つぎに，式(3.3-10)の第1式に式(3.3-11)を代入すれば，無次元圧力の変動分 p_j の分布が q_w と e の関数として求められる。最後に壁面に作用する流体力 ΔF は，無次元圧力 p_j を入口から出口まで数値積分して，q_w と e の関数としてつぎの形で表される。

$$\Delta F / P^* L = f_w q_w + f_e e \tag{3.3-12}$$

付加質量係数 M_a，付加減衰係数 C_w，C_e および付加剛性係数 K_a を

$$M_a = -\frac{\rho L^3}{H_0} \frac{\mathrm{Im}(f_w)}{\omega}, \quad C_w = -\frac{\rho \overline{Q} L^2}{H_0^2} \mathrm{Re}(f_w),$$

$$C_e = -\frac{\rho \overline{Q} L^2}{H_0^2} \frac{\mathrm{Im}(f_e)}{\omega}, \quad K_a = -\frac{\rho \overline{Q}^2 L}{H_0^3} \mathrm{Re}(f_e) \tag{3.3-13}$$

と定義すれば式(3.3-5)の形に帰着され，負減衰，負剛性になる条件を求められる。

3.3.4 自励振動の発生メカニズム[3)]

壁面の移動によるすきまの変化により流路抵抗が変化し，すきま流れの変動を引き起こす。本節ではこの流速変動がどのように圧力変動にフィードバックするかを調べることにより，なぜ負減衰が末広流路のときに発生しやすいかを考察する。式(3.3-1)の第2式(運動方程式)を線形化すると，

$$\frac{dp}{dy} = -\left\{ \frac{j\omega}{h} + \frac{2(\beta\gamma - \alpha)}{h^3} \right\} q - \frac{2}{h^2}\frac{dq}{dy} + \frac{3(\beta - \alpha)}{h^4} e \tag{3.3-14}$$

と表される。式(3.3-14)の中括弧内の第2項は，流量変動 q がある場合の流路抵抗による圧力変動の応答を表す。一方で式(3.3-14)の中括弧内の第1項は，流体慣性力による圧力変動を表す。すなわち流量変動 q がある場合を考えると，

　　　流体慣性による圧力変動の応答 ~ $1/h$

　　　流路抵抗による圧力変動の応答 ~ $1/h^3$

である。図3.3-4に示すように末広流路では流路抵抗も流体慣性力も出口に向って小さくなるが，流体慣性力は流路抵抗と相対的に，出口寄りで支配的になる。

今，末広流路のすきまが時間的に広がりつつある場合を考えよう。流量は，流路抵抗の低下により増大する。しかし，出口近くでは，流体慣性力の効果が流路

145

第3章:外部平行流による振動

抵抗に対して相対的に支配的であり,流量は増加しにくい。すなわち,出口を塞いで入口から流体を押し込んだのと同じ効果となり,圧力が上昇する。すきまが狭くなりつつある場合には流量は減少するが,出口近くでは流体慣性力の効果が支配的であるので流量は減少しにくい。すなわち入口を塞いで出口から流体を吸い出したのと同じ効果となり,圧力が低下する。つまり,すきまが広がりつつあ

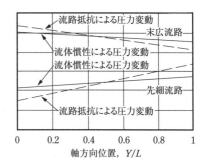

図3.3-4 すきま流路内で流量が変動するときの流動抵抗の変化と流体慣性力の分布[3]

るときに圧力が上昇し,狭まりつつあるときに圧力が低下するため,圧力は負減衰力として作用することになる。先細流路の場合には流体慣性力は入口側で支配的となるため,末広流路の時と同様な考察により圧力は正の付加減衰力として作用する。

上記説明をより理論的に説明する。付加減衰係数 C_e は,y_r と y_m を流路抵抗および流体慣性力の重心とするとき次式のように表される。

$$C_e \frac{H_0^2}{\rho \bar{Q} L^2} = -\frac{k_2 T}{1+\omega^2 T^2} = -\frac{B_2(y_m - y_r)T}{1+\omega^2 T^2},$$

$$y_r = \frac{\int_0^1 \frac{2(\beta\gamma-\alpha)}{h^3(y)} y dy + \frac{\xi_{ex}}{h^2(1)}}{\int_0^1 \frac{2(\beta\gamma-\alpha)}{h^3(y)} dy + \xi_{in} + \frac{\xi_{ex}}{h^2(1)}}, \quad y_m = \frac{j\omega \int_0^1 \frac{1}{h(y)} y dy}{j\omega \int_0^1 \frac{1}{h(y)} dy} \quad (3.3\text{-}15)$$

すなわち流路抵抗と流体慣性力の重心位置の前後関係により正負が決まる。なお,任意形状の場合に C_e が負となる条件も,式(3.3-15)より求められる。

3.3.5 その他のケース

【1】1次元テーパすきま流路の壁面が回転振動する場合[4]

壁面が回転振動する場合は,圧力変動の支持点周りのモーメントを求めて付加流体モーメント係数を求めればよい。自励振動の発生メカニズムは並進振動の場合と同様である。ただし負減衰の発生する条件は支持点位置に依存する。

3.3 すきま流れによる振動

図3.3-5(a)～(c)は層流,$\xi_{in}=1.0$,$\xi_{ex}=0$とし,支持点の無次元位置$l_f(=L_f/L$,L_fは支持点の位置)を0, 0.5, 0.7と選んだ場合に負減衰,負剛性となる領域をα-β面上に示したものである。ダイバージェンスは,末広流路でも先細流路でも発生しうる。自励振動は末広流路のときに発生しやすいが,支持点を流路中央よりやや下流側におくと先細流路でも発生しうる。また支持点を入口におく($l_f=0$)と,ダイバージェンスも自励振動も比較的発生しにくくなる傾向がある。

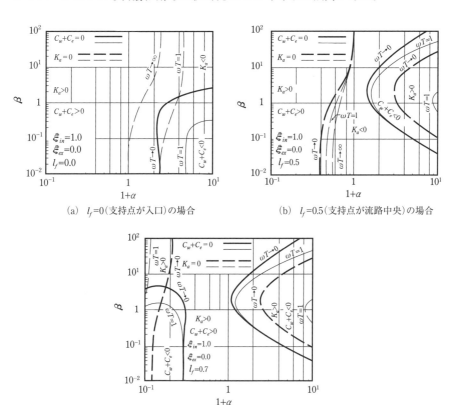

図3.3-5 1次元テーパすきまの壁面が回転振動する場合に負減衰,負剛性になる領域[4]

【2】並進・回転の2自由度連成系および連続体の場合[5,6]

並進・回転2自由度連成系および連続体の場合,1自由度の負減衰による自励振動の他に,2つ以上の複数の振動モードが流体を介して連成するモード連成によ

第3章:外部平行流による振動

る自励振動現象も発生しうる。図3.3-6 には,並進・回転2自由度連成系で,回転支持点の位置を流路中央(l_f=0.5)とし,並進と回転の固有振動数を近くした場合(ω_r=回転モードの固有振動数/曲げモードの固有振動数=0.9)に自励振動が発生する最小の無次元流速 $q_r(=\overline{Q}/(H_0 L\Omega)$,ここでの Ω は流体力が作用しない場合の固有角振動数)を流路の拡大率 $1+\alpha$ との関係として示す[6]。末広流路の場合だけでなく先細流路の場合にも自励振動が発生する。このときの振動モードの例を

図3.3-7に示すが,並進振動と回転振動が連成したモードである。

図3.3-8には,上流端で固定支持された片持ち平板の無次元安定限界流速をパラメータ($\rho_f L^2/\rho_s wH_0$)(ρ_f, ρ_s は流体と平板の密度,L, w は,平板の長さと厚み)との関係として示している[7]。パラメータ($\rho_f L^2/\rho_s wH_0$)の値が大きいほど高次モードのフラッターが発生しており,片持ち送水管において管と管内流体の質量比によってフラッターの発振モードが変化する様子と傾向が非常によく似ている。

以上より,モード連成による自励振動は,先細流路の場合や回転支持点を入口に寄せた場合等,1自由度系のときには自励振動が発生しにくい条件でも発生しやすく,簡便な安定化方策は現状では見当たらない。安定性を調べるためには,モデル実験あるいは解析が必要である。

連続体の自励振動の発生機構については,線形化されたすきま流れの基礎式と平板の運動方程式よ

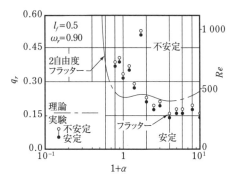

図3.3-6 並進・回転2自由度連成系の場合の自励振動の発生限界流速[6]

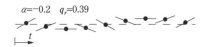

図3.3-7 並進回転2自由度の連成による自励振動のモードの例[6]

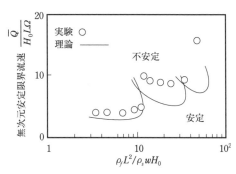

図3.3-8 上流端で固定支持された片持ち平板で自励振動が発生する最小の無次元流速[7]

3.3 すきま流れによる振動

り単一の波動方程式を導き出し，その性質を調べることにより考察された例がある[8]が，現象は複雑であり今後の研究の進展が期待される。

【3】環状流路の場合

環状流路を構成する構造物が1自由度振動する場合，軸方向の1次元すきま形状を自励振動が発生しにくい先細流路とすることが，自励振動を止めるのに有効である。より正確な自励振動発生限界流速の評価を目指した研究例としては，李らの差分法による数値計算[9,10]等がある。

内筒がシェルモード振動する場合については，ジェットエンジンアフターバーナー熱遮蔽シェルの自励振動があり，Ziadaら[11]はわずかに先細な片持ちコニカル殻を用いて再現実験を行い，環状すきま部の流速がある限界を超えると自励振動が発生し，内筒内部の流速は逆に系を安定化することを明らかにした。また理論解析研究は，同心二重円筒殻の流動励起振動に関してPaidoussisら[12]が精力的に行っているが，メカニズムの検討はほとんど行われていない。

3.3.6 対策のヒント

すきま流れの壁面が並進，あるいは回転1自由度振動すると見なせる場合（環状すきまも含む）には，一般的に先細流路にすれば自励振動，およびダイバージェンスを回避できる場合が多い。流路形状が軸方向に複雑に変化する場合には，式(3.3-15)で示す流体慣性力の重心位置が流路抵抗の重心位置よりも前方になるようにすればよい。回転1自由度系の場合には，流路の上流側に支持点を置くと自励振動が発生しにくい。

一方，1自由度系でも形状の変更ができない場合，および，すきま壁面が梁モード，シェルモードで振動できる場合については，自励振動が無次元流速（＝流速／（代表寸法×固有振動数））がある値以上で発生することを考慮すると，①肉厚UP，②補強リブ，支持点追加による固有振動数の上昇，流速の低下は自励振動を止めるのに効果がある。ただし，高温環境では対策後の熱衝撃や熱応力について十分検討を要する。

環状すきまや多自由度系・連続体の場合の定量的な議論は，詳細解析により評価することが必要であろう。

149

第*3*章：外部平行流による振動

3.3.7 トラブル事例

公開文献に示されているトラブル事例から，参考にすべき事例を選んで**表3.3-4**に示す。これらの事例は氷山の一角で，実際には産業界で多くの事例が生じているものと推察される。

表3.3-4　すきま流れ振動による事例

ジェットポンプスリップジョイント	ジェットエンジンのアフターバーナの二重殻構造[11]
インレットミキサ / スリップジョイント / ライザ / *Q* / ディフューザー	*P*=2.15 bar / 冷却流 / *P*=1.64 bar / タービンからの流れ / 1 2 3 4 5 / 熱シールド / ハウジング

参 考 文 献

1) Naudascher, E. & Rockwell, D., Practical Experiences with Flow Induced Vibrations, Berlin, Springer–Verlag, 1980, pp. 1–81.
2) Inada, F. and Hayama, S. JSME International Journal Vol.31–1, 1988, pp. 39–47.
3) 稲田「すきま流励起振動に関する研究」, 1988, 東大博論.
4) 稲田・葉山, 機論C, Vol.54, 1988, pp. 2565–2570.
5) 稲田・葉山, 機論C, Vol.55, 1989, pp. 618–626.
6) 稲田・葉山, 機論C, Vol.55, 1989, pp. 627–635.
7) 長倉・金子, 機論C, Vol.58, 1992, pp. 352–359.
8) Inada, F. Proc. 7th Int. Conf. on Flow Induced Vibration, 2000, pp 837–844.
9) 李・金子・葉山, 機論B, Vol.65–635, pp. 2251–2256, 1999.
10) 李・金子・葉山, 機論B, Vol.65–635, pp. 2257–2262, 1999.
11) Ziada, S. and Buhlmann, E. T. J. Fluids and Structures, Vol.2, 1988, pp. 177–196.
12) Paidoussis, M. P.ら, ASME Sym. FIV–90. PVP–Vol.189, 1990, pp. 207–226 .

管内流による振動 **4**

配管系はプラント構造物や生体工学等，工業上幅広く使用され，その流体による振動問題は重要課題となっている。また，管内流によるフラッター・ダイバージェンス等の不安定問題は，不安定現象の基礎式の定式化やその基本特性が，流れによる構造物の不安定現象全体に通じる基本的考え方を与えており，かなり古くから研究が行われている。

本章では，4.1 節でまず管内流による不安定現象の定式化，基本特性を説明した後，二相流の場合，および管内流の流速変動による管振動の評価法について説明する。さらに，主要な配管要素の１つであるベローズ・コルゲート管について 4.2 節で，最近生体工学の分野で重要性を増しているコラプシブルチューブの不安定振動を 4.3 節で扱う。

第4章：管内流による振動

4.1 直管・曲がり管

4.1.1 定常単相流による管の振動

　内部を流体が流れる流体輸送管は，燃料輸送管，熱交換パイプ，各種化学プラントの配管系等に多く見られる。このため，流体輸送管に発生する振動を抑止することは工業上重要な問題となっている。とくに剛性が低い流体輸送管の場合，その安定性や振動特性が内部を流れる流体の流速や管の支持状態によって大きく変化するため，学問的にも興味深い問題となり，数多くの研究が行われている。

　柔軟な流体輸送管に発生する振動のメカニズムは，おもに内部流体の流速が高速になったときに発生する振動と，内部流体の流速が遅い場合に流体の流速が変動したり，間欠流になることにより発生する振動であると言われている。

【1】評価の歴史

　流体輸送管の安定性や振動の研究は，もともと1950年頃から石油輸送用パイプ・ラインの振動特性に関する研究として始められたようである。その後，これらの研究はBenjamin[1, 2]，Gregory[3, 4]らとPaidoussis[5～13]らにより引き継がれ，詳細な流体輸送管の安定性や振動の研究が行われてきた。国内でも杉山ら[14]により，流体輸送管に付加質量や付加減衰，付加バネを取り付けた場合の安定性を調べた研究が報告されている。

【2】直管の場合の基礎式の導出および評価方法

　管内部を流体が流れる直管の振動については，Paidoussis[5～13]らの論文に詳しく評価手法が記載されている。**図4.1-1**と**図4.1-2**にPaidoussis[6]により構築された物理モデルを示す。ここで，長さLの直管内を流速Uで流体が流れ，管が軸中心（x軸）からyだけ変位した場合を考える。管の材料をKelvin–Voigtタイプの粘弾性材料とすると，流体輸送管の運動方程式は以下のように得られる。

$$E^*I\frac{\partial^5 y}{\partial t \partial x^4} + EI\frac{\partial^4 y}{\partial x^4} + \left[\rho AU^2 + (pA-T)|_L - \left\{(\rho A+m)g - \rho A\frac{\partial U}{\partial t}\right\}(L-x)\right]\frac{\partial^2 y}{\partial x^2}$$

$$+2\rho AU\frac{\partial^2 y}{\partial t \partial x} + (\rho A+m)g\frac{\partial y}{\partial x} + c\frac{\partial y}{\partial t} + (\rho A+m)\frac{\partial^2 y}{\partial t^2} = 0 \qquad (4.1-1)$$

152

4.1 直管・曲がり管

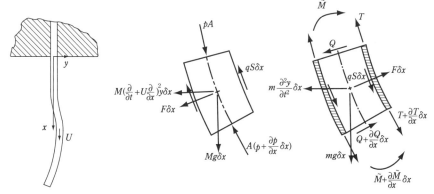

図4.1-1 流体輸送管の解析モデルと座標系[6]

図4.1-2 流体輸送管内部の微小流体要素に作用する力(a)と，流体輸送管の微小要素に作用する力(b)[6]

ここで，A は管断面積，c は管の外部減衰係数，E^* は内部減衰係数，E はヤング率，g は重力加速度，I は断面2次モーメント，m は管の単位長さ当たりの質量，p は流体の圧力，T は管に作用する張力，ρ は流体の密度である。

また，式(4.1-1)は $T=0$，$p=0$ の場合には，以下の無次元数を用いると，

$$\xi = x/L, \quad \eta = y/L, \quad \alpha = \sqrt{\frac{I}{E(\rho A + m)}}\frac{E^*}{L^2}, \quad \beta = \frac{\rho A}{\rho A + m}, \quad \gamma = \frac{\rho A + m}{EI}L^3 g,$$

$$\kappa = \frac{cL^2}{\sqrt{EI(\rho A + m)}}, \quad u = \sqrt{\frac{\rho A}{EI}}UL, \quad \tau = \sqrt{\frac{EI}{m + \rho A}}\frac{t}{L^2} \tag{4.1-2}$$

以下のように整理できる。

$$\frac{\partial^2 \eta}{\partial \tau^2} + \kappa \frac{\partial \eta}{\partial \tau} + 2\sqrt{\beta}u\frac{\partial^2 \eta}{\partial \tau \partial \xi} + \alpha \frac{\partial^5 \eta}{\partial \tau \partial \xi^4} + \gamma \frac{\partial \eta}{\partial \xi}$$
$$+ \left\{u^2 + \left[\sqrt{\beta}\frac{\partial u}{\partial \tau} - \gamma\right](1-\xi)\right\}\frac{\partial^2 \eta}{\partial \xi^2} + \frac{\partial^4 \eta}{\partial \xi^4} = 0 \tag{4.1-3}$$

とくに，一定流速($u=$ 一定)の場合は，以下のようになる。

$$\frac{\partial^2 \eta}{\partial \tau^2} + \kappa \frac{\partial \eta}{\partial \tau} + 2\sqrt{\beta}u\frac{\partial^2 \eta}{\partial \tau \partial \xi} + \alpha \frac{\partial^5 \eta}{\partial \tau \partial \xi^4} + \gamma \frac{\partial \eta}{\partial \xi}$$
$$+ \left\{u^2 - \gamma(1-\xi)\right\}\frac{\partial^2 \eta}{\partial \xi^2} + \frac{\partial^4 \eta}{\partial \xi^4} = 0 \tag{4.1-4}$$

ここで，式(4.1.4)の解を境界条件を満足する梁の固有関数 $\phi_n(\xi)$ ($n=1,2,\cdots$) の

153

第4章：管内流による振動

重ね合わせで以下のように近似して表す。

$$\eta(\xi,\tau) = \sum_{n=1}^{\infty} q_n(\tau)\phi_n(\xi) \tag{4.1-5}$$

ここで固有関数 $\phi_n(\xi)$ は境界条件を考慮して以下のように得られる。

$$\phi_n(\xi) = (\cos h\lambda_n\xi - \cos\lambda_n\xi) + \sigma_n(\sin h\lambda_n\xi - \sin\lambda_n\xi) \tag{4.1-6}$$

式中の λ_n と σ_n は境界条件を考慮した固有値方程式を解いて求められる。式 (4.1.5) を式 (4.1.4) に代入して，固有関数の直交性を利用して式を整理した後，$q_n = \bar{q}_n \exp(j\omega\tau)$ と置くと，特性方程式は以下のように得られる。

$$\det\left[\{(\Omega_n^2 - \omega^2) + j(\chi + \alpha\Omega_n^2)\omega\}\delta_{nm} + (\gamma + j2\sqrt{\beta}u\omega)b_{nm} \right. \\ \left. + (u^2 - \gamma)c_{nm} + \gamma d_{nm} \right] = 0 \tag{4.1-7}$$

ここで，Ω_n は梁の n 次固有値 λ_n より $\Omega_n^2 = \lambda_n^4$ として求められる。また，b_{nm}, c_{nm}, d_{nm} は固有関数の積分を含む係数である。

この特性方程式で内部流体の流速 u を与えて固有値 ω を求めれば，系の安定性と振動特性を調べられる。ここで，固有値の虚数部 $\mathrm{Im}(\omega)$ が負であれば系は不安定となり，正であれば安定である。また，固有値の虚数部 $\mathrm{Im}(\omega)$ が負で，実数部 $\mathrm{Re}(\omega)$ がゼロでなければ，管の変位が時間とともに振動的に発散するフラッター（動的不安定）が発生する。さらに，固有値の虚数部 $\mathrm{Im}(\omega)$ が負で，実数部 $\mathrm{Re}(\omega)$ がゼロであれば，管の変位が時間とともに単調に発散するダイバージェンス（静的不安定）が発生することになる。

【3】 直管の場合の安定性と評価

両端単純支持された直管の安定性について，無次元流速 u をパラメータとして変化させた根軌跡を図 4.1-3 に示す[8]。図中の数字は無次元流速 u の値であり，(a) は $\beta = 0.1$，(b) は $\beta = 0.5$ の場合である。その他のパラメータは $\alpha = \kappa = \gamma = 0$ である。ここで，$\alpha, \beta, \gamma, \kappa$ は式 (4.1-2) に示すように，それぞれ内部減衰，質量比，重力，外部減衰の影響を表す無次元数を意味する。図 4.1-3(a) の $\beta = 0.1$ においては，流速 $u = 0$ の時の各モードに対する固有値（以下では根と呼ぶ）は減衰要素がない（$\alpha = \kappa = 0$）ために実軸上に存在し，流速 u を増加させて行くと 1 次モードの根が $u = \pi$ でゼロになり，管にダイバージェンスが発生する。次に 2 次モードの根が $u = 2\pi$ でゼロになる。さらに流速を少し増加させると，複数のモー

154

4.1 直管・曲がり管

ドの根が結合したモード連成フラッターが発生する。ここで発生するフラッターのモードは，進行波的なモードとなる。$\beta=0.5$ の根軌跡を図 4.1-3(b) に示す。根軌跡は $\beta=0.1$ の場合とは異なり，質量比により系の特性は変化することがわかる。

片持ち支持された直管の安定性について，流速 u をパラメータとして変化させた根軌跡を図 4.1-4 に示す[5]。この図の結果は $\beta=0.5$ の場合であり，その他のパラメータは $\alpha=\kappa=\gamma=0$ である。この図より，片持ち支持された直管の場合には，各モードの根は流速の変化とともに複雑に変化し，ある臨界流速を境に，管

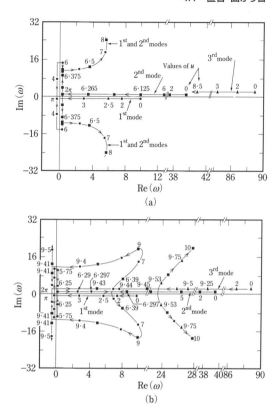

図 4.1-3 両端単純支持管の流速 u に対する根軌跡：(a) $\beta=0.1$，(b) $\beta=0.5$，$\alpha=\kappa=\gamma=0$ の場合[8]

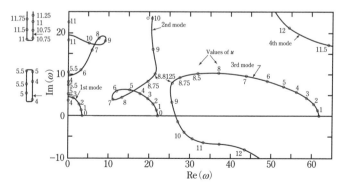

図 4.1-4 片持ち管の流速 u に対する根軌跡：$\beta=0.5$，$\alpha=\kappa=\gamma=0$ の場合[5]

第4章:管内流による振動

にフラッターが発生する。β を変化させた場合のフラッターが発生する臨界流速 u_{cr} を図 4.1-5 に示す[13]。図中の値は内部減衰の影響を表す無次元数 α の値である。この図で β が約 0.3 より小さい場合には,減衰 α が大きいほど臨界流速は高く,内部減衰の増加は系を安定化させる効果があることがわかる。しかしながら,β が約 0.3 より大きい場合には減衰 α が大きいほど臨界流速は低く,内部減衰の増加は系を不安定化させる効果がある。このため,設計において不用意な減衰の増加は,フラッターを発生しやすくすることに注意が必要である。

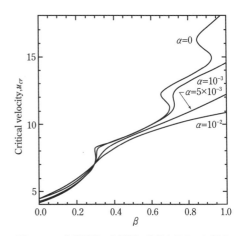

図 4.1-5　内部減衰 α の影響:片持ち管の β に対する臨界流速 u_{cr}, $\kappa=\gamma=0$ の場合[13]

【4】曲がり管の場合の安定性と評価

曲がり管の場合も直管の場合と同様に,安定性を評価することができる。管内部を流体が流れる曲がり管の振動については,Chen[15] らの論文に詳しい評価手法が記載されている。両端固定支持され 180°曲げられた曲がり管の安定性について,流速 u をパラメータとして変化させた場合における,固有振動数 Ω の変化を図 4.1-6 に示す[15]。図中の数字はモードの次数を,また,3種類の曲線は $\beta=0, 0.5, 1.0$ の場合を示す。この図より,流速を速くすると,管に1

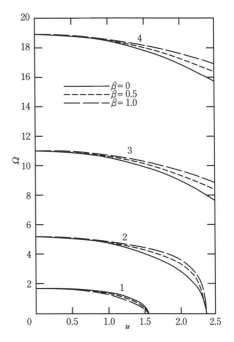

図 4.1-6　両端固定の曲がり管の流速 u に対する固有振動数 Ω の変化:$\beta=0, 0.5, 1$, 曲がり部の角度 $\tilde{\alpha}=\pi$ の場合[15]

4.1 直管・曲がり管

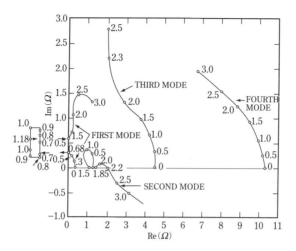

図 4.1-7 片持ち曲がり管の流速 u に対する根軌跡：曲がり部の角度 $\tilde{\alpha}=\pi, \beta=0.75$ の場合[15]

次モードのダイバージェンスが発生することがわかる。

図 4.1-7 に，流速をパラメータとする片持ち支持された曲がり管の根軌跡を示す[15]。この図の結果は，$\beta=0.75$ の場合を示す。この図より，流速を増加させてゆくと，流速 $u=1.5 \sim 1.85$ で一度 2 次モードのフラッターが発生し，その後 $u=2.2$ まで系は安定になるが，$u=2.2$ で再び 2 次モードのフラッターが発生するような複雑な挙動を示すことがわかる。ここでは，3 次モードと 4 次モードは流速を増加させても安定である。

【5】管内流によるシェル・フラッタ振動

上述したような管の曲げ振動のフラッター以外に，管の厚さが薄く，長さが短い場合には，管の周方向に波打つようなシェルモードでフラッターが発生することが Paidoussis ら[16]により報告されている。このような場合も振動が発生する流速を 152 頁の【2】で述べた方法と同様な方法で調べることができる。

【6】トラブル事例と対策のヒント

この種の振動が事故につながった報告は少ないものの，流体の流れにより配管が振動してトラブルが発生する可能性はある。この流体輸送管の振動問題は，管の剛性が著しく低いために発生する。このため，管の剛性を増加させることで振

157

第4章：管内流による振動

動を抑止できる。もし，管の剛性を十分に大きくとれない場合には，減衰器等を流体輸送管に付加する方法があげられるが，付加する位置によっては振動が発生する臨界流速を下げてしまうおそれがあるため，注意が必要である。

4.1.2　非定常流による管の振動

【1】評価の歴史

　流速が変動する場合や，流れが間欠流になる場合には，流体輸送管に振動が発生する可能性があり，これまでにいくつかの研究が報告されている。流体が単相流でその流速が変動する系については，Paidoussis[8,11,12]らにより振動の発生領域が調べられている。また，葉山・松本[17]により，管内振動流による静たわみやベンド等の幾何学的曲がり部を有する配管系の応答が調べられている。ここで，流速変動の原因としてはポンプ等による脈動が考えられる。

　以下では，葉山・松本の報告に基づき，管内流体の流速が変動する場合のベンド等の曲がり部を有する配管の振動応答について述べる。ここでは，管内部の流体は単相流とする。

【2】曲がり部（ベンド）を有する配管の振動応答

　図4.1-8に示すような長さLの管の出口端に，図4.1-9に示すような曲がり角θ_bの短いベンドがついている系を考える[17]。ベンド部は半径R_bの円弧に沿って傾斜角がゼロからθ_bまで変化する。このようなベンド部に発生する流体力は以下のように得られる。ここで，F_{bY}は$x=L$におけるY方向励振力，F_{bX}は軸方向であるX方向の励振力である。

$$F_{bY} = -\rho A u_e^2 \sin\theta_b - \rho A R_b(1-\cos\theta_b)\frac{\partial u_e}{\partial t}$$

$$F_{bX} = \rho A u_e^2(1-\cos\theta_b) + \rho A R_b(1-\sin\theta_b)\frac{\partial u_e}{\partial t} \tag{4.1-8}$$

ここで，ρは流体密度，Aは管の断面積，u_eは出口端における流速を示す。

　これらの流体力が作用する管の曲げ振動の方程式は，以下のように得られる。

$$(m+\rho A)\frac{\partial^2 Y}{\partial t^2} + CI\frac{\partial^5 Y}{\partial t \partial X^4} + EI\frac{\partial^4 Y}{\partial X^4} - F_{bX}\frac{\partial^2 Y}{\partial X^2}$$

$$= F_{bY}\delta(X-L) \tag{4.1-9}$$

158

4.1 直管・曲がり管

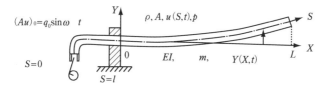

図4.1-8 配管系と座標[17]

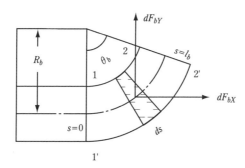

図4.1-9 ベンド部[17]

式中の m は管の単位長さ当たり質量，C は管の内部減衰係数，E はヤング率，I は断面2次モーメントである。

ここで，ベンド部を集中質量とみなし，長さ L の管端に集中質量がついたときの固有値 λ_n とモード関数 F_n を求めて，モード解析の手法を用いると以下の無次元化された式を得る。式中の Z_n はモードの応答関数であり，係数 C_{1bX}，C_{2bX}，C_{1bY}，C_{2bY} はモード関数を含む積分より得られる。

$$\begin{aligned}
&\ddot{Z}_n + 2\zeta_n \dot{Z}_n + \{1 - \varepsilon_1 C_{1bX} \mu \cos(\mu\tau - \alpha) \\
&\quad - \varepsilon_2 C_{2bX} \sin^2(\mu\tau - \alpha)\} Z_n \\
&= -\varepsilon_1 C_{1bY} \mu \cos(\mu\tau - \alpha) \\
&\quad - \varepsilon_2 C_{2bY} \{1 - \cos(2\mu - 2\alpha)\}/2
\end{aligned} \quad (4.1\text{-}10)$$

上式中のおもな無次元数は，以下のように与えられる。

$$\zeta_n = C\omega_n / 2E, \quad \mu = \omega/\omega_n, \quad \tau = \omega_n t,$$
$$\varepsilon_1 = \rho A L \omega_n u_{\max} / P_c, \quad \varepsilon_2 = \rho A u_{\max}^2 / P_c, \quad P_c = \lambda_n^2 EI / L^2$$

ここで，ω_n は n 次の固有振動数を，ω は流速変動の振動数を示す。また，$u_{\max}$ は流速変動の最大振幅を示す。

式(4.1.10)より，流速変動(あるいは圧力脈動)と同じ振動数を持つ励振力と，そ

159

第4章：管内流による振動

の2倍の振動数を持つ励振力が生じることがわかる。前者は流体の加速・減速に対する反作用（あるいは圧力作用）から，後者は空間的な運動量変化（遠心作用）から生じる。

図4.1-10に流速変動の振動数に対する，$\theta_b=90°$のベンドがついた管の振動応答を示す[17]。この図から，$\mu=\omega/\omega_n=1$のときに管内の流速変動と同じ振動数で管の曲げ振動の共振が生じ，$\mu=1/2$のとき流速変動の2倍の振動数で共振が生じていることがわかる。さらに，流体密度が大きい場合には，$\mu=2$のときにはパラメトリック振動が発生する可能性がある。これは，曲がり部において発生する流体力が変動軸力として管に作用するためである。

同様な振動は，たわんだ管の場合にも発生すると思われるが，一般に管のたわみは小さいため励振力は小さく，共振となっても振幅は大きくならない。

【3】トラブル事例と対策のヒント

流速変動もしくは圧力変動が原因で発生する管の振動問題では，振動の原因である流速変動，または圧力変動等の励振をなくすか，管の減衰を大きくすることで振動を抑止できる。前者の流速変動または圧力変動をなくす方法では，配管にアキュムレータ等の変動を抑える要素を付加する方法が考えられる。また，後者の減衰を大きくする方法では，管に減衰器を付加したり，管を減衰の大きな被覆

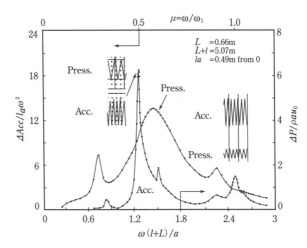

図4.1-10　管内圧力脈動と90°ベンドによる管の共振応答[17]

管で覆う等の手法が考えられる。また，流速変動または圧力変動の振動数と管の固有振動数が，近い値とならないようにすることも1つの方法である。しかしながら，実際の振動問題では，このような対策が可能である場合は少なく，配管の状態を見てケースバイケースで対応する必要がある。

4.1.3 気液二相流による管の振動

【1】検討対象の概説

流体輸送管に二相流が流れる場合には，二相流の流動様式によっては配管が大きく振動する場合がある。二相流が流れる配管は通常，配管の熱延びがあり，熱応力低減の観点から振動に対して充分なサポートをつけることができない場合がある。したがって，配管内の二相流による励振力により配管が振動して問題となることがある。

【2】現象の説明

配管内での気液二相流は，流量や物性値等の条件によって図4.1-11，図4.1-12のようなさまざまな流動様式となる。気液二相流による配管の振動は，この流動様式によって励振力の特性が異なる。流動様式はつぎのように分類される。

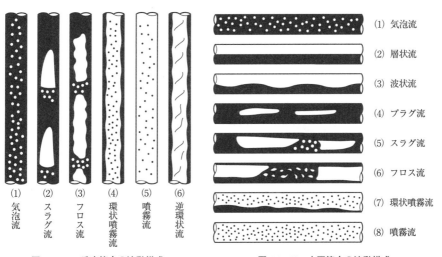

図4.1-11　垂直管中の流動様式　　　図4.1-12　水平管中の流動様式

第*4*章：管内流による振動

1) 気泡流…気体流量が少なく液体中に気泡が混入した状態で流れている。この場合，励振力は大きくない。

2) プラグ流，スラグ流…プラグ流は間欠的に気泡が移動する流れであり，スラグ流は管内のほとんどを満たす砲弾型の大気泡と液体スラグの交互の流れである。いずれも乱れは少ないが，密度の大きい液体が配管のエルボ部分を通過するたびに励振力が加わるため，振動が問題になることがある。

3) フロス流…液体スラグの中に多くの気泡を含んでおり，気体スラグの形が歪んだ非常に乱れた流れである。乱れが大きいため励振力も大きい。

4) 噴霧流…気体の流れが主体であり，液滴が霧のようになって流れる様式である。これは気泡流の逆の様式であり励振力は大きくない。

5) 環状流…管壁に液体が付着した液膜流と，管中央部の気体流からなる流れ。液膜流部分も完全に定常であるわけでもないので，励振力となり振動が問題となる場合がある。

6) 層状流，波状流…水平管の場合には気液が上下二層に分離した流れであり，気液境界面が波立たない層状流と，境界面が波状の波状流とに分けられる。

　以上のようにスラグ流やフロス流では密度の大きい液体の通過による励振力や流れの乱れによる励振力により配管が振動する。

【3】評価方法

　気液二相流による配管の振動については，流動様式によって励振力の特性が異なるため，まず流動様式を特定もしくは予測することが重要である。流量や物性値等の条件から流動様式を予測するための流動様式線図は多数存在する。たとえば図 4.1-13，図 4.1-14 のような Weisman 線図がある[18, 19]。縦軸と横軸は見かけの液流速 $V_{SL}(=(1-\alpha)u_L)$，気体流速 $V_{SG}(=\alpha u_G)$ と補正値（**表 4.1-1**）から求められる[19]。このような流動様式線図を用いてフロス流やスラグ流等，励振力の大きい流動様式にならないように設計する。

　図 4.1-15 のように水―空気二相流の流れる両端単純支持の水平直管について，実験的に研究した結果を用いて説明する。空気の混合割合が小さい範囲ではプラグ流となり，大きい範囲ではスラグ流となる。このような流動様式の時，水平管の振動ひずみは**図 4.1-16** のようになる[20]。全体的に見て二相流の流速が大きいほど振動は大きくなる。スラグ流では，振動は大きいが，二相流の流速に対する

4.1 直管・曲がり管

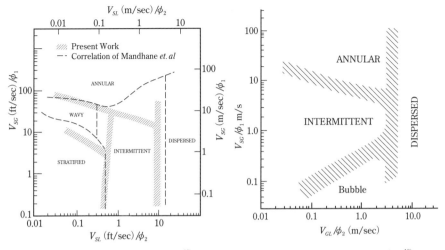

図 4.1-13 水平管の流動様式線図[18]

図 4.1-14 垂直管の流動様式線図[19]

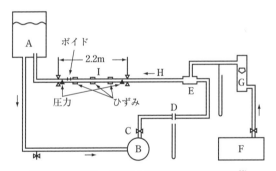

図 4.1-15 気液二相流による配管の振動試験装置[20]

振動の依存性は強くない。プラグ流では振動は小さいが，その二相流の流速に対する振動の依存性は大きい。図 4.1-16 には他の点に比べて，とくに振動が大きい点 A，D，H のような場合があるが，この場合にはパラメトリック振動が発生しているために，振動振幅が大きくなっている。

【4】トラブル事例と対策のヒント

トラブル事例として文献等で公表されている例はあまり見あたらないが，二相流の流れる配管の振動トラブルは数多いと推定される。通常の気液二相流の配管

第4章：管内流による振動

設計では，環状流のような安定的なフローパターンとなるように配管設計を行うことにより，配管振動が起こらないようにする。しかし，立ち上がり配管では，上に行くにしたがい圧力が低下していくので，スラグ流のような不安定な流動様式になる場合が多い[21]。流動様式がフロス流やスラグ流になってしまった場合には配管振動が問題となることがある。このとき，配管加振力はランダムであるため，配管はその固有振動数で自由振動を不定期に繰り返すような振動になるのが特徴である[21]。実際に配管に二相流を流して振動が大きいことに気がついたとき

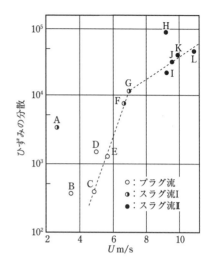

図4.1-16　気液二相流の水スラグ移動速さ[20]

表4.1-1　流動様式線図の換算係数[19]

流れの方向と流動様式		ϕ_1	ϕ_2
水平，垂直，斜めに流れる場合	噴霧流への遷移	1	$\left(\dfrac{\rho_L}{\rho_{sL}}\right)^{-0.33}\left(\dfrac{D}{D_s}\right)^{0.16}\left(\dfrac{\mu_{sL}}{\mu_L}\right)^{0.09}\left(\dfrac{\sigma}{\sigma_s}\right)^{0.24}$
	環状流への遷移	$\left(\dfrac{\rho_{sG}}{\rho_G}\right)^{0.23}\left(\dfrac{\Delta\rho}{\Delta\rho_s}\right)^{0.11}\left(\dfrac{\sigma}{\sigma_s}\right)^{0.11}\left(\dfrac{D}{D_s}\right)^{0.415}$	1
水平，少し傾いて流れる場合	間欠流—分離流れとの遷移	1	$\left(\dfrac{D}{D_s}\right)^{0.45}$
水平に流れる場合	波状流—層状流との遷移	$\left(\dfrac{D_s}{D}\right)^{0.17}\left(\dfrac{\mu_{sG}}{\mu_{sG}}\right)^{1.55}\left(\dfrac{\rho_{sG}}{\rho_G}\right)^{1.55}\left(\dfrac{\Delta\rho}{\Delta\rho_s}\right)^{0.69}\left(\dfrac{\sigma_s}{\sigma}\right)^{0.69}$	1
垂直，斜めに流れる場合	気泡流—間欠流との遷移	$\left(\dfrac{D}{D_s}\right)^n (1-0.65\cos\alpha)$ $n=0.26e^{-0.17(V_{sL}/V_{sL}^s)}$	1

s は標準状態を意味する。　D_s=1.0in.= 2.54 cm, ρ_{sG} = 0.0013 kg/l, ρ_{sL} = 1.0 kg/l, μ_{sL} = 10^{-3} Pa·s
σ_s = 70 × 10^{-5}N/cm, V_{sL}^s = 1.0 ft/s = 0.305 m/s

4.2 ベローズ関連の振動

には，流動様式を変更する等の対策を実施することが通常は困難であり，振動対策としては，熱応力を十分に考慮しながら配管のサポートを取り付けることが通常行われる。また，起動・停止時に二相流にならないよう注意が必要である。

参 考 文 献

1) Benjamin, T. B., Proceedings of the Royal Society, A 206, (1961) pp. 457–486.
2) Benjamin, T. B., Proceedings of the Royal Society, A 206, (1961) pp. 487–499.
3) Gregory, R. W. and Paidoussis, M. P., Proceedings of the Royal Society, A 293, (1966) pp. 512–527.
4) Gregory, R. W. and Paidoussis, M. P., Proceedings of the Royal Society, A 293, (1966) pp. 528–542.
5) Paidoussis, M. P, Mechanical Engineering Research Laboratories Report MERL 69–3, Department of Mechanical Engineering, McGill University , Montreal, Quebec, Canada (1969).
6) Paidoussis, M. P., Journal Mechanical Engineering Science, 12–(2), (1970) pp. 85–103.
7) Paidoussis, M. P., Journal Mechanical Engineering Science, 12–(4), (1970) pp. 288–300.
8) Paidoussis, M. P. and Issid, N. T., Journal of Sound and Vibration, 33–(3), (1974) pp. 267–294.
9) Paidoussis, M. P., Journal Mechanical Engineering Science, 17–(1), (1975) pp. 19–25.
10) Paidoussis, M. P. and Li, G. X., Journal and Fluids and Structures, 7, (1993) pp. 137–204.
11) Paidoussis, M. P. and Sundararajan, C., Journal of Applied Mechanics, 42, (1975) pp. 780–784.
12) Paidoussis, M. P. and Issid, N. T., Journal of Applied Mechanics, 43, (1976) pp. 198–202.
13) Semler, C., Alighanbari, H. and Paidoussis. M. P, Journal of Applied Mechanics, Vol. 65, (1998) pp. 642–648.
14) 杉山他, 日本機械学会論文集 C 編, 54 巻, 498 号, (1988) pp. 353–356.
15) Chen, S. S., ASME Journal of Applied Mechanics, (1973) pp362–368.
16) Paidoussis, M. P. and Denise, J. P., Journal of Sound and Vibration, Vol. 20, No. 1, (1972) pp. 9–26.
17) 葉山・松本, 日本機械学会論文集 C 編, 52 巻 476 号, (1986) pp. 1192–1197.
18) Weisman, J. et al., Int. J. Multiphase Flow, Vol. 5, No. 6, (1979) pp. 437–462.
19) Weisman, J., Kang, S. Y., Int. J. Multiphase Flow, Vol. 7, No. 3, (1981) pp. 271–291.
20) 原, 日本機械学会論文集, 42 巻 360 号, (1976) pp. 2400–2411.
21) 松田, 配管技術, Vol. 40, No. 6, (1998) pp. 28–35.

4.2 ベローズ関連の振動

　ベローズは，プラント等の配管系において軸方向，横方向等の熱応力変位に対し可撓性を持たせる場合に多く用いられる。しかしながら，この機械的性質(可撓性)によって，外力，あるいは内力に対して変位が大きくなりやすくなるため，振動問題が数多く報告されている。本章では，ベローズの内部平行流れにより生ずる振動について概略説明し，振動対策を実施するうえで重要となる固有振動数計算手法について述べる。なお，本節の対象として分類される構造物としては，

165

第4章：管内流による振動

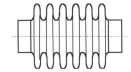

図.4.2-1　シングルベローズとダブルベローズ

シングルベローズ，ダブルベローズ（図4.2-1），コルゲートパイプ等があげられる。また，対象とする流体は単相流とする。

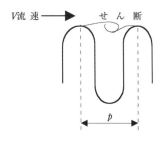

図4.2-2　ベローズの流動励起振動

4.2.1　ベローズの振動

【1】現象の概説

ベローズ構造本体の内部平行流れによる流動励起振動は，図4.2-2で示すように個々のコンボリューションのキャビティを横切る不安定な自由せん断層の周期的な変動振動数と，ベローズ構造の固有振動数がある程度近接した場合に発生する。したがって流動励起振動を防ぐためには，せん断層の変動振動数と固有振動数が近接するのを避けることが必要である。

また，上記原因によりベローズで発生する自由せん断層の変動振動数とベローズを含む配管系の気柱，あるいは液柱の固有振動数が一致すると流体—音響連成振動により音が発生することがある[1]。

ベローズが圧力脈動の存在するラインに設置される場合，脈動振動数がベローズの固有振動数の2倍近傍である場合，振動（パラメトリック振動）が発生することがあり，脈動を低減する等の対策が必要となる。

【2】評価の歴史

（1）固有振動数計算に関する研究

Jakubauskas(1999)[2]は，EJMA[3]に示されているシングルベローズの軸方向固有振動数計算式において，振動時のコンボリューションの流体付加質量を考慮することで，より精度の高い解が得られることを示した。一方，シングルベローズの横方向固有振動数については，Morishitaら[4]がTimoshenco梁理論による研究を行い，回転慣性が横方向の固有振動数を計算するうえで重要であることを示し，

4.2 ベローズ関連の振動

Jakubauskas & Weaver[5]らはこれを検証し，振動時のコンボリューションの流体付加質量項を考慮した固有振動数計算式を示した。また，両者によりダブルベローズの横方向固有振動数計算方法が同様の理論に基づき示されている[6]。

(2) ストローハル数に関する研究

Weaver & Ainsworth[7]，Jakubauskas & Weaver[5,6]らにより，ベローズ上流に十分な直管長さがある場合はストローハル数が0.45となることが実験で確認されている。また，90度エルボの直下流にベローズがある場合のストローハル数は約0.58となることが確認されている。

【3】評価方法

流体からベローズに作用する励振力は周期的であり，その振動数f_Vは，次式で評価される。

$$f_V = St \frac{V}{p} \tag{4.2-1}$$

ここで，Vはベローズを通過する平均流速，pはコンボリューションピッチ，Stは無次元量であるストローハル数である。

コンボリューションを横切るせん断層の周期的な変動振動数f_Vと，ベローズの固有振動数fがある程度近接した場合に振動は大きくなる。流動励起振動を避けるためには，両振動数が近接することがないよう，ベローズを通過する平均流速Vを以下の式で示す臨界流速V_cより小さくなるようにする必要がある（通常：$V < 0.75 V_c$）。

$$V_c = \frac{fp}{St} \tag{4.2-2}$$

臨界流速を正確に求めるためには，固有振動数を正確に求める必要がある。以下に固有振動数計算方法（シングルベローズの軸方向，横方向固有振動数，ダブルベローズ横方向固有振動数）を紹介する。固有振動数計算で使用するベロー

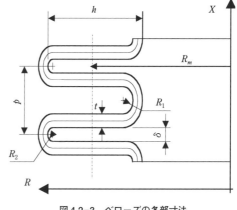

図4.2-3　ベローズの各部寸法

第4章：管内流による振動

ズ各部寸法を図 4.2-3，図 4.2-4 に示し，本章で使用する各記号の意味を表 4.2-1 に示す。

1) シングルベローズの軸方向振動に対する流体付加質量[2)]

シングルベローズの軸方向振動モードは図 4.2-5 で表される。

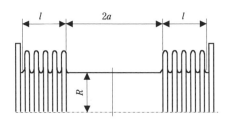

図4.2-4　ダブルベローズの各部寸法

流体付加質量 m_f とし，コンボリューション内流体質量 m_{f1} だけでなく，振動時のコンボリューションゆがみにより生ずる流体付加質量 m_{f2} とコンボリューションから出入する流体質量 m_{f3} を考慮し，EJMA のベローズ固有振動数計算式を補

表4.2-1　記号の意味

A_{ik}	k 次モードの i 番目係数	m_{f1}	軸方向振動 単位長さ当たりのコンボリューション内流体質量(kg/m) 横方向振動の場合 単位長さ当たりのベローズ内流体質量(kg/m)
E	縦弾性係数(N/m^2)	m_{f2}	単位長さ当たりのコンボリューションゆがみにより生ずる流体付加質量(kg/m)
J_p	回転軸に関するコネクティング配管半分当たりの慣性モーメント(N·m)	m_{f3}	単位長さ当たりのコンボリューションから出入する流体質量(kg/m)
M_s	横方向サポート有効質量(kg)	m_p	単位長さ当たりのコネクティング配管質量(kg/m)
P	流体圧力(N/m^2)	α_{f2k}	横方向 k 次振動モードのベローズのゆがみによる流体付加質量係数
f_k	ベローズ k 次の固有振動数(Hz)	α_{f2kA}	軸方向 k 次振動モードのベローズのゆがみによる流体付加質量係数
k_s	横方向サポートのばね定数(N/m)	δ	コンボリューション幅(m)
l	ベローズ有効長さ	ρ_f	流体密度(kg/m^3)
m	単位長さ当たりの付加質量を考慮したベローズ質量(kg/m)	ρ_b	ベローズ密度(kg/m^3)
m_b	単位長さ当たりのベローズ質量(kg/m)	ρI	流体を含むベローズの有効慣性モーメント(回転慣性)(N·m)
m_f	単位長さ当たりの流体付加質量(kg/m)		

4.2 ベローズ関連の振動

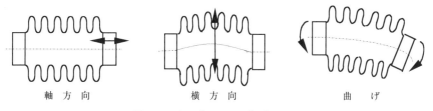

軸方向　　　　　　　横方向　　　　　　　曲げ

図4.2-5　シングルベローズ振動モード

正する。ここで，単位長さ当たりの各流体付加質量は以下の各式で表される。付加質量係数 μ は図4.2-6に示す。m_{f1}，m_{f2} および m_{f3} は以下のとおりである。

$$m_{f1} = 2\rho \frac{hR_m}{p}(2R_2-t)\tau_f$$

$$m_{f2} = \alpha_{f2kA}\nu R_m^3 \tau_f$$

$$m_{f3} = \frac{8R_m h(2R_2-t)}{(2R_m-h)^2 p} m_{f1}$$

$$\alpha_{f2kA} = 1.85\left(\frac{k}{l}\right)^2 p \quad (k はモード次数) \tag{4.2-3}$$

よって，ベローズの単位長さ当たりの流体付加質量は次式で表される。

$$\begin{aligned} m_f &= (m_{f1}+m_{f2}+m_{f3}) \\ &= \left\{2\pi\frac{hR_m}{p}(2R_2-t)\left[1+\frac{8R_m h(2R_2-t)}{(2R_m-h)^2 p}\right]+\alpha_{f2kA}\mu R_m^3\right\}\rho_f \end{aligned} \tag{4.2-4}$$

2) シングルベローズ横方向振動の付加質量と固有振動数[5]

シングルベローズの横方向振動モードは図4.2-5で表される。

Timoshenco梁理論を用い，ベローズの回転慣性とコンボリューションのゆがみにより生ずる流体付加質量項を考慮したシングルベローズの横方向の固有振動数計算式を示す。単位長さ当たりの付加質量を考慮したベローズ質量は，m_b をベローズ質量，m_f を流体付加質量とするとき，

$$m = (m_f + m_b)$$

$$m_b = \frac{4\pi R_m}{p}(h+0.285p)t\rho_b \tag{4.2-5}$$

と表される。単位長さ当たりの各流体付加質量は次式のように求められる。ここ

第4章：管内流による振動

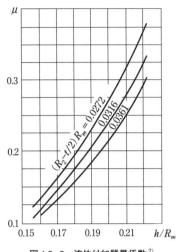

図4.2-6 流体付加質量係数[2]

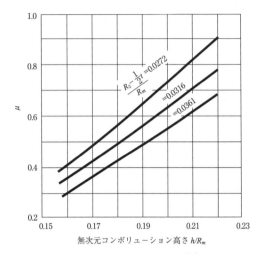

図4.2-7 流体付加質量係数[5,7]

で μ は横方向振動に対する付加質量係数で，図4.2-7で表される。

$$m_{f1} = \pi\left(R_m - \frac{h}{2} + \frac{2hR_2}{p}\right)^2 \rho_f$$

$$m_{f2} = \alpha_{f2k}\mu R_m^3 \rho_f$$

$$\alpha_{f2k} = 0.066\frac{A_{1k}^2}{l^4}\left(R_m - \frac{h}{2}\right)^2 P \tag{4.2-6}$$

以上よりベローズの流体付加質量は次式で表される。

$$m_f = (m_{f1} + m_{f2})$$
$$= \left\{\pi(R_m - \frac{h}{2} + \frac{2hR_2}{p})^2 + \alpha_{f2k}\mu R_m^3\right\}\rho_f \tag{4.2-7}$$

つぎに固有振動数を求める。ベローズの横方向振動の運動方程式を次式で与える。

$$EI_{eq}\frac{\partial^4 w}{\partial x^4} + m\frac{\partial^2 w}{\partial t^2} - \rho I\frac{\partial^4 w}{\partial x^2 \partial t^2} + P\pi R_2^2\frac{\partial^2 w}{\partial x^2} = 0 \tag{4.2-8}$$

境界条件を考慮すると，ベローズの k 次の固有振動数 f_k は以下の式より求まる。

4.2 ベローズ関連の振動

$$f_k = \frac{R_m}{4\pi l^2} A_{1k} \left[\frac{kp - 4\pi l^2 P A_{2k}}{m + \frac{\rho I}{l^2} A_{4k}} \right]^{1/2} \qquad (4.2\text{-}9)$$

A_{1k}, A_{2k}, A_{4k} の値は1次から4次($k=1,2,3,4$)の各振動モードについて**表4.2-2**より決定する。ρI については式(4.2-10)を参照のこと。

3) ダブルベローズ横方向の固有振動数[6]

ダブルベローズの振動モードは**図4.2-8**で表される。

2)と同様の理論によりダブルベローズの横方向振動，あるいはロッキング振動の固有振動数は次式で与えられる。μ は**図4.2-7**を参照のこと。

$$f_k = \frac{R_m}{4\pi l^2} A_{1k} \left[\frac{kp - 4\pi l^2 P A_{2k} + (4k_s l^3 A_{3k}/R_m^2)}{m + (\rho I A_{4k})/l^2 + B A_{5k}} \right]^{1/2}$$

$$m = (m_f + m_b)$$

$$m_b = \frac{4\pi R_m}{p}(h + 0.285p) t \rho_b$$

表4.2-2 A_{1k}, A_{2k}, A_{4k} の値[5]

振動次数	1	2	3	4
A_{1k}	22.37	61.67	120.9	199.9
A_{2k}	0.02458	0.01211	0.00677	0.00374
A_{4k}	12.30	46.05	98.91	149.4

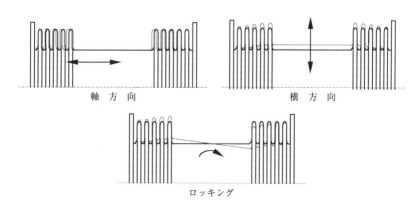

図4.2-8 ダブルベローズ振動モード

第4章：管内流による振動

$$m_f = \left(m_{f1} + m_{f2} \right)$$

$$= \left\{ \pi (R_m - \frac{h}{2} + \frac{2hR_2}{p})^2 + \alpha_{f2k}\mu R_m^{\;3} \right\} \rho_f$$

$$\alpha_{f2k} = 0.066 \frac{A_{1k}^{\;2}}{l^4} \left(R_m - \frac{h}{2} \right)^2 p$$

$$B = \left[M_s + \left(m_p + m_f \right)a \right]/l \quad \text{：横振動モード}$$

$$B = J_p / \left(a^2 l \right) \qquad\qquad \text{：ロッキング振動モード}$$

$$J_p = \frac{(m_p + m_f)a^3}{3} + \frac{(2m_p + m_f)aR^2}{4} + M_s a^2$$

$$\rho I = \pi R_m^{\;3} \left[\left(\frac{2h}{p} + 0.571 \right) t \rho_b + \frac{h}{p}(2R_2 - t)\rho_f \right] \qquad (4.2\text{--}10)$$

A_{1k}, A_{2k}, A_{3k}, A_{4k}, A_{5k} については表**4.2-3**，表**4.2-4** の値を参照。

表4.2-3　横方向振動モードの定数 A_{ik}[6]

Mode # A_{ik}	横方向支持なし			横方向支持
	1	2	3	1
A_{1k}	5.650	図4.2-9	図4.2-10	5.62
A_{2k}	0.10	0.0249	0.0119	0.0998
A_{3k}	0	0	0	0.0826
A_{4k}	3.193	図4.2-9	図4.2-10	3.152
A_{5k}	2.656	図4.2-9	図4.2-10	2.611

表4.2-4　ロッキング振動モードの定数 A_{ik}[6]

Mode # A_{ik}	横方向支持なし			横方向支持
	1	2	3	1
A_{1k}	図4.2-11	図4.2-12	図4.2-13	図4.2-14
A_{2k}	図4.2-11	図4.2-12	図4.2-13	図4.2-14
A_{3k}	0	0	0	図4.2-14
A_{4k}	3.08	図4.2-12	図4.2-13	3.073
A_{5k}	図4.2-11	図4.2-12	図4.2-13	図4.2-14

4.2 ベローズ関連の振動

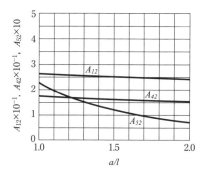

図4.2-9 2次横振動モード係数[6]
（横方向支持なし）

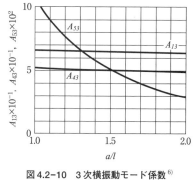

図4.2-10 3次横振動モード係数[6]
（横方向支持なし）

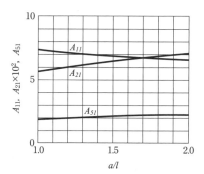

図4.2-11 1次ロッキング振動モード係数[6]
（横方向支持なし）

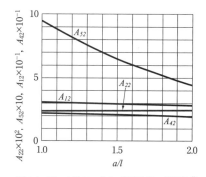

図4.2-12 2次ロッキング振動モード係数[6]
（横方向支持なし）

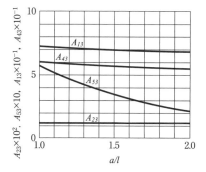

図4.2-13 3次ロッキング振動モード係数[6]
（横方向支持なし）

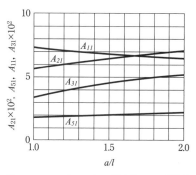

図4.2-14 1次ロッキング振動モード係数[6]
（横方向支持あり）

173

第4章：管内流による振動

4.2.2　対策のヒントとトラブル事例

【1】対策のヒント

　ベローズの流動励起振動対策で一般的なものを以下に示す。

1. プロセス条件の変更が可能な場合，ベローズ内を流れる流体の平均流速を臨界流速以下にする。
2. ベローズの機械的固有振動数を変化させ，ベローズ内の平均流速が臨界流速以下となるようにする。
3. ベローズがエルボ近傍に設置されており，局所的な偏流により臨界流速を超過していると考えられる場合は，ベローズの設置位置を見直し，設置位置の変更が可能である場合は，ベローズ上流で流れが均一になるように直管長をとる。
4. ベローズ内部にスリーブを挿入し，振動の原因であるせん断層の発生をなくす。スリーブを挿入する場合，スリーブの板厚についても注意が必要である。また，スリーブを用いることでスリーブとベローズ間に滞留部ができるため腐食に対する考慮も必要となる。

【2】トラブル事例

現象	ブロワ吐出しに設置したベローズがある流量以上で大きく振動 	ディーゼルエンジンと燃料配管をつなぐベローズ製フレキシブルチューブにおいてエンジン回転数がある値以上で振動発生しチューブが破損
原因	ベローズコンボリューション部の不安定なせん断層の周期的な変動振動数とベローズの固有振動数が一致していた	チューブ異常振動がエンジン圧力脈動周波数の1/2の周波数で発生しており，エンジンの回転数の上昇に伴い上昇。係数励振振動と判断
対策	ベローズ内部にスリーブを設置することによりベローズ振動を防止	圧力脈動を緩和させるために，運転回転数範囲の圧力脈動の周波数にチューニングしたアキュームレータを設置

174

4.3 コラプシブルチューブ

参 考 文 献

1) Nakamura, Y. & Fukamachi, N., "Sound generation in corrugated tubes", Fluid Dynamic Research Vol.7, (1991) pp. 255–261.
2) Jakubauskas, V. F., "Added Fluid Mass for Bellows Expansion Joints in Axial Vibrations", Transactions of the ASME, Journal of Pressure Vessel Technology, Vol.121, (1999) pp. 216–219.
3) Standards of the Expansion Joint Manufactures Association, Inc., 7th, EJMA, (1998).
4) Morishita, M., Ikahata, N. & Kitamura, S., "Dynamic Analysis Methods of Bellows Including Fluid-Structure Interaction", In Metallic Bellows and Expansion Joints–1989, ASME PVP–Vol.168, (1989) pp. 149–157.
5) Jakubauskas, V. F. & Weaver, D. S., Symposium on Fluid Structure Interaction, Aeroelasticity, Fluid-Induced Vibration and Noise ASME AD–Vol. 53–2 Vol. 2, (1997) pp. 463–471.
6) Jakubauskas, V. F. & Weaver, D. S., Journal of Fluid and Structure Vol.13, (1999) pp. 461–479.
7) Weaver, D. S. & Ainsworth, P., "Flow Induced Vibrations in Bellows", Trans. ASME Journal of Pressure Vessel Technology Vol.111, (1989) pp. 402–406.

4.3 ▶ コラプシブルチューブ

4.3.1 検討対象の概要

　コラプシブルチューブとは肉厚が薄く，容易にたわみやすく，またつぶれやすい管路をいう。流れを伴う場合は剛体管とは異なり，管の内外圧力差や流れの変化に伴い管路断面形状も変化する。そしてその圧力変化と形状変化が相互に影響しあい，著しい非線形特性を示し自励振動が生ずる。このようなコラプシブルチューブは，血管，声帯，肺循環系，尿道等の生体器官に類似した特性を持ち，生体の内外の人工器官に発生する多くの現象と深く関与するため，従来から生体工学の分野で数多くの研究がなされている。具体的な工学上の現象事例としては，人工心肺，体外循環時の大静脈と脱血回路の流れ，呼吸時の腹腔内大静脈の屈服現象，血圧測定時に発生するコロトコフ音，声帯の発声，いびき等があげられる。

4.3.2 コラプシブルチューブの自励振動

【1】評価の歴史

　コラプシブルチューブの挙動に関しては約90年前[1]から研究されているが，こ

175

第4章：管内流による振動

れらの中では図4.3-1[2]に示すような実験体系が数多く使用されてきた。この実験でコラプシブルチューブは上流、下流において径を同じくする剛体管路に接続され、水位や注入気体により調整された周囲流体により加圧されている。またチューブの上流側には流体を貯める水槽があり、流路途中の弁によってチューブを流れる流量が調整されるしくみになっている。この体系における複雑なチューブ挙動の実験的な把握と、解析による理論的な現象解明が図られてきた。

【2】評価方法

図4.3-1に示す実験体系のコラプシブルチューブの典型的な挙動は、流量とチューブ両端差圧の関係を示す特性曲線（図4.3-2[3]）で表現される。流量が少ない場合はチューブが圧平状態で流路も狭く圧力損失も大きいのでチューブ両端差圧は直線的に増加するが、ある流量を境に上流側からチューブ断面形状が円形に戻り初めて両端差圧が減少する負性抵抗を示す。さらにチューブ全体が圧平のないほぼ円形な断面形状に戻ると、流量の増大とともに両端差圧はゆるやかな増加傾向に変わる。チューブ外圧が大きいほど、負性抵抗を示す前の特性曲線のピークが大きいが、円形断面に戻ってからの両端差圧は、外圧条件に関係なくほぼ同一の挙動を示す。

この特性曲線は、チューブ内流れの単純な1次元モデルの運動方程式と断面積に関する連続の式、およびチューブの膜要素に作用する力の平衡式に、チューブ変形に伴う流れの変形抵抗特性（チューブ則）を加えて解析することにより、比較

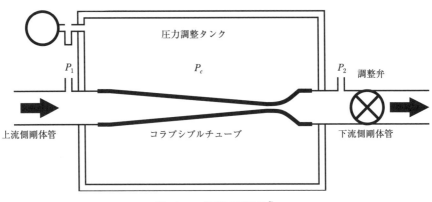

図4.3-1　典型的実験体系[2]

4.3 コラプシブルチューブ

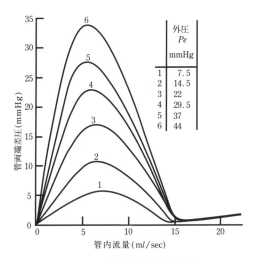

図 4.3-2 流量―圧力特性曲線[3]

的定量的に再現することができる[4]。なお，チューブ則は，チューブのつぶれ具合 a(断面積比：A/A_0)とチューブ内外差圧(内側―外側：$p-pe$)である伸展圧 P(係数 K_p により無次元化)との関係として図 4.3-3[5]のように表現され，実験式が得られている。

上述の実験体系では，断面形状が円形でない状態で大振幅の自励振動が見られるが，主として特性曲線の負性抵抗領域において発生する。この自励振動の発生機構に関してはさまざまな考えが提案されてきた。たとえば，跳水現象における常流と射流の間の周期交代現象，圧平部に発生する剥離の非定常性による現象，粘性流体の流動不安定現象や，流体の粘性によって定まる

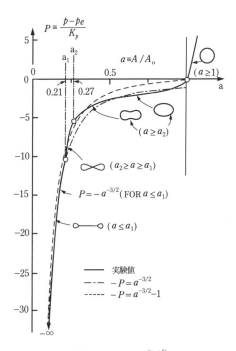

図 4.3-3 チューブ則[5]

177

チューブ特性と上・下流に接続する要素との相互作用による不安定現象等の考えがある。この機構を理論的に説明するために，チューブを集中定数系あるいは1次元の分布定数系として扱った研究がこれまでなされてきた。

集中定数系のモデルとして林ら[6]は，チューブを上流部，くびれ部，下流部の三領域に分割し，これに両端の剛体管路部を加えて5つの領域の基礎方程式を導いた。そして上流圧力および外圧一定の条件下で，基礎方程式を線形化し特性方程式を求め，Routh-Hurwitz法により安定条件を求めている。この結果，特性曲線上に安定限界が示されている（図4.3-4）。一方，分布定数系のモデルとして林ら[7]は，上述の単純1次元モデルの4つの基礎式に，上・下流剛体管路内流体柱の運動方程式を加え，離散化して非定常計算を行い動的諸特性を検討している。この結果，断面積，流量，圧力の時間変化を定性的に予測している。上記以外にも多くの研究がなされてはいるが，体系的に現象を説明するには至っていないようである。

4.3.3 対策のヒント

コラプシブルチューブに関する研究は長く続けられているが，いまだに図4.3-1に示すような実験体系に基づく研究が主体であり，実際の生体器官あるいは生体外の人工器官における現象を具体的に摸擬や解析した例は見当たらない。単純な実験体系における自励振動を回避するのであれば，前節で示したような安定性解析により可能であると考えられるが，工学上の実体系を評価できる段階にはまだ至っていないので，具体的な対策は今後の研究課題である。

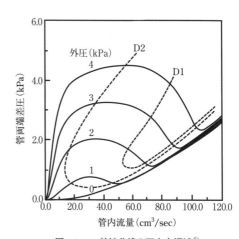

図4.3-4 特性曲線の不安定領域[6]

参 考 文 献

1) Knowlton, F. P. and Starling, E. H., J. Physiology, Vol. 44, (1912) pp. 206–219.
2) Cancelli, C., Pedley, T. J., J. Fluid Mech., 157, (1985) pp. 375–404.
3) Conrad, W. A., IEEE Trans. Bio–Medical Eng., Vol. BME–16, No. 4, (1969) pp. 284–295.
4) 林・豊田・佐藤, 機論 B, Vol.57–534, (1991) pp. 397–403.
5) Shapiro, A. H., Trans. ASME J. Biomedical Eng., Vol.99, (1977) pp. 126–147.
6) 林・丹羽・早瀬, 機論 B, Vol.60–579, (1994) pp. 3636–3641.
7) 林・早瀬・川村, 機論 B, Vol.62–594, (1996) pp. 556–563.

管内の圧力波による振動

5

配管内等の流体の振動は，流体のみではランダムな周波数特性を有する場合がほとんどであるが，圧縮機やポンプ等の流体機械，弁等の機器類，分岐管や多孔板等での流れの変化が流体に影響を及ぼすと，特定の周波数成分を持つようになる。これが配管内の気（液）柱共鳴周波数と一致する場合や機器類等と連成すると，流体は大きく振動するとともに，この流体振動（圧力脈動）が配管，機器類等を加振して，場合によっては損傷までに至ることもある。

配管内等の流体の振動に関しては，日本機械学会の研究分科会や講習会[1]において時代に即した問題が取りあげられてきたが，上記現象を総括してまとめた資料はほとんどないようである。本章では，配管内等の流体に圧力波が発生した場合の流体や機器類の振動について，現象の説明と研究の歴史，計算方法や評価方法等を概略説明するとともに，最近の情報も含めて事例と対策を紹介する。

第5章：管内の圧力波による振動

5.1　圧縮機に起因する配管内圧力脈動

5.1.1　検討対象の概説

化学プラント等に設置される圧縮機や送風機は，流体の輸送，昇圧，動力変換を効率よく行う機械である。その種類を**表5.1-1**に示す。本章では，このような流体機械の吸込み/吐出し流れによって生じる配管内の流体振動（圧力脈動）および配管振動について述べる。また，自動車用エンジンも往復機関であるため吸/排気管等に同様な現象が生じるので，事例を紹介する。

5.1.2　現象の説明および研究・評価の歴史

【1】圧力脈動現象とは

圧縮機や送風機に接続する配管内では，流れが非定常なために特有の流体振動が発生する。この流体振動は大きく2つに分けられ，流体機械や配管形状に起因する圧力脈動によるものと，配管ベンド部等での運動量変化（遠心作用）によるものとがある。気体系では後者によるものは問題になりにくいので，ここでは前者の圧力脈動について取りあげる。なお，後者については4.1.2項で説明しているので参照されたい。

往復圧縮機のような容積形圧縮機の場合には，**図5.1-1**に示すように，吸込み/吐出し流量が間欠的であるために流量変化が大きく，回転数の高調波成分を多く含む圧力脈動が生じる。その発生周波数は往復圧縮機の回転数が低いために，100 Hz以下の場合が多い。この圧力脈動は通常小さく問題にはならないが，これ

表5.1-1　圧縮機・送風機の種類

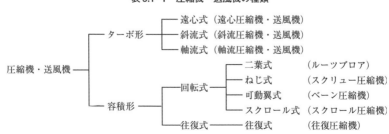

5.1 圧縮機に起因する配管内圧力脈動

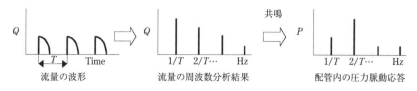

図 5.1-1　往復圧縮機の吸込み/吐出し流量と圧力脈動

らが配管内の気柱共鳴周波数に一致すると大きな圧力脈動になり，配管振動や電気計装品の誤動作を誘発してプラントの運転に重大な支障をきたすこともある。身近な例としては，自動車のエキゾーストパイプから出る排気ガスは変動が大きな流れとしてよく見かける現象である。

一方，ターボ機械のような羽根を持つ圧縮機は，羽根通過周波数(羽根枚数×圧縮機回転数)およびその高調波成分を持つ流体振動が発生しやすい。その周波数は通常数百 Hz 以上であり，騒音の問題になる場合が多い。

【2】研究の歴史

一般的に，軸流式や遠心式等ターボ機械については，その圧縮・送風機構から考えて基本的には配管内に大きな圧力脈動が生じにくいため，圧力脈動の研究は少ない。一方，往復圧縮機等容積形圧縮機については，圧力脈動の加振力となる吸込み/吐出し流量変動が比較的大きいため，古くから圧力脈動の研究が行われてきた。ここでは，容積形の中でも，圧力脈動許容値が規定されていること等を背景として，多くの研究が行われてきた往復圧縮機について述べる。ターボ機械については流量変動がわかれば，圧力脈動応答は往復圧縮機回りの配管系と同様の手法で予測可能である。

往復圧縮機回りの管内脈動の本格的な研究は，米国において，1952 年 9 月に米国南部ガス協会(Southern Gas Association, SGA)が脈動研究委員会を組織し，脈動解析のプロジェクトを発足させたのが始まりである。そして，外部の研究機関として選ばれた SwRI(Southwest Research Institute)が 1954 年秋に初めてアナログ計算機による脈動解析に成功し，1955 年夏から実用計算を開始して，デジタル計算期に移行しつつ今日まで世界中の脈動解析を商業ベースで受託してきている。

その後，1960 年代より，プロセスプラントについて API 規格 618 (American Petroleum Institute Standard 618)が設計段階で脈動解析を実施し，適切なレベル

第5章：管内の圧力波による振動

に脈動を制御することを要求した。このAPI規格618は1986年2月改訂の3rd edition以前は，アナログシミュレーションによる脈動計算を義務付けていた。これは，脈動計算として往復圧縮機と配管系流体の相互干渉を考慮した計算を要求していたために，当時のデジタル計算機では性能的に困難であったことが背景となっている。アナログシミュレーション法[2,3]は，流体系の式と電気回路の式が相似であることから，圧力と流量を電圧と電流とみなし，流体特性をL-C-R回路で模擬して管内脈動をシミュレーションする方法である。しかしながら，1986年に改訂されたAPI規格618 3rd editionは，デジタル計算機での脈動計算を許可するとともに計算機の制約を撤廃した。これが大きな要因となり，さらに，デジタル計算機の性能が飛躍的に進歩したこと，1960年代末から本格的に始まった管内脈動に関する研究が結実したこともあいまって，我が国における管内脈動計算の主流はデジタルシミュレーションに移行していき，現在，設計上充分な精度で管内脈動が計算できる状況となっている。

5.1.3 計算方法および評価方法

【1】計算方法

a. 配管内圧力脈動の計算法

一般的には，機械振動分野や音響分野で用いられている伝達マトリックス法が圧力脈動解析でも広く使用されている。この方法は，配管内の気柱共鳴周波数が理論的に求まること等から古くより用いられているが，バイパス配管や管路網等配管系が複雑になると解析しにくくなるため，それに代わる方法として，剛性マトリックス法，モーダル解析法，有限要素法等が開発され，実用計算に使用されている。以上の解法は内部流体を1次元の圧力波伝搬（脈動の波長に比べて配管径が1/5以下の場合[4]）の問題として扱っているが，この仮定が成り立たないような場合は音響分野で用いられている境界要素法等も有用である。現在でも実用計算に用いられている計算法について**表5.1-2**に示す。なお，圧力変動と流量変動の比を用いたインピーダンス法[5]や電気回路網の節点解析法を応用した圧力脈動解析法[6]は，現在では実際の配管系の脈動計算にはほとんど用いられていないので，説明を省いた。以下に，伝達マトリックス法について解析方法を述べる。

5.1 圧縮機に起因する配管内圧力脈動

表 5.1-2 圧力脈動の計算方法

計 算 方 法	特 徴 等	方 程 式
伝達マトリックス法 文献[7~16]	・配管内の圧力脈動応答を周波数領域で求める方法であり，最も広く利用されている。 ・配管内の気柱共鳴周波数が理論的に求まる。 ・バイパス配管，管路網等配管系が複雑になると解析が難しくなる。	$\begin{Bmatrix} p_{\mathrm{out}} \\ q_{\mathrm{out}} \end{Bmatrix} = [M] \begin{Bmatrix} p_{\mathrm{in}} \\ q_{\mathrm{in}} \end{Bmatrix}$
剛性マトリックス法 文献[17]	・伝達マトリックス法を改良して，複雑な配管系も解析できるように改良した周波数領域の解法。 ・流量と圧力の関係が構造解析の剛性マトリックスのように組み立てられることから名付けられた方法。	$\begin{Bmatrix} q_{\mathrm{in}} \\ q_{\mathrm{out}} \end{Bmatrix} = [A] \begin{Bmatrix} p_{\mathrm{in}} \\ p_{\mathrm{out}} \end{Bmatrix}$
モーダル解析法 文献[18~23]	・複雑な配管系の圧力脈動解析に振動解析でよく用いられるモード法を適用した方法。 ・共鳴周波数やモード関数は伝達マトリックス法等を利用して求め，時刻歴解析で圧力脈動を求める方法であり，直接積分法に比べて計算時間が短い。	$q = \displaystyle\sum_{i=1}^{\infty} \psi_i(x) \cdot y_i(t)$ $p = \displaystyle\sum_{i=1}^{\infty} \phi_i(x) \cdot z_i(t)$
有限要素法 文献[24~27]	・複雑な配管系の圧力脈動解析方法として開発された解法。 ・配管内流体を振動解析の縦振動のように一次元問題として解き，全体系のマトリックスを構造解析と同様に組み立てて圧力脈動応答を求める。周波数領域と時刻歴の両方法がある。	$[M]\dot{q} + [C]q + [K]\displaystyle\int q\,dt = p$
境界要素法 文献[28~32]	・内部流体が一次元として扱えない大きなタンクやサイレンサ部分への適用に有用な周波数領域の解法。 ・波長に比べて解析対象物が大きい場合は，計算時間が低減できる。	$[H]\{p\} = [G]\{q\}$

p：圧力変動　　q：流量変動

(1) 伝達マトリックス法[7~16]

　この方法は，脈動解析では最も広く用いられている計算方法である。配管系を，単管，先閉分岐管，容積(ベッセル)，集中抵抗(オリフィス，弁)等の配管要素に分割し，それぞれの配管要素について式(5.1-1)のように入口と出口の間の圧力変動 p と流量変動 q を関係付ける 2 行 2 列の伝達マトリックス M を求める。

$$\begin{Bmatrix} p_{\mathrm{out}} \\ q_{\mathrm{out}} \end{Bmatrix} = [M] \begin{Bmatrix} p_{\mathrm{in}} \\ q_{\mathrm{in}} \end{Bmatrix} \tag{5.1-1}$$

第 *5* 章：管内の圧力波による振動

式(5.1-1)で添字 in，out はそれぞれ配管要素の入口，出口を示している。伝達マトリックスは，圧力と流量が正弦振動するとして，これらを運動方程式と連続の式に代入し，境界条件を考慮して方程式を解くことにより得られる。**表5.1-3**に配管の減衰を考慮しない場合の伝達マトリックスを示す。配管系全体については，式(5.1-2)のように分割された各配管要素の伝達マトリックスを順じ掛け合わせていくことにより，2行2列の全体系の伝達マトリックス M_T が得られる。

$$\begin{Bmatrix} p_{\text{end}} \\ q_{\text{end}} \end{Bmatrix} = [M_n][M_{n-1}][M_{n-2}] \bullet \bullet \bullet [M_2][M_1] \begin{Bmatrix} p_{\text{strt}} \\ q_{\text{strt}} \end{Bmatrix} = [M_T] \begin{Bmatrix} p_{\text{strt}} \\ q_{\text{strt}} \end{Bmatrix} \quad (5.1\text{-}2)$$

式(5.1-2)で添字 strt, end はそれぞれ配管系の始端，終端を示している。配管系の始端と終端の境界条件(開または閉)を与えることより，全体系の伝達マトリックス M_T の行列式をゼロとする振動数方程式を求め，それを解くことにより気柱共鳴周波数を計算する。また，配管系の始端と終端が伝達マトリックスにより関係付けられた式(5.1-2)を用いて，以下の順番で各点の圧力変動，流量変動を求める。

① 通常始端に圧縮機が設置されているとして，始端に強制流量変動を与える。

② 終端の境界条件(たとえば，開端であれば圧力変動がゼロ，閉端であれば流

表5.1-3 配管要素の伝達マトリックス

配 管 要 素	配管要素の伝達マトリックス M
単管 L	$\begin{bmatrix} \cos(\omega L/c) & -j(\rho c/A)\sin(\omega L/c) \\ -j(A/\rho c)\sin(\omega L/c) & \cos(\omega L/c) \end{bmatrix}$
先閉分岐管 (サイドブランチ) L	$\begin{bmatrix} 1 & 0 \\ -j(A/\rho c)\tan(\omega L/c) & 1 \end{bmatrix}$
容積 V	$\begin{bmatrix} 1 & 0 \\ -j\omega V/K & 1 \end{bmatrix}$
集中抵抗 Rc	$\begin{bmatrix} 1 & -Rc \\ 0 & 1 \end{bmatrix}$

記号 c：音速 ρ：流体密度 K：流体体積弾性係数 ω：角振動数 A：断面積 j：虚数単位

186

5.1 圧縮機に起因する配管内圧力脈動

量変動がゼロ)を入力する。

③ これにより始端の圧力変動と終端の圧力変動または流量変動が計算される。

④ これを基に配管系の任意の場所での圧力変動と流量変動を計算する。

なお，伝達マトリックスは加振力の振動数ごとに作られるので，たとえば，往復圧縮機回りの配管系については回転数の整数倍の周波数ごとに脈動計算することになる。

b. 配管内の流体減衰力の考え方

管内脈動計算の精度を大きく左右する配管内の流体減衰力の評価手法は非常に重要である。管内脈動計算時に採用される流体減衰としては，Binder[33]が実験式を提案したが，十分な計算精度が得られることはなく，更なる研究が求められた。

一般のプラント配管の流体減衰は，管摩擦，管径変化部，ベンド部(エルボ)，オリフィス等での圧力損失が主であり，速度二乗形の非線形減衰の形で表現される。とくに圧縮機回りの配管内流体は，平均流速に振動流速が加わる形となる。非線形式をそのまま使用すると計算が複雑になるため，速度二乗形の非線形減衰によって脈動の一周期中に失われるエネルギーと等価なエネルギーを失うように線形減衰を求める等価線形化法が葉山，毛利らによって研究された[34～36]。この等価線形化法による減衰評価は，平均流が存在する場合も含めて管内脈動計算に対して十分な精度を与えることが確認され，現在，主流となっている。等価減衰係数[35]を**表5.1-4**に示す。

c. 圧縮機の加振流量の求め方

圧縮機の吸込み/吐出し流量変動，すなわち加振流量を，一般に吸込み/吐出し側の配管内圧力は一定とし，また弁がある場合は理想的に開閉すると仮定して求

表5.1-4　等価減衰係数 [35]

基本波成分の等価減衰係数 K_1	(参考) 速度二乗形の等価線形式
$$K_1 = \lvert u_1 \rvert k_1$$	$\lvert u \rvert u \cong K_0 \cdot U + K_1 \cdot u_1 \sin \omega_1 t$ $(u = U + u_1 \sin \omega_1 t)$

ここで，

$$\begin{cases} k_1 = \dfrac{4}{\pi} \beta \sin^{-1}\beta + \dfrac{4}{3\pi}(\beta^2 + 2)\sqrt{1-\beta^2} & (0 \leq \beta \leq 1) \\ k_1 = 2\beta & (1 < \beta) \end{cases}$$

$$(\beta = U / \lvert u_1 \rvert)$$

第5章：管内の圧力波による振動

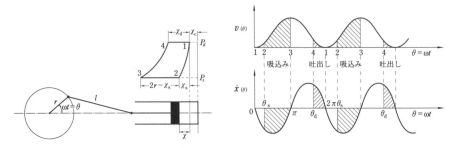

図5.1-2　往復圧縮機の吐出し/吸込み流量波形[37]

める。ここでは，機械仕様から加振流量を求めやすい往復圧縮機の場合について説明する[37]。なお，ルーツブロアやスクリュ圧縮機等の容積形は，吸込み/吐出し開口面積形状がわかれば同じように加振流量が求まるが，遠心式圧縮機等のターボ機械は，計算では一義的に加振流量は求まらない。

図5.1-2に往復圧縮機とその吸込み/吐出し流量波形を示す。図中のシリンダ内容積変化Vおよびピストンの体積速度$\dot{X}$は以下の式で表される。

$$V(\theta) = Ax_c + Ar\{(1+\varepsilon/4) - \cos\theta - \varepsilon\cos2\theta/4\}$$
$$\dot{X}(\theta) = -Ar\omega(\sin\theta + \varepsilon\sin2\theta/2)$$
(5.1-3)

ここで，Aはシリンダ断面積，rはクランク半径，ωはクランク回転角速度，$\varepsilon = r/l$ (lは連結棒長さ)，θはクランク角度，x_cは上死点すきまである。また，図5.1-2の吸込み弁および吐出し弁が開くクランク角度は次式で表される。

$$\theta_s = \cos^{-1}\left(2\delta_1/(1+\sqrt{1+2\varepsilon\delta_1})\right) \quad \text{ただし，} \delta_1 = (1+\varepsilon/2 - x_s/r)$$
$$\theta_d = \cos^{-1}\left(2\delta_2/(1+\sqrt{1+2\varepsilon\delta_2})\right) \quad \text{ただし，} \delta_2 = (1+\varepsilon/2 - x_d/r)$$
(5.1-4)

式(5.1-3)のピストン体積速度$\dot{X}$を往復圧縮機の吸込み/吐出し流量とみなし，図5.1-2の斜線部分を加振流量として，周波数領域の解析では斜線部分をフーリエ展開し，時刻歴解析ではそのまま与えることによって，配管内の圧力脈動が解析できる。

d. 圧力脈動を計算・評価する場合の考慮点

(1) 圧縮機と配管系との流体連成

圧力脈動応答を求める場合，一般には配管内の圧力脈動は圧縮機に影響を与えないと仮定し，圧縮機の吸込み/吐出し流量を強制加振力として計算する。しか

し，往復圧縮機については API 規格 618[38] で一定以上の大きさの圧縮機は配管内流体との連成を考慮することを推薦しており，松田ら[19~21]，加藤ら[26,27,40]，藤川[39]が解析手法を開発し実用化している。また，流体連成が生じやすい条件について，往復圧縮機を例に，藤川[39]，加藤ら[40]が報告している。これによって，圧縮機近傍に大きな圧力脈動が生じる場合等，流体連成を考慮した方が計算精度が向上する条件が明らかとなった。なお，容積形圧縮機の場合は，吸込み側と吐出し側とは圧縮機で流体が遮断されるので，別々に圧力脈動を計算しても問題ない。一方，ターボ機械の場合は吸い込み側と吐出し側が連成する場合があり，たとえば，送風機—配管系では送風機特性と配管の絞り特性の関係，および設置位置によっては特定の圧力脈動モード（サージング）が発生しやすくなる[41]。基本的な考え方はつぎの 5.2 節で述べる。

(2) 圧縮機弁の影響

圧縮機の流量加振力を精度よく推定するには，圧縮機弁の動特性の把握が重要である。往復圧縮機弁の挙動や管内脈動に及ぼす影響についてパラメータスタディが実施され，その成果が報告されている[42~45]。

(3) 内部流体の音速変化への対応

実際のプラントでは，プロセスガス性状が設計段階推定値と実稼働時とでは多少異なる場合もよく経験する。この場合，ガス音速が異なるために気柱共鳴周波数が変化し，したがって計算予測値が実際と異なってくる。このリスクを避けるため，たとえば，米国 SwRI ではガス音速を設計条件の ± 5% 程度変化（実際には，加振周波数を変化）させ，圧力脈動応答の最大値を計算結果として採用している。

(4) 複数台の圧縮機が設置されている場合

実際のプラントでは，複数台の独立した圧縮機が同じ配管系に設置されて運転する場合も多く，往復圧縮機に関する API 規格 618[38]はこれを考慮することを推薦している。よく見かける 2 台の往復圧縮機が同時稼働する場合の圧力脈動の計算方法として，藤川ら[46]は，周波数領域における解法について，流量加振力の高調波成分ごとに 2 台の圧縮機の相対位相を同相および逆相に変換して，配管内の圧力脈動を 2 通り解き，各周波数ごとに応答の大きい方を安全側の結果として用いればよいことを提案している。

(5) 圧力脈動による配管振動の計算方法

配管内に圧力脈動が生じると，配管に加振力として作用する。圧力脈動により

第5章：管内の圧力波による振動

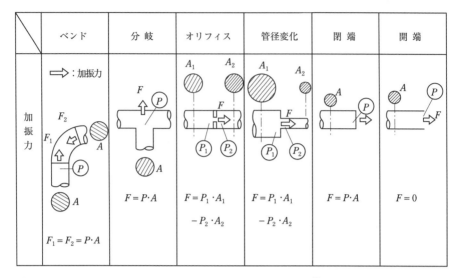

図 5.1-3　圧力脈動で加振される配管部[49]

加振される配管部を図 5.1-3 に示す。配管は常に図 5.1-3 に示す配管部に変動力を受けるため，圧力脈動周波数が配管の機械固有振動数と一致した場合には，大きな配管振動が生じやすい。圧力脈動による配管振動の定常応答に関する研究は少なく，葉山ら[47]がベンド部の流体力の考え方を述べている。また，若林ら[48]は往復圧縮機について，田中ら[49,50]はポンプに関してではあるが，配管振動計算と実験値とを比較し良い一致を得ている。圧縮機の場合は内部流体が気体のため，管内脈動は配管への強制加振力として取り扱えば充分であり，管内脈動と配管振動との連成までは考慮する必要はない。基本的には，位相を考慮した圧力脈動値を図 5.1-3 に示す配管部に加振力として加えれば，配管振動の定常応答は得られる。

【2】評価方法

a. 圧力脈動の許容値

圧縮機に接続する配管内の圧力脈動に対する評価基準としては，往復圧縮機について API 規格 618 に規定があるだけで，他の容積形圧縮機，ターボ機械については，明確な規定がなく，管内脈動の評価に苦慮する。対象となる管内脈動の周波数が 100 Hz 程度以下である場合は，往復圧縮機と同様の評価基準を適用して良

5.1 圧縮機に起因する配管内圧力脈動

いと考えられるが，周波数領域が200 Hz程度から数百Hzを超えるような場合には，むしろ騒音としての対応が必要と考えられる。

ここでは，往復圧縮機についてAPI規格618(5th edition)[38]で規定されている管内脈動の許容値について示す。この規定では，図5.1-4に示すように圧縮機の動力と吐出圧の大きさによって3つのデザインアプローチに分けており，この各デザインアプローチについての圧力脈動許容値は表5.1-5に示す式で表している。

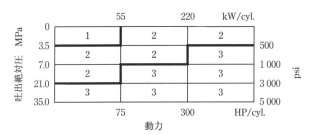

図5.1-4　APIデザインアプローチNo.選択基準[38]

表5.1-5　API規格618の圧力脈動許容値[38]

デザインアプローチNo.	圧力脈動許容値	記　　号	備　　考
1	$P_1 = 4.1/(P_L)^{1/3}$	P_1：許容圧力脈動率(%) 　　(=圧力脈動両振幅/P_L) P_L：配管内平均絶対圧力(bar)	・脈動抑制機器（スナッバ）の配管側ノズル部での許容値。 ・配管内の許容値は規定されていない。
2	$P_1 = (a/350)^{1/2}\{400/(P_L \cdot ID \cdot f)^{1/2}\}$	P_1：許容圧力脈動率（%） 　　(=圧力脈動両振幅/P_L) P_L：配管内平均絶対圧力(bar)， ID：配管内径(mm)， f：脈動周波数(Hz)=(RPM/60)・N RPM：往復圧縮機回転数(rpm) $N = 1,2,3,\cdots$ a：ガスの音速(m/s)	・配管系全体の許容値。 ・往復圧縮機と配管系の連成を考慮した脈動解析を要求している。
3	デザインアプローチ2と同じ	デザインアプローチ2と同じ	・デザインアプローチ2と同じ。 ・加えて圧縮機，配管の固有振動数計算，およびこれらの固有振動数と圧力脈動周波数との一致を避けることを要求している。 ・これが回避できない場合は，圧力脈動による配管振動応答計算も要求している。

第5章：管内の圧力波による振動

b. 配管振動の許容値

配管振動の許容値が示されている公表資料はいくつか存在する。各社は自社基準として独自に振動許容値を保有している場合もあるが，米国SwRIが1970年代に公表した往復圧縮機・ポンプを対象とした配管振動の評価基準[51]が，現場での主配管の1次診断には最も有用と考えられる。SwRIの配管振動評価基準は300Hzの領域までカバーされており，通常の主配管の機械的振動の評価としては充分と考えられる。（図5.1-5参照）

往復圧縮機に関するAPI規格618[38]のデザインアプローチ3では配管振動解析を一部要求しており，設計段階における簡単な配管振動許容値図が示されている。ただし，これは稼働後の現場の振動許容値としては使うべきでないとの記述があるので注意が必要である。また，370℃（700°F）以下の温度の鋼管については，繰り返し応力が180 MPa全振幅（26 000 psi全振幅）を超えてはならないことが記述されている。2018年に発行されたISO 20816-8（往復圧縮機システム）[52]の中に往復圧縮機に接続する配管の振動許容値が示されている。許容値は振動速度の実効値表示が基本であり，周波数帯域も三分割されているため少々使いにくい面

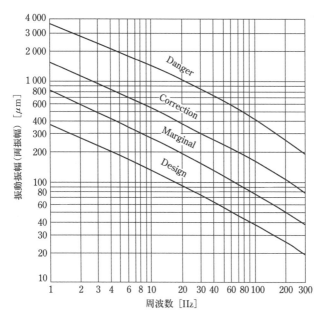

図5.1-5　SwRIによる配管振動評価基準[51,53]

もあるが参考になる。

5.1.4 対策のヒント

【1】圧力脈動の低減方法

　管内脈動は，気柱共鳴が生じることにより大きな脈動値になるので，その制御の基本として，音響特性（気柱共鳴）についての理解が不可欠である。気柱共鳴周波数の計算方法は，概略，表5.1-6に示すとおりである。

　管内脈動の低減方法については，流体に減衰を付加するオリフィスの設置，共鳴周波数を変える配管長の変更，脈動自体を低減させる脈動抑制機器（スナッバ）の設置，特定の周波数成分低減を狙った1/4波長分岐管の設置等種々の方法があり，据付可能性やコスト等を勘案して適用する必要がある。表5.1-7に低減方法をまとめて示す[53]。

表5.1-6　気柱共鳴周波数の概略

共鳴の種類	気柱共鳴周波数 f_0
単管 ①開—開　または　閉—閉　1/2波長共鳴	$f_0 = (c/2L)n$　　　$n=1,2,3,\cdots$
②開—閉　　　　　　　　　　　1/4波長共鳴	$f_0 = (c/4L)(2n-1)$　$n=1,2,3,\cdots$
③ヘルムホルツ共鳴	$f_0 = (c/2\pi)(A/LV)^{1/2}$
④容積—しぼり—容積・共鳴 　（ローパスフィルタ）	$f_0 = (c/2\pi)\{(A/L)\cdot(1/V_1+1/V_2)\}^{1/2}$

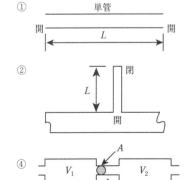

記号
c：音速　　V：容積　　A：断面積
L：配管長［開口端補正長 $0.4d$ を加えた値
　　　（開口端ごと，d：管直径）］

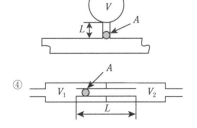

第5章：管内の圧力波による振動

表5.1-7　圧力脈動の低減方法概略

対　　策	概要／特徴	運用上の留意点
1. オリフィスの設置[54, 55]	・減衰を付加して圧力脈動低減。 ・最も簡単な脈動低減対策，配管変更が最少。 ・適切な場所への設置で，幅広い音速変化に対しても効果を発揮。	・流速変動の大きい位置に設置。 ・大容積の出入口に設置すると効果大（スナッパ入口・出口等）。 ・圧力損失の大きさに注意。通常開口面積比1/4程度を採用。
2. 配管長の変更	・配管長を変更し，共鳴周波数を変えて気柱共鳴を回避。 ・安全弁配管，仕切り弁等による先閉分岐管の1/4波長共鳴の回避に効果大。	・音速変化が大きい場合は注意が必要。 ・配管のフレキシビリティに注意が必要。
3. 配管径の変更	・圧力脈動の大きい部分の配管径を大きくすることにより，音響容量を大きくし，圧力脈動を低減。	・サイズアップが予想される場所では，計画段階でサイズアップに対するスペース確保の検討が必要。 ・配管のフレキシビリティに注意が必要。
4. 先閉分岐管（1/4波長管），共鳴器の設置	・特定の周波数を狙ったダイナミックダンパの原理。 ・主配管の共鳴モードを壊すことにより，主配管の圧力脈動低減。	・圧力脈動の腹に設置するのが基本。 ・音速変化が大きい場合には効果が大きく変動するので注意。減衰を付加したものも有効[56]。 ・分岐管内は脈動が大きくなるので振動防止用サポートに配慮必要。
5. サージドラム（スナッパ）容積の増加	・理論上，大きければ大きいほど圧力脈動の低減効果大。 ・最も本質的な圧力脈動低減対策。	・なるべく圧縮機に近い場所に設置するのが基本。 ・計画段階で，適切な大きさのスナッパを計画するのが肝要。（API規格618[38] 参照）
6. 中間ドラムの設置	・スナッパ容積不足の補助として設置。 ・スナッパとの組み合わせでローパスフィルタとして活用。	・トラブル対策時では，ドラム納期が問題。 ・高価な対策。
7. パルセーションダンパ，スナッパ・インターナルの設置	・ローパスフィルタとして抑制。 ・スナッパにインターナルを設置することでローパスフィルタとして活用。	・腐食性ガスの場合には注意が必要。 ・メンテナンスが必要。 ・高価格。 ・一般に圧力損失が大。

【2】配管振動の低減方法

　配管振動が大きい場合は，脈動周波数と配管の機械固有振動数が一致している場合が多い。この共振を避けることがまず必要である。さらに，油圧シリンダ，ダイナミックダンパ，金属メッシュなどにより減衰を配管に付加する方法も有効である。熱応力を回避するために配管支持を弱くしすぎると配管振動は大きくなりやすいので注意する必要がある。振動しやすいドレン配管や圧力計取付け用小口径配管，脈動力を受けやすいバルブの補強・サポートも重要である。配管振動

5.1 圧縮機に起因する配管内圧力脈動

表 5.1-8 配管振動の低減方法概要

対　　策	概要／特徴	運用上の留意点
1. メイン配管の支持	・配管の機械的固有振動数と管内脈動の周波数とを十分に離し，共振を避けるように配管サポート間隔を決定する。 ・面外振動を避けるように配管支持を配慮する。 ・熱応力を考慮した配管支持。	・往復圧縮機回りの配管系の場合，配管の機械的固有振動数を往復圧縮機の回転数の6倍以上とする設計が望ましい。 ・直管部に比べて，ベンド部の面外剛性はかなり低くなるので注意が必要。 ・熱応力に十分柔，振動に十分剛な配管支持も実際の設計に活用されている[58]。
2. メイン配管の減衰	・配管振動の大きいところに油圧シリンダやダイナミックダンパを設置して，配管に減衰を付加する[58, 59]。	・油圧シリンダやダイナミックダンパの経年変化等に対するメンテナンスが必要になる場合もある。
3. ドレン，ベント等の補強	・ドレン，ベント等小口径配管の分岐部は，通常より肉厚のボスを使用して剛性を高める。 ・ブレース補強により防振。	・圧力計等計装品がついた小口径配管も振動しやすいので注意。
4. バルブ等の支持	・バルブ等重量物は，充分剛性のある基礎や構造物から支持をとる。	・バルブ等は脈動を受けやすいので支持は強固にしておく必要あり。

低減方法の概要を表 5.1-8 に示す[57]。

5.1.5　事例

　実際のプラント等で生じた圧力脈動の事例を表 5.1-9 にまとめた。一般に，ターボ機械に比べて容積形圧縮機は流量変動が大きく，配管内圧力脈動の事例も多く存在する。一方，ターボ機械はその圧縮機構から考えて基本的には配管内の圧力脈動は生じにくく事例は少ない。ただし，機械自体の騒音問題[68]，旋回失速やサージングはよく経験する問題であるが，説明は第7章に譲ることとする。

195

第5章：管内の圧力波による振動

表5.1-9　事例

対象機械	現象	原因	対策
1. 往復圧縮機 製鉄所のガス 回収プラント[25] 図5.1-6, 図5.1-7参照	・計装品（圧力計）の誤動作	・圧縮機回転数の2倍の周波数で気柱共鳴 ・圧力計の許容脈動率が3%と厳しい。	・圧力計の設置場所を変更して，トラブルを未然に回避した。
2. 往復圧縮機 石油精製プラント[60]	・配管の曲げ振動 ・往復圧縮機の2倍の周波数で，配管が900 μm振動。	・圧縮機回転数の2倍の圧力脈動（17 Hz）が大きく発生した。	・配管との直径比1/2のオリフィスを18個挿入 ・配管振動は，約900 μmから350 μmに低減。
3. 往復圧縮機 反応槽[61]	・反応槽およびその架台の振動 ・反応槽に接続する配管内の圧力脈動0.92 psi，架台上下振動振幅261 μm。	・往復圧縮機から反応槽底部に吹き込むガスが，圧力脈動により間欠的となって，反応槽を上下方向に強制加振した。	・オリフィスの挿入と架台の補強 ・圧力脈動は0.92 psiから0.19 psi，配管振動は261 μmから86 μmまで減少した。
4. 往復圧縮機 配管系のドレン，ベント[62, 63]	・ドレンやベントを利用した圧力測定に高調波が発生。	・ドレン等分岐管の1/4波長共鳴	・ドレン入り口に面積比1/4のオリフィスを設置。ただし，オリフィス設置は目的の脈動測定値も小さくなることがあり注意を要する。
5. ルーツブロア 直接還元製鉄プラント[31]	・回転数の4倍成分（1次，29 Hz）と12倍成分（3次，87 Hz）の圧力脈動発生	・ルーツブロアの間欠的吐出し流れ。	・大形消音器（直径2.2 m，高さ6 m）の設置
6. ルーツブロア 化学プラント[64] 図5.1-8, 図5.1-9参照	・配管の半径方向振動 ・ブロア出口配管が100 μmで半径方向に膨張縮小振動	・配管内の気柱共鳴による配管加振	・発生周波数55 Hzを狙った1/4波長管（サイドブランチ）をルーツブロアと消音器の間に設置
7. 膨張タービン 化学プラント[65] 図5.1-10, 図5.1-11参照	・配管の曲げ振動 ・タービンの部分負荷運転時（80%）に，配管振動発生 ・4次の共鳴周波数31Hz，振幅200 μm以上で配管振動	・タービン出口旋回流と配管ベンド部の2次流れの干渉による不安定が原因。	・タービン出口に整流格子（流出角係数0.25）を設置し，振動は消滅した。
8. 自動車ディーゼルエンジン[66]	・エンジンと燃料をつなぐベローズが，エンジンのある回転数以上で数cm振動。	・内部の圧力脈動によりベローズの剛性が周期変動することによって生じる係数励振振動。	・運転回転数範囲での圧力脈動周波数にチューニングしたアキュムレータを配管に装着。 ・配管内の圧力脈動は1/20程度になった。
9. トラックエンジン[67]	・4トントラックの運転室内において，エンジン回転数2 000 rpm以上で，100 Hz，250 Hz，400 Hz付近の騒音が発生した。	・吸気口の騒音スペクトルに同じ周波数のピークが存在。 ・エアクリーナや吸気ダクトの設計変更により，吸気系の挿入損失が不足。	・吸気ダクトとエアクリーナに共鳴器を装着して問題となった周波数の挿入損失を20 dB程度改善した。

196

5.1 圧縮機に起因する配管内圧力脈動

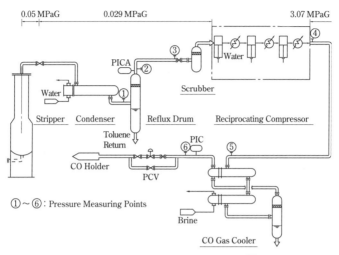

図 5.1-6　往復圧縮機─プラント概略図[25)]

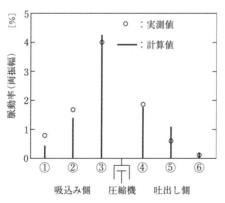

図 5.1-7　計算値と実測値の比較[25)]

第5章：管内の圧力波による振動

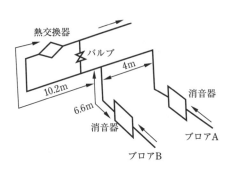

図 5.1-8 ルーツブロア―配管概略図[64]

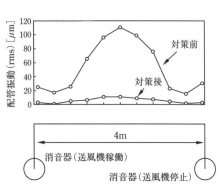

図 5.1-9 振動測定結果（対策結果）[64]

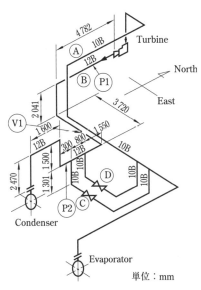

図 5.1-10 タービン―プラント配管[65]

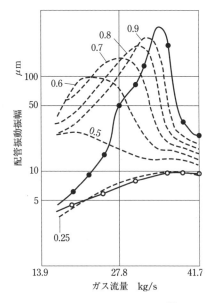

図 5.1-11 配管振動測定結果[65]
（対策前●と対策後○）

5.1 圧縮機に起因する配管内圧力脈動

参 考 文 献

1) 例えば, 機械工学における流体関連振動成果報告書(P-SC10, 昭和55), 流体機械・管路系内流れの非定常特性とその解析に関する調査研究分科会成果報告書(P-SC104, 平成1年), 流体機械を含む管路系の諸問題(第243回講習会資料, 昭和40年), 流体関連振動の基礎と実際(第505回講習会資料, 昭和55年), 流体関連振動の基礎と最近の話題(第674回講習会資料, 昭和63年), 流れが引き起こす様々なトラブル(No. 00-43講習会資料, 2000年)

2) Hughes, J. V. & Sharp, J. M., ASME Paper 56-A-200(1956).

3) Sparks, C. R. & Wachel, J. C., Hydrocarbon Processing, (July 1997), pp. 183-189.

4) 日本機械学会編, 機械工学便覧, (1991), p. A5-134.

5) Wylie, E. B. & Streeter, V. L., "Fluid Transients", McGraw Hill Inc., (1978).

6) 毛利泰裕・葉山眞治, 日本機械学会論文集, 55-509, C(1989-1), pp. 52-57.

7) 谷口修編集, 振動工学ハンドブック, (昭58), p. 1063, 養賢堂.

8) 阿部亨・他2名, 日本機械学会論文集(第2部), 35-277, (昭44-9), p. 1910.

9) 酒井敏之・佐伯庄吾, 日本機械学会論文集(第1部), 38-309, (昭47-5), p. 1000.

10) 酒井敏之・佐伯庄吾, 日本機械学会論文集(第1部), 38-309, (昭47-5), p. 1007.

11) 酒井敏之・佐伯庄吾, 日本機械学会論文集(第1部), 39-319, (昭48-3), p. 862.

12) 宗形恒弥・他3名, 石川島播磨技報, 第15巻第3号, (昭50-5), p. 311.

13) 毛利泰裕・葉山眞治, 日本機械学会論文集, 49-439, C(昭58-3), p. 351.

14) 西村正治・他3名, 日本機械学会論文集, 54-504, C(昭63-8), p. 1740.

15) 西村正治・他3名, 日本機械学会論文集, 54-504, C(昭63-8), p. 1747.

16) 毛利泰裕・葉山眞治, 日本機械学会論文集, 49-439, C(昭58-3), p. 351.

17) 山田・野川, 流体工学, Vol. 10, No. 10, (昭和49年), pp. 647-656.

18) 葉山眞治・他3名, 日本機械学会講演文集, No. 740-3, (1974), p. 135.

19) 松田博行・葉山眞治, 日本機械学会論文集, 51-563, C(昭60-3), p. 515.

20) 松田博行・葉山眞治, 日本機械学会論文集, 52-481, C(昭61-9), p. 2365.

21) Matsuda, H and Hayama, S, ASME PVP-Vol. 154, Book No. H00469, (1989), p. 17.

22) 松田博行・葉山眞治, 日本機械学会講演論文集, No. 940-26(Vol. B), (1994-7), p. 609.

23) Matsuda, H and Hayama, S, ASME PVP-Vol. 310, Book No. H00973, (1995), p. 117.

24) 葉山眞治, 日本機械学会講演論文集, No. 730-14, (1973-10), pp. 113-116.

25) 藤川・黒橋・加藤・青島・山村, R&D神戸製鋼技報, Vol. 37, No. 1, (1987), pp. 59-62.

26) 加藤・井上・藤川・青島, 日本機械学会論文集, 52-481, C(1986-1), pp. 2375-2381.

27) 加藤・広岡・井上・佐藤, 日本機械学会論文集, 58-554, C(1992-10), pp. 2907-2911.

28) Brebbia, C. A. and Walker, S., "Boundary Element Techniques in Engineering", Newness-Butterworths, London, (1980) (神谷紀正, 田中正隆, 田中喜久昭共訳, 境界要素法の基礎と応用, 培風館, 1981).

29) 田中・藤川・阿部・宇津野, 日本機械学会論文集, 50-453, C(昭59-5), pp. 848-856.

30) 田中・藤川・阿部・宇津野, 日本機械学会論文集, 50-460, C(昭59-12), pp. 2356-2363.

31) 田中・宇津野・増田・神崎, 日本機械学会論文集, 53-491, C(1987-7), pp. 1443-1449.

32) 鈴木・今井・石山, 日本機械学会論文集, 52-473, C(1986), pp. 310-317.

33) Binder, R. C., The Journal of The Acoustical Society of America, Vol. 15, No. 1, (1943), pp. 41-43.

34) 葉山眞治・他2名, 日本機械学会論文集(第1部), 42-364, C(昭51-2), p. 3825.

35) 葉山眞治・他2名, 日本機械学会論文集, 45-392, C(昭54-4), p. 422.

36) 毛利泰裕・葉山眞治, 日本機械学会論文集, 52-481, C(昭61-9), p. 59.

37) 日本機械学会, P-SC105往復圧縮機・配管系の圧力脈動調査研究分科会 成果報告書 (1989).

38) API(American Petroleum Institute) Standard 618, 5th edition, December 2007.

39) 藤川猛, 日本機械学会論文集, 57-533, C(1991-1), pp. 148-153.

40) Kato, M., Hirooka, E., Murai, K., and Fujikawa, T., 1992, Symposium on Flow-Induced Vibration and Noise, ASME Winter Annual Meeting, Vol. 6, (1992), pp. 237-244.

第5章：管内の圧力波による振動

41) 谷口修編集, 振動工学ハンドブック, (1976), p. 1033, 養賢堂.
42) Costagliola, M, Trans. ASME, J. Appl. Mech, Vol. 14 No. 4, (1950), p. 415.
43) Maclaren, J. F. T., *et al*., Inst. Mech. Engrs., Conference Publication 4, (1974), pp. 9–17.
44) 加藤稔・他3名, 日本機械学会論文集, 54–505, C(昭63–9), p. 2148.
45) 松田博行・葉山眞治, 日本機械学会論文集, 54–506, C(1988–10), p. 2465.
46) 藤川・加藤・伊藤・野村, 日本機械学会論文集, 55–512, C(1989–4), pp. 904–909.
47) 葉山眞治・松本真明, 日本機械学会論文集, 52–476, C(昭61–4), p. 1192.
48) 若林・新井・山田, 日本機械学会論文集, 63–605, B(1997–1), pp. 231–236.
49) 田中守・藤田勝久, 日本機械学会論文集, 53–487, C(昭62–3), p. 591.
50) 田中守・藤田勝久, 日本機械学会論文集, 53–491, C(昭62–7), p. 1363.
51) Wachel, J. C. and Bates, C. L., Hydrocarbon Processing, (1976,Oct.), p. 152.
52) ISO 20816–8 : 2018, First edition, 2018–08.
53) 松田博行, 安全工学, Vol. 34, No. 3, (1995), p. 197.
54) 阿部亨, 日本機械学会講演論文集, No. 200, (1968–9), p. 73.
55) 三橋邦宏・小寺洋一, 日本機械学会講演論文集, No. 750–14, (1975–10), p. 13.
56) 神田哲郎, 日本機械学会論文集, 55–512, C(1989–4), pp. 910–915.
57) 松田博行・山口武史, 配管技術, 347–27巻8号, (1985–7), p. 66.
58) 大橋秀雄編集, 流体機械ハンドブック, (1998), p. 535, 朝倉書店.
59) 日本機械学会偏, 振動のダンピング技術, (1998), p. 220, 養賢堂
60) 日本機械学会, D&D98, V_BASE フォーラム, No. 98–8(Ⅱ), (1998–8), pp. 32–34.
61) 日本機械学会, D&D98, V_BASE フォーラム, No. 98–8(Ⅱ), (1998–8), pp. 35–36.
62) 松田博行・葉山眞治, 日本機械学会論文集, 53–496, C(昭62–12), p. 2510.
63) Matsuda, H and Hayama, S, Asia–Pacific Vibration Conference ,93/Symposium on FIVES, Proceeding (Vol. 1, (1993–11), p. 213.
64) 日本機械学会, V_BASE フォーラム, No. 920–65(1992), pp. 22–23.
65) 加藤・坂本・野坂, R&D 神戸製鋼技報, Vol. 42, No. 4, (1992), pp. 55–58.
66) 日本機械学会, D&D96, V_BASE フォーラム, No. 96–5(Ⅱ), (1996–8), pp. 86–87.
67) 日本機械学会, D&D97, V_BASE フォーラム, No. 97–10–3, (1997–7), pp. 14–15.
68) 日本機械学会, 流体機械における最近の振動・騒音(第636回講習会資料, 昭和61年), pp. 65–70.

5.2 ポンプ・水車に起因する配管内圧力脈動

5.2.1 検討対象の概説

　ここでは，ポンプや水車を含む配管系において発生する定常的な圧力脈動，およびそれに関連する現象について述べる。対象はポンプでは各種プラントで流体輸送や給水，加圧等の目的で用いられる容積形ポンプとターボ形ポンプ，水車では水力発電用のフランシス，カプラン形およびそれらに付随する管路とタンク等を含めた系である。脈動の発生要因は主として強制振動と自励振動に大別されるが，原因がいずれであっても脈動が機械やプラントに直接的に損傷を与える危険

性や周囲への振動・騒音の伝搬による2次的被害をもたらす可能性は同じである。しかし，脈動の原因によって対策は異なってくるのでトラブルの原因を同定することは大切である。なお，配管内の圧力脈動や流速変動に起因する配管振動については，4.1節および5.1節で説明しているので，ここでは省略する。

5.2.2 現象の説明

【1】管路部

管路部分の定常脈動を扱う計算法としては前節で述べた伝達マトリックス法が最も一般的である。状態量として圧力と流量の振幅P, Qを採用し，減衰が無視できるものとすれば任意の2点間でつぎの関係が成立する。

$$\begin{bmatrix} P(x) \\ Q(x) \end{bmatrix} = \begin{bmatrix} \cos(\omega x/c) & -j(\rho c/A)\sin(\omega x/c) \\ -j(A/\rho c)\sin(\omega x/c) & \cos(\omega x/c) \end{bmatrix} \begin{bmatrix} P(0) \\ Q(0) \end{bmatrix}$$

(5.2-1)

ただし，記号はA：管路（流体の通路）断面積，ρ：流体密度，c：圧力波の伝搬速度，ω：角振動数である。

式(5.2-1)に含まれる諸量のうち，圧力波の伝搬速度cは系の状態で大きく変化するので注意が必要である。流体が液体の場合には管の弾性変形が無視できることはほとんどない。これを考慮した次式[1,2]はよく知られている。

$$c = 1/\sqrt{\rho(1/K + d/Eh)}$$

(5.2-2)

ここに，K：流体の体積弾性率，E：管のヤング係数，d：管の平均直径，h：管の肉厚である。液体に気泡が混入するとその圧縮性の影響で伝搬速度は大きく変化し，計算式は次式のように修正される[3]。

$$c = 1/\sqrt{\{\alpha_1/p + (1-\alpha_1)/K + d/Eh\}\{\alpha_1\rho_g + (1-\alpha_1)\rho\}}$$

(5.2-3)

α_1：ボイド率，p：平均圧力，ρ_g：気体の密度である。cの実測値を図5.2-1[4]に示す。同一の管路系でも部分によってcの値が変化することがある。たとえば，ポンプの吸込み側と吐出し側とでは圧力波の伝搬速度が異なることは普通である。また，一般に管内平均圧力が大きくなるとボイド率は小さくなるので気泡の伝搬速度への影響も目立たなくなる傾向にある。

201

第5章:管内の圧力波による振動

【2】容積形ポンプによる強制振動形脈動

　容積形ポンプのほとんどは強力な強制脈動源である。脈動は吸込み側と吐出し側に発生し、両配管の脈動は同期している。しかし、圧力波がそのまま容積形ポンプを突き抜けることはないので、吸込み側と吐出し側の連成を考慮しなくてよい場合が多い。容積形ポンプは既知流量の強制源として作用する。

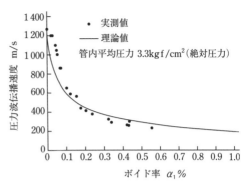

図5.2-1　水(配管内)の圧力波伝搬速度への気泡混入率の影響[4]

　例として吐出し側について述べる。伝達マトリックスの要素を$t_{ij}(x)$のように表し、管長をL_dとし、吐出し端の各量に添え字dを、ポンプ出口の各量に添え字pを付す。吐出し管の端が開放されていれば$p_d=0$となるので、$p_p=-Q_p \cdot t_{12}(L_d)/t_{11}(L_d)$が得られる。したがってポンプの吐出し流量振幅$Q_p$がわかれば任意の位置における圧力と流量の振幅を次式から求めることができる。

$$\begin{Bmatrix} P(x) \\ Q(x) \end{Bmatrix} = \begin{bmatrix} t_{11}(x) & t_{12}(x) \\ t_{21}(x) & t_{22}(x) \end{bmatrix} \begin{Bmatrix} -t_{12}(L_d)/t_{11}(L_d) \\ 1 \end{Bmatrix} Q_p \qquad (5.2-4)$$

　実際の容積形ポンプの吐出し量(吸込み量)は間欠的であり、多くの高調波成分が含まれる。式(5.2-4)は単一振動数について成立するものであるが、各高調波成分についてもこの式によって共振状態等をチェックしておく必要がある。高次成分の共振によるトラブルも実際に発生している。現実には脈動を減らすために図5.2-2に示すように複数のピストンポンプを2連、3連の形で運転することが多い。

　なお、往復動ポンプについては

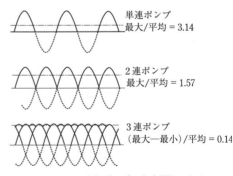

図5.2-2　往復ポンプの多連運転による脈動低減の概念図

API規格674[5)]に詳細な規定がある。配管内の圧力脈動に関しては脈動解析結果が次式によって算出される許容値を満たすことが規定されており，更に圧力脈動によって吸入配管内でキャビテーションが生じないこと，また吐出配管では逃がし弁が開かないように脈動値を制御することが求められる。

$$P_1 = 3\,500/(ID \times f)^{1/2} \tag{5.2-5}$$

ここで，P_1：許容脈動両振幅（KPa），ID：配管内径（mm），f：脈動周波数（Hz）である。

API規格674は，これまでに蓄積された製造者およびユーザー側の知識と経験を集大成したもので，基本設計の章では装置は補機も含めて最低寿命を20年とし，少なくとも3年は中断なしに運転できるよう設計・製造するための詳細な規定が行われている。

【3】 ターボ形ポンプによる強制振動形脈動

a. 強制振動形脈動の特徴

ターボ形ポンプが強制振動源となって脈動が発生することがある。強制振動であれば振動数 f(Hz) は一般に回転数 N（rpm）とつぎの関係にある。

$$f = mN/60, \quad m：ハーモニクス次数$$

図5.2-3に振動数スペクトルの一例[6)]を示す。Zを羽根車の羽根数として$m=Z$, $2Z$,…の場合（ZN周波数およびそのハーモニクス成分）は羽根車翼（動翼）が静止側ベーン（静翼）を通過する際の圧力変動によって発生するため，ポンプが理想的に製作・運転されたとしても必然的に発生する性質のものであるが，$m=1,2$,…の成分もポンプの偏心回転等のさまざまな原因が関与して発生する。ターボ形

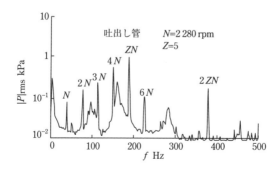

図5.2-3 ポンプ脈動の振動数スペクトルの例[6)]

ポンプの場合には圧力波がポンプ部分を突き抜け，吸込み側と吐出し側が連成するので脈動を管路全体の現象として扱う必要がある．

また配管内圧力脈動とは異なるが，ZN周波数成分は機械構造にとって強制加振力となる場合が多く，横軸ポンプ軸受箱との構造共振，回転軸のねじり共振，遠心羽根車の共振[7,8]（この場合は静止側翼枚数×回転数のハーモニクス成分と羽根車固有振動数の共振）などの問題が発生しやすい．

b. ポンプを含む管路の圧力脈動計算法

共振の振動数，すなわち管路全体の固有振動数を推定するために，ポンプ特性に線形性が仮定できるとしてポンプ両端間の伝達マトリックスがつぎのように成り立つと考える[9]．

$$\begin{Bmatrix} P \\ Q \end{Bmatrix}_{out} = \begin{bmatrix} G_{11} & G_{12} \\ G_{21} & G_{22} \end{bmatrix} \begin{Bmatrix} P \\ Q \end{Bmatrix}_{in} + \begin{Bmatrix} P \\ Q \end{Bmatrix}_{S} \tag{5.2-6}$$

これはTwo-Port Modelと呼ばれる定式化である．右辺の最後の項はポンプの強制源としての作用による圧力と流量の振幅である．マトリックスの要素 $G_{11} \sim G_{22}$ は現状では振動数ごとに実測で決めざるを得ないが，これらがわかればポンプの伝達特性を質量効果や抵抗効果等を含んだ形で表現することができる．マトリックス要素の同定および固有振動数の計算を行うにあたって式(5.2-6)において $\{P_s, Q_s\}^T = 0$ とおき，強制源を上流端（吸込み端）に置くモデル化を行った例がある[6,10]．ポンプをさらに簡単なモデルで置き換えることもできる．たとえばポンプを等価な長さと直径を持つ管要素で置き換える方法がある[6]．これは図5.2-4のように脈源を仮想的に上流端に置くとして，実験的に得られた圧力と流量の振幅分布に整合するように伝達マトリックスを用いて，等価長さ l_{eq} と等価直径 d_{eq} を定めるというものである．

ターボ形ポンプの励振源の特性に関しては，インペラの羽根が舌部を通過する際に流体との相互干渉によって固体表面に作用する圧力変動や，インペラの羽根の厚さによって流体に与えられる流量変動（排除効果）などがあり，ポンプの構造や運転点によっても特性

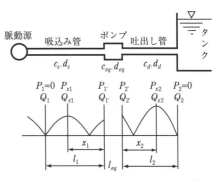

図5.2-4 ポンプの等価管路への置き換え[6]

5.2 ポンプ・水車に起因する配管内圧力脈動

が異なる[9]が,主に圧力変動源が支配的であると考えられる[11〜13]。なお,式(5.2-6)右辺第二項で表される圧力変動源 P_s は,いわゆる流体音響理論[14〜16]の双極子音源と等価であり,吸入側と吐出側に対して位相が180度ずれた2つの音源と等価である。励振力の大きさは実験またはCFDなどによって算出する必要があるが,配管系

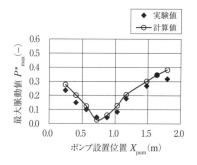

図 5.2-5 ポンプ設置位置と最大脈動値の関係[18]

からの影響は小さいため,実用上強制源として扱うことが出来る。ポンプを含む配管系内で液柱共鳴が発生した際の圧力脈動応答に関しては,ポンプ設置位置によって最大値が変化することが知られており[17],ポンプを含む配管系の減衰を考慮することでこれらの関係を適切に評価出来ることが示されている[18](図 5.2-5)。

c. ポンプ内の流れと脈動

脈動源としての遠心ポンプの作用は,その内部の流れ場の状態に深く関連する。このことは発生する脈動の強さがポンプ各部の形状や寸法に強く依存することを意味し,設計でこれらのことに配慮することが重要となる。それらについてまとめたレビュー論文[19]がある。この方面の比較的新しい論文が50編以上リストアップされている。この内容のうち設計の指針として参考になると思われるポイントを表 5.2-1,表 5.2-2 に引用しておく。

【4】ターボ形ポンプを含む管路の自励的な圧力脈動

流れのエネルギーがさまざまなメカニズムを通して脈動のエネルギーに転換することで自励振動は生じる。自励振動では振動数は一般にポンプの回転数と特別な関係にはなく,むしろ系の固有振動数と密接に関連する。

ポンプを含む管路系の自励振動の典型はサージングである。これを藤井による1自由度モデル[20]で説明する。図 5.2-6 のように系をポンプとタンク(水頭 H,断面積 A)でモデル化する。系の流量—揚程は図 5.2-7 のように表されるとする。動作点(平衡点)の平均流量を Q_0 とし,$Q_P - Q_0 = q$ という記号を導入すれば系の特性は次式で表される。

第5章：管内の圧力波による振動

表5.2-1　遠心ポンプ内の圧力変動発生機構の特性 [19]

圧力変動発生機構	流れ／圧力場の特性	設計を支配するパラメータ
インペラ羽根とボリュート舌部の相互作用	後流のボリュート舌部への衝突	舌部すきま，インペラ羽根後縁とボリュート舌部の形状
	ボリュート舌部付近のよどみ点圧の振動	舌部すきま，羽根とボリュート舌部の形状
	非定常再循環流れと舌部表面での流れのはく離	舌部すきま，ボリュート舌部の形状（先端半径）
インペラ羽根と流れの相互作用	インペラ羽根裏表の圧力場の不連続	インペラ羽根後縁の形状
	インペラ羽根上の局部的な流れのはく離	なめらかな表面仕上げ
インペラからの非一様外向き流れ	ポンプ出口における流れとよどみ点圧の振動	インペラ羽根の形状
	ジェット流れのボリュート舌部への衝突	舌部すきま，インペラ羽根およびボリュート舌部の形状
渦と流れの相互作用	ボリュート舌部と羽根先端付近の渦列構造の形成	インペラ羽根後縁，インペラ羽根とボリュート舌部の形状

表5.2-2　ポンプ詳細設計の圧力脈動への影響 [19]

設計上のパラメータ	推　奨　値		コメント
	流体工学的設計	脈動の抑制	
インペラ舌部すきま（インペラ半径に対する％）	5-10％	～10％	大きいすきまは過度の再循環流れと強い脈動を誘起する。ポンプ性能に重大な影響を及ぼす可能性がある。
ボリュート舌部形状	先端半径6.3-25 mm	舌部先端半径は大きい方がよい。水切り縁の傾斜（3次元設計）	流れはく離の効果の消去。羽根が水切りを通過する時間の引き延ばし。
インペラ羽根数		羽根は多数であるほどよい。	配管系の共振を避ける羽根数を選択する。
インペラ羽根のねじれおよび位相ずれ配置	ねじれ角15-22°		羽根が水切りを通過する時間の引き延ばし。
インペラ羽根の後縁	厚さは流体荷重に十分に耐えるものでなくてはならない。	後流の幅を減少させるような輪郭形状	ポンプ性能には大きな影響はない。
ポンプボリュート形状	一様でなめらかな流路	内部インピーダンスの増加	高インピーダンスのポンプは圧力の節の近傍に設置しなければならない。

206

5.2 ポンプ・水車に起因する配管内圧力脈動

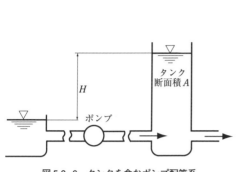

図 5.2-6 タンクを含むポンプ配管系

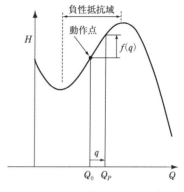

図 5.2-7 負性抵抗特性を示すポンプの流量-揚程曲線(概念図)

$$H + m\frac{dq}{dt} = f(q), \quad A\frac{dH}{dt} = q$$

m は系の慣性を表す係数，$f(q)$ は動作点まわりの流量―揚程特性の関数である．この2式から H を消去すると

$$m\frac{d^2q}{dt^2} - a(q)\frac{dq}{dt} + \frac{1}{A}q = 0 \tag{5.2-7}$$

となる．$df(q)/dq = a(q)$ である．この式の $q=0$ のまわりの微小振動解は $a(q)<0$ ならば減衰振動，$a(q)>0$ ならば発散振動となる．つまり，系の動作点が $Q-H$ 曲線の右上がりの部分(**図 5.2-7**)に位置していればその動作点は不安定であり，発振する可能性がある．脈動が起きれば1サイクルあたり

$$L = \oint a(q)\frac{dq}{dt}dq$$

のエネルギーが系に蓄積されることになるので，L の正負で脈動の成長，減衰が決まる．$L=0$ のとき脈動は定常状態に達し，$Q-H$ 平面上でリミットサイクルを描く．

脈動がサージングか否かは現象が $Q-H$ 曲線の右上がり(負性抵抗)の場所で起きているか否かで判別される．しかし，$Q-H$ 曲線が右上がりであればサージングが必ず発生するわけではない．ポンプ下流に水槽や空気室等があり，さらにその下流に流量調整弁等の抵抗となる要素がある構造で発生しやすい．これは式(5.2-7)の q/A の項に相当するポテンシャルエネルギー蓄積要素がサージングの発

第5章：管内の圧力波による振動

生には必要ということを意味する。流体が気泡を多く含む場合も空気室等を設置したのと同じ効果が生じる可能性がある。サージングについてはさらに詳細な研究も行われている[21]。

サージング以外の自励振動も起きる。たとえば高圧多段ポンプの低流量域で自励的な脈動が発生することが報告されている[22,23]。この場合，$Q-H$曲線が右下がりの場所で発生したことからサージングとは異なる自励振動と判断されている。これはつぎのように解析された。配管系を各部分に分けて伝達マトリックス等でモデル化する。マトリックスの要素はラプラス変換されていて，演算子sを含む。管路系の両端の境界条件を適用すると振動数方程式が得られるが，これを満たす演算子を数値計算で求める。演算子sは複素固有振動数の意味を持ち，$s=\alpha+j\beta$の形をしている。$\alpha<0$ならば系は安定，$\alpha>0$ならば不安定である。βが固有角振動数を表す。

ポンプ部分に対する式(5.2-6)で$\{P_s,Q_s\}^T=0$とおいた式は低振動数域，すなわち圧力波の波長がポンプ寸法に比べてはるかに大きい領域ではつぎの形に簡略化することができる。

$$\begin{Bmatrix} P \\ Q \end{Bmatrix}_{out} = \begin{bmatrix} 1 & Z_p \\ 0 & 1 \end{bmatrix} \begin{Bmatrix} P \\ Q \end{Bmatrix}_{in} \tag{5.2-8}$$

Z_pはポンプ・インピーダンスと呼ばれる量であり，管路系の加振試験と伝達マトリックスを用いて同定される。$\mathrm{Re}Z_p$はポンプ・レジスタンス，$\mathrm{Im}Z_p$はポンプ・イナータンスである。数値的検討によって系の安定性はおもにポンプ・レジスタンス$\mathrm{Re}Z_p$に支配されることが判明している。通常は管路に抵抗があるために系は安定側にあるが，$\mathrm{Re}Z_p$の作用が管路抵抗を抑えてαを正にするようになると脈動が生じる。図5.2-8にポンプレジスタンスと回転数の関係の測定例[22]を示す。Z_pをはじめとするポンプの特性の測定方法についても詳細な報告がある[10,23,24]。

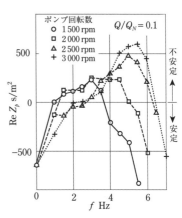

図5.2-8　ポンプレジスタンスと回転数の関係[22]

5.2 ポンプ・水車に起因する配管内圧力脈動

【5】ターボ形ポンプにおける渦の吸込みによる振動・脈動

　遠心ポンプの吸込み管入り口が自由表面を持つ水槽内にあると，水槽の渦が吸込み管内に取り込まれることがある[25, 26]。渦は自由表面から伸びた空気の芯を伴っており，その芯が深いと空気がポンプに吸い込まれることになる。また，水中渦だけが生じる場合であっても渦中心部は圧力が低いので水に溶存していた空気が分離して空気の芯ができる一種のキャビテーションが生じ，空気が吸込み管に取り込まれることがある。これらの場合につぎのような振動・脈動問題が引き起こされる（図 5.2-9 参照）。

① 吸込み管内に空気を含んだ旋回流が生じ，これが不釣合いを伴った回転力を管に加える結果となり，構造的な振動とそれによる騒音の原因となる。

② 空気の芯がインペラによって断続され，これがインペラへの流体力の変動となってポンプの振動と圧力脈動を引き起こす原因となる。インペラその他のポンプの構造に損傷を与えることがある[27, 28]。

③ さらには流量の間欠的ともいえるような大きな変動を引き起こすこともある。

　この対策は渦および空気が吸込み管内に入らないようにすることで，具体的にはつぎのような案が示されている[26, 27, 29]。

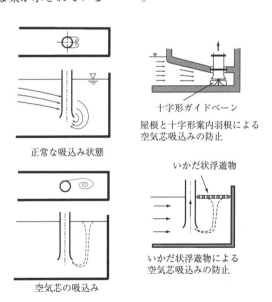

図 5.2-9　ポンプ吸込み管への空気の流入とその防止

第5章：管内の圧力波による振動

① 吸込み管と周囲の壁および水槽底面とのすきまを小さくする。

② 十字状の案内羽根を吸入管の前面あるいは内部に設置する。

③ 水槽内の吸入口に近い位置では自由表面を作らないように水面上に傾斜した屋根を設ける。

④ 渦の形成を妨げるように吸込み管の背後にいかだ状の浮遊物を設置する。

【6】 ポンプに関するその他の振動

　原子炉の熱輸送用ポンプ・配管系では冷却水喪失事故が起きると吸込み圧力が低下してボイド率が上昇し，二相流不安定が発生することがある。これにかかわる要因としてポンプ不安定，気泡分離による間欠流れ，密度波，音響共鳴等が想定され，これらの相互作用について調べた研究がある[30]。加圧水形軽水炉，蒸気発生器，1次冷却水ポンプを含む1次冷却ループを対象とした単相流あるいは部分的に二相流を含む系を式(5.2-3)とは異なる方法で定式化された伝達マトリックスで解析する方法も報告されている[31]。

　さらに，ポンプを通過する流れにキャビテーションが発生するとポンプに大きな振動が起き，最悪の場合には破損に至る。ポンプの場合，入口流速が速いと吸込口からインペラ入口付近の低圧部(翼負圧面や，流路のエッジなどのはく離部)でキャビテーションが発生しやすい。条件によっては汽車音と呼ばれる音(蒸気機関車の走行音のようなシュッシュッという音)を伴った自励的な圧力脈動(キャビテーションサージ)に至る場合がある。立軸斜流ポンプにおいてキャビテーションサージが発生し，かつその周波数が管路系の共鳴周波数と共振して垂直方向(回転軸方向)の大振動が発生した事例がある[32]。キャビテーションサージは一次元的な現象であるが，ポンプの翼毎にキャビテーションの発生状況が異なる旋回キャビテーションや交互翼キャビテーションのような三次元的な現象もあり，これらを総称してキャビテーション不安定現象と呼ぶ[33]。キャビテーション不安定現象の場合，まずキャビテーション自体を抑制することが望ましい。上記事例ではポンプ吸込みベル部流路の角を丸め，剥離によるキャビテーションを抑制することで問題を解決している。キャビテーション不安定現象の解明のため，1次元的な解析による配管系の検討も可能[34]だが，近年は3次元キャビテーションCFDを利用した検討が進展してきている。キャビテーションの発生の有無は輸送する流体の性質にも大きく依存することであるが，1999年11月のH2ロケット打ち上げ

210

5.2　ポンプ・水車に起因する配管内圧力脈動

失敗の原因が燃料系ポンプのキャビテーションによる破損とされた事例などもある。

【7】水車

フランス水車やカプラン水車等では，水車本体ならびに吸出し管において強い振動が起きることがある。

a. 翼通過振動数

フランシス水車では，ガイドベーンの背後の後流によってランナ内に非定常流れが生じる[35]。この非定常流れは圧力脈動と水車の羽根の応力変動をもたらす。水車各部の形状によっては応力集中を引き起こし，さらにランナの固有振動数との共振によって疲労破壊，き裂を起こす場合がある[7]。主要な振動数（Hz）は回転数（rps）×ガイドベーン数であるが，その他にカルマン渦の放出による高い振動数も観測される。それはガイドベーン後縁の断面形状に強く依存する。検討によれば後縁を流れ方向に対して直角に切り落とすのではなく，45°程度の角度を持たせるべきである。後縁を半円形に丸めるのは振動に対しては最もよくない（**図5.2-10**）。

羽根後縁形状	A	B	羽根後縁形状	A	B
t	100(100)	100	90° 1.2t	(0)	
60°	(48)		60° 2t	(0)	
45°	38 (20)	112	90°	190(230)	96
45° R=2t	3 (0)	131	60°	380(360)	83
45° R=3t	0	149	45°	43	117
30° R=4t	0	181	30°	0	159
	(260)				

A は直角切り落とし後縁に対する振幅の比較値

振動数は次の近似式で計算できる。$f = 0.19 \dfrac{B}{100} \dfrac{v}{(t+0.56)}$ (Hz)

v＝水の速さ (m/s)，　t＝羽根の板厚 (mm)，

B＝形状に依存する係数（表を参照）

図5.2-10　羽根後縁形状の振動への影響[35]（平行流中の平面翼）

第5章:管内の圧力波による振動

b. 水車の吸出し管の振動・脈動

部分負荷運転時に水車の吸出し管の振動・圧力脈動が生じることがある[36]。ランナから吸出し管に入った流れは,おおむね中心部が強制渦形,周辺部は自由渦形の旋回流になっている。渦の中心部は圧力が非常に低く,そのため分離した溶存空気や蒸気のキャビティが出現する。一方,吸出し管は下流に向かって圧力を高めるディフューザの役割を担っているが,旋回流が入ると圧力上昇は中心部で大きくなり,そこに死水コアが出現する。結果としてキャビティが死水コアのまわりに巻きつく形となり,らせん状に連なった形状のキャビテーションが出現する。キャビテーションを伴う旋回流が振れ回ると圧力変動が生じ,構造振動の原因にもなる。これが吸出し管サージングと呼ばれる現象である。

また,キャビテーション・コアが吸出し管の軸方向に下流側に向かって成長し,圧力が高まる吸出し管のエルボ部分付近で急激に消滅して,激しい圧力変動を生じることがある。この場合の対策として,吸出し管入り口部分のテーパ角を大きくし,渦中心の静圧が下流に向かって速く上昇するようにする。これはキャビテーションを速く消滅させるためで,圧力脈動の抑制に効果がある。

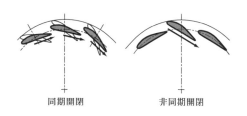

図 5.2-11　水車ガイドベーンの非同期開閉による流れ方向の制御とそれによるはく離の防止[37]

c. 自励的脈動

水車を含む管路系で発生する圧力脈動で自励振動とみなされるものがある。たとえば水車-発電機系の低出力状態で圧力や出力(電力)の変動を生じた例[37]がある。その原因はガイドベーンを閉じていくとガイドベーンからランナに入る流れの周方向成分が強まり,その影響で流れがランナの羽根に付着とはく離

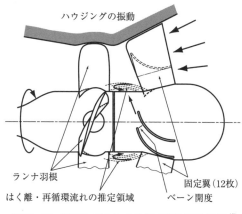

図 5.2-12　固定ガイドベーンを持つ軸流水車の振動[49]

5.2 ポンプ・水車に起因する配管内圧力脈動

を交互に繰り返すことにある。各ガイドベーンを非同期で開閉できるようにし、低出力状態では特定のガイドベーンのみを開け、他はすべて全閉の状態とすることでランナへの流れの方向を変え、断続的はく離を防ぎ、解決している（図 5.2-11）。

他に灌漑用の水車－ポンプ－管路系で可撓性膜を用いた逆止め弁の特性に基づく自励的脈動が報告されている[38]。

5.2.3 トラブル事例と対策のヒント

脈動が強制振動によるものであれば共振を避けることが第一の対策となる。可能ならばポンプ等の運転条件（回転数）を変更する。設計変更を伴う対策としては、遠心ポンプの羽根数の変更、空気室（サージタンク）、アキュームレータやサイドブランチの設置等がある。ただし、空気室の設置は逆に低流量域でサージングの原因になる可能性があり、サイドブランチは本管との接続部に生じる渦が新たな振動や脈動の原因となることもあるので注意を必要とする。また、ビル内等の小規模配管系では脈動の発生を抑えたり、発生した脈動による振動の周囲への伝達を小さくしたりする目的で管材料を可撓性のあるものにすることがある。また、サイレンサ[39]が挿入されることがある。サイレンサは内燃機関の消音器と同じで膨張室と絞りからなる。動静翼干渉流体力（ZN 周波数）による圧力脈動の場合には、動翼と静翼の隙間を大きくする、翼に角度をつける、多段の場合はインペラ毎に位相差を付けるなどの対策で加振力を小さくすることも有効であるが、隙間を大きくとる場合はポンプ性能への影響を鑑みて実施することになる。

自励振動の場合には、系のパラメータを変更して動作点が安定領域に入るようにすることが基本である。流量を見かけ上増加させるために、吐出し側から吸込み側へ一部を還流させること等の対策がとられる。サージングに対しては、ポンプの Q–H 曲線を右下がりに変更することや、弁等の抵抗要素をポンプの下流側のできる限り近接した位置に設置すること等が対策となる。後者は、ポンプと弁等を組み合わせた系で見たときに弁等の抵抗の存在によって負性抵抗領域の出現を防ぐという解釈が可能である。

表 5.2-3 にこれまでに例示した以外の実際のトラブルと解決法の事例を示しておく。

213

第 5 章：管内の圧力波による振動

表5.2-3　ポンプ・水車のトラブル事例

対象機械	現　象	原　因	対　策
1. 3連往復ポンプ[40]	吸込み配管で200℃以上の温度となったときに異常振動が発生	蒸気泡や気泡化した溶存ガスの急激な消滅による圧力変動と共振	ボリュームボトル上部に窒素ガスを封入してアキュームレータ化した
2. 斜板形アキシャルピストンポンプ[41]（油圧ショベル）	2000 rpm付近で圧力脈動が急増	シミュレーションで共振と断定	サイドブランチの設置
3. 立軸斜流ポンプ[42]（下水用）	配管で水柱分離を伴う大振幅脈動が発生	モータ・ポンプ間の軸のねじり振動による脈動の共振	配管長を変えた場合と軸径を太くした場合がある
4. 遠心ポンプ[43]（廃棄物処理設備）	吸込み側タンクで異音を伴った振動が発生	脈動によるタンク液柱の共振	インペラの羽根数を変更
5. 遠心多段ポンプ[44]（ボイラ給水用）	ZN成分の卓越した振動	インペラ羽根とガイドベーンの干渉で発生した流体力による強制振動	4段目ガイドベーンを3段目に対して反回転方向に20°ずらした
6. 遠心多段ポンプ[45]	軸回転数の80％の振動数の振動が発生	インペラに働く旋回流による力	ディフューザ/インペラ間の偏心量の減少スワールブレーカの設置
7. 立軸斜流ポンプ[46]	広い範囲に分布するスペクトルの振動が発生	ポンプ下流のバルブで発生したキャビテーション	バルブ下流に多孔板オリフィスを設置してバルブ部の圧力を上昇させた
8. 遠心ポンプ[47]	950 Hzの振動が発生	ボリュート部ドレン穴で発生したキャビティートーンとドレン配管の液柱共鳴	ドレン穴エッジを丸めてキャビティートーンを抑制
9. 立軸斜流ポンプ[48]	羽根車固定ナットが緩み，羽根車が脱落	ZN成分の流体加振力と軸ねじり固有振動数の共振	高弾性継手の採用により軸ねじり共振を回避した
10. 軸流水車[49]（図5.2-12 参照）	ハウジングの振動と騒音，振動数は40〜176 Hzで不規則周期	ガイドベーンの下流部分にはく離が生じたためと推定	ガイドベーンを短くした
11. フランシス水車[50]	大きな圧力変動	キャビテーションコアがエルボ付近まで成長し，そこで消滅するため	吸込み管入り口のテーパを大きくした
12. ポンプ水車[51]	ランナにクラックが発生	ランナベーンとガイドベーンの干渉で発生した流体力とランナ固有振動数の共振	ランナ外周部の形状変更によりランナ固有振動数を調整し，共振を回避した。

214

5.2 ポンプ・水車に起因する配管内圧力脈動

参 考 文 献

1) Korteweg, D. J., Annalen der Physik und Chemie, 5(1878), 525–542.

2) Simin, O., Proc. Water Works Assoc. (1904), 35.

3) 森康夫・他2名, 日本機械学会論文集, 39–317(昭和48), 305.

4) 小堀威・他2名, 日立評論, 37–10(昭和30), 33.

5) API STANDARD 674, 3rd Edition(2010), American Petroleum Institute.

6) 佐野勝志, 日本機械学会論文集, 49–440B(昭58), 828.

7) Tanaka,H., Proceedings of the IAHR Symposium Section on Hydraulic Machinery and Cavitation, Paper U2 (1990), pp. 1–25.

8) Watanabe,Y., Proceedings of the 14th International Symposium on Transport Phenomena and Dynamics of Rotating Machinery, (2011), ID1128.

9) Rzentkowski, G. and Zbrojia S, J. Fluids and Structures, 14(2000), 529–558.

10) 川田裕・他3名, 日本機械学会論文集, 55–514(1989), 1584.

11) Parrondo–Gayo,J.L, Gonzalez–Perez,J, Fernandez–Francos, J, Transactions of the ASME, Journal of Fluids Engineering, Vol. 124(2002), pp. 784–790.

12) 後藤正典, 日本機械学会論文集, 54–502B(1988), 1364.

13) 後藤正典, 日本機械学会論文集, 54–502B(1988), 1371.

14) Lighthill,M.J, Proceedeings of the Royal Society of London, Vol.A211 (1952), pp. 564–587.

15) Lighthill,M.J, Proceedeings of the Royal Society of London, Vol.A222 (1954), pp. 1–32.

16) Ffowcs Williams,J, Hawkings, D, Philosophical Transactions for the Royal Society of London, Vol.A264 (1969), pp. 321–342.

17) 佐野勝志, 日本機械学会論文集(B編), 50巻, 458号, (1984) , pp. 2316–2324.

18) Hayashi, I, Kaneko, S, Journal of Fluid and Structure 45 (2014), 216–234.

19) Rzentkowski, G., PVP. Vol.328, Flow Induced Vibration, ASME 1996, pp. 439–454.

20) 藤井澄二, 日本機械学会論文集, 13–44(昭和22), 184.

21) 草間秀俊・他, 日本機械学会論文集, 20–89(昭和29), 15.

22) 川田裕・他3名, 日本機械学会論文集, 52–480(1986), 2947.

23) 川田裕, 遠心ポンプ・配管系の脈動現象に関する研究, 学位論文(東京大学).

24) 川田裕・他3名, 日本機械学会論文集, 55–514(1986), 1590.

25) Chen, Y. N, IAHR/UTAM SYMPOSIUM KARLSRUHE 1979, pp. 265–278.

26) Elder, R. E., IAHR/UTAM SYMPOSIUM KARLSRUHE 1979, pp. 285–286.

27) Wang, J. C. *et al*., IAHR/UTAM SYMPOSIUM KARLSRUHE 1979, pp. 333–335.

28) Wei–Yih Chou and Rudavsky, A. B., IAHR/UTAM SYMPOSIUM KARLSRUHE 1979, pp. 337–339.

29) 大橋秀雄編, 流体機械ハンドブック(1998), 147, 朝倉書店.

30) Rzentkowski, G., EAM, pp. 525–537.

31) Benedek, S., J. Sound Vib., 177(3) (1994), p. p337–348.

32) 日本機械学会(No.11–2)v_BASEフォーラム資料集, (2011), pp 65–66.

33) 能見基彦, エバラ時報 No.246, (2015), pp. 18–21.

34) M.,Nohmi, S. Yamazaki, et.al., Proceedings of the ASME 2017 Fluids Engineering Division Summer Meeting FEDSM2017, (2017), FEDSM2017–69427.

35) Brekke, H., 7th Int. Conf. Pressure surge, BHC Group 1996, pp. 399–415.

36) 文献[29]の241ページ.

37) Glattfelder, A. H. *et al*., IAHR/UTAM SYMPOSIUM KARLSRUHE 1979, pp. 293–297.

38) Brekke, H., 8th Int. Conf. Pressure surge, BHR Group 2000, pp. 599–610.

39) Bihhadi, A. and Edge K. A., Flow Induced Vibration, Ziada & Staubi(eds) , 2000, Balkema, Rotterdam, pp. 607–613.

40) 日本機械学会第69期全国大会講演会資料集, No.910–62(1991), Vol.D, 16.

215

第5章：管内の圧力波による振動

41) 日本機械学会(No.99-7 Ⅲ)設計者のための振動・騒音問題の実例「v_BASE」フォーラム資料集, (1999), 29.
42) 日本機械学会第69期通常総会講演会資料集, No.920-17(1992), Vol.D, 664.
43) 日本機械学会第71期全国大会資料集, No.930-63(1993), Vol.G, 156.
44) 日本機械学会(No.97-10-3)設計者のための振動・騒音問題の実例「v_BASE」フォーラム資料集, (1997), 57.
45) 日本機械学会第69期通常総会講演会資料集, No.920-17(1992), Vol.D, 642.
46) 日本機械学会(No.920-55(Ⅳ))設計者のための機械振動の実例「v_BASE」フォーラム資料集, (1992), 11.
47) 日本機械学会(No.14-17)v_BASE フォーラム資料集, (2014), pp. 13-14.
48) 日本機械学会(No.7-8)v_BASE フォーラム資料集, (2007), pp. 63-64.
49) Eichler, O, IAHR/UTAM SYMPOSIUM KARLSRUHE 1979, pp. 240-249.
50) Kubota T and Aoki, H, IAHR/UTAM SYMPOSIUM KARLSRUHE 1979, pp. 279-284.
51) 日本機械学会(No.8-14)v_BASE フォーラム資料集, (2008), pp. 51-52.

5.3　水　撃

5.3.1　水撃現象

　水撃とは，図 5.3-1 に示すように管路途中の弁を急閉すると流れている液が弁体に衝突して圧力が急上昇する現象である。昇圧した圧力波面は音速で管路を遡り，上流端で反射して弁体との間を減衰しながら往復を続ける。弁の直下流では圧力降下により蒸気化して液柱分離を生じ易い。下流貯槽の圧力により分離した液柱が逆流して弁体に衝突・再結合すると同様な水撃が起きる。このように，流速の急変を引き起こす弁操作等の運転操作がある場合に水撃は発生し易く，弁操作以外にも，急停止・起動するポンプや，自動的に空気が抜けて再結合する空気弁，閉じ遅れのある逆止弁を持つ配管系では設計に注意を要する。

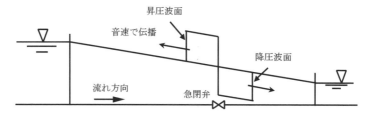

図 5.3-1　弁急閉鎖時の水撃現象

5.3.2 研究の歴史

管路の流体輸送は，BC 3500 ～ 3000 年頃のシリア北部古代都市(Habuba Kabira)の給水設備にも見られるが，管断面積と流速の積で流量を表す簡単な水理公式がダビンチにより提唱されるのはルネッサンス時代であり[1]，流体過渡現象として水撃が弾性体中の波動として扱われるのは20世紀初頭である。Menabrea[2]とJoukowsky[3]は水撃による昇圧Jを液中の音速cと堰き止めた流速変化ΔVの積($J=\rho \cdot c \cdot \Delta V$：$\rho$は液密度)で表し，弁瞬閉時の昇圧が音速に比例することを提唱した。弁が緩閉鎖する場合では，剛体液柱理論によるAllieviの式と，弾性波動理論に基づく前進・後退波の影響を考慮したJoukowsky式を逐次適用する逐次計算法，図式解法が1930年代から60年代にかけて提案された[4,5]。これらは計算機の高速化とともに衰退して現在はほとんど用いられていないが，水撃現象の理解には有益である。

数値計算法には定格子の特性曲線法の他に，有限差分半陰解法の2段階Lax-Wendroff法[6]，完全陰解法[7]，および有限要素法[8,9]等がある。これらは特性曲線法に比べて一般的な境界条件の扱い，計算精度，収束性に工夫が必要で実用面での優位性は下がる。対象とする現象の性質に適した計算法があり，例えば，液柱分離・再結合時の衝撃波的な挙動計算には2段階Wendroff法が[10]，ガス管路網のように緩慢な過渡現象には完全陰解法が用いられている[14]。以下では水撃計算に最もよく使用される特性曲線法と液柱分離モデル，および非定常管摩擦抵抗について説明する。解説書としては文献12, 31, 36)が参考になる。

5.3.3 評価方法

【1】特性曲線法

液配管の1次元等温非定常流の連続と運動量の偏微分方程式は，流速uとヘッド$h=p/\gamma+Z$(p；圧力，γ；比重量，Z：標高)を成分とするベクトルの，時間tと管路に沿った距離xに関する双曲線型偏微分方程式となる。その固有方程式を解くと，図5.3-2に示す$x-t$平面上のC^+，C^-の2つの特性線に沿ってそれぞれ$c+u$，$c-u$の相対速度で伝搬する波の全微分方程式が得られる[11]。各特性線は管路に沿った前進・後退波を意味する。Δt時刻進んだ格子点Pでの未知数uとhは，各

第5章:管内の圧力波による振動

特性線上で成り立つ全微分方程式を差分化した式(5.3-1)と(5.3-2)を交点Pで連立させることにより計算される。式中の f は Darcy-Weisbach の管摩擦係数，g は重力加速度，α は管路の勾配，D は管路内径である。

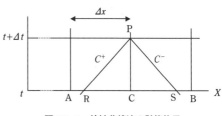

図 5.3-2　特性曲線法の計算格子

$$C^+: c\cdot(u_P-u_R)+g\cdot(h_P-h_R)-g\cdot u_R\cdot\Delta t\cdot\sin\alpha+\frac{f\cdot u_P\cdot|u_R|}{2\cdot D}\cdot c\cdot\Delta t=0 \quad (5.3\text{-}1)$$

$$C^-: c\cdot(u_P-u_S)-g\cdot(h_P-h_S)+g\cdot u_S\cdot\Delta t\cdot\sin\alpha+\frac{f\cdot u_P\cdot|u_S|}{2\cdot D}\cdot c\cdot\Delta t=0 \quad (5.3\text{-}2)$$

対流項を含めると各特性線は格子点 A，B と交差せず R，S 点から出発するため，その点での諸量を隣接格子点 A，C，B から内挿する。時間刻みは Courant 条件の $\Delta t<\Delta x/(c+u)$ を満たすように決める。管路内部の未知数は Δt 時刻前の u と h から陽的に計算されるが，管路端は C^+ または C^- の式のいずれか1つしか成立しないために境界条件が必要となる。たとえば，ポンプの境界条件では吸込み吐出し側それぞれの u と h の計4つの未知数を，吸込みと吐出し側それぞれの波動の式，流量連続式，ヘッド-流量特性を考慮したヘッドと流量の関係式の計4つの式から連立させて解く。停電停止する場合では，回転慣性の運動方程式と全範囲のトルク-流量特性を考慮してヘッドと流量の関係式を決める[12]。液中の音速は溶存ガスの分率により大きく変わるため注意が必要である。昇圧による管の半径方向膨張によって見かけの音速が低下するために，各時間ステップごとに音速を補正して計算する。数値計算では，Joukowsky 式で計算される昇圧に加えて管路の管摩擦損失に起因する昇圧分（ラインパック圧）も正確に計算される。高粘性流体での摩擦項の積分には注意が必要であり，安定に計算するには $f\cdot\Delta x\cdot V/(2\cdot D\cdot c)$ <1（f; Moody 管摩擦係数，V; 平均流速，D; 管内径）を満たす必要がある[13]。

【2】液柱分離モデル

急閉鎖弁下流や急停止するポンプ吐出し側では，圧力が液の飽和蒸気圧以下になると気化して液柱分離現象を生じる[15]。気化した蒸気気泡は下流の液柱が流下するに従い体積を増し発達するが，管路下流端の背圧により液柱が逆流すると急

速に液化して体積を減少させ，液柱の再結合現象を生じる。再結合時の昇圧は，液柱の逆流衝突速度を用いてJoukowsky式で計算でき，枝管の影響を無視できる単純な配管系における液柱分離後の初回の再結合圧であれば，剛体液柱理論により簡易的に推定する方法もある[16]。実用的には特性曲線法との組み合わせで蒸気空洞モデル，または溶存ガス析出モデルによる数値計算[12,17]が推奨される。

蒸気空洞モデルでは，格子点圧力が飽和蒸気圧以下となった時点で圧力を飽和蒸気圧に固定して格子点左右の流速を計算する。蒸気気泡体積は左右の流速差と管断面積の積を時間積分して計算する。気泡体積が負となった時点で通常の液相計算に戻すことで再結合圧が計算される。気泡体積を時間積分で求めるときの緩和係数の取り方により数値減衰の大きさが決まる[17]。複数の分離再結合点が同時に存在する場合では，初期の再結合圧は比較的正確に求められるが，計算が進むに連れて実際と合わなくなる。現実とかけ離れた大きな圧力スパイクが現れる等の欠点はあるが，モデル化が容易であり再結合圧が大きく見積もられることから設計計算には広く用いられている。

溶存ガス析出モデルは，液中に含まれる溶存ガスが低圧状態で気泡に成長して音速を著しく低下させる事実に着目したモデルである。格子点間に含まれる溶存ガスを格子点に集中させ，気泡中のガス分圧に関する状態式，気泡左右のC^+とC^-の波動式，および気泡体積の成長式から，4つの未知数（気泡内圧と体積，気泡左右の流速）を計算する。気泡格子間の音速は液中の音速を用いて計算するが，結果として現れる音速は，溶存ガスのボイド率と分圧の関数である実際の音速に等しい。実現象との比較では蒸気空洞モデルに比べて大幅に改善される。

以上の他に水撃現象を均質流（均質気泡分散とNo Slip）で摸擬して解く方法がある[10,18]。音速を溶存ガスのボイド率と分圧の関数で表し，波動式中のヘッド項をガス分圧で表現する。音速が大幅に変化すると定格子の特性曲線法では内挿と特性線に沿った積分の計算誤差が大きくなる。このために煩雑な特性格子法を用いることもあるが，そのような場合でも，2段階Lax–Wendroff法を用いると保存方程式を直接解くことができて精度もよい[10]。

【3】非定常摩擦抵抗

非定常流では境界層の管壁でのせん断力が定常流とは異なるため，定常流の管摩擦抵抗を用いると計算波形は実測と厳密には一致せず，とくに層流域でその傾向が著しい[16~24]。ただし，乱流域では定常管摩擦抵抗を用いてもパイプライン等の通常の設計では実用上の問題はない[25,26]。非定常管摩擦が問題となるのは油

第5章：管内の圧力波による振動

圧系のような高粘性の層流管路に限られる。

【4】判定基準

水撃圧の配管内圧強度にかかわる判定基準は適用される規格に従う。ASME 規格では，対象がプラント施設内部の配管であれば ASME B31.3 PROCESS PIPING が適用される。水撃は短期変動荷重（Occasional Variation）であり，施設保有者の承認のもとで設計圧の 1.33 倍までが許容される。性能の良いリリーフ弁等が設置されて水撃圧が設定圧以下に抑えられる場合（Self-limiting）では，承認なしで 1.2 倍までが許容される。施設間に設置されるパイプラインの場合には，ASME B31.4 PIPELINE TRANSPORTATION SYSTEMS FOR LIQUID HYDROCARBONS AND OTHER LIQUIDS が適用されて水撃圧は設計圧の 1.1 倍まで許容される。

表 5.3-1 に水撃評価の実務において必要となるデータの例を示す。これらのデータを元に管路網上の初期動水勾配線が決まる。与えられた境界条件（弁，ポンプ，貯槽等の運転条件）のもとで系全体の過渡応答計算が実行され，系内各点の圧力と流量の時刻歴変化が計算される。

表 5.3-1　水撃評価実務に必要なデータ

項　目	内　　　容
配管データ	管網図，外径，肉厚，実長，標高，ヤング率，内面粗さ，設計圧等
弁データ	弁 C_v 値—開度特性/ストローク速度/開閉時間，チェッキ弁動特性，リリーフ弁動特性，空気弁流量係数/有効通過面積，設計圧等
回転機データ	ポンプ性能カーブ/運転・定格値（流量，揚程，トルク）/回転慣性，駆動機起動トルク特性/回転慣性，ケーシング設計圧
貯槽類データ	タンク内液高さ/内径/封入圧，熱交換器圧損等
液物性データ	密度，音速（体積弾性率），動粘性係数，飽和蒸気圧，溶存ガス体積率
プロセスデータ	初期圧力バランス，初期流量バランス

5.3.4　対策のヒント

表 5.3-2 に通常行われる水撃対策の留意点を示す。実施にあたってはいずれも数値解析による検討が必要である。

通常の設計では弁閉鎖による水撃検討が最も多くあり，**図 5.3-3** にその場合の典型的な対策検討手順を示す。

5.3 水 撃

表 5.3-2 水撃対策の留意点

対策方法	留　　意　　点
弁の閉鎖速度調整[27]	・弁タイプにより10〜30％まで閉じないと流速低下せず，有効な閉鎖時間 Teff（実際の弁閉鎖時間の10〜30％）がある。 ・初期圧からの昇圧分は $P_{max} < \mathrm{Min}(J, J \cdot Tp/\mathrm{Teff})$。$Tp$ は波動往復時間（$Tp = 2L/c$；L は弁から上流反射端までの管長） ・多段閉鎖や並列化による緩閉鎖も水撃緩和に有効。
サージタンク	・目的に応じて，自由液面の反射により水撃圧を緩和するタイプ（逆止弁なし）と，液柱分離防止のための液供給タイプ（逆止弁つき本管とフロート弁つき自動給水管が必要）がある。 ・後者は過大な再結合圧，負圧でのライニングはく離がある場合に使用。 ・管内圧が大きい場合は密閉式として圧力制御機構が必要。
空気弁[28]	・負圧防止対策として有効であるが，吸気排気特性が適正でないと排出再結合するときに水撃が発生する。 ・解析検討により適正な特性を持つ弁の選定が必要。
リフト式安全弁	・急激な昇圧には追随せず水撃対策としては有効でない。 ・主管から長い枝管を設けて設置すると，枝管の液柱モードによる自励振動を誘発して破損トラブルに至ることがある[29]。
リリーフ弁	・急激な昇圧に対応可。弁特性を考慮した解析検討が必要。 ・設定圧を保つためにラバー隔膜内部の加圧制御機構が必要。
高性能動特性逆止弁[30]	・並列ポンプ場でトリップするポンプの吐出逆止弁は，逆流と閉じ送れにより水撃と衝撃力を生じやすく解析検討が必要。 ・スイング，デュアル，ピストン，ノズルタイプの順で閉じ遅れ動特性が改善される[27]。弁閉鎖時のポンプに作用する衝撃力の解析検討が必要。
緩閉鎖逆止弁	・一般に動特性を解析で求めることは困難であり，実験検証による設計となる[32]。電動弁の緩閉鎖によっても同じ効果が得られ，解析設計が可能。回転機系の逆流逆回転に対する注意が必要。

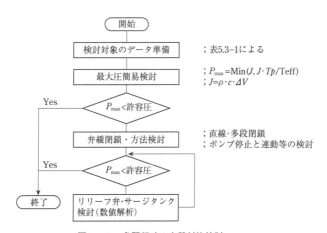

図 5.3-3　弁閉鎖時の水撃対策検討フロー

第5章：管内の圧力波による振動

5.3.5 トラブル事例

水撃のトラブル事例は数多くあるが，以下では文献に記載されているものの一例を紹介する。本節では水撃波動と配管構造系が連成した事象の説明は割愛したが，実際の水撃トラブルでは構造系との連成にかかわる場合が多く見られる。興味のある読者は文献32, 37)を参考にされたい。

【1】ポンプ急停止時のトラブル事例[33]

図5.3-4に示す48B，管長6.5 kmのCrude OilのUnloading Lineにおいて，船側のポンプを急停止したところ，ポンプから5 km地点付近の配管アンカーサポートのいくつかが破損した事例が報告されている。原因は，ポンプ急停止による圧力降下波が下流に伝搬し，地形的に高所にある当該配管部位において液の飽和蒸気圧以下となり，液柱分離と再結合による衝撃圧を生じたことである。とくに，気化した二相流状態では音速が低下するためにエルボー間を伝搬する差圧波面の

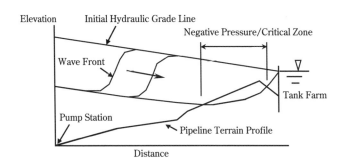

図5.3-4　ポンプ急停止時の負圧波によるサポート破損トラブル例

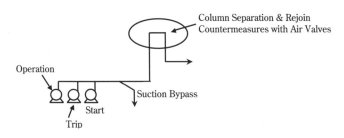

図5.3-5　冷却水配管系のポンプ切替起動時トラブル例

通過時間が長くなり，力積として大きな外力が支持構造物に作用していることが報告されている．

【2】ポンプ切替起動時のトラブル事例[34]

冷却水配管網（$\phi 200 \sim \phi 500$ mm，総延長数百 m）において稼働している2台の送水ポンプのうち1台が急停止したため，他の1台を数分後に起動したところ，系内の最も高所にある配管が衝撃により変位し，付近にいた作業員が重傷を負った事故について報告がなされている（図 5.3-5）．このケースでは，プラントが部分負荷であったために，ポンプ吐出しの圧力制御バイパス弁を用いて水を吸込み槽に戻しており，ポンプ停止後に他のポンプを起動したとしても，バイパス弁が閉まるまでのしばらくの間は系内の水が減少して圧力が低下する．このために高所では負圧となりやすく，ポンプ停止による圧力降下により液柱分離が起き，数分後のポンプ起動により再結合が起きて衝撃的な配管変位を生じたものである．

【3】プロセス配管でのトラブル事例[35]

アンモニア液を気化タンクへ注入するラインにおいて，運転停止後に注入用の圧力制御弁（上流圧 16 barA，下流圧 4.5 barA）を閉じ，その上流3 mの位置にある気密性のよい手動隔離弁を閉じて液封状態にしておいたところ，運転再開時に手動隔離弁を開けると同時に弁近傍の安全弁が吹き，作業者が負傷した報告がなされている（図 5.3-6）．原因は，液封時に圧力制御弁からわずかな液漏れがあり，減圧気化したアンモニア蒸気が圧力制御弁と隔離弁間に溜まったため，隔離弁の開放と同時に液化再結合して衝撃圧を生じたものである．他の事例として，水圧テストの完了した配管で水抜きを怠ったために日射昇温により一部が破裂し，その衝撃圧（圧力降下波）の伝搬によりエルボー部に衝撃荷重が作用して750 mにわたって配管が大きく変位した報告がなされている．

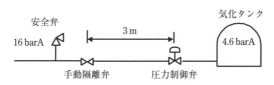

図 5.3-6　安全弁吹き出しによる事故事例

第5章：管内の圧力波による振動

参 考 文 献

1) Garbrecht, G., 5th Int. Conf. on Pressure Surges, BHRA, 1986, pp.ix–xx.
2) Menabrea, L. F., "Note sur les effects de choc de l' eau dans les conduits," C. R. Acad. Sci., Paris, Vol.47, pp.221–224,1858.
3) Joukowsky, N., "Waterhammer," Procs. AWWA, Vol. 24, 1904, pp. 341–424.
4) Parmakian, J., "Waterhammer Analysis," Dover, 1963.
5) 秋元，水撃作用と圧力脈動，日刊工業新聞社，1977.
6) Rorche, P.J., "Computational Fluid Dynamics," Hermosa, 1985, p. 250.
7) Amein, M., et al, J. Hydraul. Div., ASCE, Vol. 101, No. HY6, June 1975, pp. 717–731.
8) Katopodes, N.D., & Wylie, E.B., Symp. Multi–dimensional Fluid Transients, ASME, New Orleans, La., Dec. 1984, pp.9–16.
9) Rachford, H.H., & Ramsy, E.L., SPE 5663, AIME, Dallas, Sept. 1975.
10) Kranenburg, C., J. Hydraul. Div., ASCE, Vol. 100, No. HY10, Oct. 1974, pp.1383–1398.
11) Shapiro, A.H., "The Dynamics and Thermodynamics of Compressible Fluid Flow," Krieger, Florida, Vol.2, 1983, p. 972.
12) Wylie, B.E., & Streeter, V.L., "Fluid Transients in Systems," Prentice–Hall, 1993.
13) O'Brien, G.G., et al, J. Mathematical Physics, Vol.29, 1951.
14) Kiuchi, T., Int. J. Heat and Fluid Flow, Vol.15, No.5, Oct. 1994.
15) Kephart, J.T., Trans. ASME, pp. 456–460, Sept. 1961.
16) 棚橋，笠原，機論，第2部，35巻，279号，1969，pp. 2217–2226.
17) Provoost, G.A., & Wylie, E.B., 5th Int. Symp. On Column Separation, Germany, Sept. 1981.
18) Wylie, E.B., 3rd. Int. Conf. on Pressure Surges, BHRA, Mar. 1980, pp. 27–42.
19) Uchida, S., ZAMP, Vol.7, 1956, pp.403–422.
20) Zielke, W., J. Basic Eng., ASME, Ser. D, Vol.90, No.1, Mar., 1968, pp.109–115.
21) Trikha, A.K., J. Fluids Eng., ASME, Vol.97, Mar. 1975, pp. 97–105.
22) Achard, J.L., & Lespinard, G.M., J. Fluid Mech., Vol.113, 1981, pp. 283–298.
23) 香川・他3名，日本機会学会第921回講演会前刷，論文No.83–0063，1983.
24) 近江・他2名，機論，47巻，第424号，B編，1981, p. 2282.
25) 近江・他2名，機論，50巻，第457号，B編，1984，pp. 1995–2003.
26) 葉山・他2名，機論，45巻，第392号，C編，1979，pp.422–432.
27) Taylor, G., 7th Int. Conf. Pressure surge, BHRA, 1996, pp.343–362.
28) 中田，他3名，エバラ時報，第114号，1980，pp.39–43.
29) Kruisbrink, A.C.H., Procs. 3rd Int. Conf. Valves and Actuators, 1990, pp. 137–150.
30) Thorley, A.R.D., Procs. 4th Int. Conf. on Pressure Surges, BHRA, 1983, pp. 231–242.
31) Thorley, A.R.D., " Fluid Transients in Pipeline system," D.& L. George Ltd, 1991, p.242.
32) Botros, K. K., Jones, B. J. & Roorda, O., Fluid Structure Interaction, ASME PVP Vol.337, 1996 (27–1,27–2), pp.241–264.
33) Almeida, A.B.D., 5th Int. Conf. Pressure surge, BHRA, 1986, pp.27–34.
34) Locher, F.A., & Wang, J.S., 7th Int. Conf. Pressure surge, BHRA, 1996, pp.211–223.
35) Hamilton, M., & Taylor, G., 7th Int. Conf. Pressure surge, BHRA, 1996, pp.15–27.
36) 横山，水撃入門，日新出版，1980.
37) Wiggert,D.C., & Tijsseling,A.S., ASME, Applied Mech. Rev., Vol.54, 2002, pp.455–481.

5.4 はく離による自励音等

5.4.1 検討対象の概説

　自由せん断流の下流に障害物または圧力波の反射端が存在するとき，せん断層内に生起する渦の放出周波数が特定の値にトラップされることがある。この現象はプラントの配管，弁等で発生するキャビティトーン，ホールトーンおよび多孔板やオリフィス板の自励音として問題になる。自由せん断流の衝突による自励振動発生の基本的様式を図 5.4-1[1] に示す。

　管路入口，弁の内部等で大規模なはく離が生じると，低周波の振動を発生することがある。また，減圧装置の下流に生じる激しい圧力変動は管材料の音響疲労を引き起こす。これらはいずれも配管の破損原因となる。

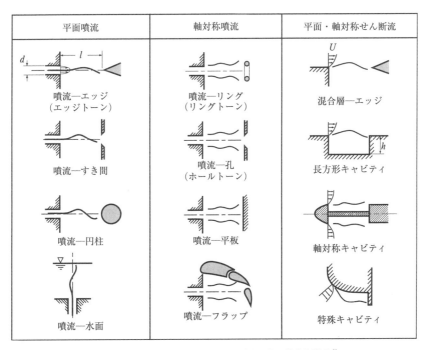

図 5.4-1　自励振動を誘起するせん断流衝突の基本的様式 [1]

5.4.2 現象の概説

【1】キャビティトーン

図5.4-2に示すように深さ h,長さ l のキャビティを有する壁面に沿った主流速度 U の2次元流を考える。キャビティの前縁ではく離したせん断層が速度 U_c で下流側に運ばれて後縁に衝突し,そのとき生じる撹乱が音速で前縁に伝搬する。この影響を受けた前縁でのはく離せん断層が,キャビティ後縁に衝突することでフィードバック機構が形成さ

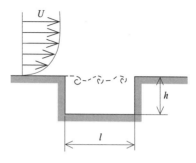

図5.4-2 キャビティを通過する流れ

れる。このため本質的に不安定なせん断層内に規則的な渦が形成され,キャビティトーンと呼ばれる純音を発生する。その周波数 f は,Rossiter(ロシッター)の式[2]を修正した次式[3]で表される。

$$f = \frac{U}{l} \frac{n-\alpha}{\dfrac{M}{\sqrt{1+(\chi-1)M^2/2}}+\dfrac{U}{U_c}} \tag{5.4-1}$$

ここで n:キャビティ部に存在する渦の個数に関連する整数(モード数またはステージ数), M:マッハ数, χ:比熱比, α:定数である。周波数 f は代表長さ L と代表速度 U を用いてつぎのように無次元化され,ストローハル数と呼ばれる。

$$St = \frac{fL}{U} \tag{5.4-2}$$

この現象には,キャビティの前縁から後縁への渦の移送速度 U_c が重要な役割を果たす。したがって,代表速度に主流速度 U,代表長さにキャビティの流れ方向長さ l をとったストローハル数は,キャビティの幾何形状だけでなく,はく離点における境界層の特性値(運動量厚さ,排除厚さ),レイノルズ数,マッハ数等の影響を受ける。図5.4-3に[4],はく離点における境界層が乱流でマッハ数が非常に小さい場合の2次元キャビティの流れ方向長さ l/h と,ストローハル数 $St=fl/U$ の関係を示す。キャビティの長さが増すにつれてストローハル数も増大するが,次第に一定値に近付く。マッハ数が0.2以上の高速流れに対しては,前述の式(5.4-1)において $U_c/U=0.6$, $\alpha=0.25$ と置いて得られる予測値は実験値とよく一致

2.0
1.5
1.0
0.5
0
St fl/U
n 3
n 2
n 1
U
h
l
1
2
3
4
5
6
l/h

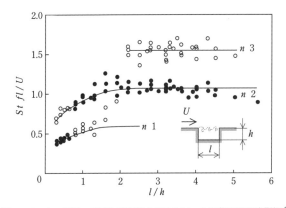

図 5.4–3　キャビティの流れ方向長さがストローハル数に及ぼす影響[4)]

することを示した報告[5)]がある。

実際の機器におけるキャビティトーンは，**図 5.4–4**[3)]に示すように3次元の流

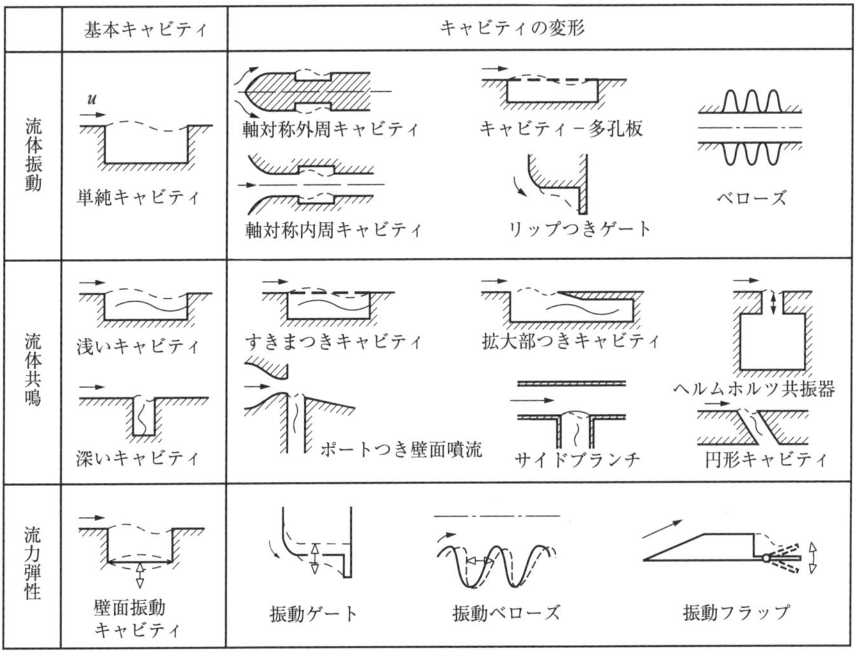

基本キャビティ
キャビティの変形
流体振動
u
単純キャビティ
軸対称外周キャビティ
キャビティ－多孔板
ベローズ
軸対称内周キャビティ
リップつきゲート
流体共鳴
浅いキャビティ
すきまつきキャビティ
拡大部つきキャビティ
ヘルムホルツ共振器
深いキャビティ
ポートつき壁面噴流
サイドブランチ
円形キャビティ
流力弾性
壁面振動
キャビティ
振動ゲート
振動ベローズ
振動フラップ

図 5.4–4　キャビティトーンを誘起する種々の様式[3)]

れおよびキャビティ形状に対して発生する。また共鳴機構が存在する場合，共鳴条件に近付くと大きな圧力変動が生じる。代表的な形状の共鳴周波数f_rはつぎのようになる。

$$\text{ヘルムホルツ共鳴器}: f_r = (c/2\pi)\sqrt{A/VH}$$
$$\text{深いキャビティ}\quad : f_r = ic/4h\ (i=1,3,5,...)$$
(5.4–3)

ここで，c：音速，A：のど部断面積，V：キャビティ体積，H：のど部長さ，h：キャビティの深さである。ただし開口端補正長として第1式のHには$0.8d$（d：のど部直径，のど部両端に対する補正値）を，第2式のhには$0.4d$（d：キャビティ直径）を加える必要がある[6]。

キャビティ入口の流れ方向長さlで規定される渦放出周波数と気柱共鳴周波数が一致するときの音圧が，ヘルムホルツ共鳴器の形状を持つキャビティ[7]および長方形断面の深いキャビティ[8]に対して調べられている。先閉分岐管（サイドブランチ）は深いキャビティの一種と考えることができる。長方形断面サイドブランチ入口の丸みの影響についても明らかにされている[9]。それによると上流側に丸みをつけても音圧には影響を与えないが，周波数は変化する。しかし，代表長さに$l+r_u$（r_u：丸みの半径）をとったストローハル数は，丸みがないときのそれとほぼ一致する。一方，下流側に丸みをつけると，周波数には影響を及ぼさないが，音圧は低下する。ただし，安全弁管台のような円形断面のサイドブランチでは，下流側に丸みをつけても音圧が低下しない場合がある。なお長方形断面で得られたストローハル数を円形断面のサイドブランチに適用するには，$d_e=4l/\pi$の等価直径を用いればよい[10]。

図5.4–5に示すように主管に2つのサイドブランチが取り付けられている場合，取り付け間隔l，取り付け角度θのいずれを減少させても共鳴時の圧力変動は増大

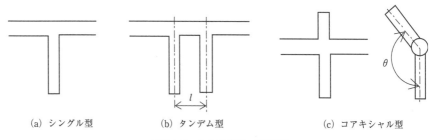

(a) シングル型　　　(b) タンデム型　　　(c) コアキシャル型

図5.4–5　サイドブランチの形状

5.4 はく離による自励音等

する[11]。コアキシャル型＞タンデム型＞シングル型の順に共鳴時の圧力変動は大きくなり，サイドブランチと主配管の内径比 d/D が増すとともに圧力変動および臨界ストローハル数 St_c（共鳴が開始するときのストローハル数）は増大する[12]。またベンド下流に取り付けられたサイドブランチにおいては，局所流速はベンドの内側に比べ外側の方が大きいため，代表速度に断面平均速度をとった臨界ストローハル数は，サイドブランチをベンド外側に取り付けた方が高くなる[12]。

サイドブランチで共鳴が発生すると，シングル型のサイドブランチ内では，圧力変動の2乗平均平方根（RMS）値が主流の動圧を超える強さに，コアキシャル型およびタンデム型のサイドブランチ内では，動圧の数倍の強さまで発達する可能性がある。そのため，キャビティトーンによる共鳴を防止した配管設計が求められる。これらのサイドブランチにおける共鳴発生の有無は，St_c と運転時の St を比較して評価する。振幅がピークとなる St は，一般的なシングル型の安全弁管台で0.35～0.45である。一方，St_c は振幅がピークとなる St より約1.2倍大きい。図5.4-6に St_c の結果の一例を示す。共鳴を抑制するためには，式（5.4-2）の f に共鳴周波数 f_r を代入して計算される St が，図5.4-6に示すような St_c より大きい条件（$St > St_c$）でサイドブランチを設計する必要がある。実際の配管系およびその内部の流れは複雑であり，実際の配管構造で St_c を確認することを推奨するが，St_c として0.6より大きくなる結果はあまり多くない。また，実際の安全弁管台等のサイドブランチ形状は単純な先閉直管でない場合が多いため，St の計算に用いる f_r は，式（5.4-3）の計算結果から変化する場合がある。複雑なサイドブランチ形状の f_r は音響解析等で計算する。

現実のプラント配管系では，長い先閉分岐管が多数存在し，高次の音響モードまで考慮すると，全ての分岐管に対して共鳴無しの条件で設計することは難しい。また，超臨界圧ボイラや

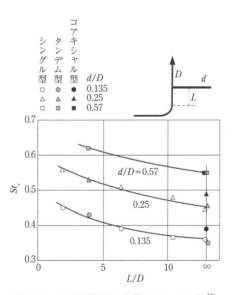

図5.4-6 共鳴が開始する臨界ストローハル数[12]

第5章：管内の圧力波による振動

原子力プラントの主蒸気系のように，主流の動圧が高い高圧蒸気条件では，深いキャビティでも，はく離せん断層に渦が2個並ぶ条件（振幅がピークとなるStが2倍の値）で，共鳴する場合がある（この場合の音圧は比較的小さい）。

そのため，発生する圧力変動の大きさを定量的に評価する研究がいくつか行われている[12]。数値シミュレーション技術の発達により，キャビティトーンを3次元の非定常圧縮性流動解析で再現し，圧力変動の振幅を評価することができる[13]。

また，原子力プラントの主蒸気系では，主蒸気配管外表面のフープ方向の変動ひずみ量を測定して，サイドブランチで発生し，主配管内を伝搬する圧力変動の強さを評価している。得られた配管内部の圧力変動から，音響と構造解析を連成して，荷重および応力を計算し，原子炉圧力容器内および主蒸気系の機器の構造健全性を定量的に確認している。米国原子力規制委員会（NRC：Nuclear Regulatory Commission）は，その評価方法のガイドライン[14]を示している。

また，縮小試験による定量評価も有効である。ただし，低圧の試験では流れの動圧が小さいため，発生する圧力変動が小さくなる可能性があるとともに，圧力変動の強さは試験体の境界条件の影響を受けやすい。試験条件および試験体境界条件には十分に留意して，試験計画を立案する必要がある。

【2】ホールトーン

軸対称噴流がその軸と直角に設置されたオリフィス板に衝突するときにも自励音が発生し，ホールトーンと呼ばれる。この場合，渦の中心を結ぶと閉曲線となり渦輪が形成される。図5.4-7[15]に示すようにストローハル数$St=fd/U$（d：ノズル出口直径）はレイノルズ数$Re=Ud/\nu$（ν：動粘度）の変化に対して一定値をとるが，レイノルズ数（流速）がある値を超えるとモード数（ステージ数）nが切り替わって階段状に変化する。しかし，流速増加時と減少時で経路が異なり強いヒステリシスを生じる。ストローハル数はノズルと下流側オリフィス間の距離

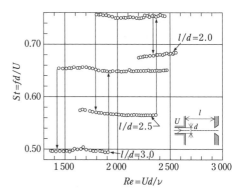

図5.4-7 噴流・ホール系の自励音[15]

5.4 はく離による自励音等

l の減少とともに増加するが，代表長さとして d の代わりに l を用いると l に依存しない一定値に近付く．ノズルとその下流側オリフィス間に側壁が存在すると，このキャビティはヘルムホルツ共鳴器として作動する[16]ことがある．

管内流れにおいては，2個のオリフィス板を近接して取り付けるとホールトーンを発生することがある[17～21]．多くの場合複数の共鳴周波数が存在するため，流速を広範囲に変えると渦放出周波数はこの共鳴周波数にロックインされ階段状に変化する．また圧力振幅は，自然渦放出周波数が共鳴周波数と一致する流速で極大値をとる．ロックイン発生時には2個のオリフィス間に明瞭な渦が認められ，渦の数はモード数と対応することが可視化実験により確かめられている[18]．

【3】多孔板およびオリフィス板の自励音

管内に多孔板またはオリフィス板が設置されているとき，その下流に障害物が存在しなくても純音を発生することがある．多孔板またはオリフィス板から放出される渦（渦輪）がエネルギー供給源であることは，上述のキャビティトーンやホールトーンと同様である．図5.4-8[22]は，孔部平均流速 v と管内変動圧力の周波数 f および振幅 $|p|$ の関係を示したものであり，d：孔径，m：孔数，h：板厚である．ロックインを生じないときの周波数は流速に比例し，代表長さに多孔板板厚 h を，代表速度に孔部流速 v をとったストローハル数 $St=fh/v$ はモード数 $n=1,2,3$ に対してそれぞれ 0.9, 1.8, 2.7 となる．ロックイン発生の有無およびロックイン周波数には，多孔板材料と多孔板上・下流の管路長が大きな影響を及ぼす．ロックインの発生時に多孔板は曲げ振動を生じるが，励振機構の詳細は不明である．

同様の現象は単孔オリフィス板でも発生し[23]，流れの可視化によると孔から放出される渦輪の間隔は $n=1$ では板厚に，$n=2$ および3ではそれぞれ板厚の 1/2, 1/3 にほぼ等しい[24]．

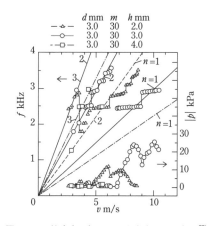

図 5.4-8　管内多孔板により発生する圧力変動[22]

第5章：管内の圧力波による振動

【4】はく離による低周波振動

管路の入口あるいは弁の内部等で大規模なはく離を生じ，そこに循環セルが形成されると，低周波の振動を引き起こすことがある．この現象にはセル内の圧力が流量変化に対して不安定になることが関係していると考えられるが，励振機構はわかっていない．

【5】音響疲労

高差圧の弁あるいはオリフィス等の下流では激しい圧力変動が発生する．その周波数は上述のキャビティトーン，ホールトーン，多孔板およびオリフィス板の自励音の場合と異なり，ランダムで広帯域である．この圧力変動が原因で生じる配管の高周波振動は音響励起振動と呼ばれ，管材料の疲労は音響疲労と呼ばれる．一般に配管は大口径になるほど管の肉厚が相対的に薄くなり剛性が低下するので，音響励起振動による疲労破壊の危険が高まる．音響励起振動では周波数が数百Hz以上と高いので，**図5.4-9**に示すように，配管の音響系，構造系ともに周方向のモードに注目する必要がある．

音響励起振動に関しては，Carucci & Mueller[25]が1982年に実プラントでのトラブルデータに基づく評価手法を発表して以来，各種の設計指針が提案されてきた[25, 26, 28, 29]．

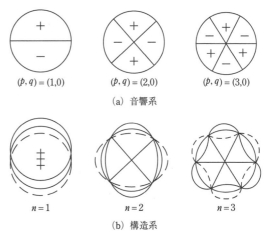

図 5.4-9　周方向振動モード

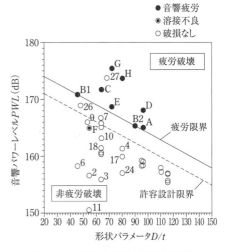

図 5.4-10　配管の音響疲労限界線図[27]

5.4 はく離による自励音等

図5.4-10[27]は式（5.4-4）によって求められる減圧装置下流の音響パワーレベル PWL[25] と配管の肉厚比 D/t（D：管径，t：管肉厚）の関係で表示した音響疲労限界線図の一例であり，設計時の1次スクリーニングに有用である。しかしながら物理的な根拠が乏しいため，課題も指摘されている[30〜32]。

$$PWL = 10\log_{10}\left[\left(\frac{P_1-P_2}{P_1}\right)^{3.6} W_2\left(\frac{T}{Mw}\right)^{1.2}\right]+126.1 \qquad (5.4\text{-}4)$$

ここで，PWL は音響パワーレベル，P_1 は減圧装置上流圧，P_2 は減圧装置下流圧，W は質量流量，T は減圧装置上流温度，Mw は気体の分子量を表す。

音響疲労は分岐管の接続部や配管サポート接続部などの周方向に不連続な溶接部で発生することが知られているが，枝管から高流速でガスが流入する場合などは合流部で生じる流れの乱れによっても配管の周方向の振動モードが励起されることが知られており[33]，配管合流部の健全性評価時には注意が必要である。

5.4.3　トラブル事例と対策のヒント

【1】キャビティトーン

出力を向上させた米国沸騰水型原子炉（BWR）の主蒸気系において，安全弁管台（サイドブランチ）でキャビティトーンにより発生した圧力変動が原子炉圧力容器内まで伝搬して蒸気乾燥器を損傷させた[34]。このようなキャビティトーンの対策として，火力，原子力プラントでは，図5.4-11に示すような，オリフィスやワイヤメッシュ（圧力変動を減衰する機能を持つ）付きのサイドブランチ[35]を安全弁管台に設置している。この減衰構造付きのサイドブランチの設置は，高い共鳴抑制効果を有することが確認されている。

キャビティトーンを低減するには，キャビティの後縁に傾斜や丸みをつけたり，前縁と後縁に段差を設ける等の形状変更も有効である[3,36〜38]。ポンプのウエアリングにおけるラビリンス溝間隔の不等ピッチ化[39]，流量調整弁における多段絞り部のキャビティ体積の減少[40]による対策例も報告されている。

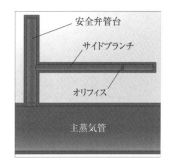

図5.4-11　オリフィス付きサイドブランチを設置した安全弁管台[35]

第5章:管内の圧力波による振動

【2】ホールトーン，多孔板およびオリフィス板の自励音

火力，原子力プラントの主蒸気系では，主蒸気止め弁で発生したホールトーンにより，機器が損傷し，騒音が生じるトラブルが発生している。これらの対策として，図5.4-12に示すようなタブを，弁の上流側に設置することにより，渦輪の発生を抑制し，ホールトーンの防止に成功している[41]。また，孔の入口側に傾斜や丸みをつけて入口での流れのはく離を抑制すると効果がある。2個のオリフィス板が近接して取り付けられる場合には，下流側オリフィスに対しても同様の対策を行う必要がある。弁から流出する環状噴流が，その下流の多孔板に衝突して異常振動を生じたが，入口形状が非鋭角の多孔板を弁プラグの直後に新たに挿入し流れを一様化して対策に成功した事例[42]もある。

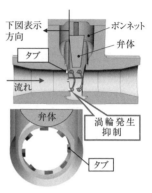

図5.4-12 タブを設置した止め弁[41]

【3】はく離による低周波振動

はく離を防止するには，断面積や流れ方向の急激な変化を避ける必要がある。天然ガス圧送プラントのリサイクル弁の開度を70％以上にすると，約6Hzの大きな振動が弁の上流側管路で発生したが，弁に整流機構を設けることでこの振動が激減した事例がある。図5.4-13[43]は，対策前の弁内部の流れを数値シミュレーションにより調べた結果を示すが，弁の内部（プラグの上流）に大きなはく離域が生じ，そこに循環セルが認められる。

化学プラントにおいて約5Hzの激しい配管振動が発生したが，口径60インチの主配管入口における大規模なはく離に伴う縮流を防止するために，多孔管を取り付ける改造を行い，振動問題を解決した事例[44]も報告されている。

【4】音響疲労

減圧装置における局部流速の増大が圧力変動の高周波成分の発生につながるので，ケージ弁な

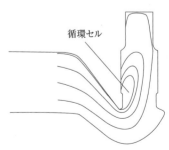

図5.4-13 対策前のケージ弁内の流れ（開度100％における流線）[43]

5.4 はく離による自励音等

どの低騒音弁あるいは多段絞り構造の採用が励振源のパワー低減に有効である。安全弁などの場合には，安全性の観点から目詰まりが懸念される低騒音弁の採用が困難な場合が多く，一台あたりの流量を減らすことで音響パワーを低減することが有効である。また，音響疲労による破損箇所は主に配管周方向に不連続な溶接部であることから，配管長を長くすることで減衰により対象箇所の音響パワーを低減することも有効である[29]。構造物側の対策としては，管の肉厚増加以外にも管の剛性を増すために全周補強パッドやスチフナリングの取り付けも行われる。さらに発生応力を低減するため，分岐部になめらかな形状の配管継手を採用することも有効である[45]。

参 考 文 献

1) Rockwell, D. and Naudascher, E., Ann. Rev. Fluid Mech., Vol. 11 (1979), pp. 67–94.
2) Rossiter, J. E., RAE Tech. Rep. No. 64037 (1964) and Reports and Memoranda No. 3438 (1964).
3) Rockwell, D. and Naudascher, E., Trans. ASME, J. Fluids Eng., Vol. 100 (1978), pp. 152–165.
4) Rockwell, D., Trans. ASME, J. Fluids Eng., Vol. 99 (1977), pp. 294–300.
5) Ahuja, K. K. and Mendoza, J., NASA Contractor Report, Final Report Contract NAS1–19061, Task 13 (1995).
6) Rayleigh, J. S. W., The Theory of Sound, Vol. Ⅱ (1945), pp. 180–183, Dover.
7) DeMetz, F. C. and Farabee, T. M., AIAA Paper 77–1293 (1977).
8) Elder, S. A., Farabee, T.M. and DeMetz, F. C., J. Acoust. Soc. Am., Vol. 72, No. 2 (1982), pp. 532–549.
9) Weaver, D. S. and Macleod, G.O., Proc. Symp. on Flow–Induced–Vibration, ASME, PVP–Vol. 389 (1999) pp. 291–297.
10) Bruggeman, J. C., Doctoral Dissertation, Technische Universität Eindhoven, Eindhoven, The Netherlands (1987).
11) Ziada, S. and Bühlmann, E. T., IMechE, C416/009 (1991), pp. 435–444.
12) Ziada, S. and Shine, S., J. Fluids and Structures, Vol. 13, No. 1 (1999), pp. 127–142.
13) Morita, R., Takahashi, S., Okuyama, K., Inada, F., Ogawa, Y. and Yoshikawa, K., Journal of Nuclear and Technology, Vol. 48 (5), (2011), pp.759–766.
14) U.S. NRC, Regulatory Guide, 1.20, Revison 3, (2007).
15) Chanaud, R.C. and Powell, A., J. Acoust. Soc. Am., Vol. 37, No. 5 (1965), pp. 902–911.
16) Morel, T., Trans. ASME, J. Fluids Eng., Vol. 101 (1979), pp. 383–390.
17) Culick, F. E. C. and Magiawala, K., J. Sound and Vibration, Vol. 64, No. 3 (1979), pp. 455–457.
18) Nomoto, H. and Culick, F. E. C., J. Sound and Vibration, Vol. 84, No. 2 (1982), pp. 247–252.
19) Harris, R. E., Weaver, D. S. and Dokainish, M. A., Proc. Int. Conf. on Flow Induced Vibrations (1987) pp. 35–59.
20) Ramoureux, P. N. and Weaver, D. S., IMechE, C416/093 (1991), pp. 303–312.
21) 振動工学データベース研究会，設計者のための機械振動の実例「v_BASE」フォーラム資料集，機講論，No. 96–5 Ⅱ (1996), pp. 82–83.
22) 佐野勝志，機論，63 巻，610 号，C 編 (1997), pp. 1869–1874.
23) 奥井健一・三上房男・山根隆一郎・竹越栄俊，ターボ機械，20 巻，10 号 (1992), pp. 636–641.
24) 奥井健一・山根隆一郎・三上房男・竹越栄俊，ターボ機械，21 巻，2 号 (1993), pp. 87–91.
25) Carucci, V. A. and Mueller, R. T., ASME Paper No. 82–WA/PVP–8 (1982).
26) Marsh, K. J., van de Loo, P. J., Spallanzani, G. and Temple, R. W., Concawe Report No. 85/52 (1985).
27) Eisinger, F. L., J.Pressure Vessel Technology, ASME, Vol–119, (1997), pp.379–383.
28) MTD Publication 99/100; Guidelines for the Avoidance of Vibration Induced Fatigue in Process Pipework".

第 *5* 章：管内の圧力波による振動

29) Energy Institute; Guidelines for the Avoidance of Vibration Induced Fatigue Failure in Process Pipework". 2nd Edition, January 2008; ISBN 978 0 85293 463 0.

30) Swindell, R., Acoustically induced vibration – development and use of the 'Energy Institute' screening method, Inter−Noise 2012.

31) Nishiguchi, M., Izuchi, H., and Hayashi, I., Investigation of pipe size effect against AIV, Inter−Noise 2012.

32) Izuchi, H., Hayashi, I., Sakamoto, Y. and Nishiguchi, M., Size and Wall Thickness Effect on Evaluation for Acoustically Induced Vibration (AIV), Inter−Noise 2016.

33) 西口誠人・井土久雄, 御法川学, 機論, 80 巻, 812 号, 2014.

34) DeBoo, G., Ramsden K. and Gesior, R., ICONE14−89903, (2006).

35) Takahashi, S., Tamura, A., Sato, S., Goto, T., Kurosaki, T., Takamura, N. and Morita, R., Journal of Nuclear and Technology, Vol. 53 (8), (2015), pp.1164−1177.

36) Ethembabaoglu, S., Division of Hydraulic Engineering, University of Trondheim, Norwegian Institute of Technology(1973).

37) Zhang, X., Chen, X. X., Rona, A. and Edwards, J. A., J. Sound and Vibration, Vol. 221, No. 1 (1999), pp. 23−47.

38) Franke, M. E. and Carr, D. L., AIAA Paper 75−492(1975).

39) 半田康雄・豊永和幸, ターボ機械, 18 巻, 4 号(1990), pp. 220−224.

40) 振動工学データベース研究会, 設計者のための機械振動の実例「v_BASE」フォーラム資料集, 機講論, No. 96−5 Ⅱ(1996), pp. 80−81.

41) 高橋志郎・田村明紀・下野展雄・堀茂和, 日本機械学会流体工学部門講演会講演論文集, (2010), pp.299−300.

42) 振動工学データベース研究会, v_BASE フォーラム, 機講論, No. 024−1(2002), pp. v11−v12.

43) Schafbuch, P. J., McMahon, T. and Kiuchi, T., Proc. Symp. on Fluid−Structure Interaction, Aeroelasticity, Flow−Induced Vibration and Noise, ASME, AD−Vol. 53−2(1997), pp. 507−516.

44) van Bokhorst, E., Goos, F., Korst, H. J. and Bruggeman, J. C., Proc. Symp. on Fluid−Structure Interaction, Aeroelasticity, Flow−Induced Vibration and Noise, ASME, AD−Vol. 53−2(1997), pp. 533−541.

45) API (American Petroleum Institute) Standard 521, 6th Edition, January 2014.

5.5 弁の関係する振動

　配管系の圧力や流量等を調整する弁や往復圧縮機等のピストン/シリンダに用いられている弁では，その種類やその前後の配管系に依存してさまざまなメカニズムの振動現象が発生し，主要な振動トラブル源の1つとなっている。本節では，弁内部の流れによる弁体の振動，および弁の振動と管路内流体挙動が連成することによって生じる振動に分けて解説する。

5.5.1　弁体の振動

【1】検討対象の概説

　弁が比較的小開度で使用される場合，弁の振動に起因するすきま流れによる流

5.5 弁の関係する振動

体力変動が比較的大きいため，すきま流れによる自励振動や乱流励起振動が発生し，弁そのものの損傷につながる。

【2】弁のフラッタ

バタフライ弁（図5.5-1）等では，ある開度条件で，航空機等の翼で発生するフラッタ現象が発生することがある（3.2.2項を参照）。

一般的には弁体の取り付け剛性を増すことによりフラッタが発生する限界流速を上げることが可能である。フラッタが発生しない開度で運転すればフラッタを回避することはできるが，弁開度を大きくするために弁やオリフィス等を追加しても回避することができる場合がある。

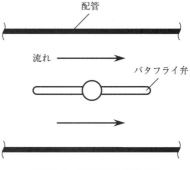

図5.5-1 バタフライ弁模式図

【3】すきま流れにより発生する自励振動[1]

a. 概　説

図5.5-2に示すようなオリフィスすきま部では，弁の振動による壁面の移動によってすきまが変化するとすきま流れの変動を引き起こす。この流速変動が流体力としてフィードバックされる。末広

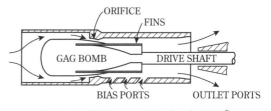

図5.5-2 環状すきまを有する弁の自励振動[2]

流路形状の場合や入口に局所損失がある場合，流体力が負の減衰力として作用し，自励振動を発生させることがある（3.3節を参照）。

b. 評価方法

一般的に先細流路にすれば，自励振動およびダイバージェンスタイプの不安定を回避できる場合が多い。末広流路にすると，流れのはく離の乱れによる流体励振力も大きくなるので，設計上は避けた方がよい。

237

第5章:管内の圧力波による振動

【4】流れの乱れによる弁の振動

a. 概説

弁付近では,流れが湾曲されることにより,流れの乱れが生じ,弁が振動することがある。弁開度が小さい蒸気系の弁では,のど部でチョークする激しい流れとなり,弁が振動するとともに下流側配管も振動させることがある。また,上流配管,もしくは弁本体内部から発生する渦の発生振動数と弁の固有振動数が一致して共振することがある[3]。

液体が作動する弁では,流れが絞られ流速が増すことによりキャビテーションが発生し,その崩壊時に発生するランダムな圧力変動により弁が振動することがある[4](図5.5-3)。

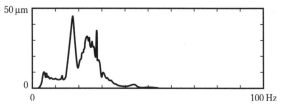

図5.5-3 キャビテーションによる弁の振動の周波数分析[4]

b. 評価方法

流れの乱れによる強制振動であるため,弁の固有振動数にピークを持つ広帯域なランダム振動となる。キャビテーションは,キャビテーション係数C_vが

$$C_v = (P - P_v)/(0.5\rho U^2) < 1 \sim 1.5 \qquad (5.5\text{--}1)$$

となるときに激しく発生する。ここで,P,Uは圧力および流速,ρは流体の密度,P_vは流体の飽和蒸気圧である。

振動対策としては,流れの乱れによる加振力を下げるか,弁または弁棒の剛性強化,減衰の付与のいずれかが一般的である。また,周期的な渦との共振の場合は,弁の固有振動数を変えることが対策となる。キャビテーションについては,配管系を見直し,圧力が低くなる部位に弁が設置されないようにするか,弁やオリフィス等を追加し減圧を多段で行い一段あたりの減圧を小さくすることで発生を防ぐことができる。

5.5.2 弁と管路内流体との連成振動

【1】検討対象の概説

弁と管路が接続された系においては,弁単体が自励振動に対して安定であって

5.5 弁の関係する振動

も弁と管路内流体とが連成した自励振動が発生することがある。この自励振動は，プラントや水理構造物，および高圧となる油圧管路系で多く発生している現象であり，図 5.5-4 に示すようなスプール弁やポペット弁等を対象として，図 5.5-5 に示すようなさまざまな弁管路系について研究されている。

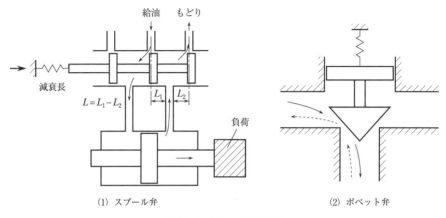

図 5.5-4 対象とする弁の例

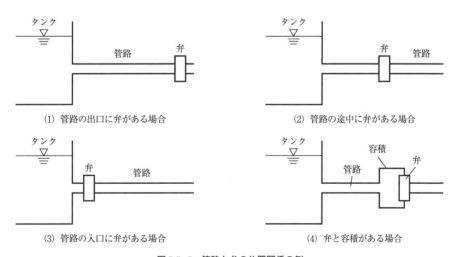

図 5.5-5 管路と弁の位置関係の例

第5章:管内の圧力波による振動

【2】現象の説明と評価の歴史

Weaverは,流れがあると閉じる弁が配管系に取り付けられている場合,管路内流体振動の弁振動に対する遅れにより自励振動が発生することを示した[2]。藤井らは,上流の圧力が上がると流速が減少するような条件で弁を使用する場合,管路系の固有振動数が弁の固有振動数よりも低ければ,管路内の圧力波動と弁振動との連成により自励振動が発生することを示した[5]。上流の圧力が上がると開度が増す弁については,前田および藤井らの研究がある[5,6]。藤井らは,この場合,管路系の固有振動数が弁の固有振動数よりも高い場合には自励振動が生じることを示した[5]。

この他,F. D. EzekielやF. W. Ainsworthらは,管路の下端にスプール弁が接続されている場合の弁管路系の安定性について研究した[7,8]。図5.5-4のようなスプール弁では減衰長Lが正であれば弁単体としては安定であるが,弁と管路が接続した系では弁の固有振動数と管路系の固有振動数の関係によっては自励振動が発生することがある。

以下では上記の振動現象のうち,流れがあると閉じる弁,および流れがあると開く弁の振動現象について説明する。

【3】流れがあると閉じる弁で発生する自励振動[2]

a. 管路内流体の遅れに起因する自励振動

図5.5-6のような流れがあると閉じる弁では,小開度時に自励振動現象が発生することがある。弁構造の剛性をk,弁体の平衡状態の変位をx_0,流体の密度をρ,有効静水頭をΔH,弁の有効断面積をA_vとするとき,小開度の釣り合い位置では次式が成立する。

$$kx_0 = \rho g \Delta H A_v \quad (5.5\text{-}2)$$

静的状態では,kx_0が式(5.5-2)の右辺以下では閉まりっぱなし,以上では開きっぱなしとなる。

弁が開いたり閉じたりすると,流れがそれに応答して加減速するが,流体慣性の効果があるとその応答が遅れる。この遅れにより,流体力が弁の振動を助長するタイミングで加わると自励振動が発生する。

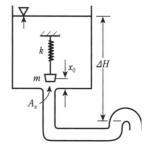

図5.5-6 流れがあると閉じる弁[2]

5.5 弁の関係する振動

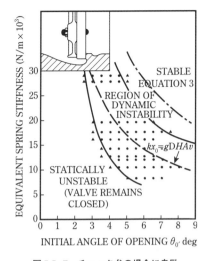

図5.5-7 チェック弁の場合に自励振動が発生する条件[2]

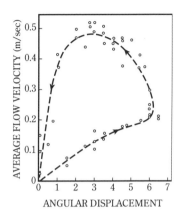

図5.5-8 流体慣性により生じるヒステリシス[2]

図5.5-7に，チェック弁の場合に自励振動が発生する条件を開度と弁構造の剛性との関係として示す。

流体慣性により生じるヒステリシスの例を図5.5-8に示す。遅れは流体の慣性力の違い（流体密度が高いほど，また接続される配管系の長さが長いほど，流体慣性力は大きい）により大きく影響を受ける。流体慣性力が大きい場合は，長周期・大振幅で振動し，流体慣性力が小さい場合は，単周期・小振幅で振動する。

このような自励振動についてKolkmanの線形解析によって，単純な判定条件が示されている。すなわち，自励振動発生条件は，

$$kx_0 < 2\rho g \Delta H A \left(\frac{m}{\rho A L} + 1 \right) \approx 2\rho g \Delta H A$$

（ただし，mが十分に大きい場合） (5.5-3)

である。ここでmは弁構造系の質量である。閉まりっぱなし，および開きっぱなしになる境界の開度が十分小さくなるように高い弁剛性kをとり，開度を式(5.5-3)の条件を満たすところで維持しようとしなければ，自励振動は発生しない。式(5.5-3)の右辺は，式(5.5-2)で示した静的釣り合い状態における剛性の2倍である。

b. 管路内波動と弁運動との連成による自励振動[9]

図5.5-9に示す一定圧力のタンクと管路と弁からなる系の安定性を考える。

管路入口，出口での境界条件と平衡点は図5.5-10のように示される。

ここで，Pは圧力，Vは流速である。出口端に通常の弁がある場合は$P \propto V^2$となる。P_Sはタンクの圧力，交点のP_0, V_0は定常状態での管路内の圧力と流速である。

ここで，管路内に変動が生じて圧力がP_0+p，流速がV_0+vになったとすると，p, vはつぎのように表される。

$$p = F(t-x/a) + f(t+x/a) \tag{5.5-4}$$

$$v = (1/\rho a)\{F(t-x/a) - f(t+x/a)\} \tag{5.5-5}$$

ρは流体の密度，aは波動伝搬速度である。平衡点(V_0, P_0)の近傍で境界条件を線形化すると，

$$p = -b_1 v \quad (b_1>0,\ 入口端) \tag{5.5-6}$$

$$p = b_2 v \quad (b_2>0,\ 出口端) \tag{5.5-7}$$

入口端，出口端での波の反射の条件を考慮すると次式を得る。

$$\left.\begin{array}{l} F(t) = R_1 R_2 F(t-2l/a) \\ R_1 = (1-b_1/\rho a)/(1+b_1/\rho a) \\ R_2 = (1-b_2/\rho a)/(1+b_2/\rho a) \end{array}\right\} \tag{5.5-8}$$

$|R_1 R_2|$は波が管路を1往復するときの増幅率であり，系が安定である条件は

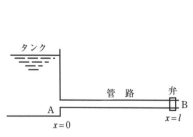

図5.5-9 一定圧力のタンクと管路と弁からなる系[9]

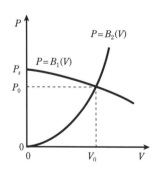

図5.5-10 境界条件と平衡点[9]

$|R_1R_2|<1$ となる。図 5.5-10 のような場合は $b_1>0$, $b_2>0$ で $|R_1|<1$, $|R_2|<1$ となるから安定である。

つぎに図 5.5-11(a) のように圧力が高くなると閉じる弁を考えると，
$$h = h_m - A_b P / k \quad (5.5\text{-}9)$$
となる。h は弁と弁座のすきま，h_m は最大すきま，A_b は弁受圧面積，k はばね定数である。弁の開口面積が h に比例し流量係数が一定すると，流量 Q は，
$$Q = C(P_m - P)\sqrt{P} \quad (5.5\text{-}10)$$
と表される。式(5.5-10)を Q を横軸，P を縦軸で図示すると，図 5.5-11(b) の実線になる。この弁が管路の出口端にあるとき，平衡点の圧力が図 5.5-11(b) の(i)のように $P_m/3$ 以下であれば安定である。一方，(ii)のように圧力源の圧力が高く平衡点の圧力が $P_m/3$ より高くなると，式(5.5-8)で $b_2<0$ となり，$|R_1|>1$ となる。b_1 が小さいと $|R_1R_2|>1$ となり，系は不安定になる。

図 5.5-11(a) のような弁では，前後の圧力差から流体力を求めるが，スプール弁やポペット弁等の場合は運動量理論を用いて流体力を求めることができる[10]。

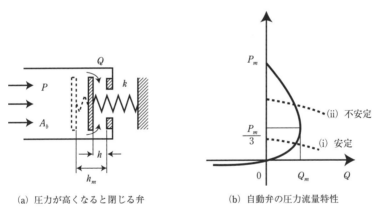

(a) 圧力が高くなると閉じる弁　　(b) 自動弁の圧力流量特性

図 5.5-11　管路系にある自動弁[9]

【4】流れがあると開く弁の自励振動
a. 弁室内流体の圧縮性による遅れに起因する自動弁の自励振動[6]

ディーゼルエンジンの燃料噴射弁で自励振動が発生することがある。図 5.5-12 に示すような弁と弁室からなる系を考える。弁室内の圧力は P_s で一定とし，出口圧力 $P_2=0$ とする。ここで x が十分小さければ，弁を通過する流量 Q は次式となる。

第5章：管内の圧力波による振動

$$Q = C_d \pi dx \sin\alpha \sqrt{\frac{2P}{\rho}} \qquad (5.5\text{-}11)$$

C_d は流量係数である．式(5.5-11)を平衡点 x_0，P_0 まわりに線形化すれば，次式となる．

$$\frac{\Delta Q}{Q_0} = \frac{\Delta x}{x_0} + \frac{\Delta P}{2P_0} \qquad (5.5\text{-}12)$$

弁室内の連続の式は，弁室内に流入する流体体積を Q_s，体積弾性率を K として，次式となる．

$$\Delta Q_s = \Delta Q - \frac{V_0}{K}\frac{d(\Delta P)}{dt} \qquad (5.5\text{-}13)$$

一方，Q_s は下記の式（5.5-14）で表せるため，これを微分すると ΔQ_s は式（5.5-15）のようにも表現できる．

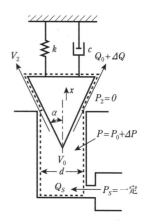

図5.5-12　弁モデル[6]

$$Q_s = C_s\sqrt{\frac{2(P_s - P)}{\rho}} \qquad (5.5\text{-}14)$$

$$\Delta Q_s = \frac{-C_s}{\sqrt{2\rho(P_s - P_0)}}\Delta P \qquad (5.5\text{-}15)$$

弁体の運動方程式は，弁体の有効断面積を A として，式(5.5-12)(5.5-13)(5.5-15)を考慮すると，ラプラス変換した形で次式となる．

$$ms^2\tilde{X} + cs\tilde{X} + k\tilde{X} = A\tilde{P}$$

$$\tilde{P} = \left[\frac{-C_s}{Q_0\sqrt{2\rho(P_s - P_0)}} - \frac{1}{P_0} + \frac{V_0}{Q_0 K}s\right]^{-1}\frac{\tilde{X}}{x_0} \qquad (5.5\text{-}16)$$

ここで $\tilde{X}$，$\tilde{P}$ は，ラプラス変換された変位と圧力である．式(5.5-16)より，弁に作用する圧力の項は，弁室内の流体の圧縮性により1次遅れの項を含み負減衰力が発生し得る．Routh-Hurwitz の安定判別条件等を用いて，自励振動が発生するか評価できる．一般的に x_0，c が小の場合に不安定となるため，弁の開度が小の状態で使わないか，減衰を付加することにより自励振動を回避することができる．

b. 管路内波動と弁振動との連成による自励振動[5]

藤井らは，242頁の【3】b で示したのと同様の解析により，弁の固有振動数が管

路系の固有振動数よりも低い場合には自励振動が生じることを示している。

5.5.3 トラブル事例

弁に関連するトラブルはきわめて多い。以下にトラブル事例をあげる。

① 八つ沢発電所の水圧鉄管の振動 [11]

水車の運転を停止し，スルース弁を閉じた際，水圧鉄管内に激しい同期的かつ持続的な圧力変動を生じた。調査の結果，パッキンが傷みスルース弁が全閉位置よりも数センチ手前までしか閉じていないことがわかった。また，水車の案内羽根は全閉にしてもいくらか漏水がある。このスルース弁は，圧力差が増すとともに，通過する流体の量を減ずるように動作するため，弁―管路系の自励振動が発生した。パッキンを修理し，スルース弁を完全に閉じることで自励振動は発生しなくなった。

② 農業用管水路における減圧弁の自励振動 [12, 13]

灌漑用管水路の端末部では，流量の確保とともに所定の管内圧力を維持するように流況を操作する必要がある。管路の圧力調整と制御の手段として図5.5-13のような自動応答型の減圧弁が用いられている。減圧弁が外乱に対してすばやく応答するように応答感度を設定した場合，管内の圧力変動と弁振動の連成した自励振動が発生した。減圧弁の応答感度を鈍くすることで管路内圧力の自励振動現象を防ぐことができる。

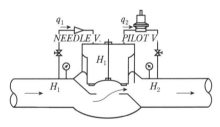

図5.5-13　自動応答型減圧弁 [13]

③ 自動車のパワーステアリング系の自励振動 [14]

パワーステアリング（図5.5-14）では急操舵を行った際，音を伴った振動が発生することがある。パワーステアリングは，ポンプ，ステアリングギヤ，

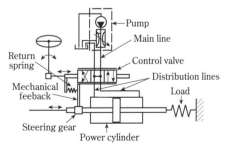

図5.5-14　パワーステアリング系の概略図 [14]

第5章：管内の圧力波による振動

コントロールバルブ，パワーシリンダからなる。ステアリングギヤは入力であるハンドルと，出力であるパワーシリンダのピストンを機械的に連結するものであり，バルブはハンドルの変位とピストン変位の偏差に応じパワーシリンダへの油圧の供給を制御するものである。

このような系において，ハンドルを切り込んで戻し始めるときにバルブと管路の連成した自励振動が発生した。コントロールバルブの感度を低くする，適切な主管路長を選択する，分配管路長を短くする，ピストンの質量を小さくする等の対策がある。

④ プラントの蒸気加減弁における中間開度時の圧力脈動 [15, 16]

プラントの蒸気系の流量調節弁では，プラント起動時などの中間開度の状態において圧力脈動が顕著となることがある。この事象について，空気および蒸気を用いたモデル実験・CFD解析を実施した結果，中間開度時にのみ流れが振動し，その一部が弁体に付着することで生じた偏流が反対側の流れと衝突して局所的な高圧領域が発生すること，さらに，その高圧領域が配管周方向に回転することで圧力脈動が発生することが明らかとなった（**図 5.5-15**）。

対策として，弁体の形状を変更して，**図 5.5-16** のように流れが弁座側に沿うような形状とすることで，開度に依らず圧力脈動の低減がなされた。

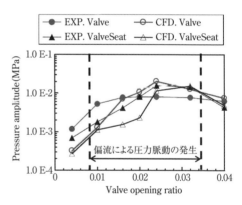

図 5.5-15 弁体開度と弁部の圧力脈動の RMS 振幅（モデル試験および CFD 解析結果，流入圧力 0.5MPa）[15]

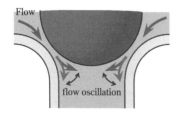
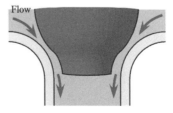

図 5.5-16 従来の流量調節弁の概要形状（左）と圧力脈動を抑制する弁体の概要形状（右）

5.5 弁の関係する振動

⑤ 蒸気系の弁後流の大口径配管に取り付けられた機器の誤動作

蒸気系の弁をプラント起動時に小開度で使用した際，のど部でチョークする激しい流れとなり，その広帯域の圧力脈動源によって，下流側の大口径配管で図5.5-17に示すような数百Hz程度の高次の圧力脈動モードが卓越し，下流側に伝搬した。かなり下流側に取り付けられた圧力スイッチが，圧力脈動の振動数付近に固有振動数を有しており，誤動作によりプラントが停止した。対策として，圧力スイッチの位置を振動の影響を受けにくい場所に移設した。

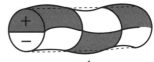

図5.5-17 管構造と高次音響モードとの連成振動モードの例

⑥ 安全弁配管のキャビティトーン[17]

ベンド下流4Dの位置に図5.5-18のような安全弁がある蒸気配管で，1/4波長の共鳴モードのキャビティトーンが発生し，大きな振動，騒音を発生した。対策としては図5.5-18のような入口形状とすることで，渦の定常的な発生/崩壊を防いでキャビティトーンの発生を防止する方法や，流れの乱れの大きい領域を避けるためベンド下流9～10D離して安全弁を設置する方法がある。

⑦ 発電所タービンの高圧バイパス制御弁の振動[18]

図5.5-19のような蒸気弁で，ケージが亀裂を生じるトラブルが発生した。騒

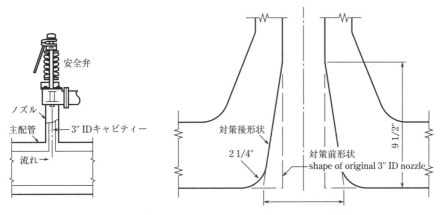

図5.5-18 安全弁でのキャビティトーン発生とその防止対策[17]

第5章：管内の圧力波による振動

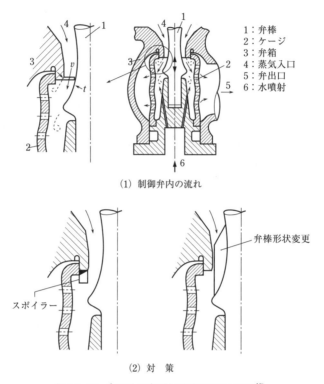

(1) 制御弁内の流れ

1：弁棒
2：ケージ
3：弁箱
4：蒸気入口
5：弁出口
6：水噴射

(2) 対　策

図 5.5-19　高圧バイパス制御弁内の流れと対策[18]

音のピーク振動数は弁開度が増すと下がる傾向にあり，どこかの条件でケージが共振し破損したと推定された．メカニズムは弁座からはく離した流れがケージに衝突して上流側にフィードバックすることにより自励音を引き起こしていると推定された．対策としては，はく離点付近にスポイラを設けたり弁棒形状を変更したりして乱れを生じさせ，衝突点までの流れの相関を弱める方法がある．

⑧　高圧タービン制御弁の振動[18]

図 5.5-20 のような弁で騒音が発生し，弁棒とシュラウド間のピストンリング部の損傷が生じた．メカニズムは弁先端からはく離した流れがシュラウドに衝突して圧力変動が発生し，それと弁内部の共鳴モードが連成して大きな騒音が発生していると推定された．対策としては弁内部の気柱共鳴による周方向への流体の移動を妨げるようにガイドベーンを設けた．

5.5 弁の関係する振動

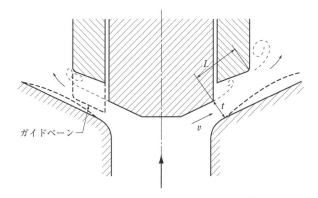

図5.5-20　タービン制御弁内の流れと対策[18]

⑨　キャビテーションを伴う流量調整弁の振動[19,20]

図5.5-21のようなグローブ型の流量調整弁で，弁軸が折損するトラブルが発生した。プラント定期検査での試験運転時に低弁開度で使用した際，キャビテーションを伴う流れによって振動が増大し折損に至ったと推定された。モデル試験弁を用いて調査した結果，

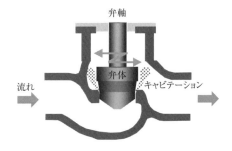

図5.5-21　グローブ型流量調整弁の概略図

あるキャビテーション係数Km^*を超えると弁体の固有振動数で急激に振幅が増大することが判明，振動応答と弁体に加わる変動流体力の関係から，キャビテーションを伴う流れと構造の連成による自励振動が生じていることがわかった。運用上の対策として，振幅が閾値以下となる弁開度下限値を設定した。

　＊　$Km = dP/(Pa-Pv)$, dP：弁差圧，Pa：弁上流側圧力，Pv：流体の飽和蒸気圧

5.5.4　対策のヒント

弁の振動メカニズムおよびその対策は，弁の種類によってさまざまである。一般的には，弁構造の剛性をあげることや減衰を増すことで効果が期待できる。

また，弁開度が小さい状態のときに振動が発生することが多い。そのため，設

第5章：管内の圧力波による振動

計時には適切な開度で運転できるような弁を選定することが重要である。とくに，起動過渡時や部分負荷時等の条件を見落としやすいので注意が必要である。トラブルが発生したときには，1段の弁であれば，1段あたりの減圧が小さくなるように，弁を追加したり，オリフィスを設置すること等が有効である。

参 考 文 献

1) 稲田・葉山, 機論 C53 (1986), 933–939.
2) Weaver, D.S., Practical Experiences with Flow–Induced Vibrations, Editors：Naudascher, E. & Rockwell, D., Springer–Verlag, (1980), pp. 305–319.
3) 日本機械学会 D&D Conf. /V–BASE, No. 139.
4) 日本機械学会 D&D Conf./V–BASE, No. 76.
5) 藤井, 機論, 18–73 (1952), 182–184.
6) 前田, 機論, 35–274 (1969) 1285–1292.
7) F. W. Ainsworth, Trans. ASME, 78–4 (1956), 773–778.
8) F. D. Ezekiel, Trans. ASME, 80–4 (1958), 904–908.
9) 振動工学ハンドブック, 養賢堂
10) 竹中・浦田, 機誌, 71–599 (1968–12), 1684.
11) 藤井, 機械の研究, 1 巻 11 号 (1949).
12) 長ら, 農土論集 (1988–6), 135, pp. 91.
13) 長, 鹿大農学術報告, (1989), 第 39 号, 273–286
14) 松永ら, 平成 3 年秋季油空圧講演会講演論文集 (1991), pp. 125–128.
15) ASME J. of Fluids Engineering, Vol.129, pp.48–54 (2007).
16) 2007 ASME Pressure Vessels and Piping Conference No.2007–26444.
17) Berstein, M. D. *et al*., Flow–induced Vibration–1989, ASME.PVP–Vol.154 (1989), p. 155.
18) S. Ziada, *et al*., J. of Fluids & Structures 3, 1989, pp. 529–549.
19) 渡邉勝信・ほか 3 名, キャビテーションを伴う調整弁の流力振動, Dynamics and Design Conference 2008, #240, 日本機械学会.
20) 振動工学データベース研究会, v_BASE（振動工学データベース）フォーラム資料集, No.08–14（2008）, pp.27–28.

熱に起因する振動

第6章で取り扱う内容は，熱や燃焼による振動と騒音，凝縮による流体振動，沸騰にともなう流体振動等の熱が関係した振動音響現象である。過去に燃焼器や各種プラントなど産業用機器で問題となった事例は数多く報告されているが，いくつかの原因が絡み合って発生する複雑な現象であるため，現在でもこの種の振動問題は解明されていないものも多い。

以下では，数多くの文献を引用しながら，振動騒音発生のメカニズム，評価法，対策について解説する。

第6章：熱に起因する振動

6.1 熱・燃焼による振動騒音

6.1.1 現象の概要と分類

ボイラ，熱風炉，加熱器，ガスタービン，熱交換器，蒸気発生器等では，熱や燃焼による振動・騒音が発生して操業や環境に支障をもたらすため，その対策は重要な課題である．燃焼による騒音振動は，燃焼振動と燃焼轟音とに分けられる[1]．

燃焼振動は，炉や管路系の音響特性と燃焼加熱系の相互作用が原因となって生じる自励的な気柱振動で，そのスペクトルは図6.1-1 に示すような顕著な卓越周波数特性を示す．管路系に置かれた加熱源や冷却源によっても同様の自励振動が生じ，これらは熱気柱振動と呼ばれている．熱気柱振動の発生原理を模式的に示すとつぎのようになる．図6.1-2 に示すようなヘルムホルツ管は，首部の質量と容量部のばねからなる振動系にモデル化され，初期外乱によって生じた自由振動は通常時間とともに減衰するが，もし内部に熱源があり，質量が外向きに移動する（容積部気体が膨張する）タイミングで発熱するようなフィードバックメカニズムが存在すれば，熱膨張による容積内流体の体積増加が質量を加速させるように作用して振動は成長する．このように発熱量が振動の速度や圧力の影響を受け，そのフィードバック作用によって生じる自励振動が熱気柱あるいは燃焼振動である．

燃焼轟音は，発熱変化や流れの乱れによって生じる強制振動的な現象である．燃焼反応も細かく見れば，ランダムに点火されて発熱変動しており，この不均一燃焼あるいは発熱の時間変化が体積膨張の変化となって轟音の発生をもたらす．さらに，加熱によって膨張した燃焼ガスの流れによる噴流騒音が付加される．開放火炎での轟音の周波数は，図6.1-3(a) のように幅広いスペクトルを有するが，燃焼が管内で行われると，管系の固有振動との共鳴で図6.1-3(b) のような卓越した周波数が現れる．以下，この節の前

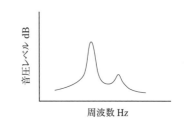

図6.1-1　燃焼振動による音圧のスペクトル

図6.1-2　熱気柱振動の発生

6.1 熱・燃焼による振動騒音

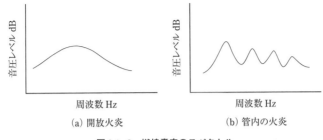

図 6.1-3 燃焼轟音のスペクトル

半では燃焼振動を，後半では燃焼轟音を取りあげる。

6.1.2 燃焼振動

【1】研究・評価の歴史

Higgins は，1777 年に図 6.1-4 に示す先端開，または閉の中空管に水素ガスの拡散炎バーナをさしこむと音が発生することを発見した[2]。その後 Sondhauss は流れのない閉端管を，Rijke は鉛直に置かれた両端開の管を用いて加熱による発音実験を行った[3,4]。彼らの研究から一端開他端閉および両端開の加熱管はそれぞれ Sondhauss 管，Rijke 管と呼ばれている。一様流がある場合，高温の加熱体の代わりに周囲の気体より低温の金網を管内の下流側に置くことによっても音が発生することが 1850 年代に Bosscha & Rises によって発見された[5]。これらの熱励起振動は Singing Flame，Gauze Tone 等と呼ばれており，ボイラや加熱器を扱う現場では缶鳴りと呼んでいる。

発音現象は音響系の振動特性と発熱作用の相互作用効果によって生じる自励振動であるが，その発振条件として，Rayleigh は著書"The Theory of Sound"[5]の中で Singing Flame について触れ，「管内気柱が密のときに時熱が入り，粗のとき熱を奪われる関係があれば振動が成長し，逆の関係があれば減衰する」と述べている。また Bragg は，著書"The World of Sound"の中で「膨脹過程で熱をもらい，圧縮過程で熱を奪われる気柱は励振される」と説いている[6]。

このような熱・燃焼振動の発生原因およびメカニズムの

図 6.1-4 Higgins の実験

第6章：熱に起因する振動

解釈としてはつぎのような考え方が示されている。

① 熱源近傍温度分布変化による気柱振動

これは一様流のある管路系気柱振動を対象としている。**図6.1-5**のようなRijke管の一部をヒータやバーナで加熱すると自励音が発生する（加熱でなく冷却の場合でも同様の現象が生じる）。具体例を示すと，ヒータを管長17 mの上流側4.3 mの位置に置くと10 Hz，30 cm管の上流7.5 cmの位置に置くと600 Hzの振動が観測される[6]。発生する音は純音またはその高次の音が重なった現象であり，振動数は管内気柱の固有振動にほぼ等しく，基本振動数のみならず高次の振動数のみの発生も可能である。振動を発生する熱源の位置と振動モードの関係は定まっている。**図6.1-6**に示すように，気体の流れの方向に対して加熱源が圧力変動の節から腹までの間にあると，その振動モードの励振源になり得るが，腹から節の間にあるときはその振動を抑制するように作用する。冷熱源ではこれと逆になる。いずれの場合でも，その効果の大きさは節と腹の中央において最大となる。

この現象のメカニズムは斎藤[7]によって明らかにされた。流れのある管路系の中に熱源があると，その近傍の温度分布は**図6.1-7(a)**実線のようになるが，平均流に重畳して速度変動が生じると，**図6.1-7(a)**破線のように速度が増加したときには温度勾配がゆるやかに，逆に速度が減少したときには急勾配となる。すなわち，振動によって速度が減少した時点では，加熱近傍の温

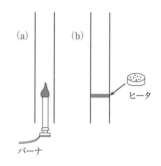

図6.1-5　バーナ加熱とヒータ加熱

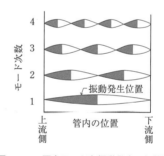

図6.1-6　圧力モードと振動発生の加熱源位置

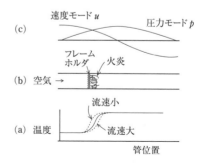

図6.1-7　気柱振動発生機構[7]

度が平均値から見て相対的に上昇し熱膨張する結果，速度モードの腹から節（圧力モードの節から腹）にかけての位置に加熱源があると，圧力が低下する膨張行程で温度が上昇し，流体を加速するように作用して発振する。圧力モードの腹から節の位置におくと逆に振動が減衰する。

班目[8]は図6.1-8に示すような実験装置を作成して，電気ヒータ加熱や都市ガスによるバーナ燃焼を行って振動が生じる状況を調べ，振動モードと振動発生熱源位置の関係が図6.1-6のようになることを確認した。さらに，熱源による発振エネルギを算出する方法を提示している。

山口ら[9]は図6.1-8と同様の装置で，バーナ上流側管端の境界条件や管長を変更できるようにして予混合燃焼による実験を行い，振動の発生領域に関して図6.1-9のような結果を得ている。上流側または下流側の管長を短くすれば振動は起こりにくいことがわかる。

日本バーナ研究会でも，実験装置として図6.1-8と同様の小規模燃焼実験装置，および燃焼量10 km^3/h 負荷程度の中規模実験装置を製作し，燃焼振動の実験と解析を行っている。そして班目理論に基づく計算プログラムを開発して振動モードおよび発振エネルギを計算し，発生可能な振動数と振動モード，さらには燃焼振動が発生するかどうかの判定が計算によって予測できることを確認した[10]。また対策法として，バーナ上流側管長や容積を小さくすること，ヘルムホルツ共鳴器を設置する方法が有効であることを確かめた。

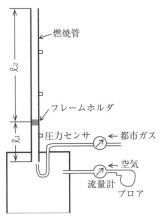

図6.1-8　実験装置[8,9]

② 熱音響的作用による気柱振動

甲藤[11]は流れのない管路に熱源を置いた場合の実験を行い，気柱振動の現象を確かめた。このような平均流れのないSondhauss管における発振機構の説明として，熱音響学理論を基にした考え方があり，Carter, Feldman, Kramer, Rott等の研究をSwift[12]が紹介している。これは，管壁等流体に接する固体部に管路方向の大きな温度勾配が

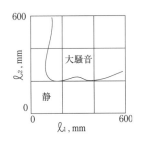

図6.1-9　振動発生限界

第6章：熱に起因する振動

ある場合，固体熱源と振動流体との熱移動が振動原因になると考えるものである。図6.1-10に示すSondhauss管において管壁に閉端側が高温になるような温度勾配があるとする。このとき流体が右側に圧力の腹，左側に節があるモードで振動する場合を考えると，粒子塊が右方向に移動する時点では圧力は上昇し，流体は圧縮されて温度が上昇する。しかし，粒子塊は

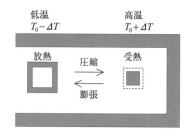

図6.1-10　熱音響による発振[12]

高温側に移動しているので壁からの熱供給を受け，さらに温度が上昇しようとする。逆に左側に移動したときには，膨張によって温度が下がるにもかかわらず低温壁へ熱を放出する。ところが熱の移動に遅れがあるので，粒子塊が右方向に動く間に壁から受ける熱量よりも左方向に動く間に壁から受ける熱量の方が多くなり，相対的に左方向に運動する膨張行程で熱が供給されることになって，図6.1-2で示したような原理で振動が成長する。

③　燃焼系の遅れによる振動現象

熱源が火炎の場合にはつぎのような考え方が多く用いられている。燃焼振動は，発熱量が気柱振動の圧力や流速の変化のフィードバック作用で生じるものであり，図6.1-11のような系で説明される（図では圧力フィードバックの場合を示している）。ここでZは，発熱量変化に伴って生じる体積変化率（体積速度）qを加振入力として，振動圧力pまたは振動速度uを応答出力と考えたときの音響系の伝達関数であり，Aはpあるいはuによる体積変化率qの影響を伝達関数で表したものである（p，uが変動すると発熱量や温度が変化し熱膨張によって体積が変化する）。制御理論より一巡伝達関数ZAのゲインが1より大きく位相が180°以上遅れると

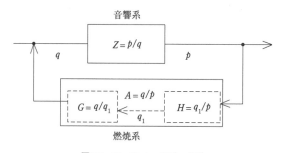

図6.1-11　フィードバック系

6.1 熱・燃焼による振動騒音

発振する。ZA は周波数の関数となり，ゲインの高くなる音響系の固有振動数において位相遅れが大きいと発振しやすくなる。発熱変動に対する振動の影響としては，(a)圧力フィードバック，(b)速度フィードバックが考えられる。Jones ら[13]は燃料の噴出量が圧力変動に関係するとし，噴出から燃焼までの時間遅れを振動発生の原因と考えた。また Merk[14] や Putnum & Dennis[15] は熱伝達量が流速変動に関係し，熱が供給される位相は流速変動より遅れると説明している。時間遅れ量として Merk は火炎長を平均燃焼速度で除した値を，Putnum & Dennis はほぼ 45°の大きさを与えている。Carrier はリボン状の加熱体では気体に出入する熱量の位相が流速変動より $3\pi/8$ 遅れることを数学的モデルから求めている[16]。

(a)の発熱変動が振動圧力の影響を受けるとの考えでは，たとえば管内の圧力が低下した時点では，供給源との差圧が大きくなって燃料供給流量が増える。この燃料が燃焼反応する位置までの移動や，着火に伴う遅れ等によって発熱が3/4周期ほど遅れると，圧力が減少する膨張行程で熱供給されることになり，振動を助長することになる。このような現象を扱うのに図 6.1-11 で A を G と H に分解した圧力フィードバックモデルが用いられている[17]。ここで $H=q_1/p$ は燃料供給系の応答特性，$G=q/q_1$ は火炎部の応答特性であり，q は火炎直後部の体積速度，p，q_1 は火炎直前燃料供給部の音圧と体積速度である。G, H は振幅と位相の情報を持ち複素数で表される。G の伝達関数は，図 6.1-12 に示す移送遅れモデルや実験によって求められ，図 6.1-13 のような特性になる。移

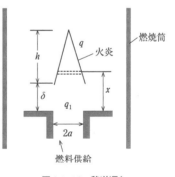

図 6.1-12 移送遅れ

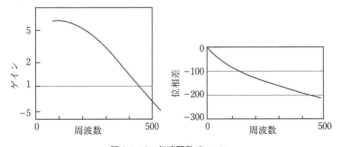

図 6.1-13 伝達関数 $G=q/q_1$

第6章：熱に起因する振動

送遅れモデルでは燃料が供給管から噴出され，火炎となって燃焼するまでに距離 x だけ進まなければならない。この移動に要する時間の遅れを考えている。着火遅れに関しては固体や液体燃料は気体燃料より大きく，また，予混合燃焼より拡散燃焼の方が大きいと考えられるが，定量的な把握はできていない。

（b）の速度フィードバックは，燃焼が振動速度の影響を受けると考えるもので，たとえば噴霧燃焼では，燃焼部の流入側振動速度が大きくなると燃焼率（発熱量の時間変化率）が増加するといわれている。①で述べた熱源による気柱振動メカニズムは，熱源近傍の温度変化分布が速度の影響を受けるものであり速度フィードバックに該当する。

また，燃焼システムを燃焼器やノズルなどの各要素として捉え，これらの組み合わせからなるネットワークモデルとして考える方法もある[18]。この方法では，実験等から伝達関数を求め，安定性の解析などを行うことができる。

以上の①〜③の考え方の他に，バーナ火炎の安定性に注目した研究[19〜23]もあり，実際はいくつかの効果が相乗していると考えられる。なお，燃焼振動に関しては前述の他にも多くの報告[24〜64]がある。

【2】評価方法

燃焼振動の原因は，多様かつ定量化が困難なため，発生の予測・判定に関しても確立されたものはないが，提案されている評価法としてはつぎのものがある。

① Rayleigh の判定式[1]

Rayleigh は，判定式として燃焼の発熱変動と振動圧力に注目し，熱膨張による体積変化率すなわち体積速度 q が発熱率 $\dot{Q}$ に比例するとして，正弦波振動の1周期あたりのエネルギ ΔE が次式

$$\Delta E = \oint pq dt \propto \oint p\dot{Q}dt \propto \dot{Q}_0 p_0 \cos\theta \qquad (6.1\text{--}1)$$

で表されることを示し，これが正となれば発振するとしている。ここで発熱率 $\dot{Q}$ は発熱量 Q の時間微分，p は振動圧力，θ は位相差，添え字0は振幅を示す。たとえば，**図 6.1-2** のモデルにおいて振動変位を $x = A\sin\omega t$ とすると，圧力は $p \propto -A\sin\omega t$，速度は $u = A\omega\cos\omega t$ である。発熱量 Q が速度と同位相で変化すると考えると $Q \propto u$，すなわち $\dot{Q} \propto \dot{u} = -A\omega^2\sin\omega t$ と表されるので

$$\Delta E = \oint p\dot{Q}dt \propto \omega^2 A^2 \oint \sin^2\omega t dt > 0$$

となって発振する。Rayleigh の式（6.1-1）は流れによる熱移送の影響を無視して

258

おり，また実用に際しては重要な意味を持つ位相差 θ の推定が難しいが，古くは Crocco によって液体ロケットエンジンを対象として構築された $n-\tau$ モデル[65]，最近では Flame transfer function（FTF）や Flame Description function（FDF）などが提案されている[66]。

② 班目の評価式[24]

班目は**図 6.1-8** に示す管系においてバーナ部の発熱量を

$$Q(\tau) = \Theta \sigma^{m+1} \tau^m e^{-\sigma\tau} / m \tag{6.1-2}$$

と仮定し，管内燃焼反応部の速度，圧力，温度を

$$u = u_0 + u_1 e^{i\omega t}, \quad p = p_0 + p_1 e^{i\omega t}, \quad T = T_0 + T_1 e^{i\omega t} \tag{6.1-3}$$

と表現して，まずバーナ近傍の温度分布 T_0，T_1 を求め，振動を発生させようとするエネルギ ΔE を次式のように求めた。

$$\Delta E = A\beta \int_0^\ell \int_0^{2\pi/\omega} R_e(-ip_1 e^{i\omega t}) \frac{\partial}{\partial t} R_e(T_1 e^{i\omega t}) dt dx = (\pi/\omega) p_1 u_1 A\beta\Theta R_e(G) \tag{6.1-4}$$

ここで τ は反応開始からの経過時間，Θ は断熱燃焼温度，σ，m は燃焼速度パラメータ（m は整数），ω は着目モードの固有角振動数，p は圧力，u は流速，T は温度である。R_e は実部を，添字 0 は定常値，1 は振動振幅を表す。A は管断面積，β は熱膨張係数，i は虚数単位である。u_1，p_1 は着目する振動モードの加熱位置のモード形状係数に相当する。$R_e(G)$ は平均流速や振動数等燃焼条件によって求められる定数である。

日本バーナ研究会は，班目の理論を基にして一般的な燃焼炉系に対する評価法を開発した[25]。管路系を 1 次元波動理論を基にした有限要素法によってモデル化し，音響系の固有角振動数 ω，モード（圧力および体積速度モード）を求める。一方，バーナ部のエネルギ係数 $R_e(G)$ を数値的に計算する。これらがわかれば，バーナ部での発振エネルギ ΔE が式(6.1-4)より，また発振比 ζ_h がつぎのように求められる。

$$\zeta_h = \Delta E / (4\pi E) \tag{6.1-5}$$

ここで E は振動系の保存エネルギである。この ζ_h と系の減衰比 ζ を比較し，$\zeta_h > \zeta$ であればそのモード（固有角振動数 ω）の自励振動が発生すると判断する。

例として，**図 6.1-14** に示す中規模実験装置に対して計算した燃焼時の固有振動数と発振比を**表 6.1-1** に示す。負の発振比は減衰効果となり振動は生じないことを，また，正で大きな値になるほど発生しやすいことを示す。この例での実験

第6章:熱に起因する振動

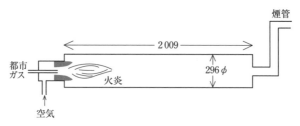

図6.1-14 中規模実験燃焼炉

では60～65 Hzの振動が発生し,予測が適切であったことが確かめられた。

なお,式(6.1-4)より $\Delta E \propto p_1 u_1$ であるので燃焼反応部における圧力と速度の積 $(p_1 u_1)$ をエネルギモード係数として出力すればこの値の符号と大きさによって振動の生じやすいモードを判断できる。

表6.1-1 モード別発振比

モード	振動数 Hz	発振比数ζ_h,%	判定
1	19.8	-5.02	○
2	45.8	-0.23	○
3	65.8	1.22	×
4	80.2	0.04	△
5	167.2	-2.38	○

③ フィードバック理論による判定[17]

図6.1-11に示したフィードバック回路的な考え方において伝達関数 A, Z が推定できたとすると,判定式はゲイン $|AZ|$ および位相角 $\arg(AZ)$ が下式を満たす場合には振動が発生する。

$$|AZ| > 1 \qquad \arg(AZ) > 180° \qquad (6.1\text{-}6)$$

一巡伝達関数 AZ のボード線図を描けば上の条件は判断できる。

④ Eisingerの評価式[26]

Eisingerは図6.1-15(a)(b)に示すSondhauss管およびRijke管に対して高温部と低温部の温度比に着目し,つぎの判定式を提示している。

$$(\log \xi)^2 = 1.52(\log \alpha - \log \alpha_{\min}) \qquad (6.1\text{-}7)$$

ここで $\xi = (L-\ell)/\ell$, $\alpha = T_h/T_c$ であり,L は開端から閉端(Rijke管では中央部)までの管長,ℓ は開端から熱源までの距離,T_h, T_c はそれぞれ熱源,開端位置の温度である。$\alpha_{\min}$ は最も発生しやすい熱源位置,すなわち $\xi=1$ ($\ell=L/2$) での α の値で $\alpha_{\min}=2.14$ である。式(6.1-7)を図示すると図6.1-16のようになり,曲線より上側で振動が発生する。この判定式ではRijke管とSondhauss管に同一の判定式を用いており流れの影響が考慮されておらず,②項の班目理論との整合性はない。

6.1 熱・燃焼による振動騒音

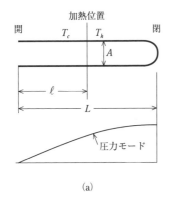
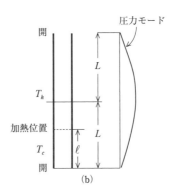

図6.1-15 Rijke管とSondhauss管

しかし,簡単な式で評価できるので実用的には重宝されている。

【3】トラブル事例と対策のヒント

燃焼振動は自励振動であるため,防止法として,減衰を増やす,発振力を減らす,刺激係数を減らす等が考えられる。刺激係数低減のために音響系の固有振動モードを変えることも有効である。発振力低減のために燃焼形態を変更することも効果が期待できる。共鳴器は減衰の増大と刺激係数低

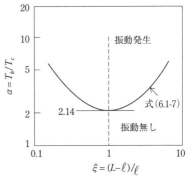

図6.1-16 判定図

減の効果がある。具体的には,音響系の特性を改善する方法として
- ヘルムホルツ管やサイドブランチ等の共鳴装置をつける
- 絞りをつけて減衰を増やす
- 燃焼管の長さや太さの変更,壁穴を開ける,仕切りの挿入等の形状変更
- 燃料や空気供給管を含めたバーナ部上流側の容積を小さくする

バーナや燃焼条件の改善として
- 火炎の安定化,スワラの調整,ノズル位置,噴射角度の変更等
- 火炎を長くする,火炎位置の変更
- 燃料種類や当量比の変更,燃焼負荷の低減

261

第6章:熱に起因する振動

等が考えられる。なお,対策としてヘルムホルツ管やサイドブランチの共鳴器は有効であるが,固有振動数を問題になっている振動周波数と一致するよう調整しなければならない。また,共鳴器には適切な減衰をつけるのが望ましく,取り付け位置は圧力の腹の位置がよい。大きさも適度なものが必要である。

燃焼振動に関しては数多くのトラブル対策事例が報告されている。中でも下記文献27～35, 100)等には多くの事例がまとまって記載されている。ここでは代表的な例を紹介する。

① 製鉄所高炉用熱風炉の燃焼振動 [29, 32]

図6.1-17(a)に熱風炉構造断面図を示す。下部バーナ部より空気と燃料ガスを送り,燃焼排ガスはドーム部を通り,蓄熱室を経て煙道部に排出される。操業時燃料流量を増大していくと炉内に気柱振動が発生して,急速に付近の配管構造物の振動が大きくなった。バーナポート付近で測定した圧力変動の周波数は約5 Hzで,圧力変動の分布はドーム部で小さく,バーナポート部で大きくなっており,燃焼部を管とする1/4波長に近いモードとなっている。図6.1-17(b)実線はガス流量と圧力変動の関係を示す。対策として(1)バーナ偏流の均一化,(2)保炎装置の改善,(3)ヘルムホルツ共鳴器の設置,(4)バーナの高圧損化,(5)外部構造物防振工事を試みた。このうち(3)の共鳴器が効果があった。取り付けた共鳴器の位置と構造を図6.1-17(a)中に,取り付け後のガス流量と圧力変動の関係を図6.1-17(b)に破線で示す。これにより炉内許容圧力変動 400 mmAqに対して約30 000 Nm^3/hのガス量増大が可能になった。

② 小型水管ボイラの燃焼振動 [32]

図6.1-18に示す小型水管ボイラ(舶用

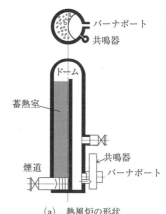

(a) 熱風炉の形状

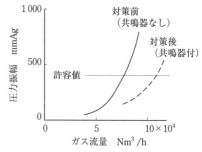

(b) ガス流量と振動との関係

図6.1-17　熱風炉

補助ボイラ)を運転中，低空気比運転領域において燃焼振動が発生し，バーナ近傍で激しい火炎のちらつきが観測された。発生条件は空気比に依存し安定域は狭い空気比域に限られる。圧力変動の周波数，位相の実測から火炉と煙道からなるオルガンパイプ形振動であることが確かめられた。多くの対策が試みられたが，効果のあった対策はつぎのものであった。

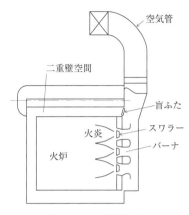

図 6.1-18　水管ボイラ

1) 空気供給管路の変更(図に示すように二重壁空間部と連通していた構造を盲蓋によって管路から遮断した)
2) スワラ形状の変更(翼形からフラット形にした)
3) 噴射弁の変更(噴孔数を 15 から 8 個に減少し，噴射角も拡大した)

1) の対策ではバーナ上流側の容積を小さくすることにより発振しにくい振動モードに改善されている。これらの対策により振動は小さくなった。

6.1.3　燃焼轟音

【1】研究・評価の歴史

燃焼時に騒音が発生することは誰でも経験している。燃焼轟音と呼ばれるこれらの現象は，火炎面の乱れによる熱発生率の変動に起因するものであり，燃焼騒音のレベルはボイラバーナでは 80–100 dB，ジェットエンジン燃焼器では 120–140 dB に達する。轟音の発生機構をかなり明確な形で立証したのは Thomas & Willams[67] である。彼らは可燃混合気で膨らませたシャボン玉の中心で点火し，球状の火炎面の半径の増大とともに単位時間あたりの燃焼量が増大し，その結果火炎の周囲から外へ向かう流速が加速され，その慣性力の反力として火炎内に生じる圧力が空間を伝搬して音になると考えた。式で表すと $p = \rho/(4\pi l) d^2 V/dt^2$ のようになる。ここで ρ は気体の密度，V は火炎部分の体積，l は音源から観測点までの距離である。その他にも多くの研究があり，たとえば Smith[68]，Hurle[69]，Strahe[70]，Shivashankara[71] の結果を鈴木が紹介している[72]。国内では小竹[73]，入江[74]，香

月[75)]らの研究や日本機械学会研究分科会の報告[1)]が見られる。この他にも轟音に関する多数の解説や論文報告がある[76~99)]。

実用バーナでは火炎部の流れは乱流となることが多いが，このような状態では燃焼反応はランダムに変動しており，この不均一燃焼が単極音源群となり轟音の発生をもたらす。香月ら[75)]は乱流ブンゼンバーナの火炎を観察し，轟音は局所燃焼轟音，先端燃焼轟音および噴流音からなることを示した。すなわち，**図6.1-19**の火炎において

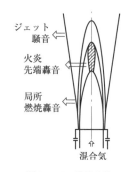

図6.1-19 乱流火炎

バーナ近傍のせん断層の不安定によって生じた擾乱は，火炎帯を通過する際，燃焼によって増幅されて局所燃焼轟音を発生するとともに上方へ伝搬する。一方，中心部の流れは火炎先端部で伝搬してきた擾乱によってランダムに点火され火炎先端轟音となり，さらに燃焼によって体積膨張し，加速された流れは，周囲流体とのせん断によって噴流騒音が発生する。

【2】評価方法

このような轟音の音響出力については多くの研究者が調査を行っている。一般に音響出力Pは，代表速度U，バーナ径D，燃焼速度Sに依存し$P \propto U^\alpha S^\beta D^\gamma$の形で表示できる。種々の火炎に対して研究者が提示している結果を以下に示す。

Thomas（球面火炎）　　　　　　　　　：$P \propto S^2 D$
Smith（予混合炎）　　　　　　　　　　：$P \propto U^2 S^2 D^2$
Strahe（火炎のひろがり）　　　　　　 ：$P \propto U^3 S^3 D^2$
Strahe（しわ火炎）　　　　　　　　　 ：$P \propto U^3 S^3 D$
小竹・八田（拡散炎）　　　　　　　　 ：$P \propto U^4 D^3$
Shivashankara（予混合炎）　　　　　 ：$P \propto U^{2.68} S^{1.35} D^{2.84}$
Muthukrishnan（フレームホルダ）：$P \propto U^{2.83} S^{1.89} D^{2.77}$

金辺ら[78)]は大気開放型プロパン空気予混合バーナを用いて実験し，つぎの式を提示している。

$$P = 1.65 \cdot 10^{-3} Re^{1.25} D^{0.5} S^{2.16}$$

ここで，Reはレイノルズ数である。小竹[1)]は，騒音出力はUの2~4乗に比例し，予混合炎では2乗，拡散炎では4乗に近いとも述べている。轟音は幅広いス

ペクトルの加振力による一種の強制振動であるが，燃焼室等の気柱系の振動モードと共振すると卓越した周波数を持つ大きな共鳴騒音となる。

【3】対策のヒントと防止対策例

　燃焼すれば轟音の発生は避けられない現象であるが，軽減策としてはつぎのことが考えられる。

- 燃焼法やバーナ対策として：保炎の安定化，燃料や空気流速の低減，
　　　マルチバーナの採用，火炎長さの増加，気流乱れの低減等
- 吸音遮音対策として：バーナ周りの密閉，吸音材をバーナ外壁に設置，
　　　バーナ内に吸音ライナーを張る，給気ダクトに吸音材を張る，
　　　消音器の設置，ダクト剛性の強化
- 炉内やダクト壁で音の反射が考えられる場合には共鳴を避ける構造にする。

　大出力の燃焼器を運転すると大きな轟音を発生し，騒音トラブルにつながる場合が多い。図6.1-20は轟音低減のために開発された低騒音形バーナの例[79,80]で，吸音材や遮音材を用いて音が漏れにくいように工夫した構造を採用している。家庭用燃焼機器は出力は大きくないが身近な環境で使用するため低騒音化が要求される。図6.1-21は，給湯器において轟音による排気ダクトでの共鳴を避けるために，偏向板を設けて低騒音化をはかった例[81]である。

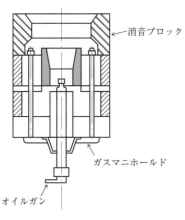

図6.1-20　低騒音形バーナ

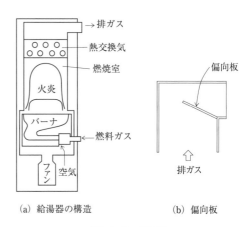

（a）給湯器の構造　　（b）偏向板

図6.1-21　給湯器

第6章：熱に起因する振動

参 考 文 献

1) 日本機械学会, RC-SC40 燃焼装置の騒音振動研究分科会成果報告書(1978).
2) H. I. Ansoff, J. Applied MEch., Vol. 71(1949), 158.
3) P. L. Rijke, Pogg. Ann. 107(1859), 339.
4) A. A. Putnum & W. R. Dennis, J. Acoust Soc. Amer., 28-2(1956), 246.
5) J. W. S. Rayleigh, The Theory of Sound, (初版 1877). 1945, Dover Publications.
6) 斎藤, 機械の振動, 機械の研究第 19 巻別冊(1967), 120, 養賢堂.
7) 斎藤, 機論, 31-221(1965), 143.
8) 班目, 機論 C, 47-413(1981), 10, C, 47-416(1981), 434, C, 48-432(1982), 1157.
9) 山口ほか 3 名, 機講論 964-1(1996).
10) 山本, 谷川熱技術振興基金 H7 年度事業報告書.
11) 甲藤ほか, 機論 43-365(1977), 203.
12) G. W. Swift, J. Acoust. Soc. Amer., 84-4(1988), 1145.
13) A. T. Jones, J. Acoust. Soc. Amer., 16-4(1945), 254.
14) H. J. Merk, 6th Symposium on Combustion(1956), 500.
15) A. A. Putnum & W. R. Dennis, J, Acoust. Soc. Amer., 25-5(1954), 716.
16) G. F, Carrier, Quart. Appl. Math. 12(1955), 383.
17) P. K. Baade, ASHRAE Trans. 78-2(1978), 449 .
18) T.C. Lieuwen & V. Yang, Combustion Instabilities in Gas Turbine Engines (2005), 445.
19) 永広ほか, 機講論 760-4(1976), 21.
20) 水谷ほか, 機講論 954-4(1995), 84.
21) 菅ほか, 機械の研究 47-12(1995), 44.
22) 門脇, 機論 B56-527(1990), 2104.
23) T.C. Lieuwen, Unsteady Combustion Physics (2012).
24) 班目, C, 48-432(1982), 1157.
25) 藤川ほか, 機講論, No. 981-2(1998), 41, および熱工学講演論文集 No. 98-7(1998).
26) F. L. Eisinger, J. Trans. ASME, 121(1999), 444.
27) 機械学会, RC-SC40 研究分科会アンケート調査報告書(昭 52. 1978), 10.
28) A. A. Putnum, Combustion driven oscillations in industry(1971), Amer. Elsevier Pub. Co.
29) 亀田, 熱管理, 23-5(1970), 14.
30) 小林, 日本機械学会関西支部 173 回講習会資料(1990), 79.
31) 日本バーナ研究会会報 No. 33, 25, No. 35, 1.
32) 青木・斉間, 日本大学理工学研究所所報(S62), 496.
33) 秋山, マルチスパッドガスバーナにおける燃焼振動の研究, 広島大学学位論文(H7).
34) 田畑ほか, 東京瓦斯技術研究報告 24 号(S24), 225.
35) 金子, 日本機械学会 D&D00 フォーラム資料集, No. 00-6(2000), 25.
36) 山本ほか, 三菱重工技報 5-5(1968).
37) 昼田ほか, 機論 B45-398(昭 54-10), 1557.
38) 生越ほか, 機論 B48-426(昭 57-2), 373.
39) 小野ほか, 機講論 No. 940. 26I(1994), 597.
40) 石井ほか, 機講論 No. 940, 261(1994. 7), 93.
41) 石井ほか, 機論 B, 50-449(昭 59. 1), 151.
42) 秋山, 工業加熱 128-4, 65.
43) 秋山, 機論 B61-588(1995), 3082.
44) 瀬川, 機論 B53, 486(昭 62), 642.
45) 田畑ほか, 東京ガス技術報告書 24 号(I979), 225.
46) 片山, 広島地区音響分科会(1978).

47) 佐藤, 鈴木, 機論33-252 (昭42. 1967), 1260.

48) 佐藤, 第29回燃焼シンポジウム (1991), 400.

49) 佐藤, 椙本, 第30回燃焼シンポジウム (1992), 73.

50) 班目, 非線形振動研究会資料 (1992), D1.

51) 佐藤, 第31回シンポジウム (1993), 108.

52) 斎藤. 第2回日本伝熱シンポジウム前刷集 (1965), 8.

53) 中本ほか, エネルギー資源学会第13回講演論文集 (1994), 153.

54) 越智, 機講論 No. 964-1 (1996), 611.

55) 中本, 加藤, 機講論 No964. 1 (1996), 613.

56) R. Becker & R. Günter., 13th Symposium on Combustion (1971), 517.

57) G. Wolfbrandt, et. al, ASHRAE Trans, 78-2 (1978), 466.

58) Y. Matsui, Combustion and Flames, 43 (1981), 199.

59) T. Sugimoto, Y. Matsui, 19th symposium on combustion (1982), 245.

60) Y. Segawa, JSME, Int., J., 30-267, (1987), 1443.

61) J. A. Carvalo, et. al, Combustion & Flame76, 17-27 (1989), 17.

62) N. Friker & A. Roberts, Gas Warme 28 (1979), 13.

63) J. G. Seebold, ASME paper72-PET-19 (1972), 1.

64) T. Poinsot, Proc. Combust. Inst. 37-1 (2017), 1.

65) L. Crocco & S.I. Cheng, Theory of comvustion instability in liquit propellant rocket moters (1956).

66) S. Candel, et. al. Annu. Rev. Fluid. Mech. 46 (2014), 147.

67) A. Thomas・T. Wiliam, Proc. Roy. Soc. (London), Ser. A294 (1966), 449.

68) T. J. Smith・J. K. Kilham, J. Acoust. Soc. Amer, 35-5 (1963), 715.

69) I. R. Hurle, Proc. Roy. Soc. (London), Ser. A303 (1968), 409.

70) W. C. Strahe, J. Sound & Vib., 23-1 (1972), 113.

71) B. N. Shivashankara, et al, AIAA, Paper No. 73-1025 (1973).

72) 鈴木, 機械学会誌, 80-708 (1977), 1188.

73) 小竹, 燃料協会誌, 50-535 (1971), 832.

74) 入江・佐藤, 大阪府工業技術試験所報告 (1974), 63.

75) 香月ほか, 高温学会誌 15-3 (1985), 117.

76) 岸本, 燃焼研究 100号 (1955), 35-44 & 101号 (1955), 35.

77) A. A. Putnum, ASME Paper81-WA/Fu-8 (1982), 1.

78) 金辺ほか, 機講論 770-14 (1977), 22.

79) G. Bitterlich, Noise Control Engineering, 14-1 (1980), 1.

80) 奥園, 配管技術 (1775), 115.

81) 渡辺ほか, 第27回燃焼シンポジウム (1989), 101.

82) 斉藤・小泉, 工業加熱 17-3, 11.

83) 荻須, 機講論 760-4, (1976), 17.

84) 東ほか, 大阪府立工業技術研究所報告, No. 75 (1979), 1.

85) 東, 公害 15-2 (1980), 15.

86) 西村, 機論 29-207 (昭38-11), 1844.

87) 水谷, 機械の研究, 40-7 (1988), 777.

88) 大岩ほか, 機論 B, 55-517 (1989), 2824.

89) 中本ほか, 第31回燃焼シンポジウム (1993), 117.

90) 椙本, 機講論 No964. 1 (1996), 609.

91) 香月ほか, 機講論 No. 964-1, 585.

92) 鍵屋, 長谷, 機講論 No964. 1 (1996), 615.

93) S. Kotake, K. Takamoto, J. of Sound and Vibration, 112-2 (1987), 345.

94) H. H. Chiu & M. Summerfield, Acta Astonica, Vol. 1 (1973), 967.

第*6*章：熱に起因する振動

95) B. N. Shivashankara, Acta Astonica, Vol. 1 (1974), 985.
96) B. N. Shivashankara, AIAA paper76−586 (1976), 1.
97) H. A. Hassan, J. Fluid Mech. Vol. 66−3 (1974), 445.
98) D. C Methews & N. F. Rekos, AIAA paper76−579 (1976), 1.
99) A.P. Dowling, Y. Mhmoudi, Proc. Combust Inst. 35−1 (2015), 65.
100) 岡田, 音の環境と制御技術 (2000), 281, フジテクノシステム.

6.2 凝縮による流体振動

6.2.1 概説

　船舶のボイラ余剰蒸気復水システムや，原子力プラントの圧力抑制プール・給水配管系など，水蒸気と冷却水が混在する二相流系では，蒸気の膨張や凝縮，消滅による圧力変動によって，配管系や電気計装品などが振動して損傷する可能性があるため，発生機構の把握と事前の対策を行う必要がある。

　凝縮を伴う振動の研究については，原子力プラントの緊急冷却配管系に関する研究がこれまでに盛んに実施され，1970年代初めのスウェーデンのMarviken計画[1] をはじめとして，各国で実規模スケールの実験が行われている。最近では，原子力プラントの緊急冷却配管系の模型による実験での詳細な研究[2]，冷却水（サブクール水）中での水蒸気の凝縮騒音低減に関する研究[3]，水蒸気の凝縮熱伝達の実験的研究[4] などが行われている。また，振動の低減・制御を目的とした研究の他にも，蒸気の凝縮を利用した脱脂・洗浄に関する研究[5] や，凝縮振動を利用した高温金属の冷却制御に関する研究[6] など，振動の積極的な利用を試みた研究も行われている。

6.2.2 現象の特徴と抑制手段

　凝縮による圧力変動は大きくチャギング・管内凝縮二相流・凝縮水撃に分けることができる[7,8]。その特徴や対象となる製品，抑制手段を**表6.2-1**および**図6.2-1**に整理する。チャギングや凝縮水撃は圧力変動の振幅が大きいため，とくに注意を要する。比較的穏やかな管内凝縮二相流の場合も，凝縮水量を急増させた場合には持続的な振動が起こり，水撃に似た現象を誘発することもあるため注意が必要である。

6.2 凝縮による流体振動

表 6.2-1 凝縮による振動

分類	チャギング	管内凝縮二相流	凝縮水撃
要因	①冷却水中への蒸気の流入 ②蒸気流中への冷却水の流入	蒸気と冷却水の管内二相流	冷却水中への蒸気塊の取り込み
特徴	①流入蒸気量と凝縮量の時間的アンバランスにより生じる脈動現象 ②液塊の慣性と凝縮量，圧力変動の関係により生じる脈動現象	冷却水量の急変に伴う凝縮量の急変により，液塊の慣性との関係から振動が発生する現象	冷却水中に取り込まれた蒸気塊が急凝縮される際に発生する水撃現象
対象製品	・ボイラの余熱蒸気復水システム ・原子力プラントの圧力抑制プール	・蒸気と水が流れる配管系	・ボイラや原子力プラントなどの給水配管系
抑制手段	① ・冷却水温度を高くする ・非凝縮性気体を混入させ，凝縮を抑制する ・多数の異径の孔を開け，ランダムな流出にする ② ・冷却水温度を高くする ・蒸気流量を多くする	・管径を大きくする ・冷却水の急激な流量増加を抑える	・管径を大きくする ・配管にドレンを溜めない ・管に勾配を設ける ・管系下部に蒸気トラップを設置する ・少量の空気の混入による凝縮速度を低減する

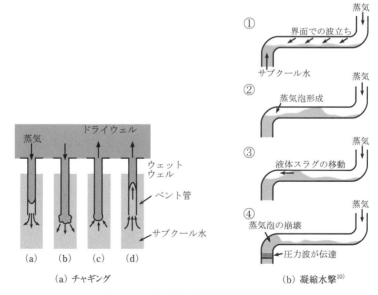

(a) チャギング　　　　(b) 凝縮水撃[10]

図 6.2-1　チャギングと凝縮水撃の模式図

269

第6章:熱に起因する振動

6.2.3 トラブル事例

【1】原子力発電プラント給水配管系での実験[9]

1989年,フィンランドのLOVIISA Power Plantにおいて,壊食により損傷した給水配管が発見された。そこでその改良を行うために,給水配管分岐部での凝縮水撃の実験が行われた。起動時の特定の条件下において,蒸気が冷却水中に取り込まれて蒸気塊を形成し,その後蒸気塊の凝縮により水撃が発生することが確認された。対策として,分岐部および分岐後の配管部に蒸気抜きを設けることにより凝縮水撃の強さを疲労限以下に抑えることに成功した。

【2】PWR給水配管系[10]

米国のPWR蒸気発生器給水配管系において,プラント起動中のタービントリップにより通常給水系が中断されたため,補助給水系によって給水を行っていたところ,給水管水平部で配管が損傷した。米国原子力規制委員会は,①スケールモデルによる実験室レベルの実験(図6.2-2),②解析,③サイトテストにより,配管損傷の原因が蒸気の凝縮水撃であることを確認し,配管形状の再設計により凝縮水撃による損傷を抑制した。

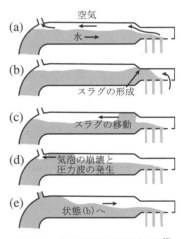

図6.2-2 給水配管系での凝縮水撃[10]

【3】BWR緊急冷却配管系[10]

BWRの通常点検中に図6.2-3に示す緊急冷却配管系のスナッバの10%に異常が発見された。この原因は以下のように推定された。

1) 直管に設けられた逆止弁部に溜まっていた水が,配管内の高温蒸気との接触により温度成層を形成
2) ポンプの起動で温度成層が破られ,

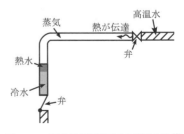

図6.2-3 緊急冷却配管系での凝縮水撃[10]

270

高温蒸気と低温水が接触
3) 気液界面付近で急凝縮が発生し，蒸気がトラップされ凝縮による水撃が発生

以上の事象は，流体過渡解析 (HYTRAN コード) と配管上に作用する荷重解析 (PIPSYS コード) により確認された。

【4】石炭火力発電プラントのボイラ給水系ポンプ吸込み部[10]

図 6.2-4 に示す英国の石炭火力発電プラントのボイラ給水系ポンプ吸込み部において，凝縮水撃により緊急開放弁 (d) が損傷する事故が発生した。

このボイラ給水配管系では，通常の給水を行う高温高圧水タンク (a) の圧力と，それより高所に設置された緊急用の常圧低温水タンク (c) の圧力は，タンク (a) の水位低下時に開く緊急開放弁 (d) の位置で等しくなるように設定されていた。しかし，長年の運転により，タンク (a) の圧力が上昇し，それに伴う水位の低下によって緊急開放弁 (d) が作動した。その際，タンク (a) 内の高温水がタンク (c) に向かって逆流し，配管内を上昇していった。それによる圧力の低下で沸騰 (フラッシング) が起こり，発生した蒸気が低温水と接触することで凝縮水撃が発生した。

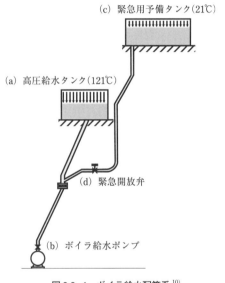

図 6.2-4 ボイラ給水配管系[10]

参 考 文 献

1) MXA-1-301, Aktiebolagget Atomenergi, Sweden, 1974.
2) Aya, I. and Nariai, H., JSME International Journal, Series II, Vol. 31, No.3, 1988, 461-468.
3) 亀井・平田, 機論, 49-438, 1983 年 2 月, 483.
4) 福田・斉藤, 原子力学会誌, 24-5, 1982, 372.
5) 平・笠島, 宮崎県工業試験場・宮崎県食品加工研究開発センター研究報告, No. 39, 1994, 65-68.

第6章：熱に起因する振動

6) 奈良崎ら, Proc. ASME–JSME Therm. Eng. Joint Conf., 1987, 381–388.
7) 気液二相流技術ハンドブック, 日本機械学会編, コロナ社, 1989, 174.
8) 藤井照重, 赤川浩爾, 伊藤裕著, 気液二相流の動的配管計画, 日刊工業社, 1999.
9) Katajara, S., Nurkkala , et al., ICONE 6th–6485, 1998.
10) Wallis, G. B., Rothe, P. H., Izenson, M. G., NRC Report NUREG/CR-5220 Creare TM-1189, vol. 1–2, 1988.

6.3 ▶ 沸騰に伴う流体振動

6.3.1 概説

　沸騰流路系で発生する流体振動は，脈動が引き起こす構造振動による疲労破壊，圧力，流量，温度の制御不能，バーンアウト熱流速の低下による管壁温度の上昇，管壁温度の変動による熱疲労等を引き起こす可能性があり，発生機構を理解したうえで設計段階における事前検討が必要である。

　沸騰二流の研究は，Ledinegg[1] によるボイラのヘッダで発生した脈動現象を取りあげた研究が最初で，その後，高速増殖炉の蒸気発生器[2] やLNGの蒸発器，排熱回収用リボイラ等が対象となった。研究の背景と歴史的経緯については，レビュー論文が発表[3~6] されている。

6.3.2 発生機構

　沸騰に伴う流体振動の発生原因は，多種多様であり，原因が複合して発生する場合も多いが，基本要因によって分類，おもな発生機構をまとめると**表6.3-1**のようになる[7,8]。

6.3.3 解析法

　解析法として確立しているものは少ないが，非線形解析の例として圧力降下形不安定振動について解説する[9]。**図6.3-1**に示すような単一沸騰管路において，供給タンクと加熱管の間にサージタンクのような圧縮性体積要素があるとき，サージタンク内圧と加熱管出口での圧力の差と供給水量との間には**図6.3-2**のよ

6.3 沸騰に伴う流体振動

表 6.3-1 沸騰に伴う流体振動の分類と発生機構

① 圧力損失―流量の静特性に起因する不安定流動

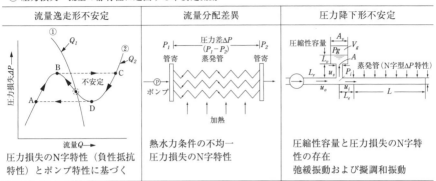

流量逸走形不安定	流量分配差異	圧力降下形不安定
圧力損失のN字特性（負性抵抗特性）とポンプ特性に基づく	熱水力条件の不均一 圧力損失のN字特性	圧縮性容量と圧力損失のN字特性の存在 弛緩振動および擬調和振動

② 伝熱形態の遷移に起因する不安定流動

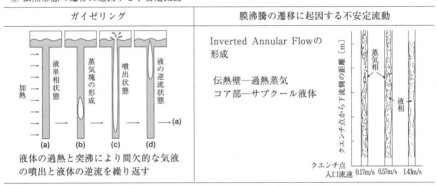

ガイゼリング	膜沸騰の遷移に起因する不安定流動
液体の過熱と突沸により間欠的な気液の噴出と液体の逆流を繰り返す	Inverted Annular Flowの形成 伝熱壁―過熱蒸気 コア部―サブクール液体

③ フローパターン遷移に起因する不安定流動

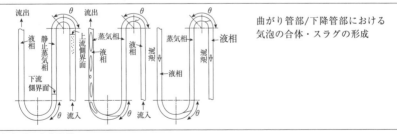

曲がり管部/下降管部における気泡の合体・スラグの形成

④ 密度波形不安定流動

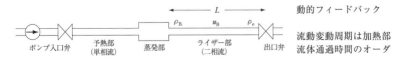

動的フィードバック
流動変動周期は加熱部流体通過時間のオーダ

273

第6章：熱に起因する振動

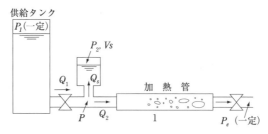

図 6.3-1　単一沸騰管路系

うな特性がある。いまサージタンクの上流側の絞りでの流量 Q_1 と圧力損失 $\Delta P_1 = P_1 - P_2$ が**図 6.3-3** の曲線①に従うものとする。また、加熱管への流入量 Q_2 とそこでの圧力損失 $\Delta P_2 = P_2 - P_e$ との関係が同図の②曲線であるとする。後の議論を理解しやすくするために、供給タンクの内圧と加熱管出口の圧力、P_1 と P_e は一定としておく。

②の曲線で圧力損失が流量に対し負の勾配を有する点に、この系の状態があったとし、このとき、何らかの原因で P_2 が上昇したとする。すると Q_2 は②曲線に沿って減少する。Q_1 が Q_2 より大きくなるので、サージタンクの水位は上昇し、P_2 はさらに

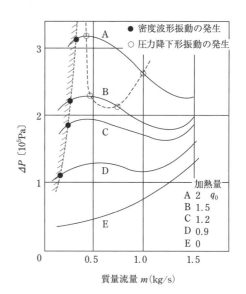

図 6.3-2　加熱管の質量流量 $\dot{m}$ と入口出口間の差圧 ΔP の特性曲線と密度波形振動の発生条件（$q_0 =$ 加熱量で 2 931W）と圧力降下形振動の発生条件

上昇することになり、結局、点Bまで P_2 は上昇する。点Bでの流量に対応する圧力は①と②とで等しくないので、点Bは定常な運転点とならず、流量 Q_2 が急増して、点Cに飛び移る。点Cでは Q_2 が Q_1 より大きいので、サージタンクの水位が下がり、圧力 P_2 は減少して行く。そしてついには、点Dに達する。点Dも点Bと同様に定常な運転点とはならず、流量 Q_2 が急減して点Aに移る。すると、$Q_2 < Q_1$ であるから、サージタンクの圧力 P_2 は上昇しはじめて、1つの振動が発生

する。以上のように，圧力降下形の振動の発生には，サージタンクのような圧縮性空間と，圧力損失―流量特性の負勾配が本質的な役割を果たしている。これら以外につぎのような特徴がある。

① 圧力損失―流量特性の負勾配が急になるほど，加熱量を大きくするほど，出口圧力損失を大きくするほど，この系は不安定化する。
② 水平沸騰管の方が垂直沸騰管より安定である。

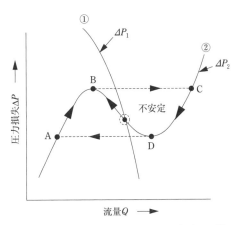

図6.3-3 圧力降下形振動の流量と圧力損失との関係とリミットサイクル

このような特徴を持つ，圧力降下形振動の数学的モデル化が中西[9]らによって行われている。圧力損失と流入流量との関係に負勾配特性があることに注目し，非線形振動でよく知られているファン・デル・ポール方程式によって，この振動を定式化した［式(6.3-1)］。解析にあたっては以下のような仮定を置いている。

- 給水流量 Q_1 は一定とする
- 加熱管出口圧力 P_e は一定とする
- 沸騰に伴う流体の加速を無視する
- 沸騰部の流体の慣性質量は考えない
- 流体の慣性質量は定常状態の値とする

$$\ddot{q} - \varepsilon \left(1 - 2\beta q - q^2\right)\dot{q} + q = 0 \tag{6.3-1}$$

ここで式(6.3-1)は以下に示す変数で構成される。

$$q = \frac{Q_2 - Q_1}{\sqrt{(Q_1 - Q_B)(Q_D - Q_1)}} \quad , \quad \tau = \frac{t}{\sqrt{C_s(I_s + I)}}$$

$$\varepsilon = \sqrt{\frac{C_s}{I + I_s}} \cdot \alpha(Q_1 - Q_B)(Q_D - Q_1) \quad , \quad \beta = \frac{2Q_1 - (Q_B + Q_D)}{2\sqrt{(Q_1 - Q_B)(Q_D - Q_1)}}$$

$$C_s = \frac{\rho V_s}{kP_2}$$

第6章：熱に起因する振動

なお I, I_s は加熱管およびサージタンク内流体の慣性質量，α は正の定数，ρ は水の密度，k は断熱指数を表す。また，Q_B, Q_D はそれぞれ図6.3-3の点B，点Dにおける流量を表す。

式(6.3-1)で $\beta=0$ すなわち，$Q_B+Q_D=2Q_1$ のときは，加熱管に流入する流入量 Q_2 の振動はファン・デル・ポール方程式で記述され，自励振動が発生し，リミットサイクルが生ずる。ε が大きい

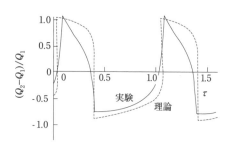

図6.3-4 圧力降下形振動の流量 Q_2 の振動の実験波形と拡張されたファン・デル・ポール方程式[9]($\varepsilon=34.2, \beta=-0.263$)の解波形との比較，$\tau$ は実験および理論での振動の周期

と，その振動波形は弛緩振動的になる。中西らは実験条件から ε と β を求め，流量 Q_2 の振動波形を式(6.3-1)から求め，実験のそれと比較し，かなり良い一致を示した（図6.3-4）。この圧力降下形振動の周期は，リミットサイクルを1周するに要する時間として求まる。

6.3.4 トラブルと対策事例

沸騰に伴う流体振動が生じやすい設備としては，ボイラや原子炉用蒸気発生器，軽水炉[10] 等があげられる。1960年代には高速増殖炉蒸気発生器で流量分布の不均一によるNa出口温度の周期的変動が観察されており，これらの設備に関する試験・研究が各国で行われた[2]。その他の産業界において，沸騰に伴う振動が発生した事例を以下に紹介する。

【1】サーモサイフォン型サイドリボイラ

a. ガイゼリング

ガイゼリングとは，表6.3-1に示すようなシステムにおいて間欠的に気液の噴出と液体の逆流を繰り返す不安定流動現象であり，温泉で見られる間欠泉（ガイザー）と同じ原理であることから，ガイゼリングと呼ばれる。

石油精製・ガス・化学プラントにおいては，サーモサイフォン型サイドリボイラの設置エレベーションが低いとき，出口配管でガイゼリングが生じることがある[11]（図6.3-5）。運転開始時負荷が低いときは出口配管ではスラグ／バブルフローに

なるためガスのみが上昇する。管内の液面は次第に上昇し、それに伴い静圧が上昇するため、沸点が上がり熱が蓄積される。塔内に液が流出しはじめると静圧および沸点が低下し、蒸発によってさらに配管内の液が押し出される。この静圧低下／蒸発の連鎖によって急激に液が塔内に流出し、もとの低い液面レベルに戻る。ガイゼリングによる流動変動の周期は長く、1～3分程度となることもある（図6.3-6）。

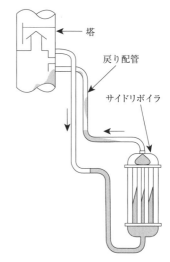

図6.3-5　サーモサイフォン型サイドリボイラにおけるガイゼリング[11]

設備への影響としては以下があげられる。
・内部流体の急激な運動量変化による配管振動
・混相流が急激に塔内に流動するため衝撃により塔インターナルが損傷

対策としては、設計時に以下の点を充分配慮することが重要である。
・戻り配管の長さを短かくする
・配管内の流速を十分大きくし、不安定なフローパターンを避けるよう配管サイズを選定する

b. 密度波振動

密度波振動に起因したリボイラ内部流体の流動不安定により、リボイラ内に熱応力変化が生じ、リボイラ本体が疲労破損・リークを発生した事例もある[12]。このときリボイラ出口の圧力変動

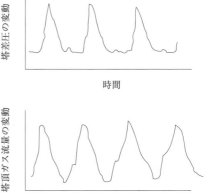

図6.3-6　ガイゼリングによる流量および差圧変動

周期は約25秒であり、数Hzの振動は生じていない。入口配管に弁を設置し、圧損を増加させることで圧力変動は消滅した。

サーモサイフォン型リボイラの不安定流動対策としては、以下の対策が有効と考えられる。

第6章：熱に起因する振動

- 配管の長さを短かくする
- 入口配管の圧損を大きくする／出口配管の圧損を小さくする
- 系の圧力を大きくする

【2】LNGタンク配管

　プラント設備ではLNGタンクにおいてもガイゼリングが生じることが知られている。図6.3-7および図6.3-8にLNGタンクのフィードシステム概略図を示す。LNGタンクは高さが30 m以上あるものもあり，受入管との高低差に起因する静圧増加によって沸点が上昇し，外部からの入熱を液顕熱の形で蓄積するために不安定な状態になりやすい。実機のスケールモデルによる実験等も行われており[13]，ボトムフィード，トップフィード両システムにおいてガイゼリングが生じることが確認されている。

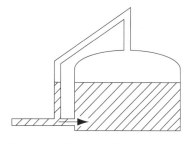

図6.3-7　LNGタンクボトムフィードシステム[13]

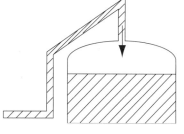

図6.3-8　LNGタンクトップフィードシステム[13]

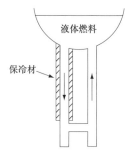

図6.3-9　液体燃料供給管に対するガイゼリング防止対策例（並列管設置）

図6.3-10　液体燃料供給管に対するガイゼリング防止対策例（内管挿入）

【3】ロケットの液体燃料供給配管

ロケットやミサイルの燃料に用いられる液体酸素の供給システムでも，ガイゼリングにより配管やサポートの損傷が生じることが知られている。防止策としてはヘリウムガスを吹き込むことで液温を下げる手法がある。しかし，より簡易・確実な手法として，並列管または内管挿入によるリサーキュレーションを利用した手法の有効性が確認されている[14, 15]。

参 考 文 献

1) Ledinegg, M., Die Warme, 61-8(1938), 891-898.

2) 二相流のダイナミックスに関する研究分科会(2P-SC26)成果報告書, 日本機械学会(1977).

3) J. A. Boure, 他2名, Nucl. Eng. Des., 25 (1973), 165.

4) 赤川, ターボ機械, 3, 6, (1975), 13.

5) 有信・他2名, 日本機械学会誌, 82, 728 (1979), 391.

6) Lahey, Jr. R. T., Nucl. Eng. Des., 95(1986), 5-34.

7) 藤井・他2名, 気液二相流の動的配管計画, 日刊工業新聞社(1999).

8) 気液二相流技術ハンドブック, 日本機械学会編, コロナ社(1989).

9) 中西・他4名, 日本機械学会論文集, 33, 388 (1978), 4245.

10) State of the Art Report in Boiling Water Reactor Stability, OECD-NEA (1996).

11) 金子・松田, プラント機器, 配管等が絡む機器のトラブル診断と対策, 日本機械学会講習会教材 No.99-20, 59-77(1999).

12) 日本機械学会第69期通常総会, 1991年 v-BASE フォーラム No.24.

13) M. Morioka, 他5名, LNG8 Los Angels, USA, Session III, paper 13 (1986).

14) S. K. Morgan and H. F. Brady, Adv. Cryo. Eng. 7 (1962), 206-213.

15) H. S. Howard, Adv. Cryo. Eng. 18 (1972), 162-169.

回転機械に関連する振動

第7章で取り扱う内容は，流体機械で発生する流体関連振動であり，そのうち，翼および翼列の振動，部分的に液体を満たす回転体の振動，および，シール流れによる振動を取り上げる。流体機械では，その心臓部というべき翼が，前段翼の後流や入口流れ不均一に起因する流体励振動により破損したり，シール部で発生する流体不安定化力によって回転軸そのものが大振動を呈したり，特殊な例では，全自動洗濯機や遠心分離機にみられる，部分的に液体を満たす回転体が不安定な振動を起すなど，生産停止を余儀なくされる振動問題に発展することがしばしば見受けられる。

本章では，これらの振動現象についてそれぞれ節を設け，振動発生メカニズム，評価法，および，対策法について解説する。

第7章：回転機械に関連する振動

7.1 翼および翼列の振動

7.1.1 現象の概要と分類

タービン・コンプレッサなどの流体機械の設計では，まず性能面から翼の諸元を決定し，ついで強度的な検討に入るのが通常である。従来，その強度上の検討としては静的な遠心応力や定常曲げ応力を考慮することと，動的な検討としては共振回避を検討するに留まっていた。一般に，ターボ機械内部の流れは，旋回失速とかサージングのような現象を除くと定常流と考えられるが，上流側静翼や支柱（ストラット）などの後流あるいは入口条件に起因する入口流れ不均一（インレット・ディストーション）が存在しているため，動翼列は相対的に非定常流れ場で作動されていることになる。そのため，動翼には変動流体力が作用し，振動が誘起される。とくに，このような外力は周期性を有するため，共振現象が生じ，たとえ小さな変動流体力でも翼には大きな振動応力が発生し長時間にわたって運転が続けられると疲労破損という結果を招くおそれがある。

ターボ機械の性能向上のためには，翼の長大化，軽量化（薄肉化）が望まれる。しかしながら，このことは翼の振動面からみると，翼の剛性の低下をもたらすとともに，必然的に変動流体力による振動が発生しやすくなることを意味する。このように，ターボ機械の進歩に伴い，安全性，信頼性向上に欠かすことのできない振動面からの検討は，ますます重要性を増してきている。

2006年，中部電力浜岡原子力発電所において，5号機低圧段タービン第12段動翼が破損するという事故が発生した。関係者らの調査によると，その原因は低負荷運転時において生じる非定常流れによる流体励振力（ランダム振動）が発生したこと，また，負荷遮断試験時に抽気管からの逆流（フラッシュバック）蒸気による流体励振力が発生し，これらの流体励振力によりひび等が確認された第12段動翼のフォーク状の取り付け部（ピン孔部）に過大な繰り返し応力が発生・進展したためであると報告されている[1]。

このように，翼の破損原因の多くは流体励振力による繰り返し応力によるもので，とくに，共振現象はもっとも重要な原因である。

破損に至る現象の多くは，設計時の検討が不十分であることに起因しており，設計技術者は翼の振動についての知識が必要となる。本節では設計者が最小限

282

7.1 翼および翼列の振動

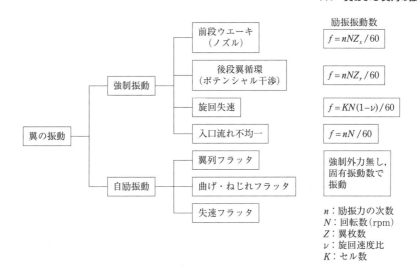

図 7.1-1 翼振動の分類

知っておくべき知識を提供することを目的とする。

翼の振動には励振形態により**図 7.1-1** のような分類がある。

強制振動にあっては，励振力の振動数が図に示すように明白であるので，翼の固有振動数を励振力の振動数に一致させないよう設計するのが鉄則である（共振回避）。しかし，翼の固有振動数を精度よく求めることは，境界条件が明確でないこともあり，現状でも難しい問題である。したがって，5～10％程度の幅を考慮する必要がある。

旋回失速は減速翼列を有するコンプレッサで発生するが，発生限界，発生セル数，セル幅を予測することは現状では困難である。試運転時に旋回失速を検知して圧力−流量特性線図上に旋回失速ゾーンを描き，そこでは使用しないなど，安全性の確認を行うことが重要である。旋回失速の発生機構は次のように説明できる。**図 7.1-2(a)** の実線は失速前の動翼入口の速度三角形を示している[2]。今流量が減少すると軸流速度が減少するが周速度は変化しないため，速度三角形は点線のようになる。これは，動翼に対して迎角（β）が増大することになり，これがある一定の値に達すると気流は動翼の背面に沿って流れることができず，剥離を起こすことになる。これが失速（ストール）といわれるものである。軸流圧縮機をある半径の円筒面でカットすると，**図 7.1-2(b)** に示すように，等間隔に並んだ翼の

第7章：回転機械に関連する振動

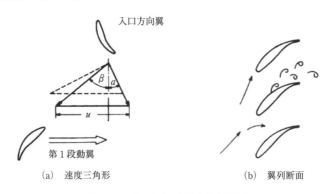

(a) 速度三角形　　　　(b) 翼列断面

図 7.1-2　入口速度三角形と失速状況[2]

断面が現れる[2]。ある翼が何らかの理由で先に失速を起したと仮定する。この流れの剥離により，その翼の背面流路の有効幅が減少したことになり，失速直前までその流路に流れ込んでいた流体の一部は失速翼の背の方向へ，一部は腹の方向へ回り込むことになる。失速翼の背側の翼は，この下から押し上げてくる流れによって迎角が増大し，失速直前にあったその翼は耐え切れずに失速を起してしまう。失速翼の腹側の翼は，上から回り込んできた流れによって押え付けられることになり，失速から遠ざかることになる。その結果，失速領域は翼の背の方向に翼列を伝搬していくことになる。**図 7.1-3** は動翼の前後で計測したケーシング壁面の圧力と流速の波形を示している[23]。

フラッタは，航空用ガスタービンに用いられている質量比（$m/\pi\rho b^2$，m：単位長さあたりの翼質量，ρ：流体密度，b：翼半弦長）の小さい翼で発生する場合があるが，

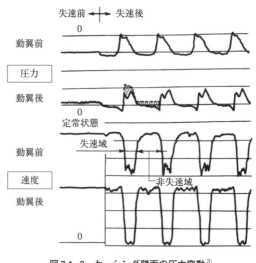

図 7.1-3　ケーシング壁面の圧力変動[3]

産業用では質量比が大きいため問題になるケースは稀である。フラッタは，きわめて大きな振動となるので，発生限界を前もって予測する必要がある。

図7.1-4は，キャンベル線図[4]であり，設計段階において翼の共振の可能性を検討する場合に用いられる。図中の○印の半径は振動の大きさを示すもので，設計段階では不明で，実測データから得られるものである。

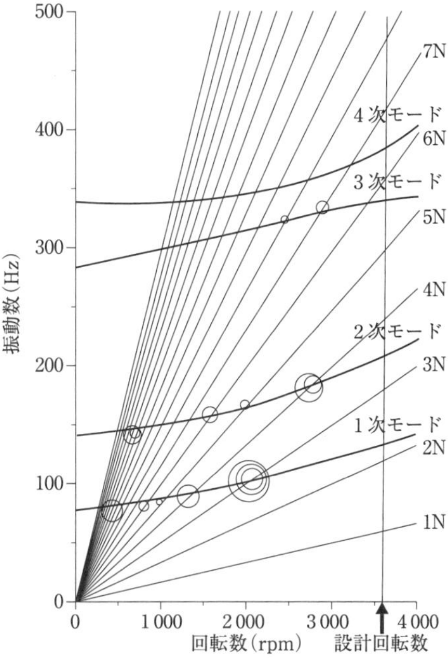

7.1.2 ガストを受ける翼の振動（強制振動）

【1】研究・評価の歴史

ガストとは，流速変動のことで，たとえば，前段静翼後流中や不均一な入口流れの中を動翼が通過する際に受ける流速変動を指す。

変動流体力に関する研究には大きく分けて2つあり，一つは，一様流中で翼が振動する際生じる変動流体力を解析しているものであり，他の一つは，静止翼にガストが作用する場合のそれである。これらの研究で最初のものは，1938年にKarman & Searsら[5]によって翼周りの非定常流れを解析したものであろう。その後，Sears[6]は翼に垂直な正弦波状ガストを受ける単独翼に生じる変動流体力を求めている。また，Kemp & Sears[7,8]らは，これらの結果を用いて翼列相互間のポテンシャル流干渉や前段静翼によって作られる粘性後流による翼の変動揚力などの解析を行っている。

以上の解析では，翼に垂直なガストを受ける場合を扱っているが，Horlock[9]は，迎角がある場合には翼弦に平行なガスト成分も変動流体力に及ぼす影響が大きいことを示した。また，Nauman & Yehら[10]は周期性ガストを受ける単独翼の変動流体力に関して迎角，そりを考慮してほぼ厳密な解析解を得，翼列後流を通る場

図7.1-4　キャンベル線図

第7章：回転機械に関連する振動

合に適用した。さらに，石原ら[11]は，これを基に実機で生じるガスト振幅が翼弦方向に減衰する場合の変動流体力を解析している。

つぎに，翼列に対しては，Whitehead[12]が，正弦波状ガストを受ける翼列翼に生じる変動流体力や，振動翼列に対するそれについて解析したものや，村田・辻本[13]らによる平板翼列の非定常流れを等角写像法で解析し，翼列パラメータの変動流体力に及ぼす影響を明らかにしたものがある。さらに西山・小林[14]による圧縮性を考慮した解析もある。

旋回失速については，理論的な研究としては，失速領域にまでまたがった翼列の動的な特性をどのようにモデル化するかといった点に着目したものが多く，たとえば，Emmons[15]らは，失速を翼列流路の閉塞現象で置換したモデルを考案し，Marbleら[16]は失速点前後で不連続な特性曲線を用いた解析を行っている。その結果，境界層による時間遅れや翼列中の流体の慣性などが旋回失速に影響を及ぼす因子であることを示している。また，Searsら[17]は，アクチュエータ理論を用いた解析を行い，先に述べた因子の他に，迎角変化と揚力変化の間の位相も旋回失速を支配する重要な因子であると指摘している。しかしながら，これらの解析は，失速領域数について論じられないばかりでなく，旋回速度についても結果がまちまちであり，旋回失速について十分説明し得るには至っていない。

一方，実験的な研究では，Iura & Rannieら[18]による三段軸流圧縮機を用いた系統的な研究があり，これによれば，旋回失速は部分失速（Small Stall）と全失速（Large Stall）といった異なる二つのタイプがあり，これらの間にはヒステリシスがあることを示している。また，Sovran[19]は，入口案内翼と動翼との距離を変えた実験を行って，翼列干渉が失速領域数を決定する重要な因子であることを明らかにした。このような背景のもとで，1961年に，高田[20]は，「多段軸流圧縮機の旋回失速」という論文を発表した。これは，線形理論ではあるが，先に述べた翼列干渉を理論の中に取り入れ，翼列外部の流体の慣性に比べ，翼列内部および各翼列間の流体の慣性や境界層時間遅れなどの方が旋回速度を支配する因子としてより重要であることを示している。そして，従来，経験的にいわれている，多段になると旋回速度が回転速度の1/2になること，段数が少なくなるとそれが1/2以下になること，などが説明できるようになった。しかし，失速領域数については，翼列干渉が重要な働きをするであろうと考えてはいるものの，これは，形や大きさとともに非線形の効果であるので，推論の域を出ていない。このような反

7.1 翼および翼列の振動

省に立ち，高田・永野ら[21]は，線形理論の限界から抜け出して，振幅を定め，あるいは，変動の成長を規定するための非線形な翼列特性と，変動を有限とした非線形な運動方程式を理論にもち込み，解析を行っている。その結果，失速領域数，変動の大きさや波形，旋回速度などの従来の線形理論では解明し得なかった旋回失速の諸様相およびそれらを求める機構が明らかになった。

図7.1-5 ガスタービンの内部構造

【2】評価方法

ここでは，非定常空気力に関するもっとも基本的な(1)非定常翼理論による単独翼に対する変動流体力の評価法，(2)翼列平板翼に対する変動流体力の評価法および(3)旋回失速による励振力評価法を紹介する。

(1) **非定常翼理論による単独翼に対する変動流体力の評価法**

図7.1-5に実機ガスタービンの断面を，図7.1-6に翼列の配置を示す。ここでは，図の前段静翼が作る後流中を動翼が通過する際に動翼に発生する変動流体力を求める手順について説明する。

動翼は，図7.1-7に示すように，そりと迎角を有する薄翼とし，非定常揚力は次式で与えられる[11]。

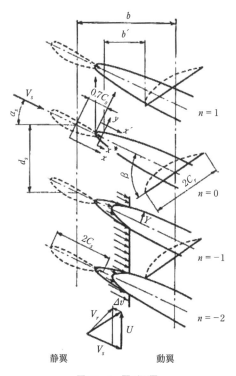

図7.1-6 翼列配置

$$F = \pi\rho c V w_p \sin\phi \left[\cos\phi\{fF_f(k) + \alpha F_\alpha(k)\} + S(k)\right]e^{i\omega t} \qquad (7.1\text{-}1)$$

ここで，ρ：流体密度，V：動翼相対流入速度，w_p：ガスト振幅，ϕ：動・静翼のなす角，f：そり比（翼高／翼半弦長），α：迎角，c：翼弦長，ω：励振角振動数($2\pi NZ/60$)，N：回転数，Z：翼枚数，k：無次元振動数($\omega c/2V$)である。$F_f(k)$，$F_\alpha(k)$はそりと迎角による非定常揚力係数であり次式で与えられる[22]。

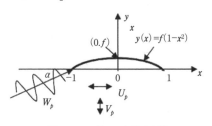

図7.1-7　ガストを受ける翼

$$F_f(k) = \frac{4}{k}J_1(k) + \{2C(k)-1\}\left[J_0(k) - \frac{J_1(k)}{k} - jJ_1(k)\right] - \left[J_0(k) - \frac{J_1(k)}{k} + jJ_1(k)\right] \qquad (7.1\text{-}2)$$

$$F_\alpha(k) = J_0(k) + jJ_1(k) \qquad (7.1\text{-}3)$$

$S(k)$はSears関数で式(7.1-4)で与えられる。

$$S(k) = \left[J_0(k) = jJ_1(k)\right]C(k) + jJ_1(k) \qquad (7.1\text{-}4)$$

$$C(k) = H_1^{(2)}(k) / \left\{H_1^{(2)}(k) + jH_0^{(2)}(k)\right\} \qquad (7.1\text{-}5)$$

ここで，$C(k)$はTheodorsen関数で，$J_0(k)$，$J_1(k)$は第1種Bessel関数である。また$H_0(k)$，$H_1(k)$はHänkl関数である。

Sears関数とTheodorsen関数についてはそれぞれ**図7.1-8**と**図7.1-9**に示す。また，そりと迎角の影響を示すF_fとF_αの関数の図を**図7.1-10**と**図7.1-11**に示す。

7.1 翼および翼列の振動

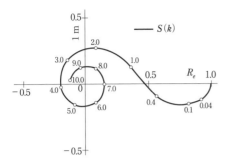

図 7.1-8　Sears 関数

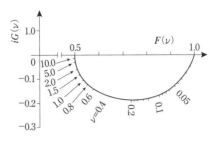

図 7.1-9　Theodorsen 関数

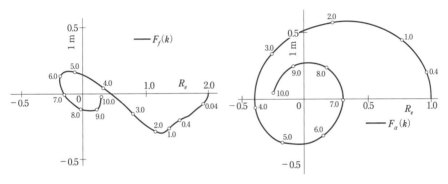

図 7.1-10　関数 F_f　　　　　図 7.1-11　関数 F_α

つぎに，ガスト振幅 w_p は Silverstein らが導いた次式を用いる[30]。

$$w_p = -u_c \sin\phi \frac{2\sqrt{\pi}}{K} e^{-\frac{\pi^2 m^2}{K^2}} \tag{7.1-6}$$

$$\frac{u_c}{V} = -(2.42\sqrt{C_D})/\left(\frac{x}{c}+0.6\right) \tag{7.1-7}$$

$$\frac{Y}{c} = 0.68\sqrt{2C_D\left(\frac{x}{c}+0.3\right)} \tag{7.1-8}$$

第7章：回転機械に関連する振動

$$K^2 = \pi \cos^2 \alpha \cdot \left(\frac{d_s}{Y}\right)^2 \tag{7.1-9}$$

ここで，C_Dは翼の抗力係数，Yは後流半値幅，mはフーリエ成分の次数である。式(7.1-1)で求めた流体励振力を用いて翼の振動応力を解析し，実験と比較したものを図7.1-12に示す[11]。比較的良い一致を示しており，理論の有用性が認められる。

(2) 翼列平板翼に対する変動流体力の評価法[23]

翼列翼では単独翼とは異なり図7.1-13に示すように翼配置をしているため，変動流体力に対して弦節比c/s（ソリディティ），食違い角（ξ），隣接翼に流入するガストの位相差など翼列パラ

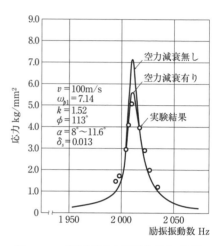

図7.1-12 翼の振動応力（理論と実験の比較）

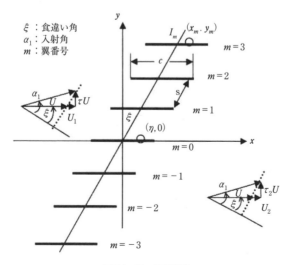

図7.1-13 平板翼列

290

メータの影響が生じてくる。これに関する村田ら[13]の研究によればその影響はおよそ次のようである。

(1) 弦節比が大きくなるほど変動流体力の大きさは減少するが、ガスト変動との位相差はあまり変化しない。
(2) 弦節比が同じならば、食違い角が大きいほど変動流体力は増すが、ガスト変動との位相差はあまり変化しない。
(3) 隣接翼に流入するガストに位相差があれば、変動流体力は大きくなる。
(4) 以上のことは、無次元振動数が小さい場合に著しい。

一般の軸流ターボ機械では、およそ、弦節比は1、食違い角は30～60°ぐらいであり、しかも静翼の枚数と動翼のそれとは異なる。つまり、隣接翼に流入するガストに位相差がある場合が多い。このような場合の変動流体力（係数）は、図7.1-14に示すように単独翼のそれに近いので、先に述べた単独翼の評価法は翼列翼に対しても有用である。

(3) 旋回失速による変動流体力の評価法

ターボ機械のうち、減速翼列を用いた送風機、圧縮機などでは、図7.1-15に示すようにその圧力・流量特性に右上がりの部分が生じる場合がある[26]。その作動点近傍ではサージングや旋回失速が生じる。ここでは、翼の振動と深く関係する旋回失速について述べる。旋回失速が翼の振動にとって問題となるのは、これが発生すると円環流

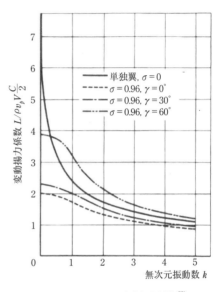

図7.1-14 翼列の非定常揚力係数[23]

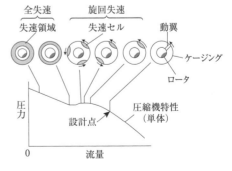

図7.1-15 動翼の失速領域の変化

路に失速域と非失速域の領域が生じ，それが回転方向に回転速度より遅い速度で回転するために，動翼は周期的な変動流体力を受け，その結果，共振点では非常に大きな応力が発生することが翼の破損という事実，あるいは従来実施されてきた応力の実測結果などにより明らかにされているためである。もっとも，旋回失速自体が起きないように設計できればそれに越したことはないが，機械の性質上それは不可能である。そのため，試運転時に旋回失速発生領域を確認し，その範囲では使用しないような運転方法がとられているが，起動・停止といった過度的な状態ではこの発生は避けられないものである。

旋回失速は強制振動であるから，共振回避，減衰付加が対策として重要となるものの，励振振動数を設計段階で予測することは現在のところ困難である。その理由は後述する旋回速度比と失速領域数(セル数)が理論的に求められないためである。

翼列の後に2本の熱線流速計を間隔をあけて挿入しておけば，旋回失速が生じたときには，失速セルが周方向に伝搬している様子を知ることができ，伝搬速度とセル数を知ることができる。失速セルは，静止空間に対して動翼と同一方向に，動翼(角速度 ω_r)より遅い速度(ω_s)で伝搬するが，その数をK(複数個のとき，失速セルは等間隔に並ぶ)とすると，動翼の受ける周期的な変動流体力の周波数は，$f_e=nK(1-\nu)N/60$ で与えられる。ここで，$\nu=\omega_s/\omega_r$ で，旋回速度比と呼ばれる。この値は，経験によると 0.3〜0.8 程度である[24]。旋回失速による変動流体力は，非失速時の定常流体力と失速時のそれの差を f_s として図7.1-16のような矩形波状の力と見なし，それのフーリエ成分で評価すれば，おおまかに，式(7.1-11)で評価できる。

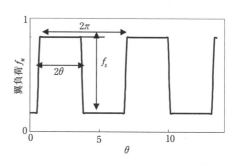

図7.1-16　旋回失速による流体力変動[24],[25]

$$F(t)=\sum_n F_n \cos(n\nu' t-\phi_n) \tag{7.1-10}$$

$$F_n = \frac{2f_s}{\pi}\frac{\sin(n\theta)}{n} \tag{7.1-11}$$

ここで，$\nu' = \omega_r - \omega_s$ である。

【3】トラブル事例と対策のヒント

図7.1-17は，5段軸流圧縮機の動翼が旋回失速によって疲労破損した状態を示している。左図は破損した翼断面であり，疲労破損特有の貝殻模様のストライエーションが生じている。また，図7.1-18は，高炉用圧縮機の試運転時に翼の

図7.1-17 軸流圧縮機の旋回失速による翼の破損[2]

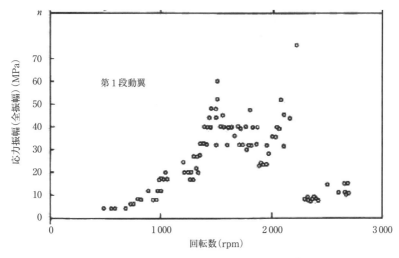

図7.1-18 軸流圧縮機翼の振動応力の実測例[2]

第7章：回転機械に関連する振動

振動応力を計測した結果である。旋回失速と翼とが共振を起した場合に高い応力を示すことがわかる。この計測では約50 MPaの共振応力が観測され，共振すれば破損につながることがうかがえる。

対策のヒントとしては，共振を生じさせないことに尽きるがガストによる強制振動ではたとえ回転数が固定されている場合でもすべての段で共振を避けることは不可能であり，ましてや，旋回失速による強制振動ではセル数，旋回速度比が不明であるかぎり実際には共振は避けられないと認識すべきである。そこから得られる結論は共振しても疲労破損しないだけの堅牢な翼を設計すべきであろう。

7.1.3 翼および翼列のフラッタ（自励振動）[3, 29]

【1】研究・評価の歴史

フラッタの種類としてはポテンシャルフラッタ（非失速フラッタ）と失速フラッタがある。ポテンシャルフラッタは，失速していない領域で翼の運動の自由度間（曲げとねじれ）の位相差によって流体力が励振力として働く場合である。これが問題となるのは質量比（$m/\pi\rho b^2$）が小さい場合であり，航空機の翼，航空用ガスタービンなどのように軽量化の要求が著しいものに対してはこの検討は欠かせない。このような連成フラッタの研究としては，Lane[27] の有限ピッチ翼列理論による解析がある。これらは，隣接翼間の振動位相差に自由度を与え，食違い角 β も考慮した解析であり，$\beta=0$ では実験と一致することを示している。しかしながらこれらの解析では転向角が無視されており，花村・田中ら[28] はこの転向角の翼列に及ぼす流体力の影響が大きいと考え，転向角，すなわち定常循環のある場合の連成フラッタを解析した。この数値計算は二次元，非圧縮，非粘性の仮定はあるが，この限りにおいてはかなり厳密である。以上は曲げとねじれとが連成する別名クラシカルフラッタと呼ばれるものであり，単独翼においても起り得るものである。これに対し，単独翼では起り得ない純曲げフラッタが翼列において生ずることが有限ピッチ翼列理論により明らかにされている。これは，各翼を集中渦で置き換え，翼間の振動位相差と各翼の集中渦による流体力の連成を考慮した振動数方程式が循環行列を形成することによって複素固有値問題に帰着することを示したものである。一般に，この種のフラッタの特徴は，一様流中で何らかの外乱により翼が振動し始めたとき，振動によって生じる変動流体力の虚部が翼固有の

294

7.1 翼および翼列の振動

減衰より大きくなるような流速(フラッタ流速)が存在し,この点でフラッタが発生するものである。

【2】評価方法

単独翼については,すでに3.2.1節で記述されているので割愛し,ここでは図7.1-13に示した平板翼列の純曲げフラッタについて述べる。

迎角を有する平板翼列において,翼が与えられた振幅と位相関係で振動しているときの翼に作用する非定常空気力を計算する。翼が平板であるので,翼とその後流は共に渦シートで置き換えられる。翼上の渦の強さは二つの成分,すなわち定常成分ζと非定常成分γをもち,γは微小であるがζは有限量とする。ζは翼面上の定常速度を,γは非定常速度を誘起する。翼が振動するとき,ζが動くので非定常速度が生ずる(1次のオーダー)。一方,γの動きによる非定常誘起速度は2次の微小項となり,これは無視する。ζとγは,それぞれについて翼面上での境界条件,すなわち翼面上で誘起吹き上げ速度が0でなければならないことを考慮すると,それぞれについての積分方程式が得られる。これらの積分方程式は翼後縁のクッタ・ジュコフスキーの条件が満たされるように解くことにより,翼面上のζとγが求められる。ζとγがわかれば,翼面上の力を計算することができる。この力は,翼の振動速度に比例し,その係数である非定常揚力係数(複素数)の実部の正負により空力減衰(負)であるか空力励振すなわちフラッタ(正)であるかを判定することができる。これらの詳細は文献3),29)を参照のこと。

【3】計算例と対策のヒント

図7.1-19に,表7.1-1で示す5つの諸元の翼列の計算結果を示す。無次元振動数λ($=\omega c/U$)をパラメータとしており,記号で囲まれた領域(翼間振動位相差と入射角で作る平面)がフラッタ領域である。無次元振動数が小さいほど,フラッタ領域が大きくなることがうかがわれる。太い●で示したものは,実際の翼列でありフラッタ領域は小さく,まったく問題にならないことがわかる。

もっとも重要な対策は無次元振動数を大きくすることである。つぎに,重要な対策は減衰を付加することである。これについては強制振動,自励振動を問わず有効であるため,節を設け概説する。その他には,翼列を構成する個々の翼の質量,剛性,空力の各特性を不均一にしてフラッタ限界の改善を図る,いわゆる「ミ

295

第7章：回転機械に関連する振動

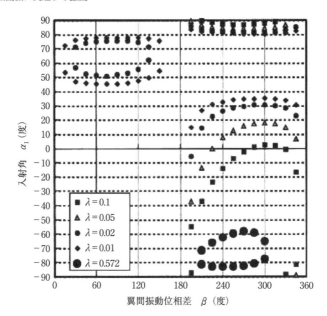

図7.1-19　ターボフィン翼のフラッタ領域

表7.1-1　計算例の諸元

Symbol	Unit	Case1	Case2	Case3	Case4	Case5
C	mm	27.74	27.74	27.74	27.74	27.74
S	mm	35.52	35.52	35.52	35.52	35.52
α_1	deg.	49.31	49.31	49.31	49.31	49.31
ξ	deg.	39.87	39.87	39.87	39.87	39.87
λ		0.572	0.01	0.02	0.05	0.10
U	m/s	190.0	190.0	190.0	190.0	190.0

スチューニング」がある．これを意図的にすることを「デチューニング」と呼び，次のような結果が得られている．
- 翼1枚おき交互に，固有振動数と質量を不均一にする．とくに，固有振動数が高い方を重く，低いほうを軽くすると効果が大きい．
- 翼材質を変えるより，翼厚の違いによる固有振動数差を利用した方が実用性が高い．

7.1.4 翼の減衰について

翼の振動を防止する手段は，強制振動にしろ自励振動にしろ，減衰を付加することである。翼の減衰は一般に，(1)材料減衰，(2)構造減衰，(3)流体減衰，の3つからなっているが，回転数が高くなると遠心力が大きくなり，翼根部は完全固定に近くなり，構造減衰は期待できないのが常識となっている。しかしながら，材料減衰は，材料によっても，また，振動応力値によっても変化するが，大きく見積もっても，対数減衰率にして0.02程度と一般に小さく，共振応答倍率は150にもなる。したがって，共振対策としては，何らかの減衰を積極的に付加しようとする試みがなされている。一方，流体的に減衰を付加する試みも，多くみられる。翼の減衰の研究については石原による調査結果が文献31)に詳述してあるので，それを参照していただくとして，本項ではとくに構造減衰についての特徴について述べる。

図7.1-20は，ガスタービン開発時に実施した実験装置，およびそれを用いて得られた減衰比の結果である[32]。翼根を空気圧で押し上げ固定した状態で翼を打撃し，自由減衰振動波形から対数減衰率を求めたものである。横軸は押し上げ力である。押し上げ力が大きくなるにつれて，減衰が小さくなり，飽和していく様子がみてとれる。この方法では，翼根に作用する遠心力の効果は考慮されるが，翼の長手方向に分布する遠心力は考慮できない。

図7.1-21は，翼長手方向に分布する遠心力も考慮できるように，翼を回転試験機に取り付け，回転させた状態で打撃し，得られる自由減衰振動波形から求める方法を示したものである[33]。図7.1-22は実験結果の一例である。静的応力(遠

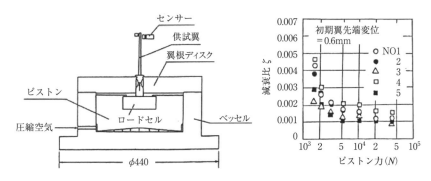

図7.1-20　減衰計測装置と結果の一例

297

第7章：回転機械に関連する振動

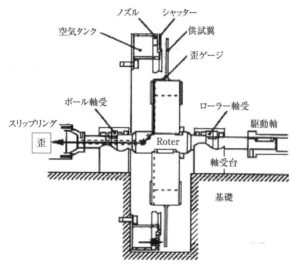

図7.1-21　回転試験機

心力による）が大きいほど減衰は小さく，振動応力が大きいほど減衰は大きくなる。図 **7.1-22** からわかるように，減衰率のバラツキは非常に大きい。

7.1.5　数値解析による翼振動の評価法

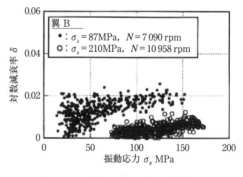

図7.1-22　振動応力に対する対数減衰率

【1】非定常流体力

　翼に作用する非定常流体力は，CFD（Computational Fluid Dynamics）の技術の進歩とともに数値解析による評価が一般的となった。精密な三次元非定常解析を行うには大型計算機が必要であるが，回転機械のように，翼に働く外力が一定の周期をもった擾乱（動静翼干渉や入口偏流など）によるものであればパーソナルコンピュータでも十分な予測を行うことが可能である。

　代表的な流体運動の解析方法を表 **7.1-2** に示す。さまざまな解析手法が考案さ

7.1 翼および翼列の振動

れ，利用されているが，回転機械など複雑な流れ場解析を容易に行えるという点から，有限体積法を基礎とする解析法が市販の汎用解析ソフトウェアをはじめ広く用いられている。

また，圧縮機やポンプなどの回転機械を扱う場合には，ほとんどの場合で流れのレイノルズ数は大きく，乱流の影響を無視することができない。しかし乱流の空間的・時間的スケールは非常に小さく，メッシュや時間刻み幅に強い制限を与えることとなる。そこで，効率よく乱流の効果を解析に反映させるための手法として乱流モデルが用いられる。**表 7.1-3** に示すように乱流モデルは大きく分けて

表7.1-2 解析手法の例

解析方法	特　徴
有限差分法 (FDM) [34, 35]	計算に用いる計算格子は格子点を序列化した構造格子を用いるので，離散化精度を高めるための種々のスキームが考案されている。
有限体積法 (FVM) [36]	計算領域を検査体積 (セル) で分割し，積分形式のNavier-Stokes個々のセルについて計算する。メッシュは構造格子，非構造格子いずれも用いることができるが，複雑な形状の問題を解く上で有利な非構造格子が一般に用いられている。ただし，非構造格子を用いる場合には格子点の序列化が行えないため，空間の離散化精度の向上は難しい。
有限要素法 (FEM) [37]	計算領域を非構造格子からなる有限要素で分割し，各要素についての方程式をつくりそれらを足し合せることで全体の方程式をつくる。非構造格子を用いるために有限体積法と同様，複雑な形状にも対応が容易である。

表7.1-3 乱流モデルの例 [38]

分類	代表的なモデルと特徴
RANS (Reynolds Averaged Navier-Stokes Simulation)	もっとも広く用いられているモデル。乱流の効果を時間平均化してモデル化し渦粘性として局所的に粘性係数を決定する方法。非常に多様なモデルが考案されており，その中でも輸送方程式を用いる $k-\varepsilon$ モデルやSpalart-Allmarasモデル，方程式を用いないBaldwin-Lomaxモデルなどが一般的。乱流の効果を時間平均化してモデルを構築しているので本質的には定常流れに適しているが，周期的な変動を伴う非定常流れには実用上問題なく用いられている。
LES (Large Eddy Simulation)	空間フィルターの考え方を基礎としてメッシュサイズ以下の小スケール (SGS：Sub-grid Scale) の渦のみをモデル化する方法。SGSモデルの代表例はスマゴリンスキーモデルで輸送方程式を用いた種々のダイナミックモデルが考案されている。非定常計算に適したモデルであるが，SGSモデルによる渦粘性は非常に小さいために，高精度な解を得るには計算スキームには数値粘性が小さいスキームを用いることが必要で，またメッシュもRANSに比べて細密であることが求められる。

第7章：回転機械に関連する振動

RANS（Reynolds Averaged Navier–Stokes Simulation）系のモデルと LES（Large Eddy Simulation）系の2つのモデルに分類され，近年は，さらにこれらの長所を組み合わせた DES（Detached Eddy Simulation）や，ハイブリッドモデルが開発されている．表に示すように，モデルである以上，いずれも長所と短所があるので，解析対象に応じて注意深く吟味し，選択する必要がある．

【2】翼の振動特性

翼そのものの振動特性については，有限要素法による解析[39]が一般に用いられている．また，ANSYS や NASTRAN など，多様な汎用のソフトウェアが市販されており，これらを用いて翼の固有振動数などが容易に計算できる．

また圧縮機やポンプなどの回転機械における，流体力の作用による振動特性の解析方法としては，図7.1-23(a)のように，非定常流体力と非定常な物体の変形を相互に求める方法がもっとも直接的で，現実に近い解が得られることが期待できるが，流体解析プログラムと構造解析プログラムを同時に実行する必要があり，計算コストが高い．実用的には，翼の低次モードの振動と流体運動の相互干渉が問題となる場合が多いので，図7.1-23(b)のように，あらかじめ，1次ないしは2次の固有振動数とモード形状を有限要素法により計算し，流体運動の計算の際に格子の変形の計算や運動方程式の境界条件に用いる方法が一般的である．一方，流体力による減衰効果については，翼の運動との位相関係から算出する方法の他に，振動の一周期におけるエネルギのバランスを計算する方法[40]などがある．しかし，図7.1-23(a)に示す直接解法の場合には一般に解が複雑になるので，流体力によるばね効果や減衰効果を明確に分離することは困難である．一方，図7.1-

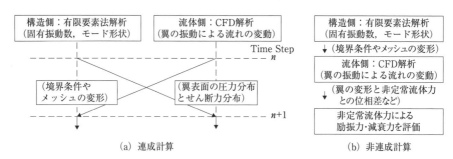

(a) 連成計算   (b) 非連成計算

図7.1-23　流体・構造連成振動の数値解析のフローチャート

7.1 翼および翼列の振動

23(b)の方法のように翼の振動に規則性を仮定した場合には，比較的容易に計算できる。

【3】翼振動評価法

翼の振動の評価の手法については大きく分けて，流れ場や構造解析において運動方程式を時間領域で解く手法[41, 42]などと，調和振動を仮定した周波数領域での解法[43, 44]などの二つに分けられる。これらは主に，計算コストが高い流体運動の影響をどのように扱うかで選択される。

前者の場合には，時間発展型の方程式を計算するために計算コストは高くなるが，非周期的な振動や，渦励起振動などの流体運動の非線形性の影響を考慮した計算ができる点で有利である。また，構造側のみを周波数領域で計算することも可能である。構造・流体連成方法については，解析対象に応じて図7.1-23に示したどちらの方法でも用いることができる。

一方，後者は流体の運動を定常成分と微小擾乱成分に分離し，定常成分は非線形のEuler方程式やNavier–Stokes方程式の時間項を収束させて求め，擾乱成分は調和振動を仮定して周波数領域で複素振幅を計算する手法[43]である。また，非定常成分の計算で得られた結果を定常成分の計算にフィードバックして非線形の効果を取り入れる手法[44]も開発されている。周波数領域における計算では，複素振幅を求める際に定常計算と同様な手法が用いられるために，時間発展型の解法に比べて計算時間は大幅に短縮できるという利点がある。しかし，解を調和関数で仮定するため，非周期的な振動や非線形性の強い現象については適用できない。また，流体・構造の連成方法については，本手法はもともと計算の効率向上を目的とした解法であるので，図7.1-23(b)のような非連成計算が用いられることが多い。

参 考 文 献

1) 経済産業省，News Release, (2006), pp.1–11.
2) 馬越，石原，池澤，石井，木梨，川崎技報，62, (1976), pp.247–251.
3) 石原，川崎重工技報，149, (2002), pp.58–65.
4) 阪井，山地，石原，名田，林，ターボ機械協会誌，30巻，8号，(2002), pp.448–490.
5) T.H.Von Karman & W.R.Sears, Journal of Aeronautical Science, 5–10, (1938), pp.379–390.
6) W.R.Sears, Journal of Aeronautical Science, 8–3, (1941), pp.104–108.

第7章：回転機械に関連する振動

7) N.H.Kemp & W.R.Sears, Journal of Aeronautical Science, 20-7, (1953), pp.585-597.

8) N.H.Kemp & W.R.Sears, Journal of Aeronautical Science, 22-7, (1955), pp.477-483.

9) J.H.Horlock, Transactions of the ASME, Ser.D, 90-4, (1968), pp.494-500.

10) H.Nauman & H.Yeh, Transactions of the ASME, Ser.D, 90-4, (1973), pp.1-10.

11) 石原，船川，機論，45-397, (1979), pp.1213-1223.

12) D.S.Whitehead, Reports and Memoranda, A.R.C., No.3254, (1960), pp.1-37.

13) 村田，辻本，園田，機論，42-353, (1976), pp.161-170.

14) 西山，小林，機論，41-345, (1975), pp.1457-1469.

15) H.W.Emmons, C.E.Rearson & H.P.Grant, Transactions of the ASME, 77-4, (1955), pp.455-469.

16) F.E.Marble, Journal of Aeronautical Science, 22-8, (1955), pp.541-554.

17) W.R.Sears & ITHACA N.Y., Journal of Applied Mech.20-3, (1953), pp.57-62.

18) T.Iura & W.D.Rannie, Transactions of the ASME, 76, (1954), pp.463-471.

19) G.Sovran, Transactions of the ASME, 81, (1959), pp.24-34.

20) 高田，東大航空研究所報，第2巻，第6号，(1961).

21) 高田，永野，機論，37-296, (1971), pp.687-695.

22) 石原，船川，機論，44-384, (1978), pp.2717-2725.

23) 石原，学位論文（大阪大学），(1980), p.78.

24) 谷田，機械学会P-SC10研究分科会，(1980), pp.235-254.

25) 石原，船川，機論，45-395, (1979), pp.933-941.

26) ターボ機械協会編，ターボ機械入門，日本工業出版，(2005), p98.

27) F.Lane, WADC Technical Report, 54-449, (1954).

28) 花村，田中，機論，32-244, (1966), pp.1823-1841.

29) D.S.Whitehead, Reports &Memoranda, No.3386, (1962).

30) A.Silverstein, S.Katzoff and W.K.Bullivant, NACA Report, 651, (1939).

31) 石原，機械学会P-SC100研究分科会，pp.57-64, (1980).

32) M.Tanaka *et al.*, Proceedings of International Conference on Rotor dynamics, JSME, IFToMM, (1986), pp.307-312.

33) 石原，古池，矢野，機論，64-624, C(1998), pp.2908-2914.

34) 藤井孝蔵，流体力学の数値計算法，東京大学出版，(1994).

35) 梶島岳夫，乱流の数値シミュレーション，養賢堂，(1999).

36) J.H.ファーツィガー，他5名，コンピュータによる流体力学，シュプリンガー・フェアラーク東京，(2003).

37) 棚橋隆彦，計算流体力学：GSMAC有限要素法，共立出版，(2006).

38) 数値流体力学編集委員会編，乱流解析，東京大学出版会，(1995).

39) 加川幸雄，有限要素法の基礎と応用シリーズ9　有限要素法による振動・音響工学，培風館，(1981).

40) F.O.Carta, Journal of Engineering for Power, 89-3, (1967), pp.419-426.

41) R.Srivastava & T.G.Keith Jr., Journal of Propulsion and Power, 21-1, (2005), pp.167-174.

42) A.I.Sayma, M.Vahdati and M.Imregun, Journal of Fluids and Structures, 14-1, (2000), pp.87-101.

43) W.S.Clark & K.C.Hall, Journal of Turbomachinery, 122-3, (2000), pp.467-476.

44) T.Chen, P.Vasanthakumar and L.He, Journal of Propulsion and Power, 17-3, (2001), pp.651-658.

7.2 部分的に液体を満たす回転体の振動

7.2.1 現象の概説

部分的に液体を満たす回転体には，全自動洗濯機[1~3)]，遠心分離機[4)]，連続焼鈍炉の冷却ロール[5)]，流体継手[5)]などがある．また結露など，何らかの原因により回転体の内部空間に水や油が浸入することがある[6)]．

部分的に液体を満たす回転体には液体の偏りによる不釣り合い力が発生する[7)]．図7.2-1に全自動洗濯機の構造を示す[3)]．全自動洗濯機のバスケットには部分的に水を満たしたリング状の容器(流体バランサ)が取り付けられている．脱水時にはバスケットが危険速度以上の高速で回転するため，自動調心作用[8)]により水が洗濯物の不釣り合いの反対方向に移動する．このため洗濯物と水の不釣り合いが打ち消しあい，脱水時の振動を低減できる仕組みになっている．

一方，部分的に液体を満たす回転体では，危険速度より若干高い回転速度範囲において自励振動が発生することがある．この現象は，液体の固有振動数が回転体の固有振動数とほぼ一致する条件で発生する[9~11)]．液体の振動において，非線形振動系特有の跳躍現象[12)]や孤立波[1~3)]が発生する．自励振動を防止するために，全自動洗濯機の流体バランサには円周方向の流れに抵抗を与える流動防止板(バッフル板)が設けられている．

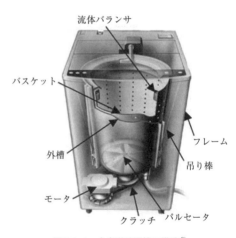

図7.2-1　全自動洗濯機の構造[3)]

7.2.2 研究の歴史

部分的に液体を満たす回転体の自励振動に関して，Ehrich(1967)は，ジェットエンジンのロータに少量の油が浸入したときの自励振動発生事例を紹介した[6)]．

第7章：回転機械に関連する振動

その後，安定性評価に関する研究が行われており，Wolf (1968) の非粘性解析 [13]，斉藤ら (1978 ～ 1982) の粘性を考慮した差分法解析 [14 ～ 20]，金子ら (1983 ～ 1985) の粘性を考慮した理論的解析 [9 ～ 11] の報告がある。続いて，流動防止板による安定化効果について，安尾ら (1985, 1989) が研究を行っている [21, 22]。回転体内の液体の非線形振動現象については，陣内ら (1985) の跳水に関する研究 [12]，笠原ら (2000) の孤立波に関する研究 [1 ～ 3]，吉住 (2007) の渦粘性モデルによる液体の跳躍現象と自由表面波形の解析 [23] がある。磁気ダンパや磁気軸受を用いた安定化制御に関しては，松下ら (1987) の実験的研究 [4]，張ら (1992) の理論と実験による研究 [24, 25] がある。

一方，部分的に液体を満たす回転体の不釣り合い振動に関して，片山ら (1987) の連続焼鈍炉の冷却ロールおよび流体継手に対する実験的研究 [5]，高橋ら (1996) の有限要素解析手法の研究 [26]，井田ら (1996) の全自動洗濯機に対する解析手法の研究 [7] がある。なお部分的に液体を満たす回転体の振動について文献 [27, 28] に解説されている。

7.2.3　部分的に液体を満たす回転体の自励振動

部分的に液体を満たす回転体では図 7.2-2 に示すような自励振動が発生することがある [11]。ここに $\tilde{\Omega}$ は液体が満たされていない時の回転軸系の非減衰固有角振動数 Ω_0 で無次元化した回転角速度 Ω，A は軸心変位の振幅，$\tilde{\omega}$ は Ω_0 で無次元化した軸心の角振動数 ω である。回転速度が固有振動数より高い領域（図では無次元回転速度 1.4 付近）で自励振動が発生し，固有振動数成分の振動が大きくなる。不安定振動発生開始点では液体の振動特性の非線形性に起因するヒステリシスを伴う跳躍現象が現れる。

(1) 基本解析モデル [9]

図 7.2-3 に示すように，回転角速度 Ω で回転する内半径 a，長さ $2h$ の円筒形回転体の内部に，密度 ρ，液面平均半径 b の液体が部分的に満たされているとする。回転体に固定した円筒座標系 $o\text{-}r\theta z$ における液体の速度を u, v, w とし，圧力を p，時間を t とすると，連続の式および非粘性の Navier–Stokes の式は式 (7.2-1) ～式 (7.2-4) のようになる。

7.2 部分的に液体を満たす回転体の振動

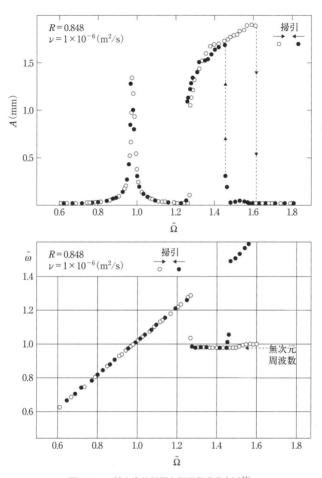

図 7.2-2 軸心変位振幅と振動数変化（水）[11]

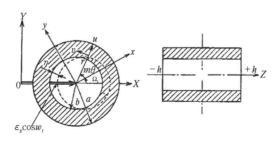

図 7.2-3 部分的に液体を満たす回転体の基本解析モデル[9]

第7章：回転機械に関連する振動

$$\frac{\partial u}{\partial r}+\frac{u}{r}+\frac{\partial v}{r\partial \theta}+\frac{\partial w}{\partial z}=0 \tag{7.2-1}$$

$$\frac{\partial v}{\partial t}-\frac{u^2}{r}+v\frac{\partial v}{\partial r}+\frac{u}{r}\frac{\partial v}{\partial \theta}+w\frac{\partial u}{\partial z}-r\Omega^2-2\Omega v=-\frac{\partial p}{\rho \partial r} \tag{7.2-2}$$

$$\frac{\partial v}{\partial t}+\frac{uv}{r}+u\frac{\partial v}{\partial r}+\frac{v}{r}\frac{\partial v}{\partial \theta}+w\frac{\partial v}{\partial z}+2\Omega u=-\frac{\partial p}{\rho r\partial \theta} \tag{7.2-3}$$

$$\frac{\partial w}{\partial t}+u\frac{\partial w}{\partial r}+\frac{v}{r}\frac{\partial w}{\partial \theta}+w\frac{\partial w}{\partial z}=-\frac{\partial p}{\rho \partial z} \tag{7.2-4}$$

液面変位を η とすると，満たされるべき境界条件は式(7.2-5)～式(7.2-8)のようになる。

$$u=0 \qquad (r=a) \tag{7.2-5}$$

$$w=0 \qquad (z=\pm h) \tag{7.2-6}$$

$$u-\frac{\partial \eta}{\partial t}-\frac{v}{r}\frac{\partial \eta}{\partial \theta}-w\frac{\partial \eta}{\partial z}=0 \, (r=b+\eta(\theta,z,t)) \tag{7.2-7}$$

$$p=0 \qquad (r=b+z(\theta,z,t)) \tag{7.2-8}$$

(2) 液体の固有振動数

液深が変化すると液体の固有振動数が変化する。液深と液体の固有角振動数 σ の関係は**図7.2-4**のようになる[9)]。ここに $R=b/a$ であり，m は周方向の波数である。回転体に固定した座標系から見て回転方向と逆方向に波動が進む後進波($\sigma>0$)と，順方向に進む前進波($\sigma<0$)が現れる。液深が増加する(R が減少する)と両者の差が大きくなる。

摂動法を用いて式(7.2-1)～

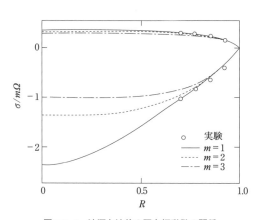

図7.2-4 液深と液体の固有振動数の関係

(7.2-8)を線形化して解くことにより，液体の固有角振動数 σ が次式のように求まる[9]。

$$\sigma = \Omega \left(=1 \pm \sqrt{1+m\gamma} \right) / \gamma \tag{7.2-9}$$

ここに，$\gamma = (1+R^{2m})/(1-R^{2m})$ である。

(3) 液体の強制振動応答

回転体を正弦加振したときの液面変位応答の例を図7.2-5に示す[9]。ここに，$\overline{\omega}$ は回転角速度で無次元化した加振角周波数 (ω/Ω) である。後進波 ($\overline{\omega} < 1$) と前進波 ($\overline{\omega} > 1$) の固有振動数において共振ピークが現れる。また流体の非線形振動特性により，共振点近傍ではヒステリシスを伴う跳躍現象が発生する。

静止座標系から加振角周波数 ω の強制加振変位を与えたときの振動応答は，式(7.2-2)，(7.2-3)の右辺にそれぞれ加振力項 $\omega^2 \varepsilon_x \{\cos(\sigma_{(+)} t + m\theta) + \sin(\sigma_{(-)} t + m\theta)\}/2$, $-\omega^2 \varepsilon_x \{\sin(\sigma_{(+)} t + m\theta) + \sin(\sigma_{(-)} t + m\theta)\}/2$ を追加し，摂動法を用いて線形化して解くことにより求まる[9]。$m = 1$ のときの液面変位は次式のようになる。

$$\overline{\eta}(R,\theta,t) = -\frac{2\omega^2}{\sigma_{(\pm)}\left(K_{(\pm)}^2 - 4K_{(\pm)} - 4\gamma\right)} \cos(\sigma_{(\pm)} t + \theta) \tag{7.2-10}$$

ただし $\overline{\eta} = \eta/\varepsilon_x$, $\sigma_{(\pm)} = \Omega \pm \omega$, $K_{(\pm)} = 2\Omega/\sigma_{(\pm)}$ である。

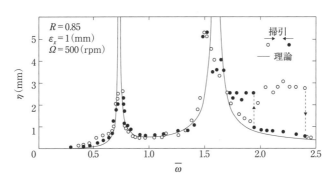

図7.2-5　液面変位の共振応答(水)[9]

(4) 回転体に作用する流体力

余弦波で加振した時に回転体の加振方向に働く流体力の計算例を図7.2-6に示

第7章:回転機械に関連する振動

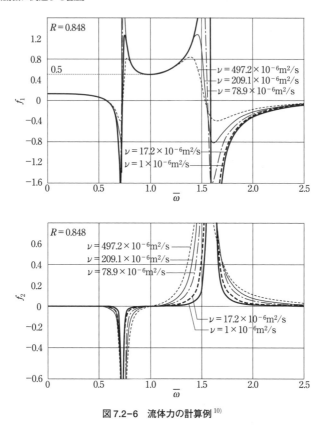

図7.2-6 流体力の計算例 [10]

す[10]。ここに，f_1 および f_2 は，流体力を次式で表したときのそれぞれ余弦成分および正弦成分である。

$$F_X = \rho a^2 h \pi \varepsilon_x \omega^2 (f_1 \cos\omega t + f_2 \sin\omega t) \tag{7.2-11}$$

後進波共振点（$\overline{\omega} < 1$）と前進波共振点（$\overline{\omega} > 1$）で流体力が急変し，動粘性係数 ν が小さいほど流体力の変化は急峻である。また，同期点（$\overline{\omega} = 1$）を境に f_2 の符号が変化する。後進波共振点では流体力の位相が変位ベクトルに対して進むため自励振動の発生要因となる。

式（7.2-1）〜（7.2-8）に対して粘性項，加振力項を追加し摂動法を用いることにより，回転体に作用する流体力を計算できる[10]。境界層の外側における粘性を無

視すると，式(7.2–11)に示す流体力の各成分は次式のようになる．

$$f_1 = \frac{2Rg_1/K}{g_1^2+g_2^2} + \frac{1}{2} - sign(K)\frac{\lambda ER(g_1-g_2)}{g_1^2+g_2^2} \quad (7.2\text{–}12)$$

$$f_2 = \frac{-Rg_2/K}{g_1^2+g_2^2} - \frac{\lambda ER(g_1+g_2)}{g_1^2+g_2^2} \quad (7.2\text{–}13)$$

ここに，$K+2/(1=\bar{\omega})$, $E+\nu/(a^2\Omega)$, $\lambda+\sqrt{|K|E}$, $g_1+f=g(=1=1/\lambda)$, $g_2+g(=1=1/\lambda)/\lambda$, $f=R(2-2/K-K/2)$, $g=(2+2/K-K/2)R$である．Eはエックマン数と呼ばれる粘性力とコリオリ力の比を表す無次元数である．

(5) 回転体の振動安定性

回転体の外部減衰を変えた時の軸系の安定限界線図は，たとえば，図7.2–7のようになる[11]．斜線の領域が微小じょう乱により不安定振動が発生する領域である．外部減衰が増加すると不安定領域が小さくなる．ただし，水のように粘度の低い液体では外部減衰の影響は小さい[11]．

前述の流体力を考慮して，粘性減衰係数c，ばね定数kで支持された質量mの回転体の運動方程式を無次元化することにより，不減衰固有角振動数Ω_R，無次元減衰係数ζが次式のように求まる[11]．

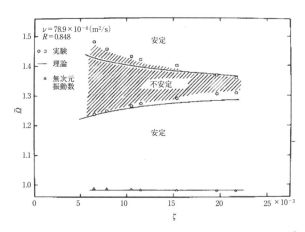

図7.2–7 外部減衰を変えたときの安定限界線図（コンプレッサ油）[11]

第7章:回転機械に関連する振動

$$\Omega_R = \sqrt{\frac{k}{m+\dfrac{\rho a^2 h \pi}{2}}} \quad (7.2\text{--}14)$$

$$\zeta = \frac{(c+\rho a^2 h \pi f_2 \Omega_R)\Omega_R}{2k} \quad (7.2\text{--}15)$$

式(7.2–14)の分母第2項は液体の付加質量であり,液体付加質量により固有振動数が低下する。液体の付加質量は液深に関係なく,液体が少しでも浸入すると,軸系の固有振動数は回転体を液体で完全に満たしたときと同じ状態になる。また,式(7.2–15)は安定判別式であり,$\zeta<0$で自励振動が発生する。

(6) 特性方程式を用いた安定判別

振動系の複素固有値λの実部が正となるものが存在すれば,不安定振動が発生する。振動変位を$\{X\}=\{x\}\exp(\lambda t)$とおいて運動方程式に代入すると式(7.2–16)のような形になる。

$$[D]\{x\}=\{0\} \quad (7.2\text{--}16)$$

自明でない$\{x\}$が存在する条件から,特性方程式は式(7.2–17)のようになる。

$$|D|=0 \quad (7.2\text{--}17)$$

特性方程式は,λに関する高次多項式であり,Newton–Raphson法により複素固有値λを求めることができる。

図7.2-8は,部分的に液体を含む回転体が磁気軸受で支持された場合の複素固有値に対する液体の粘性係数の影響を計算した例である[24]。図の横軸は無次元回転速度である。縦軸は無次元複素固有値$\bar{\lambda}$に$-j$(jは虚数単位)を掛けたものの虚部であり,$\mathrm{Im}(-j\bar{\lambda})<0$が不安定の条件である。粘性係数が大きくなると不安定回転速度範囲が狭くな

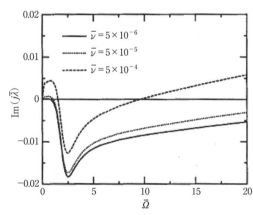

図7.2-8　$\bar{\lambda}$に及ぼす無次元粘性係数$\bar{\nu}$の影響[24]

り，とくに，高速側の安定領域が増大する．

(7) 跳水を伴う非線形振動挙動

回転速度が固有振動数に近い場合には，**図 7.2-9** に示すような跳水を伴った激しい波が発生する[12]．ここに，Hは水深，θは円周方向位相である．

波高と回転速度との関係は，たとえば，**図 7.2-10** のようになる[12]．この図の場合は，回転体を加振周波数 10Hz で加振しており，液体の応答は同期点（$\Omega=10$Hz）に関してほぼ対象となる．回転速度を 10Hz から遠ざけてゆくと，なだらかな波動から跳水を伴う激しい波動に移行する．さらに，回転速度を 10Hz から遠ざけてゆくと跳水が消滅する．このとき跳躍やヒステリシスの現象がみられる．

Navier–Stokes の式に浅水近似と跳水理論を適用して定常解の非線形方程式を導出し，Runge–Kutta 法を用いて数値積分することにより数値解が得られる[12]．

(8) 共振点付近における孤立波

前進波の 1 次モード共振点（15.33Hz）に近い周波数で回転体を加振した時の周方向の液面モードは**図 7.2-11** のようになる[3]．全体的に偏った 1 次モードであるが，共振点付近では非線形振動特有の高次成分により孤立

7.2 部分的に液体を満たす回転体の振動

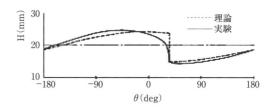

図 7.2-9　共振点付近における液体の自由表面形状（水）[12]

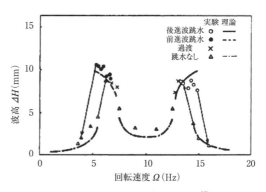

図 7.2-10　波高および跳水の位置[12]

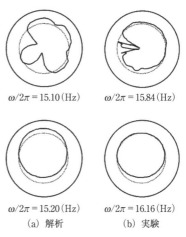

図 7.2-11　前進波の 1 次モード共振点付近での周方向の液面モード[3]

波が発生する。加振周波数のわずかな変化により高次成分の次数が変化する。

Navier-Stokes の式に浅水近似を適用し，空間に関してスタッガード格子を，時間に関して Crank-Nicolson 法を用いて時刻歴解析することにより数値計算できる[1～3]。

（9）流動防止板の影響

図 7.2-12 に示すような，液体表面の流動を防止する流動防止板を設けることにより安定性を向上できる[21]。図 7.2-13 に示すように，流動防止板を取り付けると，流体力の発生原因となる液体の偏りを保つために必要な液体流動が阻害されるため，不安定領域が小さくなる[21]。液体流動阻害の効果は水量が

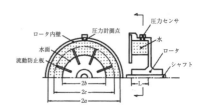

図 7.2-12　流動防止板を有する部分的に液体を満たした回転体[21]

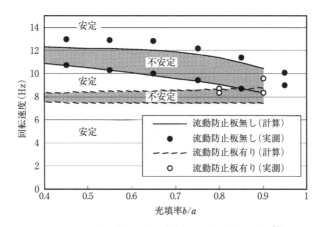

図 7.2-13　不安定領域に対する流動防止板の影響（水）[21]

多いほど大きくなるため，b/a を小さくすると不安定振動領域が消滅する（実測結果）。

流動防止板のある半径領域では回転座標系における円周方向流速が0であると仮定し，摂動法を用いて Navier-Stokes の式を線形化することにより流体力を計算できる。

7.2.4 対策のヒント

部分的に液体を満たす回転体の自励振動防止対策のヒントを**表7.2-1**にまとめる。

表7.2-1 対策のヒント

項 目	内 容	備 考
運転回転速度	不安定回転速度範囲（$\overline{\Omega} = 1 \sim 2$）で運転しない。	図7.2-2参照。
外部減衰	外部減衰を増加させる。	図7.2-7参照。ただし，液体の粘度が低い時は外部減衰の効果は小さい[11]。
液深	発生回転速度範囲を液深で調整する。液深が大きければ不安定振動発生回転速度は高くなる。	図7.2-13参照。
流動防止板	流動防止板を取り付ける。	図7.2-13参照。
液体の進入防止	回転体内に不要な液体が浸入しないようにする。	ジェットエンジンロータ内に油が浸入したときの自励振動発生事例あり[6]。

参 考 文 献

1) 笠原雅之・他2名, 機論, 66-646, C(2000), pp. 1762-1768.
2) 笠原雅之・他2名, 日本機械学会 Dynamics and Design Conference2000CD-ROM 論文集, (2000), p. 338.
3) 笠原雅之・他2名, 日本機械学会 Dynamics and Design Conference2000CD-ROM 論文集, (2000), p. 339.
4) 松下修己・他5名, 機論, 53-496, C(1987), pp. 2453-2458.
5) 片山圭一・他2名, 三菱重工技報, 24-6, (1987), pp. 605-610.
6) Ehrich, F. F., J. Eng. Ind., ASME, 89-B-4, (1967), pp. 806-812.
7) 井田道秋・他3名, 日本機械学会通常総会講演会講演論文集, 73-4, (1996), pp. 538-539.
8) たとえば, 日本機械学会編, 振動工学便覧 基礎編 a 2 機械力学, (2004), 丸善, p. 150.
9) 金子成彦・葉山眞治, 機論, 49-439, C(1983), pp. 370-380.
10) 金子成彦・葉山眞治, 機論, 49-439, C(1983), pp. 381-391.
11) 金子成彦・葉山眞治, 機論, 51-464, C(1985), pp. 765-772.
12) 陣内靖介・他4名, 機論, 51-467, C(1985), pp. 1463-1471.
13) Wolf, J.A., Trans. ASME Ser. E, 35-4, (1968), pp. 676-682.
14) 斉藤忍・染谷常雄, 機論, 44-388, (1978), pp. 4115-4122.
15) 斉藤忍・染谷常雄, 機論, 44-388, (1978), pp. 4123-4129.
16) Saito, S.& Someya, T., Pap.ASME, 79-DET-62, (1979), pp. 1-8.
17) 斉藤忍・染谷常雄, 機論, 45-400, C(1979), pp. 1325-1331.
18) 斉藤忍・他2名, 機論, 48-427, C(1982), pp. 321-327.
19) 斉藤忍, 機論, 48-429, C(1982), pp. 656-661.
20) 斉藤忍, 機論, 48-435, C(1982), pp. 1722-1728.

第7章：回転機械に関連する振動

21) 安尾明・他3名，機論，51-462，C(1985)，pp. 265-271.
22) 安尾明・他2名，機論，55-551，C(1989)，pp. 602-610.
23) 吉住文太，機論，73-729，C(2007)，pp. 1338-1345.
24) 張和炳・他3名，機論，58-548，C(1992)，pp. 1012-1017.
25) 張和炳・他3名，機論，58-556，C(1992)，pp. 3456-3460.
26) 高橋陸郎・他3名，ターボ機械，24-3，(1996)，pp. 136-142.
27) 山本敏男・石田幸男，回転機械の力学，(2001)，コロナ社，p. 247.
28) 日本機械学会編，機械工学便覧 基礎編 α 2 機械力学，(2004)，丸善，p. 166.

7.3 シールの流れによる振動

7.3.1 シールに起因する回転軸の自励振動

ターボ機械では，負荷をかけていく，あるいは出力を増大させていく途中で突然オイルウィップと同じような大きな振動を発生することがある。流体が原因であることより，蒸気タービンではスチームホワール，遠心ポンプではハイドロホワール，そして遠心圧縮機ではガスホワールと呼ばれている。この不安定振動は，翼，インペラという仕事をする部分と性能アップに寄与するシールが主に起因している。本節では，とくに，シールに着目してこれらの振動について述べる。

最近のロータダイナミクス解析では，シールも軸受と同様にx, y方向の連成を考慮したばね定数と減衰定数の8パラメータで動特性を表し，回転軸系の安定性解析を行う。シールが軸受と相違する点は，差圧のため円周方向だけでなく軸方向に流れをもつことと，その流れは翼やインペラで円周方向に流速，いわゆるスワールを与えられた状態で流入することである。これらが剛性を強める効果や不安定にさせるクロスばね効果を与える。さらに，シールの場合圧損を作るため，ストレートな環状シールだけでなく，段付き，ねじ，ラビリンスと呼ばれる構造がある。

7.3.2 研究の歴史

戦後のプラントの高容量化に伴い，プラントスタート時にターボ機械が異常振動を起し，プラントがフル生産できないという問題が発生した。その問題解決の

ため，タービンではThomas[1]らが，ポンプではBlackら[2,3]が翼，インペラ，環状シールの動特性の研究を始めた．さらに1970年代後半にスペースシャトルのメインエンジンの水素ポンプで振動が発生し，開発が遅れてしまった[4]．これを契機にこの種の不安定振動に関するNASA会議が開催されることになり，Childらがいろいろなシールの動特性の研究を[5]，岩壺ら[7]がラビリンスシールのKostyukモデル[6]から8パラメータを求める解法を，さらにAcosta，Brennen，大橋，辻本ら[8〜10]はポンプのインペラの動特性のより詳細な研究を行い，ターボ機械の各流体に起因するホワールの安定性設計が可能となった．

7.3.3 安定性評価方法

【1】 ターボ機械の回転軸評価モデル

従来，回転軸とケーシングとの間は軸受のみが考慮されていたが，この異常振動の安定性を解析するために最近では図7.3-1のモデルのようにシール，インペラ等も軸受と同様な8パラメータで，さらに液体の場合は式(7.3-1)で表せる質量までの12パラメータでモデル化するようになった．

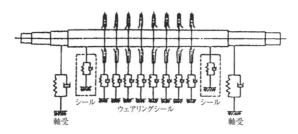

図7.3-1 遠心ポンプのモデル[11]

$$\begin{bmatrix} F_X \\ F_Y \end{bmatrix} = -\begin{bmatrix} k_{XX} & k_{XY} \\ k_{YX} & k_{YY} \end{bmatrix} \cdot \begin{bmatrix} X \\ Y \end{bmatrix} - \begin{bmatrix} c_{XX} & c_{XY} \\ c_{YX} & c_{YY} \end{bmatrix} \cdot \begin{bmatrix} \dot{X} \\ \dot{Y} \end{bmatrix} - \begin{bmatrix} m_{XX} & m_{XY} \\ m_{YX} & m_{YY} \end{bmatrix} \cdot \begin{bmatrix} \ddot{X} \\ \ddot{Y} \end{bmatrix} \quad (7.3\text{-}1)$$

ここで，X，Yは回転軸の静止座標を，Fはその反力を，kが要素である第1マトリックスは剛性を，cのマトリックスは減衰を，mのマトリックスは質量を示す．

第7章:回転機械に関連する振動

【2】環状シールの動特性

Blackらは,図7.3-2に示す環状シールの動特性を流体潤滑理論から求め,そして正の剛性を生じるLomakin効果を入れ込み,さらにスワールを有する液体まで考慮した簡易式を導出している[2,3]。以下にその結果とLomakin効果のメカニズムについて述べる。

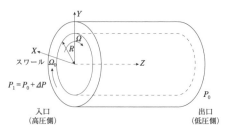

図7.3-2 環状シール

$$\begin{bmatrix} k_{XX} & k_{XY} \\ k_{YX} & k_{YY} \end{bmatrix} = \begin{bmatrix} \dfrac{\pi R \Delta p}{\lambda}\left[\mu_0 - \dfrac{1}{4}\mu_2 \Omega^2 T^2\right] & \dfrac{\pi R \Delta p}{\lambda}\left[\dfrac{1}{2}(\mu_1-\mu_s)\Omega T + \mu_s \Omega_0 T\right] \\ -\dfrac{\pi R \Delta p}{\lambda}\left[\dfrac{1}{2}(\mu_1-\mu_s)\Omega T + \mu_s \Omega_0 T\right] & \dfrac{\pi R \Delta p}{\lambda}\left[\mu_0 - \dfrac{1}{4}\mu_2 \Omega^2 T^2\right] \end{bmatrix}$$

$$\begin{bmatrix} c_{XX} & c_{XY} \\ c_{YX} & c_{YY} \end{bmatrix} = \begin{bmatrix} \dfrac{\pi R \Delta p}{\lambda}\mu_1 T & \dfrac{\pi R \Delta p}{\lambda}\mu_2 \Omega T^2 \\ -\dfrac{\pi R \Delta p}{\lambda}\mu_2 \Omega T^2 & \dfrac{\pi R \Delta p}{\lambda}\mu_1 T \end{bmatrix}$$

$$\begin{bmatrix} m_{XX} & m_{XY} \\ m_{YX} & m_{YY} \end{bmatrix} = \begin{bmatrix} \dfrac{\pi R \Delta p}{\lambda}\mu_2 T^2 & 0 \\ 0 & \dfrac{\pi R \Delta p}{\lambda}\mu_2 T^2 \end{bmatrix} \qquad (7.3-2)$$

ここで,Rは軸半径,Ωは回転角速度,Δpはシールの圧力差,Ω_0は流体の入口スワール角速度,λはすきまに対する摩擦係数,Tは平均流体通過時間である。また,μ_0, μ_1, μ_2はそれぞれ非回転時のすきま流流体潤滑理論より求まるばね定数,減衰定数,質量の無次元数で,μ_sはすきま流流体潤滑理論より求まるスワールに対するクロスばね定数の無次元数であり,文献2),3)に示されている。たとえば,μ_0は$0 \sim 0.35$,μ_1は$0 \sim 1.6$,μ_2は$0 \sim 0.08$,そしてμ_sは$0 \sim 0.5$の値になる。

剛性マトリックスの対角項の第1項 $\pi R\cdot\Delta P\cdot\mu_0/\lambda$ が Lomakin 効果による剛性で，非対角項の第2項 $\pi R\cdot\Delta P\cdot\mu_s\cdot\Omega_0\cdot T/\lambda$ が液体のもっているスワール効果であり，その第1項 $\pi R\cdot\Delta P\cdot(\mu_1-\mu_s)\cdot\Omega\cdot T/2\lambda$ は回転することによる効果である。Lomakin 効果のメカニズムを図 7.3-3 に示す。

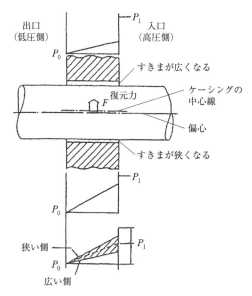

図 7.3-3 Lomakin 効果メカニズム[2]

環状シールでは，まず，入口で圧力降下が起り，そして漏れによる抵抗によりシール内で圧力がさらに降下し出口圧力となる。軸が偏芯すると，偏芯したほうはすきまが狭くなり，漏れによる圧力降下が大きくなるので，入口での圧力降下が小さくなる。したがって，偏芯したほうが反対方向に比べ斜線部分だけ圧力が高くなり，軸に復元力が作用し，正の剛性となる。

圧力差がないすきま部では，不安定化作用を有するクロスばねのみであるが，圧力差があると正の剛性が発生し，固有振動数が上がり，すべり軸受が有する減衰係数は周波数に対し一定であるのでクロスばねへの対抗としての減衰能が増大する。

【3】ラビリンスシールの動特性

圧縮性流体のシールとしてよく用いられる図 7.3-4 に示すラビリンスシールでは，漏れ流体がもち込むスワールによりクロスばね効果が発生することがまず実験的に確認されていた。一方，Kostyuk は，フィンのところをオリフィス，そして膨張室を円管としたモデルを提案しており[6]，そのモデルに対し岩壺らが摂動法を駆使して8パラメータを求める解法を導いている[7]。その結果，入口スワールの方向によりクロスばね項が＋から－へと大きく変化することを定量的に評価できるようになった。また，Jenny[12] が提案するスワールの膨張室へ流入する係

第7章：回転機械に関連する振動

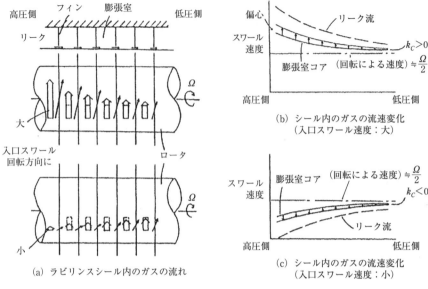

図7.3-4　ラビリンスシールとクロスばね項発生メカニズム[14]

数を，岩壷の解法に適用することにより，段付きなどのさまざまな形状のラビリンスシールの動特性まで計算できるようになった[13]。

　入口スワールとラビリンスシールのクロスばね項の関係を，図7.3-4に併記した。すでに円周方向に流速をもつ，すなわち，スワールを有するガスがシールに入ってくることが想定される。ラビリンスシールの膨張室でのガスの円周方向速度は，軸の周速のほぼ半分である。この膨張室でのガスの周速より速い，または，遅いスワールをもつガスがシールに入ったときの速度分布は図7.3-4に示すように変化する。速いガスが入れば膨張室の円周速度も速くなり，クロスばね項も前向き方向に寄与して大きくなる。一方，遅ければ膨張室の円周速度も遅くなり，クロスばね項は符号が反対となり，後向き方向に寄与して，シール全体としてのクロスばね項は小さくなる。軸の周速の半分より大きいスワールがはいると考えられるシールには，入口スワールを小さくするスワールキャンセラ（整流板等）を挿入するなどの注意が必要となる。

7.3.4 トラブル事例と対策

【1】スペースシャトル高圧水素ポンプ(ハイドロホワール)[4]

燃料供給用のポンプが，図 7.3-5 に示すような発散的な振動を起し，シール等の破損を起した。この結果，スペースシャトルの開発が 1 年以上遅れたといわれ

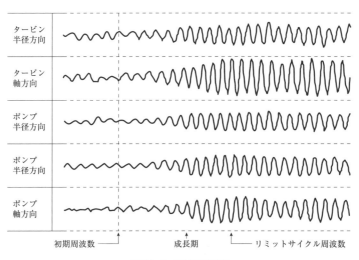

図 7.3-5 異常振動波形

ている。対策として，シールを図 7.3-6 に示すラビリンスシールからストレートシールに換え，Lomakin 効果による軸の固有振動数を上げることにより安定化させ，回転性能を確保することが可能となった。

【2】発電用蒸気タービン(スチームホワール)[15]

1970 年ごろ稼動した 15MW の自家発電タービンで，20 数年後性能改善を実施したところ 12MW を超えたところで異常振動が発生した。図 7.3-7 は，そのときの軸振動の Water Fall Diagram である。

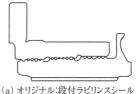

(a) オリジナル:段付ラビリンスシール

(b) 対策:ストレートシール

図 7.3-6 対策前後のシール

第7章：回転機械に関連する振動

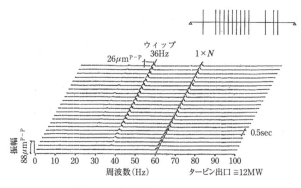

図 7.3-7　異常振動 Water Fall Diagram

36Hzの振動が卓越しており，この振動成分がロータ・軸受系の固有振動数である．この固有値に対し安定性を評価した結果を図7.3-8に示す．×印が異常振動が発生したところである．このロータは真円軸受を使っているため，ティルティングパッド軸受に変更することが一般的な対策である．しかし，この場合は軸が細いため減衰能が上がらなかった．そこで安定性解析を行った結果グランドシールのクロスばねを下げることが最適であることがわかった．グランドシール入口にスワールキャンセラを設置することにより，図7.3-8に示すように安定化できた．

【3】合成ガス圧縮機（ガスホワール）[14]

アンモニアの原料である水素と窒素を，20気圧から300気圧まで圧縮する遠心圧縮機トレン（図7.3-9）において，負荷95％の回転数10 750 rpmで，突然，LP

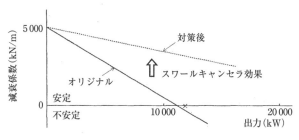

図7.3-8　安定判別結果

7.3 シールの流れによる振動

圧縮機を中心に発散的な振動が発生した。そのときの振動波形を図7.3-9に併記している。このため,このプラントでは95%以上生産が上げられない状態にあった。発生した成分は最初74Hzで,その後80Hzに上昇し,かつ前まわりであった。ガスホワールの安定性を判断するために用いた判別ブロック線図を図7.3-10に示す。その解析結果を図7.3-11に示す。この安定性解析は,高剛性を有する軸受とオイルフィルムシールだけを考慮して回転軸の実固有値解析を行い,モーダル解析によりばね定数ベースで評価したものである。オイルフィルムシールの動特性には軸受理論を適用し,そのほかのシールはラビリンスシールであり,前節の方法を用いた。また,インペラは以下に示すThomasの式[1]を応用したWatchelの式を用いた。

$$K_{xy} = a \cdot \frac{P \cdot \beta}{\Omega \cdot D \cdot H} \tag{7.3-3}$$

ここで,Pは出力,Ωは回転角速度,Dは翼列ピッチ円直径,Hは翼高さ,βは無次元シール係数であり,そしてaは無次元定数である。

図7.3-11に示すように,モーダル解析を採用しているので各シール等の不安定に対する寄与度が明らかになり,対策を打つべきところが判断できる。この解析では不安定であるのはLP圧縮機のみであり,振動発生状況も説明できており,

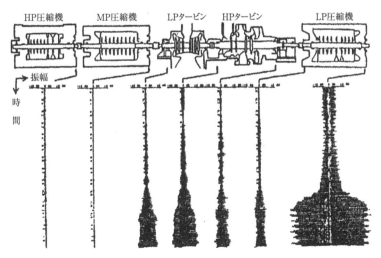

図7.3-9 圧縮機トレンと異常振動波形

第7章：回転機械に関連する振動

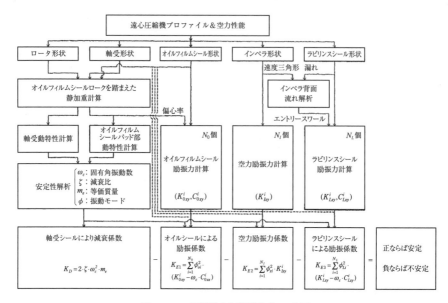

図 7.3-10　圧縮機の安定判別ブロック図

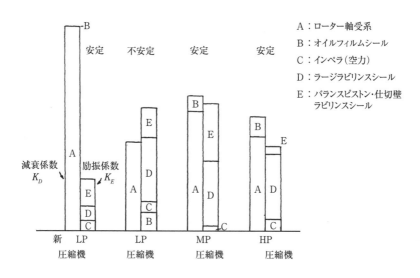

図 7.3-11　モーダル法による安定判別結果

7.3 シールの流れによる振動

LP圧縮機自体の減衰能力が小さいので，ダンパ軸受を用いた高安定な圧縮機に取り換えることにより100%以上の生産ができるようになった。

参 考 文 献

1) Thomas, H.J., Bull. De I'A.I.M.71 (1958), pp.1039–1063.

2) Black, H.F., and Jessen, D.N., ASME Paper, 71–WA/FE–38 (1971), pp.1–5.

3) Black, H.F., Allaire, P.E. and Barrett, L.E., Inlet Flow Swirl in Short Turbulent Annular Seal Dynamics, 9th International Conference on Fluid Sealing, PAPER D4(1981), pp.141–152.

4) Ek, M.C., AIAA/SAE 14th Joint Propulsion Conference (1978), pp.978–1002.

5) Child, D., and Dressman, J., Testing of Turbulent Seals for Rotordynamic Coefficients, NASA Conference Publication 2250 (1982), pp.157–171.

6) Kostyuk, A., Theoretical Analysis of Aerodynamic Forces in Labyrinth Grands of Turbomachines, Teploenergetika (1972), pp.39–44.

7) Iwatsubo, T., *et al.*, Flow Induced Force of Labyrinth Seal, NASA Conference Publication 2250 (1982)，pp.205–222.

8) Brennen, C.E., Acosta, A.J. and Caughey, T.K., NASA Conference Publication 2436 (1986), pp.270–295.

9) 大橋，庄司　日本機械学会論文集B, 50巻, 458号(1986), pp.2518–2523.

10) Tsujimoto, Y., Acosta, A.J. and Yoshida, Y., NASA Conference Publication3026 (1988), pp.307–322.

11) 真鍋他5名，三菱重工技報，Vol.18, No.3 (1981), pp.337–345.

12) Jenny, R., Labyrinths as a Cause of Self–excited Rotor Oscillations in Centrifugal Compressor, Sulzer Technical Review 4 (1980), pp.149–156.

13) Kanki, S. and Morii, S., Destabilizing Force of Labyrinth Seal, NASA Conference Publication2443 (1986)，pp.205–223.

14) Morii, S., *et al.* On the Subsynchronous Whirl in the Centrifugal Compressor, ICVPE (1986), pp.844–849.

15) Sasaki, T., Morii, S., *et al.*, Proc. 20th Turbomachinery Symposium (1991), pp.145–154.

流体―構造連成系の振動

　流体中で構造物が振動する場合，あるいは，流体を内包する構造物が振動する場合，構造物の運動によって生じた流体運動により，構造物は流体からのフィードバック力を受ける。流体と構造が連成する振動を解析・評価するためには，このような流体からのフィードバック力を適切に考慮する必要がある。

　本章では，柱状構造物や三次元物体が流体中で振動する系を解析・評価する上で必要となる，付加質量や流体減衰の評価方法を解説する。また，自由液面を有する液体を内包する容器が振動する系について，液面の揺動（スロッシング），および容器とその内部の流体の連成振動の評価方法を解説するとともに，典型的な流体―構造連成系の自励振動として，ゲートの振動についても解説する。

第8章：流体−構造連成系の振動

8.1 流体−構造連成系の振動概説

　流体中で物体が運動するとき，その加速度や速度に比例する流体力が物体に作用する。本書で解説された流体と構造が連成するさまざまな現象を解析する際には，このような流体力を適切に考慮した上で，構造物の運動方程式を解く必要がある。

　上述の流体力を解析的に求めるためには，構造物の運動を境界条件に考慮して，流体の支配方程式を解いた上で，物体表面に作用する粘性力と流体圧力（流体力）を求める必要がある。ただし，一般に，このような方法によって流体力を解析的に表現できるケースはけっして多くはない。流体力を解析的に表現できない場合には，数値解析コードを利用して流れ場を解いた上で流体力を求めるか，あるいは実験によって流体力を求め，構造系の運動方程式に取り入れることが行われる。

　流れの数値解析を用いて流体と構造の連成解析を行う場合には，流体と構造の支配方程式を離散化した上で時間積分を行い，応答の時刻歴を計算する。近年では，計算機性能の大幅な向上や汎用解析ソフトウェアの発展により，研究開発や設計において一般的なツールとして数値解析が利用されるようになっている。本書第3版では，新たに第9章として流体関連振動の数値解析に関する解説を追加しており，その利用方法等については9章を参照されたい。ただし，1.2節にも述べたように，流れの数値解析を用いた連成解析は，時刻歴応答を求めるものが主であり，計算負荷が大きい上に，現象に関する一般的な知見や関連するパラメータの影響に関する見通しを得られにくいことに留意する必要がある。

　これに対して，これまでに主流であった解析では，流体力を解析的に表現できる程度に形状を簡略化する，流れをポテンシャルフローとして扱う，実験的に流体力を求めて係数化するといった手法により，流体力を構造系の運動方程式に取り入れることが行われてきた。ここで，**図8.1-1** に示したような直交流中で弾性支持された柱状構造物の振動を例にとると，運動方程式は以下のように表される。

$$m_s\ddot{x} + c_s\dot{x} + k_s x = F(\ddot{x}, \dot{x}, x) + F_f(t) \tag{8.1-1}$$

右辺が流体力であり，第1項は構造物の加速度や速度，変位に応じてフィードバック力として作用する力であり，第2項は強制外力として作用する力である。このうち，右辺第1項は，テーラー展開して高次の項を無視すると，次式のよう

326

8.1 流体－構造連成系の振動概説

に表現できる。

$$F = \frac{\partial F}{\partial \ddot{x}}\ddot{x} + \frac{\partial F}{\partial \dot{x}}\dot{x} + \frac{\partial F}{\partial x}x + \cdots \\ \approx -m_a\ddot{x} - c_a\dot{x} - k_a x \tag{8.1-2}$$

上式右辺第1項は構造物の加速度に比例する力であり，第2項は速度に比例した力，第3項は変位に比例した力である。また，m_a は付加質量，c_a は付加減衰，k_a は付加剛性と呼ばれる。従来は，これら付加質量や付加減衰，付加剛性，強制外力 $F_f(t)$ について，実測値やポテンシャルフローを仮定して求めた値，あるいは構造の応答振幅と整合するように推定した値などを使用して解析が行われてきた。本章では，主に，2～3章で扱った柱状構造を対象に，付加質量・付加減衰について解説する。また，流体をポテンシャルフローとして扱う代表例として，容器内の液面揺動（以下スロッシング）および容器とその内部の流体の連成振動についても解説する。さらに，本書第3版にて新たに追加した8.4節では，典型的な流体－構造系連成振動であるゲートの振動に関しても解説する。

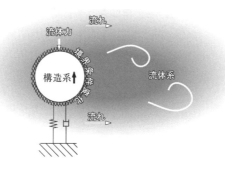

図 8.1-1　流体構造連成系

第8章：流体-構造連成系の振動

8.2 ▶ 付加質量・付加減衰

8.2.1 対象となる現象と構造物

　物体が加速する際には，物体周囲の流体をも加速度運動させる必要があるため，その反作用として，物体は加速度に比例した力を流体から受ける。この力を F_M，物体の加速度を $\ddot{x}$ とすると，物体にとってみれば，真空中で加速する場合と比較して，あたかも $-F_M/\ddot{x}$ だけ質量が増加したかのような効果が生じる。このみかけ上の質量の増分 $-F_M/\ddot{x}$ を，一般に，付加質量（または仮想質量）と呼ぶ。本節では，主に，代表的な断面形状の柱状構造物や三次元物体を対象として，付加質量の評価方法を解説する。

　また，物体の速度に比例する流体力は付加減衰力と呼ばれ，流体関連振動の成長・減衰を大きく左右する。とくに，静止流体中で物体が振動する際に流体の粘性に起因して生じる減衰力や，定常流中で振動する物体と流体の相対速度変化に起因して発生する減衰力を，流体減衰と呼ぶことがある。本節では，主に，柱状構造物の強制振動応答を求める際に用いられる流体減衰の評価方法を解説する。

8.2.2 評価方法

【1】付加質量

　流体関連振動を扱う上で，以下の観点から，付加質量を適切に評価する必要がある。

①構造物の応答を求める上で系の固有振動数が重要であるが，付加質量を考慮しない場合，実際よりも固有振動数を高く評価することとなる。これは，不安全側の評価となる恐れがあり，注意が必要である。

②管群など複数構造体や並進振動と回転振動が連成する多自由度系では，付加質量に起因する流体力を介して構造物の振動が連成する。このような流体力を介した連成を考慮するかしないかによって，系の応答評価が大きく異なる場合がある。

　基本的な形状の付加質量は，周囲の流体をポテンシャルフローとして扱うことによって解析的に求められる。また，多角柱などの基本形状についても，写像を利用することによって求めることができる。これらの導出については，流体力学

8.2 付加質量・付加減衰

の専門書にゆずるが[1,2]，たとえば，無限の静止流体中の二次元円柱が並進運動する場合の付加質量とそれによる慣性力は，1.3.2節に述べたように，以下の通りである。

$$m_a = \rho \frac{\pi}{4} D^2 \tag{8.2-1}$$

$$F = -m_a \ddot{x} \tag{8.2-2}$$

m_a は，円柱単位長さあたりの付加質量，ρ は流体の密度，D は円柱の直径である。また，付加質量 m_a をその物体によって排除される流体の質量 m_f で無次元化した値 $C_M = m_a / m_f$ は，付加質量係数と呼ばれる。上述の円柱のケースは，円柱によって排除される流体の質量 m_f は $\rho \pi D^2 / 4$ であり，付加質量係数 C_M は1である。

ただし，付加質量係数は必ずしも1ではなく，物体の形状や流体の粘性，圧縮性にも依存する。また，流れの中では，正味の付加質量係数は，静止流体中における値とは必ずしも一致しない。さらに，振動振幅が物体の直径と同じオーダーまで大きくなると，静止流体中で振動する場合でも，流れのはく離と渦放出の発生により，付加質量係数は振動振幅にも依存するようになる。ここでは，まず，(1)，(2)で非粘性非圧縮性の無限静止流体中で単一の物体が振動するケースについて，基本的な形状の付加質量を示す。つぎに，振動する物体に壁面が近接する場合の影響や，あるいは管群のように複数の振動する構造物が隣接する場合について(3)，(4)で述べ，(5)では流体の粘性や圧縮性の影響について述べる。

(1) 静止流体中の振動する物体の付加質量

表8.2-1 は，代表的な断面形状の柱状物体の付加質量の一覧を示す[3~5]。これらは，無限の長さの柱状物体が無限の非粘性非圧縮性の静止流体中で並進一自由度振動する場合の単位長さ当りの値を示す。

表8.2-2 は，無限静止流体中の三次元物体の付加質量を示す[3~5]。これらは，無限の静止流体中で物体が並進一自由度振動する場合の値を示す。球の付加質量は，球によって排除される流体質量の1/2となる。

表8.2-1，**8.2-2** はいずれも剛体が振動する場合の値であるが，平板がたわみ振動する場合のように，弾性体の振動についても，たとえばBlevins の著書[6]などに付加質量の計算方法が述べられている。また，船舶や海洋構造物にみられる半潜水構造物の付加質量についても，上述の著書に解説がみられる。

329

第8章：流体－構造連成系の振動

表8.2-1 二次元柱状物体の単位長さ当り付加質量[3〜5]

断面形状	付加質量

円

$\rho\pi a^2$

2a

楕円

$\rho\pi a^2$

$\rho\pi b^2$

2b / 2a

長方形

$\rho\pi a^2 K$

b/a	0	0.1	0.2	0.5	1	2	5	10
K	1.00	1.14	1.21	1.36	1.51	1.70	1.98	2.23

2b / 2a

ひし型

$\rho\pi a^2 K$

b/a	0.5	1	2	5
K	0.85	0.76	0.67	0.61

2b / 2a

平板

$\rho\pi a^2$

2a

十字型

$\rho\pi a^2$
ただし，$b \ll a$

b / a / a / a / a

円弧

$\dfrac{\rho\pi a^2}{2}\left(1+\dfrac{1}{\cos^2\alpha}\right)$

$\dfrac{\rho\pi a^2}{2}\tan^2\alpha$

4α / 2a

ジューコ フスキー 対称翼

$\dfrac{\rho\pi a^2}{4}\{4+(k-2)(k+1)\}$

$\dfrac{\rho\pi a^2}{2}(k-2)(k+1)$

ka / 2a

ρ は流体の密度，矢印は振動方向を表す。

8.2 付加質量・付加減衰

表8.2-2　無限静止流体中における三次元物体の付加質量[3〜5]

断面形状	付加質量
円板	$\dfrac{8}{3}\rho a^3$
楕円板	$\rho ab^2 K_1$
長方形板	$\rho\pi ab^2 K$

b/a	1	2	3	∞
K	0.478	0.840	1.000	1.000

断面形状	付加質量
球	$\dfrac{2}{3}\rho\pi a^3$
回転楕円体	x軸方向　$\rho ab^2 K_2$ y軸方向 z軸方向　$\rho ab^2 K_3$
有限長円柱	$\rho\pi a^2 LK$

$L/2a$	1.2	2.5	5.0	9.0	∞
K	0.62	0.78	0.90	0.96	1.0

b/a	K_1	K_2	K_3	b/a	K_1	K_2	K_3
0	4.1846	0	1.3333	0.6	3.2819	0.3543	0.8706
0.1	4.1228	0.02761	1.2803	0.7	3.1130	0.4306	0.8101
0.2	3.9874	0.07883	1.1923	0.8	2.9538	0.5083	0.7565
0.3	3.8202	0.1406	1.1012	0.9	2.8051	0.5870	0.7090
0.4	3.6404	0.2084	1.0158	1.0	2.6667	0.6667	0.6667
0.5	3.4588	0.2800	0.9389				

第8章：流体－構造連成系の振動

表8.2-3 二次元柱状物体の単位長さ当り付加慣性モーメント[3,5]

断面形状	付加慣性モーメント
円	0
楕円	$\dfrac{\pi}{8}\rho\left(a^2-b^2\right)^2$
平板	$\dfrac{\pi}{8}\rho a^4$
長方形	$\rho\pi a^4 K$

b/a	0	0.1	0.2	0.5	1
K	0.125	0.147	0.15	0.15	0.234

十字型	$\dfrac{2}{\pi}\rho a^4$

ρは流体の密度，矢印は回転方向を表す。

表8.2-4 三次元物体の付加慣性モーメント[3]

断面形状	付加慣性モーメント
円板	$\dfrac{16}{45}\rho a^5$
楕円板	$\rho a^3 b^2 K$

b/a	0.1	0.2	0.3	0.4	0.5	1
K	0.8033	0.7398	0.6713	0.6067	0.5489	0.3556

ρは流体の密度，矢印は回転方向を表す。

(2) 付加慣性モーメント

ここまでは，物体が並進運動する場合の付加質量について述べたが，物体が回転運動する場合にも慣性モーメントが増加する現象が生じる。すなわち，流体中では，みかけ上，物体の角加速度に比例する慣性モーメントの増加が生じ，これを付加慣性モーメントと呼ぶ。円柱が中心軸周りに回転する場合や球が中心周りに回転する場合は付加慣性モーメントは0であるが，その他の形状では付加慣性モーメントが生じる。表 8.2-3，8.2-4 は，代表的な形状の物体が回転振動する際の付加慣性モーメントを示す[3,5]。

(3) 近接する壁面の影響

物体が壁に近接する場合や密な管群などでは，閉塞の影響によって付加質量が増加することに留意する必要がある。たとえば，円柱がその軸と平行な壁面に近接する場合の付加質量係数 C_M は，ポテンシャル流れを仮定すると，次式の通りとなる[5]。

$$C_M = 1 + 4\sinh^2\alpha \left(\sum_{n=1}^{\infty} n \frac{e^{-3n\alpha}}{\sinh(n\alpha)} \right) \quad (8.2\text{-}3)$$

$$\alpha = \ln\left(1 + \frac{G}{r} + \sqrt{\left(1 + \frac{G}{r}\right)^2 - 1}\right) \quad (8.2\text{-}4)$$

ここで，r は円柱の半径，G は壁と円柱のすき間幅を表す。図 8.2-2 は，上式で求められる付加質量係数 C_M を示すが，壁とのすき間幅が狭まるにつれて付加質

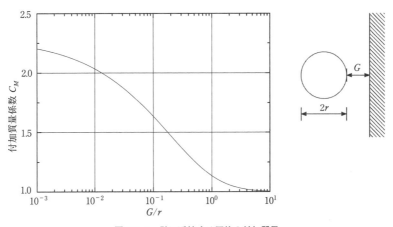

図 8.2-2　壁に近接する円柱の付加質量

第8章：流体−構造連成系の振動

量係数は増加する。

また，3.3節では，すき間流れによる振動を扱ったが，そのもっとも単純なケースとして，図8.2-3に示すような平行なすき間流路にて一方の壁面が振動する場合を採り上げると，壁面に作用する非定常流体力は次式の通り表される。

$$F = -\frac{\rho L^3}{12 H_0} \ddot{h} \qquad (8.2\text{-}5)$$

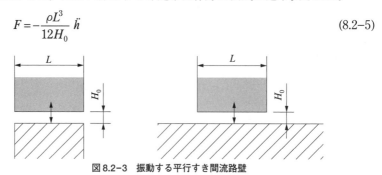

図8.2-3 振動する平行すき間流路壁

ただし，上式は，すき間の定常流量は0とし，壁面の振幅を微小として線形化して得られる。付加質量は $\rho L^3/12H_0$ であり，すき間幅に反比例して付加質量が増大することがわかる。

表8.2-5は，固定壁に近接する平板や固定円筒内で振動する同心円柱などの付加質量を示す[3,6]。近接する壁とのすき間幅が減少するにつれて付加質量が増大する傾向をもつ。

表8.2-5 壁面に近接する物体の付加質量[3,6]

断面形状	負荷質量
固定円筒内で振動する同心円柱	$\rho \pi a^2 \dfrac{b^2+a^2}{b^2-a^2}$
固定球内の同心円球	$\dfrac{2}{3}\rho \pi a^3 \left(\dfrac{b^3+2a^3}{b^3-a^3}\right)$

表 8.2-5 つづき

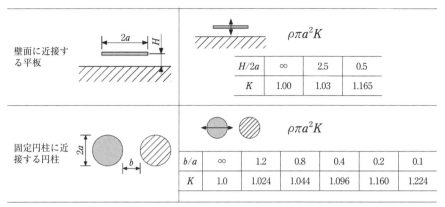

ρは流体の密度，矢印は振動方向を表す．

(4) 流体慣性力を介した振動の連成

ここまでに扱ったケースでは，並進振動に関しては，並進方向の付加質量を，回転運動に関しては回転方向の付加慣性モーメントのみを求めた．しかしながら，非対称な形状の物体の場合，一般には，並進振動と回転振動について，流体力を介した連成が生じる．すなわち，非対称な形状の物体の場合，付加質量と付加慣性モーメントに起因する流体力は，次式のように行列形式で表される[4]．

$$\begin{bmatrix} F_x \\ F_y \\ F_\theta \end{bmatrix} = -\begin{bmatrix} m_{xx} & m_{xy} & m_{x\theta} \\ m_{yx} & m_{yy} & m_{y\theta} \\ m_{\theta x} & m_{\theta y} & m_{\theta\theta} \end{bmatrix} \begin{bmatrix} \ddot{x} \\ \ddot{y} \\ \ddot{\theta} \end{bmatrix} \quad (8.2\text{-}6)$$

このように，たとえば，x方向の物体の加速度により，x方向のみならず，y方向，θ方向にも付加質量起因の流体力が発生する．先述の通り，現象によっては，上述のような流体力を介した並進運動と回転運動の連成，あるいはx, yの2つの方向の並進運動の連成が振動の発生機構に重要な役割を果す場合がある．

同様に，管群のような複数の振動する構造物が隣接する場合には，隣接する他の構造物の加速度に起因する流体力を受け，構造物同士が連成する．もっとも単純な例として，図8.2-4に示すように，流体中でy方

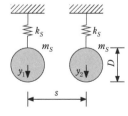

図 8.2-4 弾性支持2円柱

335

第8章：流体－構造連成系の振動

向に弾性支持された2円柱を採り上げる。2円柱の直径，質量およびばね定数が等しく，それらをそれぞれD，m_s，k_sとする。このとき，2つの円柱の運動方程式は次式のように行列形式で表すことができる。

$$\begin{bmatrix} m_s & 0 \\ 0 & m_s \end{bmatrix}\begin{bmatrix} \ddot{y}_1 \\ \ddot{y}_2 \end{bmatrix}+\begin{bmatrix} k_s & 0 \\ 0 & k_s \end{bmatrix}\begin{bmatrix} y_1 \\ y_2 \end{bmatrix}=-\begin{bmatrix} m_{a0}\alpha_{11} & m_{a0}\alpha_{12} \\ m_{a0}\alpha_{21} & m_{a0}\alpha_{22} \end{bmatrix}\begin{bmatrix} \ddot{y}_1 \\ \ddot{y}_2 \end{bmatrix} \qquad (8.2\text{--}7)$$

上式右辺が連成系における付加質量の効果を表している。m_{a0}は円柱に排除される流体の質量$(=\rho\pi D^2/4)$，$\alpha_{11}\sim\alpha_{22}$はピッチ比$s/D$に依存する付加質量係数である。このように，複数の構造物が連成する系では付加質量も行列形式で表される。上式にて，系の対称性から$\alpha_{11}=\alpha_{22}$，$\alpha_{12}=\alpha_{21}$であり，以下のように系の固有振動数が2つ求められる。

$$f_1=\frac{1}{2\pi}\sqrt{\frac{k_s}{m_s+m_{a0}(\alpha_{11}+\alpha_{12})}}, \quad f_2=\frac{1}{2\pi}\sqrt{\frac{k_s}{m_s+m_{a0}(\alpha_{11}-\alpha_{12})}} \qquad (8.2\text{--}8)$$

f_1，f_2は，それぞれ，2円柱が同位相，逆位相で振動するモードに対する固有振動数である。真空中の固有振動数$\frac{1}{2\pi}\sqrt{k_s/m_s}$と上の2つの固有振動数の式を比較すれば，$m_{a0}(\alpha_{11}+\alpha_{12})$，$m_{a0}(\alpha_{11}-\alpha_{12})$が連成系の2つの振動モードに対する付加質量の効果を表すことから，これらは連成系の有効付加質量と呼ばれる。2本以上の円柱群の場合，流体中での単一円柱の固有振動数$(=\frac{1}{2\pi}\sqrt{k_s/(m_s+m_{a0})})$よりも小さい固有振動数と大きい固有振動数が存在することに留意する必要がある。図8.2-5は，六方格子状に配置された管群に対する有効付加質量の上限値および下限値を示す[7]。図中の縦軸は，有効付加質量を単一円柱の付加質量で割った値である。ピッチ比が小さいほど，有効付加質量が分布する範囲が広くなり，連成の効果が強まることがわかる。また，管の本数が7，19，37と増えるにつれて，有効付加質量の分布範囲は広がるものの，その差は大きくはなく，連成の効果として，隣接する管の影響が支配的であることがわかる。管群の付加質量や振動モードについては，S.S.Chenの著書に詳細な解説が見られる[8]。

(5) 流体の粘性と圧縮性の影響

ここまでは，非粘性非圧縮性の流体中で物体が振動する場合の付加質量を述べ

336

8.2 付加質量・付加減衰

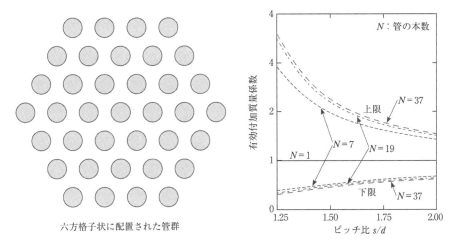

図 8.2-5 六方格子状に配置された管群とその有効付加質量[7]

たが，流体の粘性の影響が大きくなると，運動量の拡散範囲が広がるため，付加質量も増加する。例として，**表 8.2-5** 中の固定円筒内の同心円柱が円柱軸と直角方向に角振動数 ω で振動する場合を採り上げる。流体の粘性も考慮して，その動粘性係数を ν とすると，付加質量係数は以下のように表される[8]。

$$C_M = \frac{b^2+a^2}{b^2-a^2} + \frac{2}{a}\sqrt{\frac{2\nu}{\omega}} \tag{8.2-9}$$

右辺第 2 項が粘性の影響を表しており，ν の増加とともに付加質量係数も増大する。このような粘性の影響は，一般に，動的レイノルズ数 $Re_d (=\omega a^2/\nu)$ を用いて整理される。Re_d を用いると式(8.2-9)は次のように書き換えられる。

$$C_M = \frac{b^2+a^2}{b^2-a^2} + 2\sqrt{\frac{2}{Re_d}} \tag{8.2-10}$$

図 8.2-6 は，上式の計算結果を示す。上式は $Re_d \gg 1$ の場合に適用可能である。

また，次式に示す動的マッハ数 M_d が大きい場合には，付加質量は流体の圧縮性にも依存する。

$$M_d = \frac{\omega D}{c} \tag{8.2-11}$$

第8章：流体−構造連成系の振動

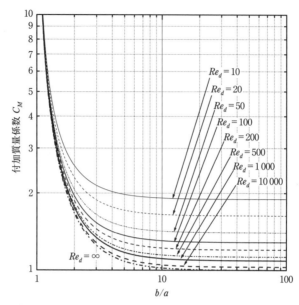

図8.2-6 固定円筒内同心円柱の付加質量に対する半径比 b/a と動的レイノルズ数 Re_d の影響

ここで，ω は角振動数，D は物体の代表径，c は音速である。M_d が0.1程度の小さい範囲では，付加質量の圧縮性に対する依存性はほとんどなく，一般的なプラント構造物の振動を扱う場合には，$M_d \ll 1$ のケースが大半である[8]。

付加質量に対する粘性や圧縮性の影響についても，S.S.Chen の著書[8]に詳しく解説されており，詳細はそちらを参照されたい。

【2】流体減衰

付加減衰力は，流体関連振動の減衰・成長を支配する重要な役割をもつ。1章に解説した通り，構造系の減衰と付加減衰の和が負となると，自励振動が発生する。一方，両者の和が正で自励振動が発生しない系において，強制振動応答を求める場合には，系の減衰を適切に評価することが重要である。付加減衰は，扱う現象によって，その特性や表現方法が異なるため，それらの詳細は，第2〜7章に示す各現象の解説を参照されたい。本節では，主に，柱状構造物の強制振動応答を求める際に用いられる流体減衰の評価方法を解説する。(1)では，静止流体中で物体が振動する際に流体の粘性に起因して生じる減衰について述べ，(2)，(3)

8.2 付加質量・付加減衰

では，定常流中で振動する柱状構造物の流体減衰について述べる。また，(4)では二相流中の流体減衰について述べる。

(1) 静止流体中で振動する物体の流体減衰

柱状の構造物が静止流体中で微小振動する場合，構造物の表面には，流体の粘性に起因したせん断力が発生する。このとき，構造物に作用する流体力を，粘性抵抗と呼ぶ。また，振幅が大きい条件では，流れのはく離や渦放出が生じ，圧力抵抗が構造物に作用する。柱状構造物がその軸と直角方向に振動する場合，1.3節の式(1.3-45)に，先に述べた付加質量も考慮すると，作用する流体力は次式のように表すことができる。

$$F_D = -\frac{1}{2}\rho d\dot{x}|\dot{x}|C_D - m_a\ddot{x} \tag{8.2-12}$$

ここで，F_D は単位長さ当りの抗力，ρ は流体の密度，D は柱状構造物の直径，$\dot{x}$，$\ddot{x}$ はそれぞれ構造物の速度，加速度，C_D は抗力係数である。

1.3節に示される通り，角振動数 ω の正弦的な振動 $x=x_0\sin\omega t$ を仮定し，$\dot{x}|\dot{x}|$ をフーリエ展開して初項のみ残すと，次式を得る。

$$\dot{x}|\dot{x}| = x_0{}^2\omega^2|\cos\omega t|\cos\omega t \approx \frac{8}{3\pi}x_0{}^2\omega^2\cos\omega t = \frac{8}{3\pi}x_0\omega\dot{x} \tag{8.2-13}$$

よって，式(8.2-12)は，以下のように書き換えられる。

$$F_D = -c_a\dot{x} - m_a\ddot{x} \tag{8.2-14}$$

$$c_a = \frac{4}{3\pi}\rho dC_Dx_0\omega \tag{8.2-15}$$

ここで，円柱の運動方程式(8.1-1)および式(8.1-2)において，$m=m_s+m_a$，$k_a=0$ とし，式(8.2-14)および(8.2-15)を用いれば，次式を得る。

$$m\ddot{x} + \left(c_s + \frac{4}{3\pi}\rho DC_Dx_0\omega\right)\dot{x} + k_sx = 0$$

$$\therefore \ddot{x} + 2\left(\zeta_s + \frac{2}{3\pi}\frac{\rho D^2}{m}\frac{x_0}{D}\frac{\omega}{\omega_n}C_D\right)\omega_n\dot{x} + \omega_n{}^2x = 0 \tag{8.2-16}$$

ただし，$\zeta_s=c_s/(2m\omega_n)$，$\omega_n{}^2=k_s/m$，と置き換えた。上式括弧内第2項が流体減

339

第8章：流体−構造連成系の振動

衰である。すなわち，付加減衰係数 c_a は，減衰比 ζ_a に換算すると，次式の通りである。

$$\zeta_a = \frac{2}{3\pi} \frac{\rho D^2}{m} \frac{x_0}{D} \frac{\omega}{\omega_n} C_D \tag{8.2-17}$$

ただし，上式から ζ_a を算出するためには，抗力係数 C_D が既知である必要がある。C_D は，構造物の形状や流体の粘性，振動振幅と振動数に依存し，円柱を除くと，利用可能なデータはあまり多くないのが実情である。

円柱の場合，Wang[9] によれば，振幅が微小で表面から流れがはく離しない条件では，次式のように解析的に C_D が与えられる。

$$C_D = \frac{3\pi^3}{2K} \left\{ (\pi\beta)^{-\frac{1}{2}} + (\pi\beta)^{-1} - \frac{1}{4}(\pi\beta)^{-\frac{3}{2}} + \cdots \right\} \tag{8.2-18}$$

ただし，K は Keulegan−Carpenter 数（KC 数），β はストークスパラメータ（または β 数）であり，次の通りである。

$$K = 2\pi x_0 / D, \quad \beta = fD^2 / \nu \tag{8.2-19}$$

ここで，f は振動数，ν は流体の動粘性係数である。とくに，β が十分大きい場合には，式(8.2-18)は，{　}内の第1項が支配的となり，次式の通りとなる。

$$C_D = \frac{3\pi^{\frac{5}{2}}}{2K\sqrt{\beta}} \tag{8.2-20}$$

$\omega = \omega_n$ とおいて，式(8.2-20)を用いると，式(8.2-17)は，次式のように表される。

$$\zeta_a = \frac{\pi}{2} \frac{\rho D^2}{m} \left(\frac{\nu}{\pi f D^2} \right)^{\frac{1}{2}} \tag{8.2-21}$$

一方，C_D の実測例として，静水中の自由減衰振動波形から，あるいは，それと等価な実験として振動流中での抗力測定値から C_D を算出した結果がいくつか報告されており，上述の KC 数と β 数によって整理されている[10〜13]。これらの実測によれば，KC 数がある臨界値以下では，C_D は，理論式(8.2-20)の通り，KC 数にほぼ反比例するが，C_D の大きさは式(8.2-20)の1〜3倍程度の値が得られている。また，KC 数がある臨界値をこえると，流れのはく離と渦の形成に起因して，C_D

340

が急激な増加へ転じ，KC 数が 20 以上では 1 ～ 2 程度の値が得られている。Hall によれば，臨界 KC 数は β 数の関数として次式で与えられ，実測結果と一致することが明らかになっている[14]。

$$K_{crit} = \frac{5.78}{\beta^{1/4}}\left(1 + \frac{0.21}{\beta^{1/4}} + \cdots\right) \tag{8.2-22}$$

β が大きく，$K < 5$ について，Bearman ら[15] は，以下の経験式を提案している。

$$C_D = \frac{3\pi^{\frac{5}{2}}}{K\sqrt{\beta}} + 0.08K \tag{8.2-23}$$

右辺第 2 項は，渦放出に起因した抗力係数の増加を表す。また，C_D は，円柱表面の粗度にも依存し，それらについても実測値の整理結果が報告されている[10]。

円柱以外の断面形状では，振動流中の平板や角柱の C_D の実測例がいくつか報告されている[16～20]。正方形柱では，$K > 1$ において C_D は 2 ～ 3 であり[17,18]，また，振動流中における正方形柱の C_D の迎角依存性，矩形柱の C_D の辺長比依存性などの実測例[19,20] がみられる。したがって，これらの値と式(8.2-17)を用いれば，静止流体中で振動する場合の流体減衰を求めることが可能である。

（2）直交流中の流体減衰[21]

直交流中で構造物が振動する場合，構造物には，流体と構造物との相対流速変化に起因した減衰力が作用する。たとえば，直交流中にて流れ方向に振動する円柱について，入射流速を U，円柱の振動速度を $\dot{x}$ と表すと，相対流速は，$U_{rel} = U - \dot{x}$ と表される。$U \gg \dot{x}$ を仮定すると，円柱に作用する流れと平行な方向の力は，次式のように表される。

$$F_x = \frac{1}{2}\rho U_{rel}^2 DC_D \approx \frac{1}{2}\rho U^2 DC_D\left(1 - 2\frac{\dot{x}}{U}\right) \tag{8.2-24}$$

上式中には，定常成分に加え，円柱の振動速度比例成分 $-\rho UDC_D \cdot \dot{x}$ が含まれる。ここで，式(8.2-14)から(8.2-17)と同様の手順にて，上述の振動速度比例成分を減衰比に換算すると，以下の通りである。

$$\zeta_x = \frac{1}{4\pi}V_r\frac{\rho D^2}{m}C_D \tag{8.2-25}$$

341

第8章：流体−構造連成系の振動

ここで，$V_r = U/f_nD$ と置き換えた。

一方，流れ直角方向に振動する場合は，円柱の振動速度を$\dot{y}$と表すと，相対流速 U_{rel} および相対迎角 α は図に示す通りであり，次式のように表される。

$$U_{rel}^{\,2} = U^2 + \dot{y}^2 \qquad (8.2\text{--}26)$$

$$\sin\alpha = -\dot{y}/U_{rel} \qquad (8.2\text{--}27)$$

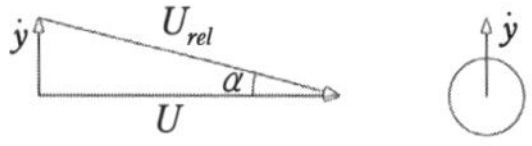

図8.2-7　相対流速と相対迎角

$U \gg \dot{y}$ とすると，$U_{rel}^{\,2} \approx U^2$，$\sin\alpha \approx -\dot{y}/U$ であり，円柱に作用する流れ直角方向の力は，次式のように表される。

$$F_y = \frac{1}{2}\rho U_{rel}^{\,2}DC_D\sin\alpha \approx -\frac{1}{2}\rho U^2 DC_D\frac{\dot{y}}{U} \qquad (8.2\text{--}28)$$

このように，振動速度に比例する流体力が得られ，これを減衰比に換算すると次式の通りである。

$$\zeta_y = \frac{1}{8\pi}V_r\frac{\rho D^2}{m}C_D \qquad (8.2\text{--}29)$$

ただし，式(8.2−25)，式(8.2−29)は入射流速よりも振動速度が十分小さい条件で線形化して得られるものであるから，その適用範囲には留意する必要がある。換算流速 V_r が渦励振の発生し得る範囲よりも十分に大きい条件では，これらの式は適用可能である。一方，V_r が渦励振発生条件よりも小さい場合は，実測値によれば流体減衰が V_r におおよそ比例するものの，上式はやや過大な評価を与えるとの結果が得られており [12]，注意が必要である。たとえば，機械学会の指針では，ランダム振動評価を行う場合，流体減衰を0とおいて安全側の評価を行うことが推奨されている [21]。

（3）平行流中の流体減衰 [22]

平行流中で柱状構造物が流れと直角方向にたわみ振動する場合，Paidoussis によれば，流体減衰は次式のように与えられる。

$$\zeta_y = \frac{1}{8\pi}c_N C_M V_r\frac{\rho D^2}{m} \qquad (8.2\text{--}30)$$

$$V_r = \frac{U}{f_nD} \qquad (8.2\text{--}31)$$

C_M は付加質量係数であり，c_N は摩擦係数で次式のような値が提案されている。

8.2 付加質量・付加減衰

$$
c_N = \begin{cases}
0.04 & \text{Paidoussis}(1966), UD/\nu = 9 \times 10^4 \\
0.02 \sim 0.1 & \text{Chen}(1981) \\
1.3(Ud/\nu)^{-0.22} & \text{Connors } et\ al.(1982)
\end{cases} \tag{8.2-32}
$$

(4) 二相流減衰 [23]

一般に，二相流中で物体が振動する場合，(1)～(3)に述べたような値に比べ，減衰が大きくなることが知られている。Pettigrewらは，二相流中の流体減衰を，粘性による減衰(上述(1)に相当)と流れに依存する減衰(上述(2)に相当)に加え，2.3節の**図2.3-5**に示すような二相流減衰の3つの和で表すことを提案している。二相流減衰についてはPettigrewによるレビュー [23] に，詳細な解説がみられる。

参 考 文 献

1) たとえば，日野幹雄，流体力学，(1992)，pp.98-139，朝倉書店.
2) 日本流体力学会編，流体力学ハンドブック第2版，(1998)，pp.35-55，丸善.
3) 日本機械学会編，機械工学便覧A3編，(1987)，pp.122-123，丸善.
4) 大橋秀雄，梶昭次郎，振動物体に働く流体反力，日本機械学会誌，Vol.82，No.728，昭和54年7月.
5) E.Naudascher and R.D.Rockwell, Flow-Induced Vibrations - An Engineering Guide, (1994), pp.31-48, A.A.Balkema, Rotterdam.
6) R.D.Blevins, Formulas for Natural Frequency and Mode Shape, (1979), pp.386-424, Robert E.Krieger Publishing Co.
7) S.S.Chen, J.Fluids Eng., Vol.99, (1977), pp.462-469.
8) S.S.Chen, Flow-Induced Vibration of Circular Cylindrical Structures, (1987), Hemisphere Pub.
9) C-Y.Wang, J.Fluid Mech., Vol.32, (1968), pp.55-68.
10) T.Sarpkaya, J.Fluids Structs., Vol.15, (2001), pp.909-928.
11) L.Johanning, P.W.Bearman, J.M.R.Graham, J.Fluids Structs., Vol.15, (2001), pp.891-908.
12) J.R.Chaplin, J.Fluids Structs., Vol.14, (2000), pp.1101-1117.
13) T.Sarpkaya, J.Fluid Mech., Vol.165, (1986), pp.61-71.
14) P.Hall, 1984, J.Fluid Mech., Vol.146, (1984), pp.337-367.
15) P.W.Bearman and M.P.Russell, Proc.21st Symp.Naval Hydrodynamics, (1996), pp.622-634.
16) J.M.R.Graham, J.Fluid Mech., Vol.97, (1980), pp.331-346.
17) P.W.Bearman, M.J.Downie, J.M.R.Graham and E.D.Obsaju, J.Fluid Mech., Vol.154, (1985), pp.337-356.
18) 岡島厚，松本達治，木村繁雄，機論B，Vol.65, No.640, (1999), pp.3941-3949.
19) 岡島厚，松本達治，木村繁雄，機論B，Vol.65, No.635, (1999), pp.2243-2250.
20) 岡島厚，松本達治，木村繁雄，機論B，Vol.63, No.615, (1997), pp.3548-3556.
21) 日本機械学会基準，配管内円柱状構造物の流力振動評価指針，JSME S012, (1998).
22) R.D.Blevins, Flow-Induced Vibration, 2nd ed., (1990), Van Nostrand Reinhold.
23) M.J.Pettigrew and C.E.Taylor, J.Press.Vessel Technol., Vol.116, (1994), pp.233-253.

第8章：流体−構造連成系の振動

8.3　スロッシングとバルジング

8.3.1　評価対象の概説

　液体を貯蔵する容器は，化学プラント，火力発電所，ロケット燃料タンクなど
に多数設置されており，これらを設計するには静液圧，ガス圧，自重などの他に
地震などの動的荷重を考慮する必要がある。容器が地震入力を受けるときには，
容器内の液体の自由表面が比較的低振動数で大きく揺動するスロッシングと呼ば
れる現象や高振動数の容器壁の振動が顕著なバルジングと呼ばれる現象がみられ
る。本章では，このような液体貯蔵容器のスロッシングやバルジングについて述
べる。また，タンクの破損，容器内に流れがある場合のスロッシング，スロッシ
ングの防止方法，スロッシングを利用した制振装置について事例を紹介する。

8.3.2　現象の説明および評価の歴史

　液体貯蔵容器が地震などにより加振された場合，液体の自由表面が揺動するス
ロッシング現象が発生する。この現象は波高が小さい場合には線形モデルで近似
することができ取扱いが簡単であるが，波高が大きくなると非線形性の影響が出
てきて漸軟ばね型や漸硬ばね型の応答を示すため，非線形性を考慮する必要があ
る。水深が非常に小さくなると進行波が発生するため，定在波を仮定することは
できず，浅水波理論による定式化が必要である。また，容器壁が剛でない場合に
は，液体と容器壁の運動の連成系として取り扱う必要があり，スロッシングの他
に容器壁の振動が顕著になるバルジングと呼ばれる振動がみられる。

　スロッシングの評価方法は，1950年代に開発されたスロッシングを集中定数系
として扱うハウスナー理論[1]と連続体として扱う速度ポテンシャル理論[2]がある。
これらの理論によってタンクの構造設計に必要な転倒モーメントやベースシャー
（底部せん断力）を求めることができる。これらの理論ではタンク自体の変形は考
慮されていないが，その後1970年代に入りタンクを軸対称シェルとしてflügge
等のシェル理論や有限要素法で扱い，液体を速度ポテンシャルで扱う理論が発展
してきた。1980年代以降は液体の非線形性を考慮した手法や流れがある場合の評
価手法が開発されてきた。

344

次節では，まず，スロッシングを集中定数系として取扱うハウスナー理論[1]）について説明し，つぎに，液体を連続体として取り扱う速度ポテンシャル理論などについて説明する。

8.3.3 評価方法

【1】ハウスナー理論

ハウスナー理論では，流体は剛体壁によって囲まれた矩形容器に入れられており，非圧縮性で液面変位は微小であると仮定している。まず，水平加速度を受ける容器に作用する流体力とその作用点を求め，つぎに，同じ水平加速度で同一の力とモーメントを発生するばねマスモデルを決定する。この理論の特徴は，容器内流体の圧力は，衝撃による圧力と揺動による圧力とに分離できると考えていることである。なお，この理論では容器に作用する力と作用点は求めやすいが，液面変位は精度よく求めることができないことに注意が必要である。

（1）衝撃による圧力

図 8.3-1 に示す矩形容器において x, y 方向の流速を u, v とし，図 8.3-1 に示すように静止している容器に x 方向に $\ddot{u}_0$ なる加速度が瞬間的に作用した場合に

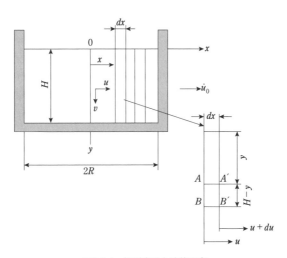

図 8.3-1　矩形容器と流体要素

第8章：流体−構造連成系の振動

ついて考える。

容器内の流体は，幅 dx の微小要素に区切られているとすると，流体要素の一部 $AA'BB'$ に流入流出する流量の連続性 $v=\left(H-y\right)\dfrac{du}{dx}$ を得る。y 方向加速度 $\dot{v}$ と圧力 p の関係は，密度を ρ とすると，$\dfrac{\partial p}{\partial y}=-\rho\dot{v}$ である。また，上記の圧力 p が流体要素に及ぼす x 方向の力 P と x 方向加速度 $\dot{u}$ の関係は，$\rho H\dot{u}=-dP/dx$ である。

これらの式から $\dot{u}$ のみに関する微分方程式を導き，これを境界条件 $x=\pm R$ で $\dot{u}=\dot{u}_0$ のもとで解いて圧力分布を求め，壁全体にわたって積分すると容器の側壁に作用する衝撃による力 P_i が次式の通り求められる。

$$P_i=\frac{\rho\dot{u}_0H^2}{\sqrt{3}}\tanh\frac{\sqrt{3}R}{H} \tag{8.3-1}$$

また，この力の作用点 H_0 を求めるため，次式のモーメントの釣合いを考える。

$$\int_0^H p\left(H-H_0-y\right)dy=0 \tag{8.3-2}$$

すると，この力の作用点 H_0 は，次式のように求めることができる。

$$\frac{H_0}{H}=\frac{3}{8} \tag{8.3-3}$$

(2) 揺動による圧力

容器が加速度を受けるとスロッシングが発生するが，ここでは揺動は1次揺動モードのみを解析の対象とし，これを図8.3-2に示す通り，z 軸（紙面直行方向）周りの回転運動として近似する。つまり，y 方向の流速には z 軸周りの回転角を θ とすると，$v=x\dot{\theta}$ なる関係がある。ただし，θ は座標 y と時間 t の関数である。揺動の固有円振動数を ω とすると，$\theta=\theta_0(y)\sin\omega t$ となり，境界条件式 $y=0$ で $\theta_0=0$，$y=H$ で $\theta_0=\bar{\theta}_0$ を考慮しながら容器内流体の運動エネルギとポテンシャルエネルギを計算し，それぞれの最大値を等値すると，固有円振動数を与える次式が得られる。

$$\omega^2=\sqrt{\frac{5}{2}}\frac{g}{R}\tanh\sqrt{\frac{5}{2}}\frac{H}{R} \tag{8.3-4}$$

346

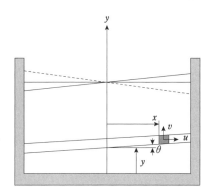

図 8.3-2 揺動モード

揺動による圧力を側壁全体にわたって積分することにより揺動による流体力 P_V が得られる。

$$P_V = \int_0^H p_{(x=R)} dy = \frac{1}{3}\rho\omega^2 R^3 \bar{\theta}_0 \sin\omega t \tag{8.3-5}$$

また，この力の作用点は，モーメントの釣合いから次のように決められる。

$$\frac{H_1}{H} = 1 = \frac{\cosh\left(\sqrt{5/2}\,H/R\right)=1}{\sqrt{5/2}\,(H/R)\sinh\left(\sqrt{5/2}\,H/R\right)} \tag{8.3-6}$$

(3) ばねマス系へのモデル化

つぎに，容器内の流体をばねマス系にモデル化する。容器に働く流体力は，衝撃による流体力と揺動による流体力の二つから構成されるものと考える。前者は，容器に固定された質量 m_0 としてモデル化され，固定水と呼ばれる。一方，後者は，容器にばねで弾性支持された質量 m_1 としてモデル化され，自由水と呼ばれる。

容器内の水の質量は $m = 2\rho RH$ であるから，固定水の質量 m_0 は，容器に作用する衝撃力を容器の加速度で割ることによりつぎのように求められる。

$$\frac{m_0}{m} = \frac{2P_i}{m\dot{u}_0} = \frac{2\rho H^2}{\sqrt{3}\,m}\tanh\sqrt{3}\frac{R}{H} = \frac{1}{\sqrt{3}}\frac{H}{R}\tanh\sqrt{3}\frac{R}{H} \tag{8.3-7}$$

一方，自由水の質量 m_1 については，m_1 が水平方向に $A_1\sin\omega t$ で振動した時にばねを介して容器側壁に及ぼす力と揺動による流体力を等しいとおき，さらに，ばねマス系の持つ運動エネルギの最大値が揺動時に容器内の流体のもつポテン

シャルエネルギの最大値に等しいとおくことにより，次のように求めることができる．

$$\frac{m_1}{m} = \frac{2}{3}\sqrt{\frac{5}{2}}\frac{\rho R^2}{m}\tanh\sqrt{\frac{5}{2}}\frac{H}{R} = \frac{1}{3}\sqrt{\frac{5}{2}}\frac{R}{H}\tanh\sqrt{\frac{5}{2}}\frac{H}{R} \tag{8.3-8}$$

以上がハウスナー理論の概略である．容器の形状と水深さえわかれば，この理論を使うことによって**図 8.3-3**のようにモデル化され，任意の加速度入力に対して容器が受ける水平力とモーメントを計算することができる．

また，**表 8.3-1**にはハウスナー理論による固有振動数，固定水と自由水の質量と作用点を，矩形タンクおよび円筒タンクについて示す[3]．

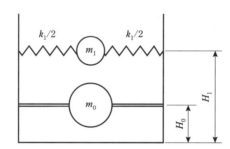

図 8.3-3　自由水と固定水によるばねマスモデル

表 8.3-1　ハウスナーモデルの諸パラメータの算定式[3]

	矩形タンク	円筒タンク
ω^2	$\sqrt{\dfrac{5}{2}}\dfrac{g}{R}\tanh\sqrt{\dfrac{5}{2}}\dfrac{H}{R}$	$\sqrt{\dfrac{27}{8}}\dfrac{g}{R}\tanh\sqrt{\dfrac{27}{8}}\dfrac{H}{R}$
$\dfrac{m_1}{m}$	$\dfrac{1}{3}\sqrt{\dfrac{5}{2}}\dfrac{R}{H}\tanh\sqrt{\dfrac{5}{2}}\dfrac{H}{R}$	$0.318\dfrac{R}{H}\tanh\sqrt{\dfrac{27}{8}}\dfrac{H}{R}$
$\dfrac{H_1}{H}$	$1 - \dfrac{\cosh\left(\sqrt{5/2}\,H/R\right) - 1}{\sqrt{5/2}\,(H/R)\sinh\left(\sqrt{5/2}\,H/R\right)}$	$1 - \dfrac{\cosh\left(\sqrt{27/8}\,H/R\right) - 1}{\sqrt{27/8}\,(H/R)\sinh\left(\sqrt{27/8}\,H/R\right)}$
$\dfrac{m_0}{m}$	$\dfrac{1}{\sqrt{3}}\dfrac{H}{R}\tanh\sqrt{3}\dfrac{R}{H}$	$\dfrac{1}{\sqrt{3}}\dfrac{H}{R}\tanh\sqrt{3}\dfrac{R}{H}$
$\dfrac{H_0}{H}$	$\dfrac{3}{8}$	$\dfrac{3}{8}$

（注）上表の H_0, H_1 は側壁の圧力のみを考慮した場合の値である．

【2】速度ポテンシャル理論[2,4]

ここでは，スロッシングを連続体として取扱う方法について説明する。液体は，非粘性，非圧縮性でその運動は渦無し流れと考えて表面張力を無視する。

(1) 矩形タンクのスロッシング

図 8.3-4 に示す深さ H，幅 L の矩形容器内のスロッシングの波高が十分小さいとき，速度ポテンシャル ϕ に関して以下の式が成り立つ。

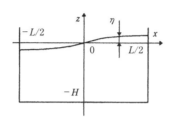

図 8.3-4　2次元矩形容器内スロッシング

$$\frac{\partial^2 \phi}{\partial x^2} + \frac{\partial^2 \phi}{\partial z^2} = 0 \qquad \text{(連続の式)} \qquad (8.3\text{-}9)$$

$$\frac{\partial \phi}{\partial z} = 0 \quad (z = -H) \qquad \text{(底面での法線方向速度が0)} \qquad (8.3\text{-}10)$$

$$\frac{\partial \phi}{\partial x} = 0 \quad (x = -L/2, L/2) \qquad \text{(側壁での法線方向速度が0)} \qquad (8.3\text{-}11)$$

$$\frac{\partial \phi}{\partial z} = \frac{\partial \eta}{\partial t} + \frac{\partial \phi}{\partial x}\frac{\partial \eta}{\partial x} \quad (z = \eta) \qquad \text{(液面での運動学的境界条件)} \qquad (8.3\text{-}12)$$

$$\frac{\partial \phi}{\partial t} + \frac{1}{2}|\nabla \phi|^2 + g\eta = 0 \quad (z = \eta) \quad \text{(液面での動力学的境界条件)} \qquad (8.3\text{-}13)$$

式(8.3-12)は液面の運動学的境界条件であり，液面上に存在する流体の分子は流体中から飛び出したり流体中に潜ったりせず，その運動は液面の運動する速度と同じベクトルを有するとして導かれる。式(8.3-13)は液面での力の釣合いを示す一般化されたベルヌーイの式である。

つぎに，速度ポテンシャル ϕ の変数 z や変数 t に関する1階微分を平衡位置 $z=0$ の周りでテーラー展開し，高次の微小項を無視すると，式(8.3-12)，式(8.3-13)から次式が得られる。

第8章：流体−構造連成系の振動

$$\frac{\partial^2 \phi}{\partial t^2} + g\frac{\partial \phi}{\partial z} = 0 \quad (z=0) \tag{8.3-14}$$

式(8.3-9)に示す連続の式を式(8.3-10)，(8.3-11)，(8.3-14)の境界条件を満足するように解くことで次の速度ポテンシャルが得られる。

$$\phi = \frac{gA\cosh k(z+H)}{\omega \cosh kH}\sin kx \cos \omega t \tag{8.3-15}$$

液面変位ηは式(8.3-12)の右辺第2項を無視して次式のように求められる。

$$\eta = A\sin kx \sin \omega t \tag{8.3-16}$$

ここで，Aは定数であり，kは波数$k=n\pi/L$である。固有振動数は次式のように表される。

$$f = \frac{1}{2\pi}\sqrt{gk\tanh kH} \tag{8.3-17}$$

なお，容器内に定常流が存在する場合の液面の応答は以下の通りである[4,6,7]。液面付近に流速Uの定常流があり，スロッシングによる液体の速度は定常流の流速よりずっと遅いと仮定し，速度ポテンシャルを次のように仮定する。

$$\phi = Ux + \frac{gA\cosh k(z+H)}{\omega \cosh kH}\sin kx \cos \omega t \tag{8.3-18}$$

ここで，$k=\pi/L$である。式(8.3-18)で$z=0$として液面の境界条件に代入し，高次の微小項を無視すると，固有円振動数は次のように求められる。

$$\omega = \sqrt{gk\tanh kH - k^2 U^2} \tag{8.3-19}$$

表面流速Uの流れによってスロッシングの固有振動数が減少するのは，スロッシングによる自由表面の変形形状に沿う流速Uの流れによって流体に遠心力が作用し，それが重力による復元力と逆向きになるためである。

また，液面付近に流速Uの定常流がある場合，スロッシングの減衰比は高くなる傾向がある。

(2) 円筒タンクのスロッシング

つぎに，円筒タンクのスロッシングについて考える。**図8.3-5**のような円筒タ

ンクが x 軸方向に u_g の変位加振を受ける場合の応答を考える。矩形容器の場合と同様に速度ポテンシャル ϕ を使って系の運動方程式を立てる。

自由液面，底板および側板での境界条件は，式(8.3-14)，式(8.3-10)，式(8.3-11)と同様な式（ただし，円柱座標系）である。連続の式をこれらの境界条件を満たすように解けば1次の固有振動数を次式のように求めることができる[4,5]。

$$f = \frac{1}{2\pi}\sqrt{\frac{1.84g}{R}\tanh\left(\frac{1.84H}{R}\right)} \qquad (8.3\text{-}20)$$

ここで，1.84は1次の第1種ベッセル関数を $J_1(r)$ とするとき $J_1'(r)=0$ （ただし，$'$ は r に関する微分を表す）の最小の解である。応答は1次モードのみが卓越し，2次以上のモードの寄与が小さいと考えると，加速度応答スペクトル S_A を使ったスロッシングの波高は次式で表される[8]。

$$\eta(r) = 0.837\frac{R}{g}\frac{J_1(\varepsilon_1 r/R)}{J_1(\varepsilon_1)}S_A \qquad (8.3\text{-}21)$$

また，$r=R$ における波高最大値を使った動液圧は次のようになる。

$$p_s(r,z) = \rho_L g \eta_{max}\frac{J_1(\varepsilon_1 r/R)}{J_1(\varepsilon_1)}\frac{\cosh(\varepsilon_1 z/R)}{\cosh(\varepsilon_1 H/R)} \qquad (8.3\text{-}22)$$

この動液圧を積分すると転倒モーメントやベースシャーを求めることができる。

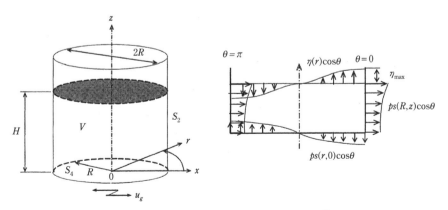

図8.3-5　円筒タンクのスロッシングと圧力分布[8]

第8章：流体－構造連成系の振動

【3】 バルジングの評価方法[8]

図8.3-5のような円筒タンクがx軸方向にu_gの変位加振を受ける場合の応答を考える。速度ポテンシャルϕが存在すると仮定すると，ϕと動液圧pの関係は，ベルヌーイの定理より次式で表される。

$$p = -\rho \frac{\partial \phi}{\partial t} \tag{8.3-23}$$

液体の運動は，つぎに示す4つの式で支配される。

$$\frac{\partial^2 p}{\partial r^2} + \frac{1}{r}\frac{\partial p}{\partial r} + \frac{1}{r^2}\frac{\partial^2 p}{\partial \theta^2} + \frac{\partial^2 p}{\partial z^2} = 0 \quad \text{(連続の式)} \tag{8.3-24}$$

$$\frac{\partial p}{\partial z} = 0 \, (z = -H) \qquad \text{(自由液面での境界条件)} \tag{8.3-25}$$

$$\frac{\partial p}{\partial r} = \rho\left(\ddot{u}_r + \ddot{u}_g\right)\cos\theta \quad (r = R) \text{ (側板での境界条件)} \tag{8.3-26}$$

$$\frac{\partial p}{\partial z} = 0 \quad (z = \eta) \qquad \text{(底板での境界条件)} \tag{8.3-27}$$

式(8.3-26)は側板に垂直方向の液体の速度とタンクの速度が等しいことを仮定し，タンクと液体との連成振動を考慮している。ここで，u_rは側板の弾性変形である。上式に基づいて固有値解析を行い固有振動数や固有振動モードを得ることができる。バルジングの1次の固有周期T_bは，シェル理論を基にした板厚変化のある場合の近似算定式として次式で規定される[9]。

$$T_b = \frac{2}{\lambda}\sqrt{\frac{W_L}{\pi E t_h}} \qquad \text{ただし，} \ 0.15 \leq \frac{H}{D} \leq 2.0 \tag{8.3-28}$$

$$\lambda = 0.067\left(\frac{H}{2R}\right)^2 - 0.30\left(\frac{H}{2R}\right) + 0.46, \ W_L = \rho_L \pi R^2 H \tag{8.3-29}$$

ここで，W_Lは液体質量，Eは側板のヤング率である。円筒タンクの板厚t_hが変化している場合，固有周期の計算では底面から$H/3$の位置での板厚を用いる。固有周期を求めると，入力地震加速度と加速度応答スペクトルを用いてタンクの最大応答加速度を得ることができる。

円筒タンクの慣性力はタンク重量よりも内部の液体重量によるものの方が圧倒的に大きい。この液体重量による慣性力を動液圧という。動液圧は剛体運動によ

352

るものと弾性変形によるものの和で次のように表される[8]（図8.3-6）。

$$p_h(z) = \rho H \left\{ \sum_{i=0}^{5} C_{oi} \left(\frac{z}{H}\right)^i \right\} \ddot{u}_g + \rho H \left\{ \sum_{i=0}^{5} C_{1i} \left(\frac{z}{H}\right)^i \right\} (\ddot{u}_r - \ddot{u}_g) \qquad (8.3\text{-}30)$$

ここで，C_{0i}，C_{1i}はそれぞれ剛体移動による動液圧と弾性変形による動液圧を表す係数である。動液圧を積分すると転倒モーメントやベースシャーを求めることができる。

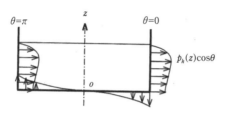

図8.3-6　バルジングの動液圧分布[8]

タンクの特徴的被害の一つとしてスロッシングによる天井破壊があり，スロッシングによる天井への衝突荷重を把握することが重要である。天井を剛と考えた場合に比べて天井の変形を考慮した方がスロッシングインパクト荷重を小さく考えることができる[10]。

【4】スロッシングの固有振動数

深さ一定の容器のあるモードの自由振動について，振幅が小さいと仮定するなら速度ポテンシャルは次のように与えられる。

$$\phi = \frac{gA \cosh \omega(z+H)/c}{\omega \cosh \omega H/c} \tilde{\phi} \sin(\omega t + \phi) \qquad (8.3\text{-}31)$$

ここで，波の速度cは波の振動数，液体深さ，重力の関数であり，次式を解いて得られる。

$$c = \frac{g}{\omega} \tanh \frac{\omega H}{c} \qquad (8.3\text{-}32)$$

この式は，容器の液体深さが波長（$2\pi c/\omega$）よりも十分小さいか大きいときにはかなり単純化できる。すなわち，浅い液位の場合（$\omega H/c < \pi/10$），波の速度は

第8章：流体－構造連成系の振動

$c=(gH)^{1/2}$，深い液位の場合（$\omega H/c>\pi$），波の速度は $c=g/\omega$ となる。

浅い液位の場合には，ある限界液位 $\omega H/c<\pi/10$ に達するまでは液位が増加するにしたがって波の速度も増加する。スロッシングの固有振動数は波の速度に比例するから，浅い液位の場合のスロッシングの固有振動数は（ある限界液位 $\omega H/c<\pi/10$ までは）液位が深くなるにつれて高くなる。

表8.3-2 に各種形状容器の固有振動数と振動モードを示す。この表は，液位が一般的な場合（浅い液位でも深い液位でもない）をまとめたものである。

表8.3-2　各種断面形状容器の固有振動数と振動モード[11]

形状	固有振動数	振動モード
	$f_{ij}=\dfrac{g^{1/2}}{2\pi^{1/2}}\left[\left(\dfrac{i^2}{a^2}+\dfrac{j^2}{b^2}\right)^{1/2}\tanh\pi h\left(\dfrac{i^2}{a^2}+\dfrac{j^2}{b^2}\right)^{1/2}\right]^{1/2}$ $\dfrac{1}{10}<\left(\dfrac{i^2}{a^2}+\dfrac{j^2}{b^2}\right)^{\frac{1}{2}}<1$	$\eta_{ij}=\cos\dfrac{i\pi x}{a}\cos\dfrac{j\pi y}{b}$
	$f_{ij}=\dfrac{g^{1/2}}{2\pi^{1/2}a}\left[\left(i^2+j^2\right)^{1/2}\tanh\dfrac{\pi h}{a}\left(i^2+j^2\right)^{1/2}\right]^{1/2}$ $\dfrac{1}{10}<\left(i^2+j^2\right)^{\frac{1}{2}}<1 \quad i\neq j$	$\eta_{ij}=\cos\dfrac{i\pi x}{a}\cos\dfrac{j\pi y}{a}$ $\pm\cos\dfrac{j\pi x}{a}\cos\dfrac{i\pi y}{a}$ $-\ldots i+j$ が偶数 $+\ldots i+j$ が奇数
	$f_{ij}=\dfrac{1}{2\pi}\left(\dfrac{\lambda_{ij}g}{R}\tanh\dfrac{\lambda_{ij}h}{R}\right)^{1/2}\quad\dfrac{\pi}{10}<\dfrac{h}{R}<\pi$ ここで，$J_1{}'\left(\lambda_{ij}\right)=0$ である。	$\eta_{ij}=J_i\left(\eta_{ij}\dfrac{r}{R}\right)\begin{Bmatrix}\sin i\theta\\ \text{or}\\ \cos i\theta\end{Bmatrix}$

j	列			

	λ_{ij}			
	i			
j	0	1	2	3
0	0	1.8412	3.0542	4.2012
1	3.8317	5.3314	6.7061	8.0152
2	7.0156	8.5363	9.9695	11.3459
3	10.173	11.7060	13.1704	14.5859

354

8.3 スロッシングとバルジング

表8.3-2 つづき

図	式	η
（扇形タンク）	円形タンクと同様の式。 ただし，$i=\dfrac{180n}{\alpha}$ $0\leqq\alpha\leqq360$，iが整数でないときは補間	$\eta_{ij}=J_i\left(\lambda_{ij}\dfrac{r}{R}\right)\cos i\theta$

$$f_{ij}=\frac{1}{2\pi}\left(\frac{\lambda_{ij}g}{R_1}\tanh\frac{\lambda_{ij}h}{R_1}\right)^{1/2}\quad \frac{\pi}{10}<\frac{h}{R_1}<\pi$$

ここで，

$\dfrac{R_2}{R_1}$	j	λ_{ij}			
		i			
		0	1	2	3
0.3	0	0	1.5821	2.9685	4.1801
	1	4.7058	5.1374	6.2738	7.7213
0.5	0	0	1.3547	2.6812	3.9577
	1	6.3932	6.5649	7.0626	7.8401

$$\eta_{ij}=G_{ij}(r)\left\{\begin{matrix}\sin i\theta\\ \text{or}\\ \cos i\theta\end{matrix}\right\}$$

$$G_{ij}(r)=Y_i'\left(\lambda_{ij}\right)J_i\left(\lambda_{ij}\frac{r}{R_1}\right)-J_i'\left(\lambda_{ij}\right)Y_i\left(\lambda_{ij}\frac{r}{R_1}\right)$$

二重円形タンクと同様の式。
ただし，$i=\dfrac{180n}{\alpha}$
$0\leqq\alpha\leqq360$，iが整数でないときは補間

$$\eta_{ij}=G_{ij}(r)\cos i\theta$$

$$\frac{x^2}{a^2}+\frac{y^2}{b^2}=1$$

$$f=\frac{(gh)^{1/2}}{2\pi a}\left[\frac{18+6(b/a)^2}{5+2(b/a)^2}\right]^{1/2}$$

$$\frac{h}{a}<0.1\quad（浅い場合）$$

$$\eta=Ax$$
A：定数

$$f=\begin{cases}\dfrac{(gh)^{1/2}}{2L} & \dfrac{h}{L}<\dfrac{1}{10}\\[2mm]\dfrac{1}{2}\left(\dfrac{g}{\pi L}\right)^{1/2} & \dfrac{h}{L}>1\end{cases}$$

Lは，代表的な最大横幅

355

第8章：流体－構造連成系の振動

表8.3-3 スロッシングの固有振動数の容器の深さ方向形状の影響 [11]

形状	固有振動数

(1) END VIEW / SIDE VIEW（円筒）

$$f_i = \frac{\lambda_i^{1/2}}{2\pi}\left(\frac{g}{R}\right)^{1/2}$$

H/R	λ_1	λ_2	λ_3
-1.0	1.0	6.0	15.0
-0.8	1.045	5.38	10.85
-0.6	1.099	4.97	9.13
-0.4	1.165	4.74	8.33
-0.2	1.249	4.65	7.99
0.0	1.360	4.70	7.96
0.2	1.513	4.91	8.23
0.4	1.742	5.34	8.89
0.6	2.13	6.22	10.28
0.8	3.04	8.42	13.84
1.0	∞	∞	∞

(2) END VIEW / SIDE VIEW（45°）

$$f_i = \frac{\lambda_i^{1/2}}{2\pi}\left(\frac{g}{H}\right)^{1/2}$$

$\lambda_1 = 1.0$
$\lambda_2 = 2.324$
$\lambda_3 = 3.9266$
$\lambda_i = \alpha\tanh\alpha, \quad i>1$

where $\cos 2\alpha \cosh 2\alpha = 1$.

(3) 円錐（2α, H）

$$f_i = \frac{\lambda_i^{1/2}}{2\pi}\left(\frac{g}{H}\right)^{1/2}$$

（縦軸 $\lambda\sin\alpha$：1.8, 1.4, 1.0, 0.6, 0.2、横軸 α (Deg)：10 20 30 40 50 60 70 80 90）

(4) PLAN VIEW / SIDE VIEW、$h = H(1-x^2/R^2)$

$$f_i = \lambda_{ij}^{1/2}\frac{(gH)^{1/2}}{R} \qquad \lambda_{ij} = i(4j-2) + 4j(j-1),$$

$i = 0, 1, 2\cdots$ number of nodal diameters
$j = 0, 1, 2\cdots$ number of nodal circles

(5) 傾斜円筒

$$f = \frac{\lambda^{1/2}}{2\pi}\left(\frac{g}{R}\right)^{1/2}$$

（縦軸 λ：2.0, 1.6, 1.2, 0.8, 0.4, 0、横軸 H/R：0 0.4 1.2 2.0 2.8）
ASYMPTOTIC VALUES
$\alpha = 0$ → 1.84
→ 1.24
$\alpha = 30°$ → 0.834
$\alpha = 45°$ → 0.491
$\alpha = 60°$

(6) 球形タンク

$$f = \frac{\lambda^{1/2}}{2\pi}\left(\frac{g}{R}\right)^{1/2}$$

（縦軸 λ：5, 4, 3, 2, 1, 0、横軸 H/R：0 0.4 0.8 1.2 1.6 2.0）

356

8.3 スロッシングとバルジング

表8.3-3は，深さ方向へ形状が異なる容器の固有振動数を示す。この表に示すように深さ方向への容器形状の変化はスロッシングの固有振動数にあまり影響を与えない。したがって，深さ方向に形状が変化する容器の固有振動数も，深さ一定の容器の固有振動数の値を用いて概略推定することができる。

【5】 スロッシング振幅
① 矩形容器

ここでは，容器が加振された場合のスロッシングの応答振幅について記述する。波高が大きい場合には，スロッシングの振幅を精度よく求めるためには，非線形性を考慮して評価する必要がある。**図8.3-1**の容器がx方向に正弦波$X_0 \sin\omega t$で加振される場合の1次モード$k=\pi/L$の振動応答を求める[12]。スロッシングは弱い非線形性を有するので摂動法を用いて解析する。微小量εを導入してω, ϕ, ηなどをεのべき級数に展開して$\varepsilon^0, \varepsilon^1, \varepsilon^2$のオーダごとに基礎式を解く。すると，振動数と振幅の関係は次のようになる。

$$1 - \frac{\omega}{\omega_1} + \left(\frac{A}{L}\right)^2 K = \frac{2T_H X_0}{\pi A} \tag{8.3-33}$$

ここで，$T_H = \tanh kH$，$\omega_1 = \sqrt{gkT_H}$ であり，Kは次式で表される。

$$K = \frac{\pi^2}{64}\left(9T_H^{-4} - 12T_H^{-2} - 2T_H^2 - 3\right) \tag{8.3-34}$$

また，液面の応答変位は次式で表される。

$$\eta = A\sin kx \sin\omega t + \left(kA^2/8\right)\cos 2kx\left\{\left(T_H - T_H^{-1}\right) - \left(3T_H^{-3} - T_H^{-1}\right)\cos 2\omega t\right\} \tag{8.3-35}$$

図8.3-7に液面変位の共振応答を示す。

KはH/Lが0.337以下なら正，0.337以上なら負である。液深が浅い場合（**図8.3-7**左）には振幅が大きくなるとともに共振点が高くなるハードスプリング型（漸硬ばね），深い場合（**図8.3-7**右）にはソフトスプリング型（漸軟ばね）の応答を示す。ここでは定在波を仮定しているが，水深が非常に小さくなると進行波が発生するため，浅水波理論による定式化が必要となる。

357

第8章:流体-構造連成系の振動

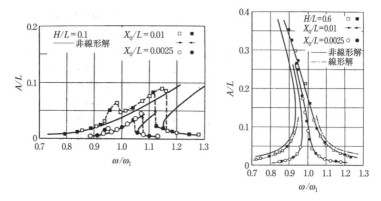

図 8.3-7 液面変位の共振応答[12]

② 円筒容器の場合[4, 13, 14]

円筒容器では,直交2方向にまったく同じ固有振動数,固有振動モードが存在する.線形ならば2方向の単なる重ね合せで表されるが,非線形性により2方向の振動が干渉する場合がある.このとき,容器をx方向に加振すると,x方向に液面が変位し,それが係数励振の形でy方向の振動を励起させ,回転運動に移る.図 8.3-8 に円筒容器の液面変位応答の例を示す.

図 8.3-8 のように加振振動数を上げていくと面内運動が起きる.振動数が面内運動跳躍点まで達すると振幅が急増するとともに回転運動が混在するようになる.

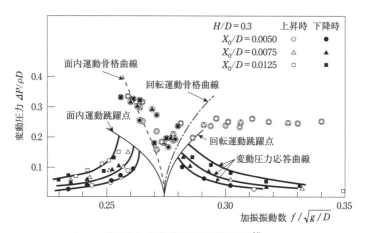

図 8.3-8 円筒容器の液面変位応答[14]

さらに加振振動数を上げると跳躍し，面内運動に戻る。面内モードの共振曲線は H/D が0.3以上で漸軟ばねの特性を示し，回転運動モードは H/D の値にかかわらず，漸硬ばねの特性をもつ。

③ 鉛直方向振動を受けるスロッシング[15,16]

液体貨物運搬船やロケット等では垂直方向の励振のため，内部の液体容器でスロッシングが発生することがある。鉛直方向のスロッシングの固有円振動数は次のように表される[15]。

$$\omega_{mn}^2 = \left\{\left[\frac{2\xi_{mn}}{D}\right]^3 \frac{\sigma}{\rho} + \frac{2g\xi_{mn}}{D}\right\} \tanh\frac{2H\xi_{mn}}{D} \tag{8.3-36}$$

ここで，ξ_{mn} は $J'_m(\xi_{mn})=0$ を満足する固有値であり，J_m はベッセル関数である。同心円状の軸対称波の場合は $m=0$ であり，$n=1,2,3$ に対応して ξ_{0n} は3.83，7.02，10.17となる。この系においては，振幅を増加させていくと1/2分数調波共振が発生する。この安定限界は図8.3-9のように表される。さらに，振幅を上げていくと液体界面に崩壊が起こり，液滴が飛び出したり，液滴と液体界面との衝突が生

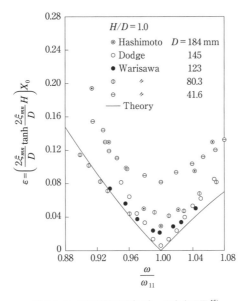

図8.3-9　1/2分数調波(1,1)mの安定限界[15]

第8章：流体−構造連成系の振動

じたり複雑な流動挙動を呈する。

④　ピッチング励振を受けるスロッシング [17]

　タンカー内の容器や燃料タンクでは，水平軸周りの回転運動を受ける場合が多く，船舶の安全性という観点からピッチング運動を受ける容器内のスロッシングの特性を把握することが重要である。この系においては1軸周りの回転運動をする場合でも，直接励振を受けない方向のモードも非線形連成し，パラメトリック励振することがある。

8.3.4　事例・対策

①　十勝沖地震における浮屋根式タンクの破損 [18]

　2003年9月に北海道東南沿岸域から中央部で強い地震が発生し，大型の浮屋根式タンクが破損して火災が発生した(図8.3-10)。浮屋根はそれ自身が浮体構造物であるため，液面揺動に対する抑制効果は少なく，地震動による液面揺動に追随して揺動し，タンク本体や周辺設備との衝突や摩擦によって破損を生じやすい。

　この地震では「やや長周期の地震動」すなわち5〜10数秒位の周期帯域を有する地震動でスロッシングが励起された。このスロッシングによって浮屋根ポンツーンに大きな周方向圧縮応力が発生し，ポンツーンの上板・下板に座屈を誘起したと考えられる。対策としては，ポンツーンの座屈破壊を防止するように設計すること，ポンツーン浮力を増大させること，補強リブを入れるなどがあげられる。

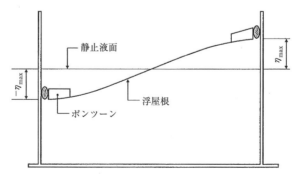

図8.3-10　浮屋根タンクのスロッシング [18]

8.3 スロッシングとバルジング

② 容器内に噴流があるときの自励スロッシング [4, 19, 20]

2次元矩形容器内に図 8.3-11 に示すような噴流の流入があるとき，液面が自励的にスロッシングを始めることがある．初期の微小なスロッシング運動による圧力変動が噴流を水平方向に変動させ，これが噴流の軸方向の運動量を軸と直角方向に輸送する．運動量を得る側は加速方向の，失う側は減速方向の力が作用し，この力がスロッシングを成長させるように作用するとき，自励スロッシングが発生する．

また，図 8.3-12 のような円筒容器でも自励スロッシングが発生することがある．これは，噴流による液面盛り上がりがスロッシング液面の高い方に発生し，噴流の横方向への移動で，その盛り上がりが下からの運動量の供給を失い，液面

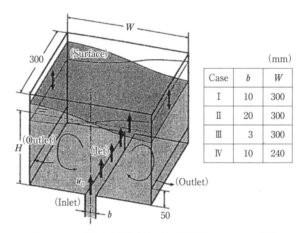

Case	b	W
I	10	300
II	20	300
III	3	300
IV	10	240

(mm)

図 8.3-11 容器内に噴流があるときの自励スロッシング [19]

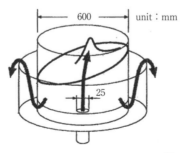

図 8.3-12 円筒容器内スロッシング [20]

361

を下げる力を作用させるからである.

③ 越流堰とプレナム内流体のスロッシングとの連成によるシェル振動[21, 22]

フランスの高速増殖炉スーパーフェニックスの炉壁冷却系では,越流堰の自励振動が発生した(図8.3-13).これは,下端を支持された円筒堰の外面に沿って上昇する流体が上端部で越流し,円筒堰内面側のプレナムに流入する系において,プレナム内流体スロッシングと円筒堰オーバル振動が連成したものである.系の安定性は内側プレナム液面揺動と内側プレナムへの流入量変動の位相差に依存し,位相差を支配するのは越流量変動の堰振動に対する1次遅れと越流流体がプレナムへ落下するまでに要するむだ時間である.

④ スロッシングを利用した制振装置[23]

超高層建築物や高層タワー等の長周期の構造物を対象にして,主として強風時の構造物の揺れを低減することを目的としてスロッシングを利用した制振装置を設置することがある(図8.3-14).これは,建築物の上部に質量を付加し,構造物の基本周期と付加系の周期を一致させて制振効果を発揮させる動吸振器(ダイナミックダンパ)と同様なメカニズムを利用したものである.

制振装置は液体のスロッシングによる揺動圧力を利用するものであり,スロッシングの周期を容器長さと液深によって調節し,減衰付加のため,流れに直交してメッシュなどを設置する.この制振装置は,微小振動時から効果が発揮できる,機械装置がなく構造が単純である,周期の調節が容易である等の特徴をもつ.

⑤ 移動するタンク内液体スロッシング抑制制御[24]

ファインケミカルや食品の製造において,原料の輸送をパイプではなく,混合槽を搬送車の上に載せて,直接原料貯蔵タンクから原料液体を混合層に充填する

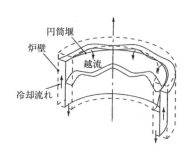

図8.3-13　スロッシングと越流堰の連成振動[21]

8.3 スロッシングとバルジング

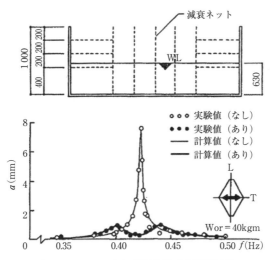

図 8.3-14　スロッシングを利用した制振装置[23]

パイプレスプラントと呼ばれる方法がある。混合槽内の液体の液面振動を抑えながら混合槽を高速で移動させ，所定の位置に精度よく停止させる技術が必要となる。液体搬送時の液位振動制御についてはいくつか研究が行われており，制御入力を最小とする評価関数を用いた最適制御則に基づき，残留スロッシングを抑制する運転パターンが提案されている（**図 8.3-15**）。液面変位を測定するためのセンサを使用しないフィードフォワード制御を行う方法も提案されている。

⑥　スロッシングの防振法

各種液体タンクの耐震強度を確保するため，スロッシングの防振方法が重要となっている。しかし，スロッシングは容器壁面の粘性摩擦が非常に小さく，減衰要素として利用できない上に，機械振動に使用するような粘性ダンパを付加することがほとんど不可能であり，実際上は困難が多い。

容器内スロッシングの防止方法には**表 8.3-4**のように逆 U 字管で動吸振器を構成する方法，隔壁や棒群を入れて流体抵抗を利用するもの，気泡の間欠的吹込みによって能動的に制御するものなどがある。

⑦　タンクの接水振動

接水振動に起因したトラブルが発生しうる代表的なものとして，舶用の機関室周辺タンクがあげられる。たとえば，大型商船の機関室近傍のタンクでは，「呼

第8章：流体－構造連成系の振動

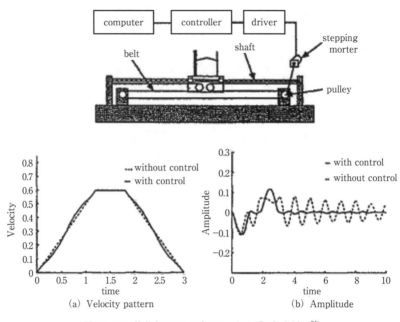

図8.3-15 移動するタンク内スロッシングの振動制御[24]

吸モード」と呼ばれるタンクの壁面全体が収縮，膨張するような非常に低い振動数の振動モードが発生し，損傷等のトラブルの原因となっていると考えられている．その具体的な事例として，数値解析による固有振動数算出例を後述9章に示した．詳細については，9.3.2項を参照されたい．

8.3 スロッシングとバルジング

表8.3-4 スロッシングの防振方法

No.	スロッシング防振方法	防振効果の説明
1	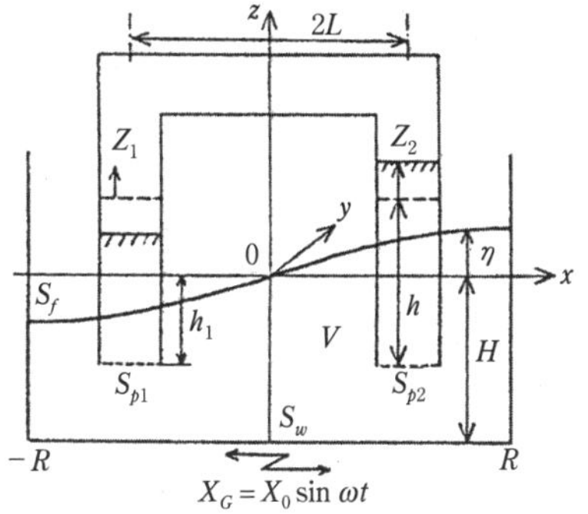 $X_G = X_0 \sin \omega t$	**逆U字管によって流体的な動吸振器を設ける方法**[26, 27] 主系である容器内に逆U字管内水柱の振動を副系として追加し，両者の固有振動数をほぼ等しくすると，逆U字管を動吸振器とすることができる。 振動数比を1の近傍に設定しておけば，ばね定数比が3.5〜4.5%程度の値で主系の応答振幅を1/6〜1/10に減少させることができる。
2	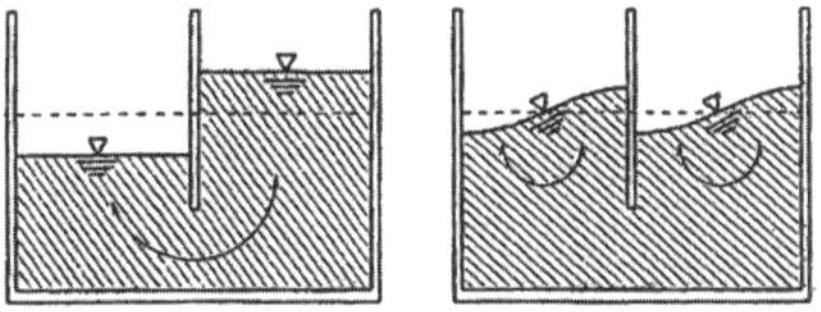 (a) U tube mode　(b) Sloshing mode in the separated vessel	**隔壁を入れて流体抵抗を利用する方法** 容器に縦方向に隔壁を設けることにより，スロッシング一次モードをU字管モードと隔壁モードの二つのモードに分けられる。これにより，固有振動数を変えることおよび刺激係数を小さくすることが可能であり，スロッシングを抑制することができる。U字管モードの減衰特性には隔壁下部に生じる渦が影響する[28, 29]。
3	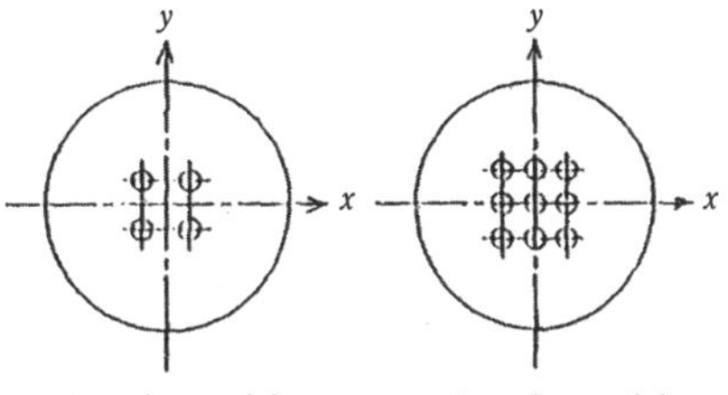 4-tube model　9-tube model	**棒群を入れて流体抵抗を利用する方法** 円筒容器内に棒群を挿入すると，スロッシングによる波高や棒に作用する流体力は，棒の本数の増加につれて小さくなっていく。棒に作用する流体力は自由表面近傍で最も大きく，流体の深さ方向に急激に減少する。 また，棒の本数の増加に伴って減衰比は大きくなっていく。(図8.3-16，図8-3-17)[25]
4	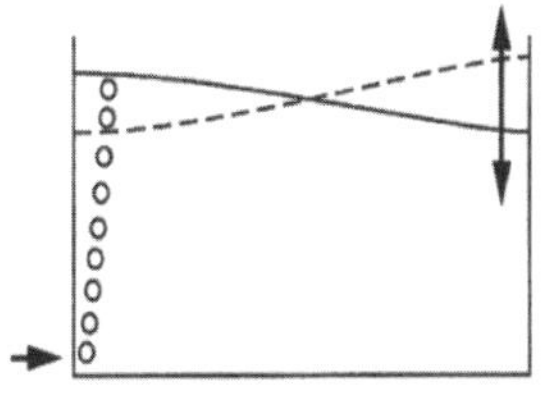	**気泡の間欠的吹込みなどによって能動的に制御する方法**[30] 気泡群を間欠的に液中に吹き出させ，その吹き出しタイミングと時間を制御することで液体貯槽スロッシングを抑制することができる。

第8章：流体-構造連成系の振動

参 考 文 献

1) Housner, G. W., Bulletin of Seism, Soc Amer, Vol.47 (1957.1) pp.15 〜 35.

2) 今井功，流体力学，岩波書店（1993）.

3) 機械工学における流体関連振動-その実情と対策-P-SC10流体関連振動分科会成果報告書，日本機械学会，昭和55年12月25日.

4) 班目，機械学会講習会 No.97-28(1997), pp.21-26.

5) 小松，スロッシング　液面揺動とタンクの振動，森北出版.

6) 原，機論 C53-491（昭62）pp.1358-1362.

7) 原，機論 C54-504（昭63）pp.1637-1645.

8) シェルの振動と座屈ハンドブック，日本機械学会.

9) 坂井，圧力技術第18巻第4号（昭55）pp.184-192.

10) 箕輪ら，機論 C65（1999-3）pp.923-931.

11) R. D. Blevins, Formulas for natural frequency and mode shape, Van nostrand reinhold company (1979) pp.364-375.

12) 葉山ら，機論 C49-437（昭58-1）pp.22-30.

13) 木村ら，機論 44-385（昭53）pp.3024-3033.

14) 木村ら，機論 44-386（昭53）pp.3446-3454.

15) 橋本ら，機論 B49（昭58-9）pp.1841-1849.

16) 木村ら，機論 C60（1994-10）pp.3259-3267.

17) 木村ら，機論 C62（1996-4）pp.1285-1293.

18) 坂井，日本鋼構造協会機関誌（JSSC）No.52（2004-4）pp.20 〜 25.

19) 深谷ら，機論 B62（1996）pp.541-548.

20) 飯田ら，機論 B61-585（1995-5）pp.1669-1676.

21) Nagakura, H. and Kaneko, S., Trans. ASME, J. Pressure Vessel Tech., Vol.122 (2000) pp.33-39.

22) 廣田ら，(1995)日本機械学会機械力学・計測制御講演論文集，pp.123-126.

23) 野路ら，日本建築学会構造系論文報告集第419号（1991-1）pp.145-152.

24) 山形ら，機論 C64（1998）pp.1676-1684.

25) 新宅ら，機論 C56（1990）pp.8-14.

26) 井上ら，機論 C54（昭63）pp.596-604.

27) 葉山ら，機論 C51（昭60）pp.2505-2511.

28) 小林ら，機論 C62（1996）pp.482-487.

29) 渡辺ら，機論 C67（2001）pp.1422-1429.

30) 原ら，機論 C52（昭61）pp.2392-2396.

8.4 ゲートの振動

8.4.1 対象の概説

ダムの常用および非常用洪水吐としてクレストに設置されるラジアルゲート（テンタゲート）や，取水のために河川に設置される長径間堰は，微小開度放水時に，流れがゲート（水門および堰）の振動を助長するような形で激しい自励振動を引き起こすことがある。この振動は，放水流が直接大気中に噴出するゲートで生じるものであり，渦とは無関係の現象である。特に，ラジアルゲートでは微小開度放水時に振動が生じることがよく知られている。なお，ゲートリップでの剥離流の再付着により振動および音が発生する場合もあるが，これはゲート本体を動かすような大きなエネルギーを持つものではないので本節では扱わないものとする。

8.4.2 評価の歴史

ダムやゲートのトラブルについては1960年代から報告例があり，特に，下流側が水に浸かったゲートの流体関連振動に関する研究はNaudascherらによって1960年代より行われており，流出渦の影響等について多数の報告がなされている[1~7]。Naudascher & Rockwell[8]により，励起メカニズムによる流体関連振動の分類がなされたことはよく知られている。Petrikat[9]はオーバーフローとアンダーフローが同時に生じるゲートで非常に激しい振動が発生することに言及しており，Billeterら[10]は二自由度の複合振動について言及している。しかしながら，本節で扱うような，放水流が直接大気中に噴出するゲートで生じる振動に着目した研究はなされてこなかった。

クレストラジアルゲートの振動および振動によって生じる圧力等に着目した研究が行われたのは，1967年に発生した和知ダムの崩壊事故[11]の後である。事故調査により，振動に起因した圧力の影響が示唆され，石井らによって，振動によって生じる動水圧の研究が行われた。クレストラジアルゲートで生じる「偏心型動的不安定」のメカニズムが定式化され[12~15]，ゲートの安定のための偏心許容限度のガイドラインも示された[16]。しかしながら，ゲート崩壊のメカニズムの

第8章：流体－構造連成系の振動

解明には至らなかった。

その後，石井らは，クレストラジアルゲートやいくつかの振動例が報告されている長径間堰では下流側が水没していないために流出渦などの影響が存在しないことに着目し，微小振動に限定し，Rayleigh, Lamb ら [17, 18] のポテンシャル理論を適用することで流れ場を理論的に評価することに成功した [19, 20]。

和知ダムの崩壊事故から27年後の1995年にアメリカ・カリフォルニア州のフォルソンダムで発生した世界的にも巨大なクレストラジアルゲートの崩壊事故 [21, 22] の後，USBR, USACE の技術者らや阿南，石井らによって研究が進められた [23～27]。その結果，石井らが長径間堰で確立した流れ場の理論解析を応用し，トラニオンピンの偏心がなくても生じる激しい複合発散振動のメカニズムが明らかにされた [28～31]。さらに，ゲートの動的安定判別手法も確立されている [32, 33]。

8.4.3　評価方法

河川をせき止める長径間堰やクレストラジアルゲートのように，自由表面を持つ流れ場に設置されているゲートが振動すると，水面には表面波が発生し，それが上流側に伝搬していく。流れ場の内部でも圧力波が上流に伝搬していく。この水圧の変化が，ゲートの振動を助長するように働くか，あるいは減衰させるように働くかによって，ゲートの動的安定性が決定される。したがって，ゲートの動的安全性を検討するためには，ゲートの振動によって引き起こされる動水圧を正確に評価することが極めて重要である。この動水圧は，ゲートの微小振動に限定すれば，Rayleigh らの散逸性の波動問題に対するポテンシャル理論 [17, 18] を用いて理論的に解析することが可能である。流れ場の解析には，フーリエ積分変換，フーリエ級数変換，ラプラス変換およびそれぞれの逆変換，複素積分などを用いている。得られる流体圧力を用いて，ゲートの流体関連複合発散振動の運動方程式を解くことによって，ゲートの動的安定が評価できる。

【1】ラジアルゲートで生じる自励振動 [33]

図 8.4-1 に示すように，断面が扇型をした構造のラジアルゲートは，同程度の規模の他のゲートに比べ巻上げに要する力が小さいため，特に大型のダムに設置されることが多い。このゲートは，図 8.4-1 に破線と矢印で示しているように，

368

8.4 ゲートの振動

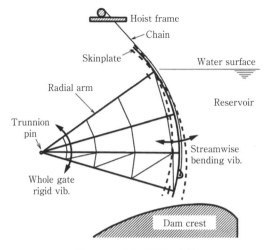

図8.4-1　ラジアルゲート[31]

ゲートの開閉に使用するロープやチェーンのばね作用によりゲート全体がトラニオンピン周りに剛体的に回転する自由度と，スキンプレートがその撓み性により流水方向に曲げたわみ振動をする自由度を持つ。これら2つの固有振動は，慣性力と流体力を介して簡単に連成し，微小開度放水時に激しい自励振動を引き起こす。この連成振動は，スキンプレートの円弧中心がトラニオンピンと完全に一致していても簡単に生じる。

これら2つの固有振動の連成によって生じる複合振動の運動方程式を解くことで，ゲートの動的不安定を代表する流体発振比が求まり，図8.4-2のような安定判別図が作成できる。解析の際の主要なパラメータは，流れ場の力学的相似性を支配する「基礎フルード数」，スキンプレートの回転中心高さと放水口水深の比である「無次元回転中心高さ」，水の代表質量とゲートの代表質量の比を表す「水とゲートの質量比」，および「減衰比」である。ゲート全体のトラニオンピンまわり振動の減衰比は0.01程度であり，スキンプレートの流水方向曲げ固有振動の減衰比は0.003程度であることが多い。したがって，ゲートが動的安定となるか否かは，ゲートの持つ2つの固有振動数によって表すことが可能である。動的安定であるための条件は，流体による励振効果を代表する流体発振比よりもゲートの持つ減衰比が大きくなる条件より，

第8章:流体—構造連成系の振動

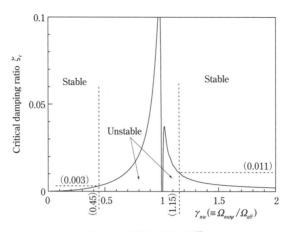

図 8.4-2　動的安定判別図 [32]

$$\gamma_{nw}(=\Omega_{nw\psi}/\Omega_{a\theta})<0.45 \quad \text{or} \quad \gamma_{nw}(=\Omega_{nw\psi}/\Omega_{a\theta})>1.15 \tag{8.4-1}$$

である。ここで，$\Omega_{a\theta}$ はトラニオンピン周り振動数，$\Omega_{nw\psi}$ が水中での流水方向振動数である。振動数がこの条件を満たさない場合には，減衰器を付加するなどにより，動的不安定を回避することも考えられるが，巨大なゲートのトラニオンピンまわり振動の減衰比 $\zeta_{a\theta}$ を 0.50 以上に設定する必要があり，現実的ではない。したがって，ゲートの動的安定のためには式（8.4-1）を満たす設計が求められる。

しかしながら，大型のゲートではトラニオンピンまわりの振動数 $\Omega_{a\theta}$ を大きくすることは不可能であるので，式（8.4-1）の第1式を満たすためには，スキンプレートの水中流水方向振動数をかなり小さく設計する，すなわち，非常に柔らかい構造のスキンプレートが必要となり，巨大な静水圧を支えるという本来の目的が果たせなくなる。したがって，動的安定のための条件は，式（8.4-1）の第2式のみとなる。この条件を満たすためには，スキンプレートやラジアルアームの剛性を高める，または，巻上げワイヤーの剛性を下げる方法が有効である。

【2】シェル型長径間堰で生じる自励振動 [34, 35]

長径間堰は，その径間の長さのために，曲げたわみ振動を起こしやすい性質を持つ。この堰が微小開度放水時に激しい振動を引き起こすことがある。特に，図

8.4-3に示すような断面がシェル構造をした長径間堰は，その断面の縦横比がほぼ1になっており，水平方向および上下方向に振動する自由度を持つ．この堰は，閉め切り時に自重を重心近くで支える目的で，上流側の下部に傾斜が設けられることが多い．また，オーバーフロー堰として使用されることもあるため，上面はクリーガー曲線を持つことが多い．したがって，下端からの放流（アンダーフロー）だけを行う場合には堰前面の鉛直面と傾斜面に，オーバーフローを伴う場合には上面にも流体力が作用することになる．これらの流体力により，堰には水平方向と上下方向の力が作用し，堰が水平方向と上下方向に動くことになる．アンダーフローおよびオーバーフロー時に動的安定となるか否かは，堰の水平方向と上下方向の固有振動数により決定される．

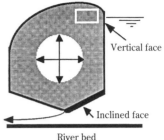

図8.4-3 シェル型長径間堰[34]

(1) アンダーフロー時の動的安定の条件

負性減衰係数を水の代表質量に働く重力と長波の速度の比で割って得られる無次元発振係数が負になる条件より，アンダーフローを行うシェル型長径間堰が動的に安定であるためには，

$$\gamma_{xy}(=\Omega_{wx}/\Omega_{ay})<0.97 \quad \text{or} \quad \gamma_{xy}(=\Omega_{wx}/\Omega_{ay})>1.5 \qquad (8.4-2)$$

であればよい．ここで，Ω_{ay}は上下方向振動数，Ω_{wx}が水中での水平方向振動数である．振動数がこの条件を満たさない場合には，減衰器を付加するなどにより，

$$\zeta_{ax}>0.0047\alpha_m \qquad (8.4-3)$$

を満たす空中での水平方向減衰比ζ_{ax}を確保することで，シェル型長径間堰を動的に安定な状態に保つことができる．α_mは水とゲートの質量比である．

(2) オーバーフロー時の動的安定の条件

オーバーフローを行うシェル型長径間堰の動的安定の条件は

$$\gamma_{xy}(=\Omega_{wx}/\Omega_{ay})<0.91 \quad \text{or} \quad \gamma_{xy}(=\Omega_{wx}/\Omega_{ay})>1.05 \qquad (8.4-4)$$

である．これを満たさない場合には，

第 8 章：流体−構造連成系の振動

$$\zeta_{ax} > 0.0084\alpha_m \tag{8.4-5}$$

を満たす空中での水平方向減衰比 ζ_{ax} を確保することで，動的安定を確保することが可能である。

8.4.4 トラブル事例

ゲートに関連したトラブルは，ダムや堰全体の崩壊につながる重大な事故を引き起こすことがある。しかしながら，一般に，ゲートのトラブルは放水路で起こる他の問題と同一に分類されているため，ゲートの振動トラブル事例の正確な数は明らかではない[36]。近年は，ダム本体よりもゲートのトラブルや信頼性が注目を集めており，ゲート崩壊やゲート振動に関する事例の報告は，世界的に見ても増加している[37]。振動に起因した，または振動の関与が強く示唆される代表的な事例を次に挙げる。

①カリフォルニア州を流れる American 川にある Folsom ダムにおいて，毎朝の通常運転操作でクレストラジアルゲートを巻き上げている途中で，オペレーターが異常な振動に気付きゲートを停止した。その直後にゲートは崩壊し，巻上げ用の巨大なチェーンでかろうじて片吊りになった。振動を感じたとのオペレーターの証言もあり，その後の研究により，本節で示した複合発散振動が関与したことが示されている。

②京都府由良川にある和知ダムで，新設されたクレストラジアルゲートの試験運転時に，第 3 ゲートが突然振動し崩壊した。ゲートはゲートブリッジとともに約 136 m 下流に流され，ゲートベイに巨大な穴が残された。調査報告書では静的な座屈によって崩壊したと結論付けられているが，振動に起因した圧力の影響等の関与が示唆された。その後の研究により，本節で示した複合発散振動が関与したことが示されている。

③スイスのシンツナッハダムにある長径間逆置ラジアルゲートでは，下流側に傾斜して設置されているゲートの下端から微小開度放水を行う際に振動が発生した。この振動については，記録映像も残されているが，当時，振動メカニズムの解明や根本的な対策が見つからなかったので，ゲートにダンパーを取り付けることで，振動の抑制を行った[38]。

372

8.4 ゲートの振動

上記以外にも，例えば，アーカンソー州とオクラホマ州を流れる Arkansas 川流域の複数のゲートで発生した振動問題は，ゲートリップ部の剥離による再付着が主因ではあるものの，複合発散振動による動的不安定性がこれらの振動に関与した可能性があることが示唆されている[39]。

参 考 文 献

1) Kolkman, P.A. (1963), *Delft Hydraulics Publication* 33.

2) Partenscky, H.W. (1964), Ph.D. Dissertation, Université de Toulouse.

3) Hardwick, J. D. (1974), *J. Hydraulics Div., Proc. ASCE* 100, pp.631–644.

4) Naudascher, E., Locher, F.A. (1974), *J. Hydraulics, Div, Proc. ASCE*, 100(2), pp.295–313.

5) Kolkman, P.A., Vrijer, A. (1977), *17th Congress of the International Assoc. for Hydraulic Research*, Vol. 1.

6) Thang, N. D. (1990), *J. Hydraulic Engineering, Proc. of ASCE*, Vol. 116, pp.342–361.

7) Kanne, S. *et.al.* (1991), *Proc. of International Conference on Flow–Induced Vibration, Brighton.* London: IMechE, Vol. 1991–6, pp. 405–410.

8) Naudascher, E. & Rockwell, D. (1994), *Flow–Induced Vibrations: An Engineering Guide; IAHR Hydraulic Structures Design Manual*, Rotterdam: A.A. Balkema.

9) Petrikat, K. (1958), *Journal of Water Power*, 10, (February) 53–57 ; (March) 99–104 ; (April) 147–149 ; (May) pp.190–197.

10) Billeter P. & Staubli, T. (2000), *J. Fluids and Structures* 14, pp.323–338.

11) Yano, K. (1968), *Annual report of Disaster Prevention Research Institute, Kyoto University*, No.11, B, pp.203–219 (in Japanese).

12) Ishii, N. & Imaichi, K. (1977), *Bulletin of the JSME*, 20(6), pp.998–1007.

13) Ishii, N. *et.al.* (1977), *Transactions of the ASME, Journal of Fluid Engineering, Ser. I*, 99(4), pp.699–709.

14) Ishii, N. *et.al.* (1980), *Practical Experiences with Flow–Induced Vibrations* (Naudascher & Rockwell, eds.), pp.452–460, Springer.

15) Ishii, N. & Naudascher, E. (1984), *Channels and Channel Control Structures* (Smith ed.), pp.209–222.

16) Ishii, N. & Naudascher, E. (1992), *J. Fluids and Structures*, Vol. 6, No.1, pp.67–84.

17) Rayleigh, J. W. S. (1945), *The Theory of Sound*. 2, 4–8. Dover.

18) Lamb, H. (1932), *Hydrodynamics*. pp.398–403. Cambridge University Press.

19) Ishii, N. & Knisely, C. W. (1992), *J. Fluids and Structures*, 6, pp.681–703.

20) Ishii, N., Knisely, C. W., Nakata, A. (1995), *J. Fluids and Structures*, 9, pp.19–41.

21) USBR. (1996), *Report on Spillway Gate 3 Failure, Folsom Dam*. U.S. Bureau of Reclamation, Mid–Pacific Region, Sacramento, California, November 18, 1996.

22) Ishii, N. (1995), *Folsom Dam Gate Failure Evaluation and Suggestions*. Report submitted to U.S. Bureau of Reclamation, August 24, 1995.

23) Cassidy, J. (2000), Summary of Sessions on Question 79. *Proc. 20th ICOLD Congress*, Beijing.

24) Todd, R. (1999), *19th Annual USCOLD Lecture Series*, pp.15–29.

25) Anami, K. & Ishii, N. (1999), *Proc. of 1999 ASME PVP Conf.*, 396, pp.343–350.

26) Anami, K. & Ishii, N. (2000), *Flow–Induced Vibration* (Ziada & Staubli, eds.), Balkema, Rotterdam, pp.205–212.

27) Ishii, N., Anami, K., Knisely, C.W. (2014), *International J. Mechanical Engineering and Robotics Research*, Vol.3, No.4, pp.314–345.

28) Anami, K., Ishii, N., Knisely, C.W. (2012), *J. Fluids and Structures*, Vol. 29, pp.25–49.

29) Anami, K. *et.al.* (2013), *Hydro Review Worldwide*, Vol.21, No.6, November–December 2013, pp.34–39.

373

第 *8* 章：流体－構造連成系の振動

30) Anami, K. *et.al.* (2014), *International J. Mechanical Engineering and Robotics Research*, Vol.3, No.4, pp.678–707.

31) Anami, K. (2002), Ph.D. Dissertation, Osaka Electro–Communication University. (in Japanese, English Translation, 2005. Available from the author.)

32) Anami, K. *et.al.* (2017), *Proc. of the ASME PVP Conf.*, PVP2017–65325.

33) Ishii, N., Anami, K., Knisely, C.W. (2017), *Dynamic Stability of Hydraulic Gates and Engineering for Flood Prevention*, IGI Global.

34) Ishii, N., Knisely, C.W., Nakata, N. (1994), *J. Fluids and structures*, 8, pp.455–469.

35) Ishii, N., (1992), *J. Fluids and Structures*, 6, pp.539–562.

36) ICOLD. (1995), *Dam Failures–Statistical Analyses*, ICOLD Bulletin 99.

37) Lewin, J. *et.al.* (2003), *Proc. 2003 USSD Annual Lecture.*

38) Petrikat, K, (1980), *Flow–Induced Structural Vibrations*, IUTAM/IAHR Symposium, (Naudascher, ed.), Springer, pp.476–497.

39) Pickering, G.A. (1971), *Spillway Gate Vibrations on Arkansas River Dams, Arkansas and Okalahoma.* TR H–71–5, U.S. Army Engineer.

流体関連振動の数値解析

　有限要素法，有限差分法などに代表される，支配方程式の離散化に基づく数値シミュレーションによる流体解析や構造解析，流体構造連成解析は，計算機の発展とともに，設計・開発・研究の各分野で不可欠な手法として確立された。しかし，数値解析は必ずしも万能な手法ではなく，解析に用いられているさまざまな計算手法やモデル化を理解した上で利用しないと，現象の正しい評価を行うことが難しい。

　本章では，9.1 節と 9.2 節では，数値流体解析，構造解析のそれぞれの解析で用いられる離散化，モデル化，計算手法に関する概要や注意点を示す。また，9.3 節では，数値流体解析による弁に生じる流体関連振動と，有限要素法に基づくタンクの接水振動の評価事例を紹介する。

第9章：流体関連振動の数値解析

9.1 数値流体解析の概要

　流体運動の支配方程式は連続の式，Navier − Stokes 方程式，エネルギー保存式である。これらの式は非線形連立微分方程式であり，一部の問題を除いて数学的に解くことは現在のところ不可能である。そこで一般的に数値解法が用いられる。流体運動の数値解析に関しては数値流体力学（Computational Fluid Dynamics：CFD）として一つの分野が形成され，さまざまな手法が提案，研究されてきた。現在では商用の解析ソフトウェアも広く利用され，研究・開発・設計の分野で一般的なツールとして確立された。一方で，数値流体解析においては，さまざまな数値解析法が組み合わされて用いられている。特に注意が必要な点として，方程式系の離散化や計算の過程には必ず誤差や近似が含まれる。また，機械や建造物に関する流れ解析では，一般にレイノルズ数が大きく，乱流が生じているが，乱流現象をすべて直接計算で再現することは計算コストの面で困難であるため，乱流モデルが用いられることが多い。これらを正しく理解せずに解析を行うと，注目したい現象が再現されない，現実とは異なる流れ場が得られてしまうなどの問題につながり，また，正しい解決方法を見出すことも困難となる。数値流体力学の詳細な理論や手法については，すでに多くの論文や解説書が出版されているので参照されたい。本節では主に流体関連振動に数値流体解析を用いる場合に必要な理論の概要と注意点を解説する。

9.1.1　離散化手法

　流体運動の支配方程式は圧縮性流れを扱う場合には，連続の式，Navier − Stokes 方程式，エネルギー保存の式である。

$$\frac{\partial \rho}{\partial t} + \frac{\partial u_i}{\partial x_i} = 0$$

$$\frac{\partial (\rho u_i)}{\partial t} + \frac{\partial (\rho u_j u_i)}{\partial x_j} = \frac{\partial \tau_{ij}}{\partial x_j} - \frac{\partial p}{\partial x_i} \tag{9.1-1}$$

$$\frac{\partial (\rho e)}{\partial t} + \frac{\partial (\rho u_j H)}{\partial x_j} = \frac{\partial \beta_j}{\partial x_j}$$

これらをコントロールボリュームにおける積分形式で示すと，

$$\frac{\partial}{\partial t}\int_{\Omega}\rho\,d\Omega+\int_{S}\rho\boldsymbol{v}\cdot\boldsymbol{n}\,dS=0$$

$$\frac{\partial}{\partial t}\int_{\Omega}\rho\boldsymbol{v}\,d\Omega+\int_{S}\rho u_i\boldsymbol{v}\cdot\boldsymbol{n}\,dS=\int_{S}(\tau_{ij}\boldsymbol{i}_j)\cdot\boldsymbol{n}\,dS-\int_{S}p\boldsymbol{i}_j\cdot\boldsymbol{n}\,dS \quad (9.1\text{--}2)$$

$$\frac{\partial}{\partial t}\int_{\Omega}\rho e\,d\Omega+\int_{S}\rho H\boldsymbol{v}\cdot\boldsymbol{n}\,dS=\int_{S}(\beta_j\boldsymbol{i}_j)\cdot\boldsymbol{n}\,dS$$

なお，非圧縮性流れの近似を用いると，密度が一定となり，変数が一つ減るため，連続の式とNavier – Stokes方程式のみで流体運動を解くことが可能となる。ただし，連続の式に時間項がなくなるため，圧縮性流れの場合とは異なる扱いが必要となるが，詳細は数値流体力学の専門書を参照されたい。

数値流体解析に用いられる離散化手法は方程式の対流項や拡散項などの空間項の離散化方法によって有限差分法，有限体積法，有限要素法などに分類される。これらの解法では空間は格子により分割される。この他にも格子を用いない粒子法など，種々の方法が提案されている。本書では低次から高次まで，汎用性や目的に応じてさまざまな離散化が可能な有限差分法と，商用のソフトウェアなどで広く用いられている有限体積法を取り上げる。一方，時間項については差分法に基づき離散化され，有限の時間刻み幅を用いて初期条件を起点とした数値積分による計算が行われ，最終的な解を得る方法が一般的となっている。

【1】有限差分法

有限差分法は図9.1-1に示すように序列化された計算格子を用いて空間を分割し，格子の節点上または格子の重心などを計算点と考える。また，支配方程式は式（9.1-1）に示す微分方程式の形で用いる。その上で計算点および隣接する数点の計算点（ステンシル：stencil）の座標と物理量を用い，テイラー展開の考え方

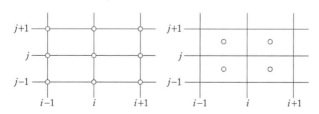

図9.1-1　構造格子（左：セル節点法，右：セル中心法）

第9章：流体関連振動の数値解析

に基づいて各項を離散化する。一般にステンシルが多いほど離散化の近似精度は高くなる。ただし，対流項，拡散項それぞれにおいて適切な離散化が必要となる。特に対流項の離散化は解の精度や数値的安定性に大きく影響するため，問題に応じて適切に選択する必要がある。

　流体音響に起因する共鳴・共振や乱流騒音などの問題を解く場合に関しては，速度せん断層に生じる小さな渦構造や，圧力波の伝搬の際の数値的な減衰（数値拡散）を可能な限り少なくするために，高精度な計算手法を選択しなければならない。計算格子のサイズや格子の直交性も，捕獲可能な渦の大きさや圧力波の波長や数値拡散に大きく影響する。また，離散化手法に起因する数値拡散が大きくなると計算格子を細かくしても圧力波が長い距離を伝搬する際に減衰が生じてしまい，音響レベルを正しく評価できず，その結果，共鳴や振動の再現にも影響が生じる。このような問題を精密に解く場合には，中心差分法が用いられることが多い。一般に中心差分法は2次精度以上を有しており，また，数値拡散も比較的小さい。ただし，高次の中心差分を行うには多数のステンシルが必要となる。この問題の一つの解決法として，Compactスキーム[1]が広く用いられている。ただし，中心差分法は数値的不安定を生じやすく，対策が必要である。まず，数値振動を人工的に抑制する方法としてコンパクトフィルタが用いられる。コンパクトフィルタの代表例としてGaitondeとVisbal[2]によるものが広く用いられており，論文中には10次までのフィルタが示されている。フィルタの次数が低いほど数値的に安定化するが，数値拡散も大きくなるため，離散化精度に関わらず，10次のフィルタを用いることが望ましい。また，計算領域の境界近傍では中心差分を構築するためのステンシルが確保できなくなるため，差分精度を下げてステンシルを減らす，高次精度を保った片側差分を構築するなどの対策が必要になるが，この場合にも誤差に起因して保存則が満たされないなどの数値的不安定が生じることがある。そこで，高精度で安定な計算の実現のために，計算領域境界近傍の離散化誤差による流体の運動エネルギーの増大を防止する離散化方法も提案されている[3,4]。また，境界条件に関しても不適切な近似を行うと，数値的不安定の原因となる上，圧力波の反射など非物理的な解が得られてしまう原因となるため，さまざまな工夫が検討されている[5]。ただし，計算格子の直交性が悪い場合には，数値的不安定が生じやすく，これらの方法が有効に働かない場合がある。また，中心差分では，衝撃波などの不連続面を正しく捉えることができないため，後

9.1 数値流体解析の概要

述する風上法などとの組み合わせが必要となる。

　一方で，流体関連振動においては，物体が流れの変動に対して低い周波数で振動する問題や，境界層や速度せん断層の厚さよりも大きな振幅を伴って振動する問題を扱うことも多い。このように，乱流に対して時間的，空間的なスケールが大きく異なる問題を解く場合には，乱流の小規模な渦構造や高周波数の変動までを解像する必要性は小さい。また，衝撃波などの物理量の不連続が生じるような問題を扱う場合には数値的な安定性を優先する必要がある。このように数値的安定性を高める必要がある場合や，高い汎用性が求められる商用ソフトウェアでは風上法が用いられる。風上法の簡単な例として以下の波動方程式を考える。

$$\frac{du}{dt} + c\frac{du}{dx} = 0 \tag{9.1-3}$$

ここで左辺第1項の微分を離散化する手法を考える。

2次精度の中心差分を用いる場合には

$$c\frac{du}{dx} = \frac{c}{2\Delta x}\left(u_{j+1} - u_{j-1}\right) + O\left(\Delta^2\right) \tag{9.1-4}$$

ただし，上述のように中心差分は数値的に不安定となる場合が生じる。

　ここで，波は伝搬速度 c が正の場合，x が正の向きに波が伝搬することを考えると，上流（風上）側の影響を強く受けると考察される。そこで，1次精度の片側差分を用いる場合には

$$c\frac{du}{dx} = c\frac{u_i - u_{i-1}}{\Delta x} + O\left(\Delta^1\right) \tag{9.1-5}$$

とすることができる。ここで c が正，または負の値の両方を取れるものとして一般化すると，

$$c\frac{du}{dx} = \frac{c}{2\Delta x}\left(u_{j+1} - u_{j-1}\right) - \frac{|c|}{2\Delta x}\left(u_{j+1} - 2u_j + u_{j-1}\right) + O\left(\Delta^1\right) \tag{9.1-6}$$

と表すことができる。この形式は1次精度風上法と呼ばれる。式（9.1-6）を見ると右辺第1項は2次精度中心差分となっている。したがって1次精度風上法は2次精度中心差分法に式（9.1-6）の右辺第2項に当たる数値拡散を付加して安定化が図られるとともに，1次精度に変化していると考えることができる。1次精度風上法は数値的にきわめて安定な方法であるが，数値拡散が過大であり，解が非常に拡散的となるため，実用的ではない。そこで風上法から余分な数値拡散を取り

379

第9章：流体関連振動の数値解析

除くことで，安定かつ高次精度を確保する方法を用いることが一般的である。ここで，式 (9.1–6) を以下のように書き換える。

$$c\frac{du}{dx}=\frac{1}{\Delta x}\left(\tilde{f}_{j+1/2}-\tilde{f}_{j-1/2}\right)$$

$$\tilde{f}_{j+1/2}=\frac{1}{2}\Big[cu_{j+1}+cu_j-|c|\big(u_{j+1}-u_j\big)\Big] \qquad\qquad (9.1-7)$$

$$=\frac{1}{2}\Big[f_{j+1}+f_j-|c|\big(u_{j+1}-u_j\big)\Big]$$

ただし，$\tilde{f}_{j+1/2}$ は数値流束と呼ばれ，計算点を中心とする検査体積の境界（セル境界）での数値的に変換された物理量の流入出量と考えることができる。風上法を高次精度化する場合，この数値流束の評価方法にさまざまな手法が用いられている。近年の数値流体解析においては，数値的不安定を防止しつつセル境界における変数の内挿を行う方法が主流となっている。数値的不安定の防止に関しては，Harten の提唱した，TVD（Total Variation Diminishing）条件[6] が基本となっている。TVD 条件は計算領域内の全変動 $TV[u]=\sum\big(u_{j+1}-u_j\big)$ が時間進行とともに増加しないための十分条件で，TVD 条件を満たす高次の差分は数値的安定性が高い。van Leer[7] は変数の内挿と流束制限関数を組み合わせ，安定な2次精度および3次精度の MUSCL（Monotone Upwind Scheme for Conservation Laws）を提案し，今日でも広く用いられている。流束制限関数は，物理量の分布が単調な範囲では2次精度内挿を行い，空間的な不連続面や極値をとる場合には1次精度に自動的に切り替える関数である。Yamamoto ら[8] はこの考え方をさらに発展させ，4次精度 Compact MUSCL TVD スキームを提案した。また，さらなる高精度化のための方法として Liu ら[9] により開発され，Jiang ら[10] により，多次元解析に実装された WENO（Weighted Essential Non–Oscillatory）法は5次精度で衝撃波捕獲が可能なスキームである。一方，変数および数値流束を，重み関数を用いて，内挿・高次精度化する方法として WCNS（Weighted Compact High–Order Nonlinear Scheme）[11] が提案されており，高次のコンパクトスキーム同様に小さな数値拡散と不連続面での安定性が両立されている。また，不連続面近傍で WENO 法，その他の領域でコンパクトスキームを用いる方法も提案されている。ただし，高次精度の衝撃波捕獲スキームでは，衝撃波面における格子の形状に依存して数値的安定性が低下し，計算が発散してしまう場合があるため，注意が必要となる。

　風上法を実際の流体解析に用いる場合には支配方程式が連立しているため，数

380

値流束の構築の際に工夫が必要となる。古くから広く用いられている手法として，RoeのFDS（Flux Difference Splitting）[12]が挙げられる。この方法は初期の数値流体解析の最も成功した手法として，現在でも広く用いられているが，マッハ数が3を超えるような高マッハ数流れにおいて垂直衝撃波近傍で数値不安定を生じる問題や，マッハ数が0.1よりも小さな亜音速流れでは解の収束性が悪く，非物理的な数値拡散を生じるなど，汎用性の面で課題があった。その後の多くの研究を経て，Shimaらが提案したSLAU（Simple Low-Dissipation Advection Upstream Splitting Method）[13]では，計算手順が削減され，低速流から極超音速まで対応した全速度スキームとなっている。

拡散項に現れる二階微分項に関しては中心差分により評価できる。離散化精度に関しては対流項で用いる離散化精度と同程度のものを選択することが一般的である。

【2】有限体積法

有限体積法は支配方程式を式（9.1-2）に示すような積分形式で考え，計算格子で定義される検査体積内の値を計算点上の値として考える。この時，図9.1-2のように計算格子線で検査体積を定義し，重心に計算点を置く方法をセル中心法，計算格子の節点上に計算点を定義し，計算点から出る格子線の中間をセル境界として検査体積を定義するセル節点法の2種類の選択肢がある。例えば，流体解析と構造解析の両方を行う場合には，セル節点法では構造解析に必要な格子点上の値をそのまま受け渡せる点で利点があるのに対し，セル中心法ではなんらかの補完が必要となる点では欠点となる。しかし，構造物の熱流束を扱う場合など，境界条件がノイマン型となる場合には，セル中心法が有利となる。どちらが優れる

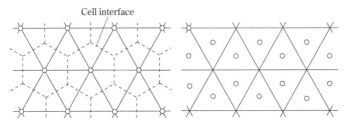

図9.1-2　非構造格子（左：セル節点法，右：セル中心法）

第9章：流体関連振動の数値解析

かは扱う問題次第となる。有限体積法では個々のセルに関して保存則を計算するため，有限差分法のように格子の序列化は必須ではなく，六面体（2次元解析では四角形）の他に四面体（三角形）など，任意の立体で形成できるため格子の作成を自動化しやすい。このような計算格子は非構造格子と呼ばれる。高い汎用性と簡易性が求められる商用ソフトウェアでは非構造格子を用いた有限体積法が用いられているものも多い。

有限体積法では対流項に関してはセル境界で数値流束を定義し，面積積分を行う。セル境界での数値流束の評価は前述の風上法，中心差分の考え方が利用できるが，非構造格子を用いている場合には2次精度から3次精度の離散化が限界である。非構造格子を用いた場合には計算点およびセル境界を挟む隣接計算点上で定義される各セル平均値を用いて分布を線形再構築し，内挿することで2次精度が確保される。この時，TVD条件を満たすために制限関数が用いられる[14, 15]。

【3】 時間項

時間項は大別して陽解法，陰解法に分けられる。陽解法はアダムス・バシュフォース法やルンゲ・クッタ法と組み合わせることで2次や4次精度などへ離散化精度を向上させることができる。一方，陰解法に関しては後退型差分で離散化し，さらに各時間刻みで大規模連立方程式の数値計算を内部反復計算で収束させることで2次精度を確保することができる。一般に陽解法の方が計算に用いられる手順は陰解法に比べて少ないが，陽解法を用いて数値的に安定な計算を行うためには，時間刻み幅Δtの値は，対流項の離散化手法によっても異なるが，Δtと格子幅Δx，特性速度cで定義されるクーラン数$C_N = c \Delta t / \Delta x$が1またはそれ以下の値になるように制限される。このため，計算格子が細密になるとΔtの上限は減少し，全体の計算コストが小さいとは限らない。一方，商用ソフトウェアで用いられる陰解法では一般に時間刻み幅の上限はない。しかし，流体関連振動などの非定常問題を解く場合には，現象の一周期を細かく分割しなければならない。さらに問題としている非定常現象がその周波数よりも高い周波数の擾乱に起因している場合もあるため，大きな時間刻み幅を用いると，再現したい現象が全く再現されないなどの問題が生じることがある。また，C_Nが10^3を超えるような大きな時間刻み幅を用いると，内部反復計算の収束が十分確保できなくなることがあり，解の信頼性は低下する。著者の経験上，時間刻み幅は，すべての計算格子上

の C_N の最大値が 10^1 から，大きくても 10^2 の範囲に抑える必要がある。また，陰解法では連立方程式を解くために大規模行列の数値解法が必要となる。数値流体解析では古くから用いられている LU–SGS 法[16] や LU–ADI 法[17] などの手法が一般的であるが，近年ではこれらの収束性を向上させるためにさまざまな手法が提案されている[18]。

9.1.2　乱流モデル

　数値流体解析を行う上で多くの問題は流れのレイノルズ数が高く乱流が生じている。しかし乱流の渦構造は空間的に微細なものから大規模なものまで，時間的にも低い周波数から高い周波数までさまざまな成分が混在している。一方で，層流境界層と乱流境界層では壁面における摩擦力や熱伝達率などが大きく異なり，流れの剥離構造にも大きく影響するため，乱流の影響を無視できないことが多い。噴流においても拡散や不安定性に強く影響することは同様である。このような乱流現象を細密な格子と高精度なスキームを用いて直接数値計算（Direct numerical Simulation, DNS）により再現することは計算コストの面で困難であり現実的ではない。多くの場合には，乱流の小スケールの渦の影響をモデル化し，その上で大規模な流れ構造のみを計算することが実用的である。乱流モデルの開発に関しては，これまでに非常に多くの研究がなされ，多数のモデルが提案されている。しかし，乱流モデルは解析結果に大きな影響を及ぼすため，その使用の際には性質を理解しておくことが望ましい。本書では乱流モデルを用いた数値解析方法のうち，工学的に広く用いられている RANS（Reynolds Averaged Numerical Simulation）および LES（Large Eddy Simulation）およびこれらを組み合わせた DES（Detached Eddy Simulation）の概要を紹介する。

　RANS はレイノルズ平均と呼ばれる特殊なアンサンブル平均の考え方を基礎としている。すなわち，流れ場の空間的，時間的に大きな変動を数値解析により捉え，空間的，時間的に微小な変動成分は渦粘性としてモデル化する方法である。すなわち，速度や圧力を以下のようにアンサンブル平均と変動成分に分離する。

$$u_i = \bar{u}_i + u_i', \quad p_i = \bar{p}_i + p_i' \tag{9.1–8}$$

ただし，レイノルズ平均においては，以下を満たす。

第9章：流体関連振動の数値解析

$$\overline{u_i u_j} = \overline{u_i}\,\overline{u_i} + \overline{u_i' u_i'} \tag{9.1-9}$$

以上より，式（9.1-1）の運動方程式にレイノルズ平均を施すと

$$\frac{\partial(\rho \overline{u_i})}{\partial t} + \frac{\partial(\rho \overline{u_j}\,\overline{u_i})}{\partial x_j} = -\frac{\partial \overline{p}}{\partial x_i} + \frac{\partial(\overline{\tau u_{ij}})}{\partial x_j} - \frac{\partial(\rho \overline{u_i' u_i'})}{\partial x_j} \tag{9.1-10}$$

ここで，式（9.1-10）の右辺第3項として新たに現れた$-\rho \overline{u_i' u_i'}$はレイノルズ応力と呼ばれる。ここでレイノルズ応力を求めるために新たな輸送方程式を立てると，さらに未知数が増えるためレイノルズ応力を直接求めることはできない。そこで，この項をモデル化するために乱流モデルが用いられる。RANSに用いられる乱流モデルの多くは，次のようにレイノルズ応力を渦粘性係数を用いて表現する，渦粘性モデルである。すなわち，

$$-\rho \overline{u_i' u_i'} = \mu_T \left(\frac{\partial u_i}{\partial x_j} + \frac{\partial u_j}{\partial x_i} \right) - \frac{2}{3}\rho k \delta_{ij} \tag{9.1-11}$$

と表される。ここでμ_Tは渦粘性，kは乱流エネルギー，である。そして，kやμ_Tを求めるための種々のモデルが考案されている。

RANSに用いられる乱流モデルの代表例として2方程式モデルでは，k-ε モデル[19]やSSTモデル[20]，1方程式モデルではSpalart-Allmarasモデル[21]，0方程式モデルでは，Baldwin-Lomaxモデル[22]などが有名である。RANSモデルは上記の理論的な背景からも明らかなように，定常流や，比較的ゆっくりとした非定常問題に対する有効性は多くの文献等で確認できる。しかし，注意しなければならないことは，レイノルズ平均成分と変動成分の分離の境界はモデルの特性に依存するということである。例えば，一様流におかれた円柱後流のカルマン渦列の解析を考える。実際には**図9.1-3**左図のように，個々の渦列が千鳥配置をとり周期的に渦放出が行われる条件で解析を行っても，レイノルズ平均成分の範囲を大きくとるモデル（渦粘性を大きく評価するモデル）を選択すると，個々の渦による時間変動や空間的な非対称性は変動成分の範囲に含められ，レイノルズ応力としてモデル化されてしまう。すなわち，解析の結果として円柱後流は定常的な速度せん断層が生じる解になってしまう。このため渦放出による変動荷重や騒音は解析結果にまったく現れないこととなる。同様の問題は，計算格子が粗い場合にも

384

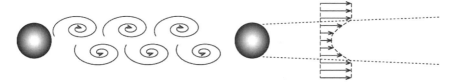

図9.1-3 円柱下流のカルマン渦の解析における乱流モデルの影響（左：適切な渦粘性により渦の千鳥配置が捕らえられた場合，右：過大な渦粘性により渦が拡散されてしまった場合）

発生する可能性がある．しかし，解の格子依存性には十分注意が払われることが多いが，乱流モデルに起因している場合には格子を細かくしても問題が改善されないため，妥当な解であると誤解されてしまう危険がある．したがって，非定常問題に RANS を用いる場合には，ある程度の変動は捕らえられないことを理解した上で解析を行う必要がある．

LES で用いられる乱流モデルは，RANS の場合とは異なり，空間フィルタの概念で乱流の小スケールの渦をモデル化している．すなわち，格子スケール，GS (Grid scale) の解像度で捕獲可能な渦に関しては直接計算を行い，格子スケールを下回る細かな渦の拡散効果を SGS (Sub-grid scale) 渦粘性により表現する手法である．したがって，支配方程式は空間フィルタを通した式として表される．

$$\frac{\partial(\bar{u}_i)}{\partial t}+\frac{\partial(\bar{u}_j \bar{u}_i)}{\partial x_j}=-\frac{1}{\rho}\frac{\partial \bar{p}}{\partial x_i}-\frac{1}{3}\frac{\partial \tau_{kk}}{\partial x_j}+\frac{\partial}{\partial x_j}\left\{2(v+v_T)\overline{D}_{ij}\right\} \qquad (9.1\text{-}12)$$

ここで，v_T は SGS 渦粘性，$\overline{D}_{ij}$ は歪み速度テンソルの GS 成分である．SGS 渦粘性のモデル化としては特に Smagorinsky モデル[23]) が広く知られている．Smagorinsky モデルでは SGS 渦粘性は次のように表される．

$$v_T=(C_s \Delta)^2 |\overline{D}| \qquad (9.1\text{-}13)$$

$$\overline{D}=\sqrt{2\overline{D}_{ij}\overline{D}_{ij}} \qquad (9.1\text{-}14)$$

ここで，C_s は Smagorinsky 定数と呼ばれる定数で多くの場合 $0.1 \sim 0.3$ の値が選ばれる．上記 Smagorinsky モデルでは壁面近傍の粘性底層における変動成分の減衰が考慮されていない．そこで，この問題の一つの解決策として，減衰関数 f_s の導入が行われる．

第9章：流体関連振動の数値解析

$$v_T = \left(f_s C_s \Delta\right)^2 |\overline{D}| \tag{9.1-15}$$

減衰関数としてよく用いられるものとして以下に示す van Driest 関数がある。

$$f_s = 1 - \exp\left(\frac{-y^+}{A_s}\right) \tag{9.1-16}$$

Smagorinsky モデルは LES で最も広く用いられているモデルであるが，上記のような壁近傍の流れや，層流から乱流に遷移する流れなどが存在する場合など，モデル化の際に考慮されていない問題も存在する。このような問題に対応するための Smagorinsky モデルの発展形として C_s を定数ではなく変数として扱う種々のダイナミック Smagorinsky モデル [24] も提案されている。

一方で LES の SGS 渦粘性モデルの前提として，格子サイズが十分に細かい場合には DNS の解に収束するようにモデル化されている。このことは，裏を返せば格子サイズがあまりにも粗い場合には DNS の解，すなわち実際の流れからの乖離が大きくなるということである。したがって，LES 解析を行う場合には可能な限り細密な格子を用いる必要があるのはもちろんのこと，離散化に伴う数値拡散にも注意を払う必要がある。SGS 渦粘性の値は，RANS の渦粘性に比べてはるかに小さな場合が多く，離散化スキームの選択によっては数値拡散と同程度となってしまう。こうなると，乱流モデルを用いることの有効性や妥当性は大きく損なわれるため，できるだけ高次の離散化スキームを用いることが望ましい。また混相流や衝撃波など，不連続な界面を伴う問題を解く際には精度の高いスキームの採用は困難となるが，二次精度中心差分を用いるなど，数値拡散を極力抑える努力は不可欠である。一方で，風上法の数値拡散を SGS 渦粘性として用いる ILES (Implicit Large Eddy Simulation) と呼ばれる解析方法が提案されているが，数値拡散に物理的な拡散をモデル化する根拠はなく，妥当性に関する議論の余地は大きい。LES ではいずれのモデルを用いるにせよ，渦粘性の影響が最も重要となる壁面において正しく現象を捉えることができなければ，実際には発生しないような大規模な境界層剥離や渦放出など，実際とは大きく様相の異なる流れ場がシミュレートされてしまうことがある。また，摩擦力の評価が重要な問題に対しては，境界層の速度勾配を正しく捉えるのに十分細かい格子が必要となる。特に高レイノルズ数流れにおいては，壁面近傍は速度勾配が大きく渦構造も小さくなる

386

9.1 数値流体解析の概要

ため，LESで解く場合には非常に高コストになる。このような問題に対して Detached Eddy Simulation（DES）と呼ばれるモデル化が提案されている。DES は Spalart − Allmaras モデルや Shear Stress Transportation（SST）モデルなどの RANS モデルを原型としており [25~27]，壁面近傍では原型の RANS の渦粘性を用い，壁面からある程度離れた領域では長さスケールをモデル化の基礎とする LES の SGS 渦粘性モデルに近いモデル化を行う手法である。DES の利点として，壁面近傍での格子解像度を LES で必要とされるほど細かくする必要はない一方で，RANS 系モデルで拡散的に捕らえられてしまう，物体後流や，噴流における速度せん断層における渦の非定常挙動を捉えることが可能となる。同様な目的で，壁面近傍で RANS の渦粘性モデル，壁面から離れた領域で Smagorinsky モデルなどの LES の SGS 渦粘性モデルを切り替える LES/RANS ハイブリッド法も提案されている。DES および LES/RANS ハイブリッド法ともに，LES と RANS の切り替えに関して物理的な根拠を求めると矛盾が露見するものの，流れの特性や設計のためのシミュレーションなどに関して実用上の有用性が高く，広く用いられている。

参 考 文 献

1) S. K. Lele, "Compact finite difference schemes with spectral−like resolution," Journal of Computational Physics, Volume 103, Issue 1, November (1992), pp.16−42.

2) D. V. Gaitonde and M. R. Visbal, "Further development of a navier−stokes solution procedure based on higher−order formulas," AIAA Paper No. 1999−0557 (1999).

3) Bo Strand, Summation by parts for finite difference approximations for d/dx, Journal of Computational Physics, Volume 110 Issue 1, Jan. (1994), pp.47−67.

4) Ken Mattsson, Jan Nordström, "Summation by parts operators for finite difference approximations of second derivatives," Journal of Computational Physics, 199−2, pp. 503−544.

5) T. J. Poinsot and S. K. Lele: Boundary Condi− tions for Direct Simulations of Compressible Viscous Flows, Journal of Computational Physics, 101 (1992), pp.104 − 129.

6) A. Harten, "On a Class of High Resolution Total−Variation−Stable Finite− Difference Schemes," SIAM J. Num. Anal., Vol. 21 (1984), pp.1−23.

7) B. van Leer. Towards the ultimate conservative difference scheme. II. Monotonicity and conservation combined in a second−order scheme. Journal of Computational Physics, 14(4): (1974), pp.361 − 370.

8) S. Yamamoto and H. Daiguji, "Higher−Order−Accurate Upwind Schemes for Solving the Compressible Euler and Navier−Stokes Equations," Computers Fluids Vol. 22, No. 2/3 (1993), pp. 259−270.

9) X−D. Liu, S. Osher and T. Chan, "Weighted Essentially Non−Oscillatory Schemes," Journal of Computational Physics, 115 (1994) , pp. 200−212.

10) G−S. Jiang, C−W Shu, "Effficient Implementation of Weighted ENO Schemes," Journal of Computational Physics,126 (1996), pp. 202−228.

11) Deng, X., and Zhang, H., Developing High−Order Accurate Nonlinear Schemes, Journal of Computational

387

第9章：流体関連振動の数値解析

Physics, 165 (2000), pp. 22-44.

12) Roe, P. L., "Approximate Riemann solvers, parameter vectors and difference schemes", Journal of Computational Physics, 43 (2): (1981), pp.357 - 372.

13) E. Shima, K. Kitamura, "Parameter-Free Simple Low-Dissipation AUSM-Family Scheme for All Speeds," AIAA Journal, Vol. 49, No. 8 (2011).

14) T. J. Barth and D. C. Jesperson, "The design and application of upwind schemes on unstructured mesh," AIAA Paper 89-0366.

15) V. Venkatakrishnan, "On the accuracy of limiters and convergence to steady state solutions," AIAA Paper 93-0880.

16) S. Yoon, A. Jameson, "Lower-Upper Symmetric-Gauss-Seidel Method for the Euler and Navier-Stokes Equations," AIAA Journal, 26 (9): (1988), pp. 1025-1026.

17) K. Fujii and S. Obayashi, "Practical Application of New LU-ADI Scheme for the Three Dimensional Navier-Stokes Computation of Transonic Viscous Flows," AIAA Paper 86-0513.

18) Y. Saad and M. H. Schultz, "Generalized Minimal Residual Algorithm for Solving Nonsymmetric Linear Systems," Siam Journal of Scientific and Statistical Computing, 7(3): (1986), pp. 856-869.

19) B.E. Launder and D.B. Spalding, "The numerical computation of turbulent flows," Computer Methods in Applied Mechanics and Engineering, 3 (2): (1974), pp. 269-289.

20) F. R. Menter. "Two-equation eddy-viscosity turbulence models for engineering applications", AIAA Journal, Vol. 32, No. 8 (1994), pp. 1598-1605.

21) Spalart, P. R. and Allmaras, S. R., 1992, "A One-Equation Turbulence Model for Aerodynamic Flows" AIAA Paper 92-0439.

22) Baldwin, B. S. and Lomax, H, "Thin Layer Approximation and Algebraic Model for Separated Turbulent Flows", AIAA Paper 78-257 (1978).

23) J. Smagorinsky, Joseph. "General Circulation Experiments with the Primitive Equations" Monthly Weather Review. 91 (3): (1963), pp.99-164.

24) M. Germano, U. Piomelli, P. Moin, and W. H. Cabot, "A dynamic subgrid-scale eddy viscosity model," Physics of Fluids A, vol. 3, no. 7 (1991), pp. 1760 - 1765.

25) Spalart, P.R., Jou, W.-H., Strelets, M., Allmaras, S.R.: Comments on the feas1ibility of LES for wings, and on a hybrid RANS/LES approach. In: Proceedings of first AFOSR international conference on DNS/LES, Ruston, Louisiana. Greyden Press, 4 - 8 Aug (1997).

26) P. R. Spalart, S. Deck, M. L. Shur, K. D. Squires, M. Kh. Strelets, A. Travin, "A new version of detached-eddy simulation, resistant to ambiguous grid densities," Theoretical and Computational Fluid Dynamics (2006) 20: pp.181-195.

27) M. Strelets, "Detached Eddy Simulation of Massively Separated Flows," AIAA Paper 2001-0879.

9.2 ▶ 構造解析に用いられる数値解析の概要

構造問題を数値的に解く方法としては，有限要素法（Finite Element Method, FEM）が広く用いられている。有限要素法は構造問題以外でも電磁場，流体等幅広く用いられる手法であるが，特に構造分野においては CAD との融合も進み，研究者だけではなく設計者にも用いられている。

9.2 構造解析に用いられる数値解析の概要

有限要素法以外にも差分法や境界要素法といった各種解析方法があるが、形状の表現のしやすさや構造力学との親和性の高さから、有限要素法が最も汎用性が高く、多くの商用の解析コードで有限要素法が採用されている。

ここではまず構造問題に関する有限要素法の概要を示し、その後流体中、あるいは流体と接する構造が振動する問題に適用される際の計算手法について述べる。

9.2.1 有限要素法

【1】有限要素法の特徴

構造問題を解く手法として、対象物を梁や板とみなして解析的に変形や応力を求める構造力学がある。しかし、このような手法で扱える対象物の形状は単純な形状に限られる。一方で、有限要素法では対象物を小さな要素に分割し、それぞれの要素に対して数学モデルを適用したうえで、これらを全体に重ね合わせるという手法をとる。そのため、対象とする構造物の形状はほぼ制限が無く、実際に近い荷重条件とすることができる。また、各種の非線形問題や動的解析にも用いることができる。図9.2-1に有限要素法の概念図を示す。

一方で有限要素法の欠点として、要素分割等のモデル化に依存することや、比

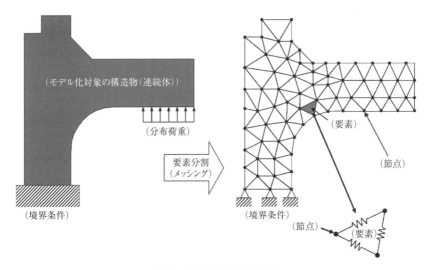

図9.2-1 有限要素法の概念図

較的簡単に導入が可能で操作を覚えれば使えることから，中身がわからずにブラックボックス的に使われてしまうことなどが挙げられる．

【2】有限要素法の理論

有限要素法は，変形に対して無限の自由度を持つ物体を有限の自由度を持つ要素の集合体として近似するものであるが，それぞれの要素，あるいは要素の集合体の変位と荷重を関係づけるものが剛性マトリックスである．ここでは簡単な要素を用いた剛性マトリックスの求め方を，静的応力解析について示す[1]．その後，振動問題に適用するための運動方程式と固有振動解析の計算法について簡単に触れる．

（1）ばね要素

もっとも簡単な例として，ばね要素の組み合わせによる剛性マトリックスの求め方を示す[2]．

図9.2-2に示すばね要素において，節点1の変位がu_1，節点2の変位がu_2としたとき，ばねの伸びはu_2-u_1で表される．ばね定数をk_Aとして，また，それぞれの節点に作用する荷重をf_1, f_2とすると，これらの関係は下記のようになる．

$$
\begin{aligned}
f_1 &= -k_A(u_2 - u_1) \\
f_2 &= k_A(u_2 - u_1)
\end{aligned}
\quad (9.2\text{-}1)
$$

これをマトリックスの形で書くと下記のようになる．

$$
\left\{\begin{array}{c} f_1 \\ f_2 \end{array}\right\} = \left[\begin{array}{cc} k_A & -k_A \\ -k_A & k_A \end{array}\right] \left\{\begin{array}{c} u_1 \\ u_2 \end{array}\right\} \quad (9.2\text{-}2)
$$

図9.2-3のようにばねが2つあるときは，ばねAおよび，ばねBの伸びはそれぞれu_2-u_1, u_3-u_2と表される．ばねA，Bのばね定数をk_A, k_Bと置くと，力と変

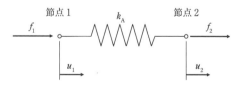

図9.2-2　ばね1要素

9.2 構造解析に用いられる数値解析の概要

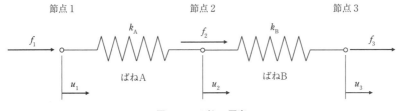

図9.2-3　ばね2要素

位の関係は下記のようになる。

$$\begin{aligned} f_1 &= -k_A(u_2-u_1) \\ f_2 &= k_A(u_2-u_1) - k_B(u_3-u_2) \\ f_3 &= -k_B(u_3-u_2) \end{aligned} \quad (9.2\text{-}3)$$

再びマトリックス形式で表すと次のようになる。

$$\begin{Bmatrix} f_1 \\ f_2 \\ f_3 \end{Bmatrix} = \begin{bmatrix} k_A & -k_A & 0 \\ -k_A & k_A+k_B & -k_B \\ 0 & -k_B & k_B \end{bmatrix} \begin{Bmatrix} u_1 \\ u_2 \\ u_3 \end{Bmatrix} \quad (9.2\text{-}4)$$

この式は次のように簡単に表現することができる。

$$\{f\} = [K]\{u\} \quad (9.2\text{-}5)$$

ここで$\{f\}$と$\{u\}$はそれぞれ節点荷重ベクトルと節点変位ベクトルであり，$[K]$が剛性マトリックスであり，式（9.2-5）のことを剛性方程式と呼ぶ。

例えば式（9.2-4）において，適切に変位を拘束し，荷重を与えることで未知の変位を求めることができる。

式（9.2-2）と式（9.2-4）を見比べると分かるように，2つのばねを組み合わせたばねの剛性マトリックスは，1つのばねの剛性マトリックスを重ね合わせた形となっている。このように，全体の系についての剛性方程式を求める際は，全体の系に対する方程式を考えなくてもおのおのの要素についての剛性方程式を重ね合わせればよいこととなる。

ばねがどのように複雑につながっていても，この考え方によって全体の方程式を導くことができ，このような方法はコンピュータによる数値計算が得意とする

ところである。また、全体の剛性マトリックスを要素の剛性マトリックスの重ね合わせによって求めるという方法は、ばねの場合に限らず有限要素法において基本となる考え方である。

(2) 三角形平面応力要素

板厚が小さく、板厚方向の応力がゼロと考えられる状態を平面応力と言い、2次元問題と考えることができる。この場合のもっとも簡単な要素として、**図9.2-4**に示す三角形要素の定式化について説明する[2]。図に示す3つの節点における変位と荷重を次式のようにベクトル表示で表す。

$$\{f\}=\begin{Bmatrix} f_{x1} \\ f_{y1} \\ f_{x2} \\ f_{y2} \\ f_{x3} \\ f_{y3} \end{Bmatrix} \quad \{u\}=\begin{Bmatrix} u_1 \\ v_1 \\ u_2 \\ v_2 \\ u_3 \\ v_3 \end{Bmatrix} \tag{9.2-6}$$

ここで三角形要素内の変位場を次のように線形多項式で表す。次式においてu, vは要素内の任意の位置(x, y)における変位を示す。このように線形多項式で変位場を表現する場合は、要素内で変位が直線的に変化し、ひずみ、応力が要素内で一定となる。

$$\begin{aligned} u &= \alpha_1 + \alpha_2 x + \alpha_3 y \\ v &= \alpha_4 + \alpha_5 x + \alpha_6 y \end{aligned} \tag{9.2-7}$$

図9.2-4に示すように、この要素には6個の自由度があるため、係数$\alpha_1 \sim \alpha_6$を節点変位u_1, v_1, u_2, v_2, u_3, v_3および節点座標x_1, y_1, x_2, y_2, x_3, y_3で表すことを考える。

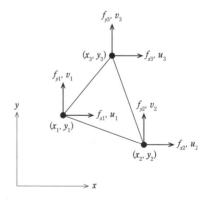

図9.2-4　三角形要素の節点力と節点変位

$$
\{u\} =
\begin{bmatrix}
1 & x_1 & y_1 & 0 & 0 & 0 \\
0 & 0 & 0 & 1 & x_1 & y_1 \\
1 & x_2 & y_2 & 0 & 0 & 0 \\
0 & 0 & 0 & 1 & x_2 & y_2 \\
1 & x_3 & y_3 & 0 & 0 & 0 \\
0 & 0 & 0 & 1 & x_3 & y_3
\end{bmatrix}
\begin{Bmatrix}
\alpha_1 \\
\alpha_2 \\
\alpha_3 \\
\alpha_4 \\
\alpha_5 \\
\alpha_6
\end{Bmatrix}
\equiv [F]\{c\}
\tag{9.2-8}
$$

式 (9.2-8) を解くことにより，係数 $\alpha_1 \sim \alpha_6$ が節点座標，節点変位で表される。これを式 (9.2-7) に代入すると，要素内変位－節点変位関係は次のように求められる。

$$
\begin{aligned}
u &= \frac{1}{2A}\left\{\left(a_1+b_1 x+c_1 y\right)u_1+\left(a_2+b_2 x+c_2 y\right)u_2+\left(a_3+b_3 x+c_3 y\right)u_3\right\} \\
v &= \frac{1}{2A}\left\{\left(a_1+b_1 x+c_1 y\right)v_1+\left(a_2+b_2 x+c_2 y\right)v_2+\left(a_3+b_3 x+c_3 y\right)v_3\right\}
\end{aligned}
\tag{9.2-9}
$$

ここで，

$$
\begin{aligned}
&a_1=x_2 y_3-x_3 y_2, && a_2=x_3 y_1-x_1 y_3, && a_3=x_1 y_2-x_3 y_1 \\
&b_1=y_2-y_3, && b_2=y_3-y_1, && b_3=y_1-y_2 \\
&c_1=x_3-x_2, && c_2=x_1-x_3, && c_1=x_2-x_1
\end{aligned}
\tag{9.2-10}
$$

また A は三角形要素の面積である。式 (9.2-9) の変位－節点変位関係を形状関数という。また，変位と歪の関係より

$$
\varepsilon_x=\frac{\partial u}{\partial x}, \quad \varepsilon_y=\frac{\partial v}{\partial y}, \quad \gamma_{xy}=\frac{\partial u}{\partial y}+\frac{\partial v}{\partial x}
\tag{9.2-11}
$$

これよりひずみベクトルは次式のように表される。

$$
\begin{Bmatrix}
\varepsilon_x \\
\varepsilon_y \\
\gamma_{xy}
\end{Bmatrix}
=
\begin{bmatrix}
0 & 1 & 0 & 0 & 0 & 0 \\
0 & 0 & 0 & 0 & 0 & 1 \\
0 & 0 & 1 & 0 & 1 & 0
\end{bmatrix}
\begin{Bmatrix}
\alpha_1 \\
\alpha_2 \\
\alpha_3 \\
\alpha_4 \\
\alpha_5 \\
\alpha_6
\end{Bmatrix}
\equiv [S]\{\alpha\}
\tag{9.2-12}
$$

したがって，

第9章：流体関連振動の数値解析

$${\varepsilon}=[S]{\alpha}=[S][F]^{-1}{u}\equiv{B}{u} \tag{9.2-13}$$

上式中のマトリックス $[B]$ は次式のように計算される。

$${B}=\frac{1}{2A}\begin{bmatrix} y_2-y_3 & 0 & y_3-y_1 & 0 & y_1-y_2 & 0 \\ 0 & x_3-x_2 & 0 & x_1-x_3 & 0 & x_2-x_1 \\ x_3-x_2 & y_2-y_3 & x_1-x_3 & y_3-y_1 & x_2-x_1 & y_1-y_2 \end{bmatrix} \tag{9.2-14}$$

マトリックス $[B]$ はひずみ－変位マトリックスと言い，要素の幾何学的形状に依存する。

平面ひずみにおける応力－ひずみ関係は次式のように表される。

$${\sigma}=[D]{\varepsilon} \tag{9.2-15}$$

${\sigma}$ は応力ベクトル，$[D]$ は応力－ひずみマトリックスであり，下記のように表される。

$$[D]=\frac{E}{1-v^2}\begin{bmatrix} 1 & v & 0 \\ v & 1 & 0 \\ 0 & 0 & (1-v)/2 \end{bmatrix} \tag{9.2-16}$$

ここで，E はヤング率，ν はポアソン比である。この式を見てわかるように，マトリックス $[D]$ は要素の材料特性により決まる。次に，要素の剛性マトリックスを導くのであるが，有限要素法ではつり合いの式と等価な仮想仕事の原理を用いる。

要素の外部仕事は変位と荷重の積の合計によって求められる。

$$U_e={u}^T{f} \tag{9.2-17}$$

要素の内部仕事は応力とひずみの積の合計によって求められる。

$$U_i=\int{\varepsilon}^T{\sigma}dV=\int\int{\varepsilon}^T{\sigma}tdxdy=\int\int([B]{u})^T[D][B]{u}tdxdy \tag{9.2-18}$$

ここで，V は要素の体積，t は要素の板厚である。

仮想仕事の原理を用いて，要素の外部仕事が要素の内部仕事に等しいと置く。

394

9.2 構造解析に用いられる数値解析の概要

$$\{u\}^T\{f\}=\int\int\left([B]\{u\}\right)^T[D][B]\{u\}\,t\,dxdy \tag{9.2-19}$$

要素の剛性マトリックスは，次式のように求められる。

$$\{f\}=t[B]^T[D][B]\{u\}\int\int dx\,dy=At[B]^T[D][B]\{u\}\equiv[K]\{u\} \tag{9.2-20}$$

ここで$[K]$が剛性マトリックスとなる。このようにして各々の要素の剛性マトリックスを求め，全体を重ね合わせることによって全体の剛性マトリックスを求める。全体の剛性マトリックスが得られたら，境界条件・荷重条件をそれぞれ節点に与えることにより剛性方程式が得られ，これを解くことで節点変位，要素の歪・応力を求めることができる。

(3) 固有値解析

有限要素法では，固有値解析を実施することで固有振動数や振動モードを計算することができる。剛性マトリックスの算出は静的応力解析と同様である。固有値解析においては，この他質量マトリックスを定義する必要がある。質量マトリックスは通常の固有値解析では要素全体の質量を各節点に振り分け，対角マトリックスにする方法や，形状関数を用いて作成する方法がある。まず，有限要素法の運動方程式は，離散化した質量マトリックスを$[M]$として，次式で表される。

$$[M]\{\ddot{u}\}+[K]\{u\}=\{f\} \tag{9.2-21}$$

ここで，$\{\ddot{u}\}$は各節点の加速度ベクトルである。式（9.2-21）において，外荷重がない場合は自由振動方程式となる。

$$[M]\{\ddot{u}\}+[K]\{u\}=\{0\} \tag{9.2-22}$$

自由振動では，すべての節点の各振動数が同じであるから$\{u_0\}$を振動モード，ωを角振動数として

$$\{u\}=\{u_0\}\sin\omega t \tag{9.2-23}$$

と置くことができる。このとき

$$\{\ddot{u}\}=-\omega^2\{u_0\}\sin\omega t \tag{9.2-24}$$

式（9.2-23）および式（9.2-24）を式（9.2-22）に代入すると次式が得られる。

$$([K]-\omega^2[M])\{u_0\}=\{0\} \tag{9.2-25}$$

式（9.2-25）は固有振動数方程式と呼ばれ，固有値解析により固有角振動数ωおよび固有振動モード（固有ベクトル）$\{u_0\}$が求められる。なお，振動モードとして得られるのは各節点の変位の比（相対値）のみであり，絶対値は求められない。

【3】各種有限要素

これまで有限要素としてばね要素と2次元問題で用いる平面応力要素を示したが，実際には種々の問題に適応しうるよう，いくつかの種類が用意されている。図9.2-5に代表的な要素の形状を示す。これらの要素のうち，ソリッド要素は対象物の形状をそのまま表す連続体要素であるのに対し，構造要素である梁要素や平板要素はそれぞれ材料力学のはり理論やシェル理論に基づいた要素となっている。

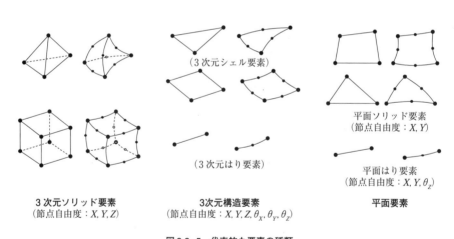

図9.2-5 代表的な要素の種類

【4】有限要素法の解析の流れ

ここまでに述べてきた有限要素法の手順を線形の静的応力計算の場合についてまとめる。

① 要素形状に基づくBマトリックス，要素材料定数に基づくDマトリックスを

9.2 構造解析に用いられる数値解析の概要

求めて，これらから要素剛性マトリックス[K]を計算する。
② 各要素の剛性マトリックスを重ね合わせて全体剛性マトリックスを作成する。
③ 境界条件，荷重条件を各節点に与え，得られた剛性方程式を解くことで各節点の変位を求める。
④ 各要素の歪を計算する。
⑤ 各要素の応力を計算する。

これらの手順をまとめて図9.2-6に示す。固有値解析の場合は剛性マトリックスの作成に加え，質量マトリックスの作成を行い，静的つり合い式ではなく固有振動数方程式を解くことになる。

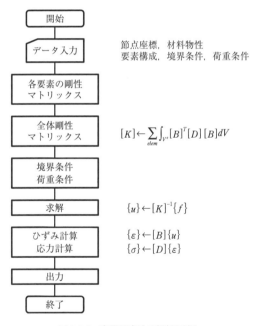

図9.2-6 有限要素法の解析の流れ

9.2.2 有限要素法による接水構造の取扱い

有限要素法で用いられる主な接水振動解析手法として，仮想質量法（Virtual Fluid Mass, VFM）[3,4]とオイラー定式法である音響連成手法（Coupled Acoustics, CA）

第9章：流体関連振動の数値解析

の2種類がある。以下，それぞれの解析手法の概要を示す。

【1】 仮想質量法（VFM）

仮想質量法では，流体は非圧縮性の理想流体と仮定する。流体に対して特異点分布法や境界要素法を用いて接水パネル要素を構成する節点に対応する付加水質量マトリックスを予め計算しておき，流体構造連成問題として固有値解析や振動解析を行う手法を，付加水を仮想的な質量として扱うことから仮想質量法と呼んでいる。仮想質量法を用いた接水振動の固有値解析の計算式は次式で表される。

$$\left([M]+\left[M_f\right]\right)\{\ddot{u}\}+[K]\{u\}=\{0\} \tag{9.2-26}$$

ここで，$[M]$は構造質量マトリックス，$[M_f]$は付加水質量マトリックス，$[K]$は剛性マトリックスである。付加水質量マトリックスを求めるためには，接水パネルを面外に加速させた場合の流体全領域の圧力を計算し，加速度比例の節点力に換算する。特異点分布法では，接水パネル上に吹き出しや吸い込みを配置させることで，パネル上の流体の動きを模擬し，領域全体の速度場を表現する。以下に付加水質量マトリックスの計算法を示す。

σ_jを流体の吹き出し強さとし，位置r_jで面積A_jに作用するとすれば，任意の位置r_iにおける流体の粒子速度ベクトル$\dot{u}_i$は式（9.2-27）で表される。

$$\vec{u}_i=\sum_j\int_{A_j}\frac{\sigma_j\overrightarrow{e_{ij}}}{\left|\vec{r}_i-\vec{r}_j\right|^2}dA_j \tag{9.2-27}$$

ここで，e_{ij}はポイントjからiに向かう方向の単位ベクトルである。式（9.2-27）を集約して，式（9.2-28）のように書く。

$$\{\dot{u}\}=[\chi]\{\sigma\} \tag{9.2-28}$$

このとき，任意の位置r_iにおける速度ポテンシャルは下記のように表される。

$$\phi_i=-\sum_j\int_{A_j}\frac{\sigma_j}{\left|\vec{r}_i-\vec{r}_j\right|^2}dA_j \tag{9.2-29}$$

動的流体圧pは，線形化した圧力方程式より，流体の密度をρ，速度ポテンシャルをϕとして下記のように表される。

398

9.2 構造解析に用いられる数値解析の概要

$$p = \rho \frac{\partial \phi}{\partial t} \tag{9.2-30}$$

式（9.2-29）および式（9.2-30）より任意の位置 r_i における動的流体圧 p_i は，式（9.2-31）のように表される。

$$p_t = -\sum_j \int_{A_j} \frac{\rho \dot{\sigma}_j}{|\vec{r}_i - \vec{r}_j|^2} dA_j \tag{9.2-31}$$

要素面において積分した結果を集約して以下のように書く。

$$\{F\} = -[\Lambda]\{\dot{\sigma}\} \tag{9.2-32}$$

ここで，$\{F\}$ は動的流体圧による等価節点力ベクトルである。式（9.2-28）および式（9.2-32）より，式（9.2-33）が導かれる。

$$\{F\} = -[\Lambda][\chi]^{-1}\{\ddot{u}\} = -[M_f]\{\ddot{u}\} \tag{9.2-33}$$

式（2.2-28）右辺の $[M_f]$ が付加水質量マトリクスであり，通常の構造の質量マトリクスに足し合わせることで流体の運動による慣性効果を表す。

【2】 オイラー定式化法（CA）

オイラー定式化法では流体の圧縮性が考慮されており，動的流体圧分布についての支配方程式は式（9.2-34）で表される。

$$\nabla \cdot \nabla p - \frac{1}{c^2}\ddot{p} \tag{9.2-34}$$

ここで，p は流体動圧力，c は流体の音速であり ρ を流体の密度，K を体積弾性係数とすると $c = \sqrt{K/\rho}$ である。流体と構造のインターフェースの境界条件式は対流項，粘性項を省略した運動方程式から式（9.2-35）で表される。

$$\frac{\partial p}{\partial n} = -\rho \ddot{u}_n \tag{9.2-35}$$

ここで，n は構造表面に対する法線ベクトルである。導出過程は省略するが，これらをもとに構造および流体に対して有限要素を用いて空間的に離散化を行うと，下記の連立常微分方程式が導かれる。

399

第9章：流体関連振動の数値解析

$$\begin{bmatrix} M_s & 0 \\ A & M_f \end{bmatrix} \begin{Bmatrix} \ddot{u} \\ \ddot{p} \end{Bmatrix} + \begin{bmatrix} K_s & -A^T \\ 0 & K_f \end{bmatrix} \begin{Bmatrix} u_s \\ p \end{Bmatrix} = \begin{Bmatrix} 0 \\ 0 \end{Bmatrix} \qquad (9.2\text{--}36)$$

式（9.2-36）中において，M_s，M_fはそれぞれ構造と流体の質量行列，K_s，K_fはそれぞれ構造と流体の剛性行列である。ここで，$[A]\{\ddot{u}\}$は構造から流体への作用力を示す。また$[-A^T]\{p\}$は流体から構造へ作用する圧力を示す。

これらの解析手法は，例えば NASTRAN で使用することができる。NASTRANを使用する上での接水の指定法としては，VFM では液面の位置および接水している要素とその接水面を指定する。CA の場合は流体をソリッド要素でモデル化しなければならず，モデル作成がやや煩雑となる。

9.2.3　その他の解析手法

上記の2種類の解析手法のほかに，流体と構造を連成させる手法として，流体をオイラー要素で表現する方法（ALE 法，Arbitrary Lagrangian and Eulerian Method）や，粒子法の一種である SPH（Smoothed Particle Hydrodynamics）で表現する方法などがある。前記した CA の手法では，要素内の流体はその位置にとどまるのに対し，ALE 法は観測点（節点）が空間に固定されているオイラーの方法と，流体粒子とともに移動するラグランジュの方法との中間的な方法で，格子間の流体の移動を考慮することができる。そのため，微小な変形だけではなく流れを表現することができ，境界面の移動も考慮することが可能である。ALE 法も SPH も商用のコードにおいても実装されている[5]。

参 考 文 献

1) 鷲津他，有限要素法ハンドブック 1 ―基礎編，培風館 (1981).
2) 三好，有限要素法入門 改訂版，培風館 (1994).
3) J.L. Hess, A.M.O. Smith. Calculation of Nonlifting Potential Flow about Arbitrary Three Dimensional Bodies. : Journal of Ship Research, Vol-8 No.2 (1964), pp.22-44.
4) 船舶海洋工学シリーズ 船体構造 振動編，成山堂書店 (2013), pp.81-96.
5) LS-DYNA 使用の手引き Second Edition, JSOL (2012).

9.3 流体構造連成振動の解析

9.3 ▶ 流体構造連成振動の解析

9.3.1 検討対象の概説

　数値流体解析や構造解析は高い汎用性を持つ手法であり，さまざまな問題への適用が可能である。本書では数値流体解析による研究の一例として，弁の自励振動の問題を取り上げ，負減衰の発生機構の解明事例を示す。また，構造解析については，タンクの接水振動の固有振動数の予測に対する適用事例を示す。

9.3.2 評価の歴史

　数値解析による流れ解析や構造解析は技術や計算機の発展に伴い，学術分野，産業分野で1980年代から徐々に実用化されるようになった。乱流や音響，流体構造連性を伴う非定常問題が産業界で実用化されたのは1990年代後半から2000年代にかけてである。現在は大型計算機やPCクラスタを用いた大規模並列計算も研究分野に限らず機器の設計のために広く行われるようになり，また，多くの商用ソフトウェアが販売，利用されている。

9.3.3 弁の自励振動

　剥離や再付着を伴う遷音速噴流の挙動は衝撃波の発生に伴い非常に不安定なものとなる。例えば，蒸気タービンの主蒸気の流量調整弁として用いられるベンチュリ弁は，**図9.3-1**の模式図に示すようにタービンの起動・停止の過渡状態においては上流と下流の圧力比が大きくなり，弁を通る流れは遷音速噴流となる。この時，弁体（valve head）と弁座（valve seat）との間のスロート部下流では衝撃波と境界層の干渉により境界層剥離が生じ，弁下流は非対称な流れ場となる。さらに，剥離渦の放出とそれに伴う衝撃波振動により，弁下流の剥離噴流は常に変動する。この際，弁体表面の圧力分布も非対称となるため，弁体には軸に垂直方向に大きな非定常荷重が作用する。実際に弁体を支持するシャフトの破壊に関しても報告例があり，またシャフトの横方向荷重に対する剛性が低い場合には自励振動が生じることが実験的に確認されている[1]。

401

第9章:流体関連振動の数値解析

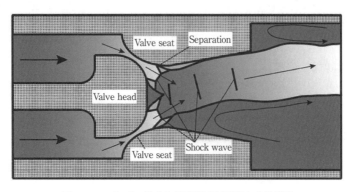

図9.3-1 ベンチュリバルブ周辺の遷音速流れの模式図

　ここでは，自励振動の発生メカニズムを明らかにするために行った数値解析を用いた付加減衰力の評価について紹介する。支配方程式は3次元の圧縮性流れを扱うため，連続の式，Navier-Stokes方程式，エネルギー保存式である。作動流体は　風洞実験との比較のため空気を理想気体として用いた。計算格子は図9.3-2に示すように流れ場に添わせた解適合型の構造格子である。この問題は，噴流の剥離，再付着，渦放出やそれに伴う衝撃波の変動を捕える必要があったため，高次の有限差分法に基づき離散化を行った。対流項は5次精度の陽的WCNSスキームを用いた。本研究では計算セルの境界において5次精度に内挿された基本変数（密度，速度3成分，圧力）を用いて，SHUS[2]の数値流束を構成し，この

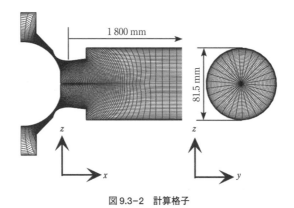

図9.3-2 計算格子

数値流束を用いて5次精度差分を行った。したがって，衝撃波を伴う流れにおいても数値的に安定した計算を実現し，また，速度せん断層や渦の解像度が高い手法となっている。粘性項は6次精度のCompactスキームにより離散化した。時間項には陰解法を用いた。時間項を3点後退差分により離散化し，各時間刻みでNewton法による内部反復計算を行うことで2次精度を確保した。なお，陰解法では行列の反転が必要になるが，ここではLU-SGS法を用いた。また，弁体が振動する場合には各タイムステップにおいて弁体の位置が変化する。このため，計算格子も毎タイムステップで移動・変形させなければならない。具体的な計算方法は文献3)に詳しく述べられているが，計算格子の移動や変形に伴う数値誤差により保存則が破綻するようなことはあってはならない。時間的，空間的に保存則が破綻しないように定式化や離散化を正しく行わなければならないことはもちろんのこと，数値誤差を抑えるためには，格子の変形に伴い格子の直交性の著しい低下や，格子間隔の分布が不連続になることがないようにしなければならない。

図9.3-3に弁体を横方向に一定周期，一定振幅で正弦波状に首振り加振した際の弁体に作用する流体力の変位方向成分および弁体変位の時間波形を示す。この図を見ると，流体力は変位とは逆の向きに作用する傾向が確認できる。しかし，フーリエ解析を行い，流体力変動のうち，弁体の振動周波数と同じ周波数の成分を比較すると位相差は180°よりもわずかに大きいことがわかった。この位相差の持つ意味は簡単な振動モデルを考えることで理解できる。

弁体がある方向（ここではy方向）に振動するものとして一自由度の強制振動の方程式を考える：

$$m\ddot{y} + c\dot{y} + ky = F \tag{9.3-1}$$

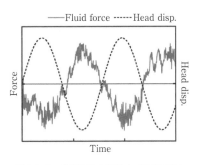

図9.3-3　弁体変位と流体力（数値解析）

第9章：流体関連振動の数値解析

ただし，mは弁体の質量，cは弁体支持系の減衰係数，kは弁体支持系の剛性係数とする。弁体の変位を

$$y = A\sin\omega t \tag{9.3-2}$$

と仮定すると，右辺の加振力は弁体の振動と同じ周波数変動する流体力であるから，次のように仮定することができる：

$$F = F_0\sin(\omega t + \phi) \tag{9.3-3}$$

ここで，ωは，弁体振動の周波数，ϕは弁体の振動に対する位相差である。この式は以下のように変形できる。

$$F = -Ky - C\dot{y} \tag{9.3-4}$$

ここで，K, Cはそれぞれ，付加剛性係数，と付加減衰係数と考えることができ，

$$K = -\frac{F_0}{A}\cos\phi \tag{9.3-5}$$

$$C = -\frac{F_0}{A\omega}\sin\phi \tag{9.3-6}$$

である。したがって，弁体振動に対して，流体力は$0 < \phi < 180°$のとき，減衰作用を及ぼし，$180° < \phi < 360°$のとき，負の減衰，すなわち振動を増大させる作用を及ぼす。したがって，**図9.3-3**の波形から流体力は負の減衰を生じていることがわかる。

以上のような弁の自励振動のメカニズムについては，流れが複雑な3次元的な乱れを持った非定常現象であることから，実験結果のみから解明することは困難であり，数値解析の有用性を示す一例である。しかし，数値解析において噴流の剥離，再付着，剥離噴流の振動は乱流現象と深く結びついているため，乱流モデルの選択が適切でない場合や空間解像度が不十分な場合には，現実と異なる解が得られてしまう可能性があることは常に注意しなければならない。

9.3.4 タンクの接水振動

接水振動に起因したトラブルが発生しうる代表的なものとして，舶用の機関室

9.3 流体構造連成振動の解析

周辺に設置される，各種のタンク構造があげられる．たとえば，大型商船の機関室近傍のタンクにおいて，「呼吸モード」と呼ばれるタンクの壁面全体が収縮，膨張するような非常に低い振動数の振動モードが発生し，損傷等のトラブルの原因となっていると考えられている．

ここでは商用解析コードのNASTRANを用いた仮想質量法による実船タンクの解析例を示す[4]．図9.3-4は，30万トンVLCCのHeavy Fuel Oil Service Tankの有限要素モデルである．タンク壁等はシェル要素（CQUAD4要素）でモデル化し，スティフナ間の要素分割数は4分割とした．スティフナはオフセットさせた梁要素（CBAR要素）でモデル化した．また，境界条件は底面，側面の隣接構造による支持部をピン支持とした．

液位は空の状態から90％程度まで変化させ，タンク側壁4面，底面，内構材を接水させてNASTRANの仮想質量法を用いた固有値解析を実施した．固有値抽出法にはランチョス法を用いた．

液位90％の条件で，固有値解析によって得られた1次の振動モードを図9.3-5に示す．図9.3-5から1次の振動モードはタンク壁面が同時に内側に変形しており，呼吸モードが発生していることがわかる．

図9.3-6には液位と1次の固有振動数の関係を示す．図中にはタンクのうちのパネル1枚を接水させた条件での従来設計で用いられていた推定式による計算値と，実船において過大振動が発生したと推定される振動数である主機の7次振動数も合わせて示す．図9.3-6から，液位の上昇とともに固有振動数が減少し，液

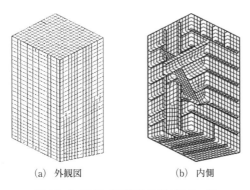

(a) 外観図　　　(b) 内側

図9.3-4　実タンク構造のFEモデルの一例

第9章：流体関連振動の数値解析

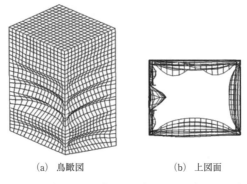

(a) 鳥瞰図　　　　(b) 上図面

図 9.3-5　実タンクモデルの1次振動モード（液位90％）

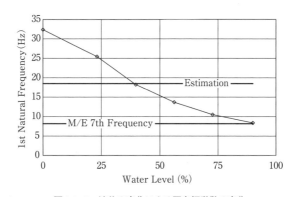

図 9.3-6　液位の変化による固有振動数の変化

位90％近傍では実際に観測された過大振動数とほぼ等しくなっていることがわかる。また，この振動数は従来の推定式で求めた振動数の半分以下となっており，従来設計で用いていた振動予測手法ではタンクの固有振動数を正確に予測できなかったことがわかる。

9.3.5　数値解析におけるトラブルと対策のヒント

前節で示したように，数値解析は，実験や従来の解析手法よりも詳細な現象観察や評価を可能にし，この点で優れた評価手法となり得る。しかし，9.1節や9.2節で述べたように，数値解析に用いられる手法には多くの近似やモデル化が施さ

9.3 流体構造連成振動の解析

れている。このため，先行研究や汎用のソフトウェアに広く用いられている手法を用いたからといって，常に正しい評価が行われるとは限らないことを十分に理解しなければならない。流体構造連成振動に関しては，計算条件の設定により，解析結果が実現象と大きく異なることもしばしば生じる。したがって，計算機の発展とともに，大規模な解析による精密な解現象予測が実用上可能となった今でも，最終的な評価は，実験や実機での計測結果との比較による検証を伴うことが望ましい。一方，計測が困難な問題に関しては，関連する流体力学や構造力学に基づいた考察を十分に行い，数値解の妥当性に常に注意を払う必要がある。また，実際の研究や開発において，問題となる現象の原因の特定や対策の検討を行うに際には，得られた数値解に対して，他章で紹介されている基本原理に基づく解析や評価が必要不可欠である。

参 考 文 献

1) K. Yonezawa, R. Ogawa, K Ogi, T. Takino, Y. Tsujimoto, T. Endo, K. Tezuka, R. Morita, F. Inada, "Flow-induced vibration of a steam control valve," Journal of Fluids and Structures Vol. 35 (2012), pp. 76–88.

2) E.Shima and T.Jounouchi, Role of CFD in Aeronautical Engineering (No.14) - AUSM Type Upwind Schemes-, NAL-SP30, Proceedings of 13th NAL symposium on Aircraft Computational Aerodynamics (1996), pp.41–46.

3) Y. Abe, N. Iizuka, T. Nonomura, K. Fujii, "Symmetric-conservative metric evaluations for higher-order finite difference scheme with the GCL identities on three-dimensional moving and deforming mesh," Seventh International Conference on Computational Fluid Dynamics ICCFD7-2801 (2012).

4) 船体機関室周辺の狭隘タンク振動設計指針策定に関する研究委員会 最終報告書，日本船舶海洋工学会 (2009).

流体関連振動の技術ロードマップ

10

技術ロードマップは，特定の分野の関係者が，過去から現在に続く研究を振り返り，将来の研究領域がどのように拡がっていくかを可視化し，それらの方向性についてコンセンサスを形成した後，策定されるものである。本章では，技術ロードマップの意義について紹介した後に，発電用原子力設備，エネルギー・環境関連分野，再生可能エネルギー関連分野，産業用設備・機器（圧縮機・ポンプ），ウェブハンドリング設備・機器，鉄道車両空力，自動車用エンジンのノックにおいて，流体関連振動の視点を軸として策定した技術ロードマップを示す。

第 *10* 章：流体関連振動の技術ロードマップ

10.1 はじめに

　日本機械学会は，21 世紀に目指すべき循環型の持続可能な社会，環境に調和する社会の実現性といった大きな社会ビジョンを描くためには，技術ロードマップを作成しながら社会に対して情報発信し，社会と議論してゆく活動が重要と考え，技術ロードマップの策定・公開に向けての活動を行っている。

　この活動は，2007 年の日本機械学会創立 110 周年記念事業の一環として開始された。産官学連携センター（現 イノベーションセンター）に「技術ロードマップ委員会」が設立され，部門活動の一環として現在に至るまで，その活動は継続されている。学会のつくる技術ロードマップの本質は，過去から現在に続く研究実績の上に立って，将来の研究領域がどのように拡がっていくかを可視化し，それらの方向性について研究者の間で一定のコンセンサスを形成することにある。

　このような動きを受けて，日本機械学会機械力学・計測制御部門傘下の FIV 研究会でも流体関連振動分野の技術ロードマップの策定を行った。

10.2 社会的・技術的ニーズ

　流体関連振動の問題は多くの装置，設備，施設において発生しているが，とくにエネルギー関連において問題が顕在化している。たとえば，原子力や火力発電施設における配管の破損問題，水力発電における流動不安定の問題，太陽光発電における耐風性の問題，バイオマス発電における燃焼振動，エンジン気筒内で起こる異常燃焼による騒音などが指摘されている。また，ガス，LNG プラント，石油化学プラントなどにおいても，流体系と構造系が連成するさまざまな問題が発生しており，これらの問題の解決が強く望まれている。

10.3 キーテクノロジー

　本分野のキーテクノロジーとしては，以下が挙げられる。

1）流体－構造連成問題の強連成解析の高精度化・高効率化

410

2) 燃焼が絡む振動の発生予測手法と抑制方法の確立

3) 流れ場の能動的／受動的な制御

4) 音響励振振動対策

5) 管内渦・旋回流による自励脈動／振動対策

6) 発電施設の大型化・流れの高速化に伴う流体関連振動対策

10.4 将来の社会に対する展望

　再生エネルギーの利用促進は，わが国のエネルギーセキュリティの堅牢化に寄与するだけでなく，急速な発展を遂げる新興国においても安定で安全な電源確保を可能にし，大きな役割を担う。そのため，再生可能エネルギー設備の低コスト化は不可欠である。とくに，初期投資のみならず，設備のライフサイクル全体を考慮して低コスト化を図ることは重要な課題である。また，世界的に観測されている気候変動をはじめ，再生可能エネルギーシステムに対する外乱が予想されるため，よりロバストな技術と設備が求められている。このような複雑な問題を解決するに当たって，機械工学者は，気象や森林工学，河川工学などを専門とする異分野の専門家との対話の重要性が増し，包括的に問題解決に当たっていくことが期待される。

　また，第3＋世代の1500～1700MWeの炉については国内設置とともに輸出用が主体となってくる。国内では国家が成熟化し新たな設備ができにくいことから，設備を更新せずに出力だけ1～20％程度の上昇がなされる可能性があり，また機器を一部高性能なものにリプレースして大出力化を図ることが考えられる。今後も依然として機器は大型化，流れは高速化し，流体関連振動の問題はいっそう厳しくなり，流れの三次元性に起因した問題がより顕在化する方向にある。しかしながら，非定常の三次元計算には時間とコストが掛かるため，設計の上流工程で使用するためには計算負荷を軽くする工夫が必要である。流体関連振動分野もこの動きに取り組む必要がある。

第 *10* 章：流体関連振動の技術ロードマップ

10.5 ▶ 技術分野ごとのロードマップ

以下に，FIV 研究会でまとめた技術分野ごとのロードマップを示す。
- 発電用原子力設備
- エネルギー・環境関連分野
- 再生可能エネルギー関連分野
- 産業用設備・機器（圧縮機・ポンプ）
- ウェブハンドリング設備・機器
- 鉄道車両空力
- 自動車用エンジンのノック

10.5 技術分野ごとのロードマップ

発電用原子力設備[3〜8]

① 技術課題・テーマを選定した趣旨
・機器,配管において破損確率の高い劣化モードであり,プラント計画外停止の主要要因の一つ。

② 社会的・技術的ニーズ
・プラント計画外停止による代替発電設備の燃料費は1日約1〜2億円と言われており損失大。

③ キーパラメータの高度化を実現化するメカニズムの可能性
・軽水炉は大型化,大出力化の方向。FBRなどはPu燃焼,リサイクルなど高機能化の方向もある。

④ 将来の社会に対する展望
・震災以降新増設の方向は不透明であるが,大型化と同時に初期投資削減の観点から小型モジュール化の方向性もありうる。いずれにしても安全性を向上させつつ大幅な合理化が必須。

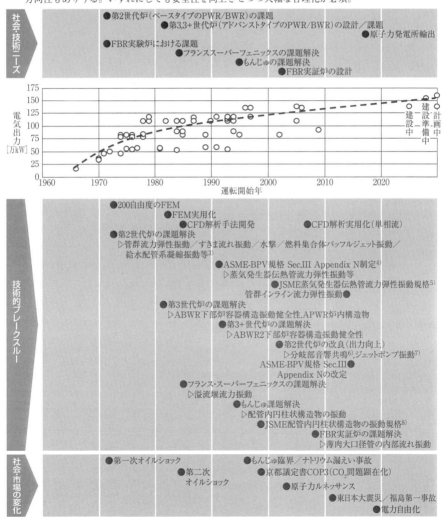

第10章:流体関連振動の技術ロードマップ

エネルギー・環境関連分野[9〜13]

① 技術課題・テーマを選定した趣旨
・本産業分野に必要な設備の商業化開発, スケールアップ, および安全運転・操業に大きく貢献。
② 社会的・技術的ニーズ
・プラントの大型化, 温暖化ガス削減の過程で現れる様々な流体関連振動問題解決。
③ キーパラメータの高度化を実現化するメカニズムの可能性
・大気温度。
④ 将来の社会に対する展望
・計算機高速化に伴い, 流体, 構造, 音響等の複合解析が実用化されつつあり, 将来, 自励振動も含む複雑な流体関連振動現象を計算する手法が社会実装されていくことが期待される。

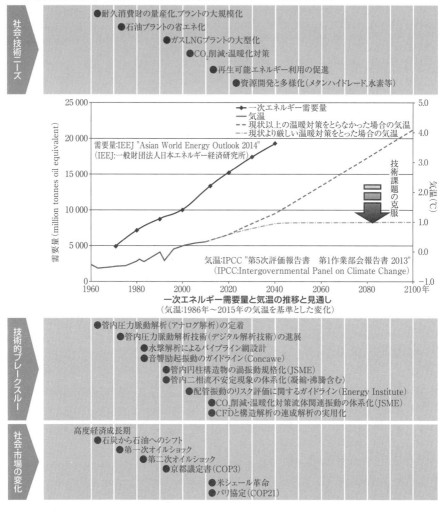

10.5 技術分野ごとのロードマップ

再生可能エネルギー関連分野 [14〜16)]

①技術課題・テーマを選定した趣旨
・再生可能エネルギーの利用が拡大するにつれて，明らかになった問題点や課題に対して，発電設備の強化・保全や信頼性向上のための技術課題・テーマを選定した。

②社会的・技術的ニーズ
　A．太陽光発電設備の耐風
　B．多様な燃料を用いたガスタービンシステムの燃焼振動抑制
　C．小水力発電機のための水車のドラフトチューブサージ抑制

③キーパラメータの高度化を実現化するメカニズムの可能性
・CFD解析などによる現象理解，1DCAEなどのツールを活用した設計の高度化。

④将来の社会に対する展望
・持続可能な社会を実現するため，再エネ設備の低コスト化は不可欠。初期投資のみならず，設備のライフサイクル全体を通して，低コスト化を図るための技術ニーズは高まると予想される。

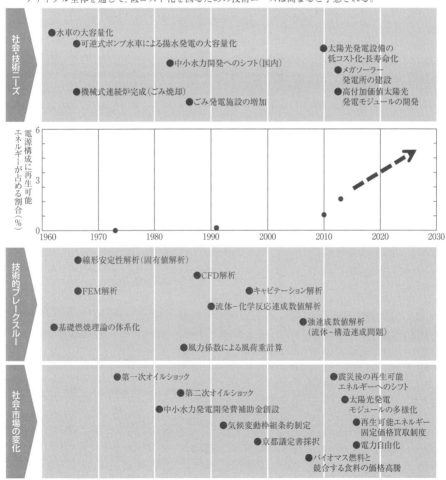

第10章：流体関連振動の技術ロードマップ

産業用設備・機器（圧縮機・ポンプ）

①技術課題・テーマを選定した趣旨
　・機器の大型化・高圧化に伴い，流体関連のロータダイナミクス問題が発生。
②社会的・技術的ニーズ
　・現地振動問題の発生撲滅，APIなど規格へのフィードバック。
③キーパラメータの高度化を実現するメカニズムの可能性
　・振動不安定化の現象理解。軸受，シール隙間流れの解析手法の開発。
　・振動安定化の手法確立。
④将来の社会に対する展望
　・石油・ガス，水資源の枯渇化に対応する流体機械の必要性増加。

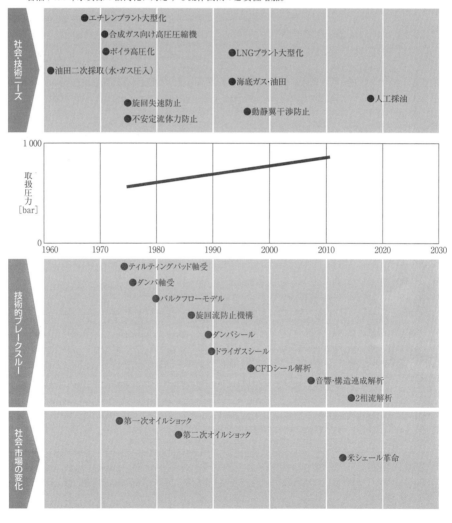

416

10.5 技術分野ごとのロードマップ

ウェブハンドリング設備・機器[17)]

①技術課題・テーマを選定した趣旨
  ・ウェブ（フィルム）の薄膜化／伸縮化／フレキシブル化により搬送, コーティング, 乾燥工程でFIV問題発生。
②社会的・技術的ニーズ
  ・ウェブの高精度／高速ハンドリング技術の開発（プリンテッドエレクトロニクスの実現に向けて）。
③キーパラメータの高度化を実現化するメカニズムの可能性
  ・計算負荷が大きくならない強連成数値解析手法の開発, 複雑な流れ場にも適用可能な解析モデルの開発。
④将来の社会に対する展望
  ・高度情報化・クラウド社会を支えるフレキシブル／ウェアラブル情報機器の必要性。
  ・高齢化社会／健康社会を支える薄膜生体センサ, 医療用人工生体膜の必要性。

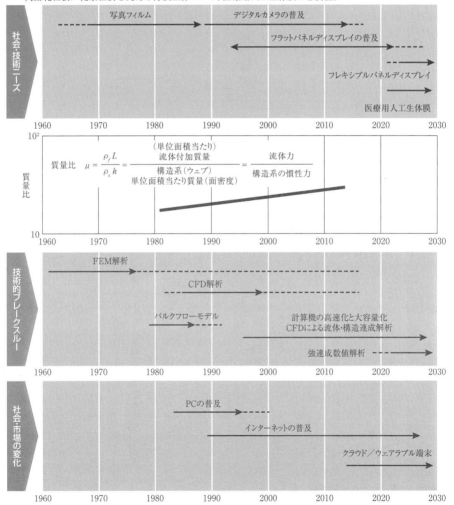

第10章：流体関連振動の技術ロードマップ

鉄道車両空力 [18〜38]

① 技術課題・テーマを選定した趣旨
・新幹線の高速化において乗り心地の面から重要な課題。
② 社会的・技術的ニーズ
・高速鉄道車両における乗り心地の確保。
③ キーパラメータの高度化を実現化するメカニズムの可能性
・振動制御システムの高度化，および，流れの制御技術の適用。
④ 将来の社会に対する展望
・鉄道車両の更なる高速化による都市間移動の時間短縮や輸送力増強の必要性増加。

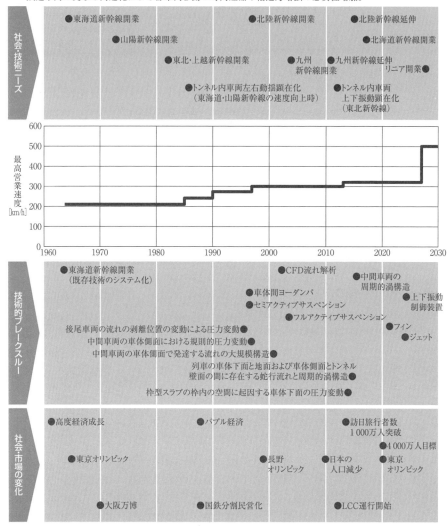

10.5 技術分野ごとのロードマップ

自動車用エンジンのノック [39〜48]

① 技術課題・テーマを選定した趣旨
・ガソリンエンジンの熱効率向上の面から重要な課題。
② 社会的・技術的ニーズ
・ガソリンエンジンの熱効率向上。
③ キーパラメータの高度化を実現化するメカニズムの可能性
・ノックのメカニズム解明，ノック制御技術，ノックを積極的に利用した燃焼技術。
④ 将来の社会に対する展望
・新興国での自動車普及への対応，ガソリンエンジンの高効率化による CO_2 削減。

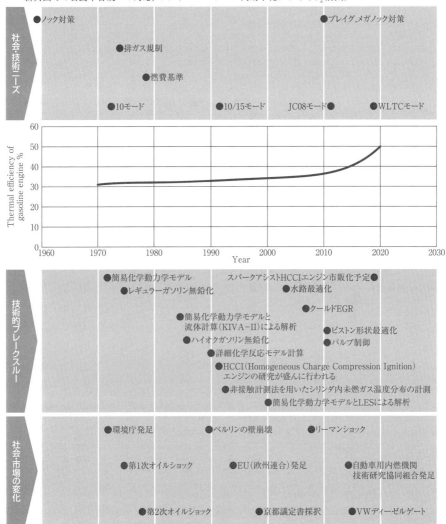

第*10*章：流体関連振動の技術ロードマップ

参 考 文 献

1) 日本機械学会誌, 2016 年 5 月号, Vol.119, No.1170, p.283.

2) 日本機械学会ホームページ, 機械力学・計測制御部門技術ロードマップ[流体関連振動],
https://www.jsme.or.jp/uploads/sites/6/files/kiriki2.pdf

3) Paidoussis,M.P., 1980 "Flow-Induced Vibrations in Nuclear Reactors and Heat Exchangers ： Practical
Experiences and State of Knowledge," in Practical Experiences with Flow-Induced Vibrations, eds.,
Naudascher, E. and Rockwell, D. ; Springer-Verlag, Berlin pp.1-81.

4) ASME, 1995, ASME Boiler and Pressure Vessel Code - Section III Rules for Constrcution of Nuclear Power
Plant Components Division 1 - Appendices pp.370-397.

5) 日本機械学会基準「蒸気発生器伝熱管 U 字管部流力弾性振動防止指針」JSME S016(2002).

6) DeBoo,B., Ramsden,K. and Gesior,R., 2006 "Quad Cities Unit 2 Main Steam Line Acoustic Source
Identification and Load Reduction", ASME ICONE14-89903.

7) Carter, B., 2006 "Jet Pump Degradation Management", EPRI-NRC Technical Exchange Meeting, May,
pp.25-26.

8) 日本機械学会基準「配管内円柱状構造物の流力振動評価指針」JSME S012(1998).

9) Marsh, K. J., van de Loo, P. J., Spallanzani, G. and Temple, R. W., Concawe Report No. 85/52(1985).

10) 配管内円柱構造物の流力振動評価指針, JSME S012, 1998, 日本機械学会.

11) Guidelines for the Avoidance of Vibration Induced Fatigue Failure in Process Pipework, 2nd edition,
Energy Institute, London, January 2008.

12) Asian World Energy Outlook 2014, 日本エネルギー経済研究所.

13) 気候変動 2013 自然科学的根拠第 5 次評価報告書　第 1 作業部会報告書 2013, INTERGOVERNMENTAL
PANEL on climate change.

14) NEDO「太陽光発電開発戦略」http://www.nedo.go.jp/content/100573590.pdf

15) NPO 環境エネルギー政策研究所「自然エネルギー白書 2014」
http://www.isep.or.jp/images/library/JSR2014All.pdf

16) 国際水力協会(IHA)IEA 予測.

17) 精密工学会, 産学協議会共同研究会「柔軟媒体搬送技術と学理に関する研究専門委員会 成果報告書, 第
一巻 企業編」(2010) .

18) 佐々木浩一, 下村隆行, 鉄道総研報告, 3, 12, (1989), pp.10-17.

19) 高井秀之, 鉄道総研報告, 3, 4, (1989), pp.13-20.

20) 小濱泰昭, 可視化情報学会誌, 13, 51, (1993), pp.236-240.

21) 福西祐ほか 3 名, 日本流体力学会誌, 13, 1, (1994), pp.52-57.

22) 電気車研究会, 鉄道車両のダイナミックス, 日本機械学会編, (1994).

23) 藤本裕, 宮本昌幸, 島本洋一, 鉄道総研報告, 9, 1, (1995), pp.19-24.

24) 佐々木君章, 鴨下庄吾, 下村隆行, 鉄道総研報告, 10, 5, (1996), pp.25-30.

25) 鈴木昌弘, 新井紀夫, 前田達夫, 日本機械学会論文集, 62, 595, B(1996), pp.1061-1067.

26) Ishihara, T., *et al.*, Proc. of World Congress on Railway Research, E, (1997), pp.531-538.

27) Ueki, K., Nakade, K. and Fujimoto, H., Proc. of 16th IAVSD Symposium, 33, (1999), pp.749-761.

28) 鈴木昌弘, 中出孝次, 藤本裕, 鉄道総研報告, 15, 5, (2001), pp.19-24.

29) Suzuki, M., *et al.*, J. of Mechanical Systems for Transportation and Logistics, 1, 3, (2008), pp.281-292.

30) Sakuma, Y., Paidoussis, M. P. and Price, S. J., J. of Fluids and Structures, 24, 7, (2008), pp.932-976.

31) Suzuki, M., Nakade, K. and Ido, A., J. of Mechanical Systems for Transportation and Logistics, 2, 1, (2009),
pp.1-12.

32) Suzuki, M., Nakade, K., J. of Mechanical Systems for Transportation and Logistics, 3, 1, (2010), pp.92-
99.

33) 秋山裕喜, 富岡隆弘, 瀧上唯夫, 鉄道総研報告, 27, 12, (2013), pp.29-34.

34) 佐久間豊ほか 3 名, 鉄道技術連合シンポジウム講演論文集, (2013), pp.241-242.

420

10.5 技術分野ごとのロードマップ

35) 中出孝次, 佐久間豊, 日本流体力学会年会講演論文集, (2014).

36) 中出孝次, 井門敦志, 日本機械学会流体工学部門講演会講演論文集, GS43, (2014).

37) 中出孝次, RRR, 73, 11, (2016), pp.32−35.

38) Sugahara, Y., *et al.*, Proc. of 1st International Railway Symposium Aachen, (2017), pp.647−659.

39) Halstead, M. P., Kirsch, L. J. and Quinn, C. P., The Autoignition of Hydrocarbon Fuels at High Temperature and Pressure Fitting of Mathematical Model, Combustion and Flame Vol.30, (1977), pp.45−60.

40) Schapertons, H. and Lee, W., Multidimensional Modeling of Knocking Combustion in SI Engines, SAE Paper 850502 (1985).

41) Curran, H. J., Gaffuri, P., Pitz, W. J. and Westbrook, C. K., A Comprehensive Modeling Study of n−Heptane Oxidation, Combustion and Flame, Vol.114 (1998), pp.149−177.

42) G. T. Kalghatgi, P. Snowdon and C. R. McDonald, "Studies of Knock in a Spark Ignition Engine with "CARS" Temperature Measurements and Using Different Fuels", SAE Transactions, Vol. 104, Section 3: JOURNAL OF ENGINES (1995), pp. 1253−1267.

43) 西條克哉, 西脇一宇, 吉原福全, 日本機械学会論文集 B 編/68 巻(2002)667 号, p.949−957.

44) Li Wei, Wang Ying, Zhou Longbao, Su Ling, "Study on improvement of fuel economy and reduction in emissions for stoichiometric gasoline engines", Applied Thermal Engineering 27 (2007) 2919−2923.

45) H Zhao, "Hcci and Cai Engines for the Automotive Industry", Woodhead Publishing.

46) Gowthaman S, Sathiyagnanam A.P, "A review of Homogeneous charge compression ignition (HCCI) engine", International Journal of Scientific & Engineering Research, Volume 6, Issue 1, January−2015.

47) Gautam T Kalghatgi and Derek Bradley," Pre−ignition and 'super−knock' in turbo−charged spark−ignition engines", International J of Engine Research, 13(4) 2012, pp.399−414.

48) Zhi Wanga, Hui Liua, Rolf D Reitzc, "Knocking combustion in spark−ignition engines", Progress in Energy and Combustion Science 61 (2017) 78−112.

421

索　引

【ア行】

アキュームレータ
accumulator ················· 196,213

圧縮機
compressor ················ 182

圧縮機弁
compressor valve ················ 189

圧力計
pressure gauge ················ 196

圧力降下形不安定振動
pressure drop type oscillation ··········· 275

圧力波伝搬
pressure wave propagation ············· 184

圧力波伝搬速度
pressure wave speed ················ 201

圧力脈動
pressure pulsation ············· 3,166,174,182,190

圧力脈動許容値
maximum allowable level of pulsation ········ 183,191

アナログシミュレーション法
analog simulation method ················ 184

安全弁
safty valve ················ 223

安定限界
stability limit ················ 18

安定判別
stability criterion ················ 310

位相
phase ················ 20

1次遅れ
first order delay element ················ 141

入口圧力損失係数
inlet pressure loss factor ················ 140

入口スワール
inlet swirl ················ 316,318

Iwan−Blevins モデル
Iwan−Blevins model ················ 41

陰解法
implicit method ················ 382,403

インパルス応答
impulse response ················ 71

インピーダンス法
impedance method ················ 184

ウェークギャロッピング
wake galloping ················ 50,110

渦
vortex ················ 206,209,210,213

渦放出
vortex shedding ············· 36,37,45,61,90,91,94,97

渦励起振動
vortex induced oscillation ·············· 76,77,79,107,109

運動量厚さ
momentum thickness ················ 226

ALE 法
Arbitrary Lagrangian and Eulerian Method ······· 400

API 規格 618
American Petroleum Institute standard 618 ·· 183,191

液スラグ
liquid slug ················ 71

液柱分離
column separation ················ 216,218,221

SwRI
Southwest Research Institute ················ 183,192

SPH 法
Smoothed Particle Hydrodynamics ················ 400

エックマン数
Eckman number ················ 309

エネルギー積分
energy integral ················ 19

LES 法
Large Eddy Simulation method,LES method · 14,383

エルボ
elbow ················ 167,187

円筒タンク
circular tank ················ 350,352

423

索 引

オイラー数
Euler number ·· *17*

オイラー定式化法
Eulerian method ·· *399*

往復圧縮機
reciprocating compressor ··· *3,182,183,188,191,195,196,197*

オーダー比較
order estimation ·· *18*

オーバル振動
oval vibration ·· *36,38,45*

オリフィス
orifice ·································· *185,187,193,196*

オリフィス板
orifice plate ································ *225,231,234*

音圧
sound pressure ···················· *93,94,103,105,108*

音響パワーレベル
sound power level ·· *233*

音響疲労
acoustic fatigue ································ *225,232*

音響励起振動
acoustically induced vibration ·················· *232*

音響連成手法
CA, Coupled Acoustics ·································· *397*

音速
sound velocity,acoustic velocity ·············· *189,194*

音場
sound field ·· *9*

【カ行】

ガーゼトーン
Gauze tone ·· *253*

加圧水型原子炉
pressurized water reactor,PWR ······················· *122*

Hartlen−Currie モデル
Hartlen−Currie model ·································· *37*

開水路
open channel ·· *2*

ガイゼリング
geysering ·································· *273,276,278*

回転1自由度系
single degree of freedom rotational system ·· *139,149*

回転慣性
rotary inertia,polar moment of inertia ······ *166,218,220*

回転体
rotating body ································ *303,304,308*

ガイドベーン
guide vane ·································· *73,88*

外部平行流
external pararell flow ·································· *114*

拡散炎
diffusion flame ·· *253*

加振流量
exciting flow ·· *187*

ガスト
gust ·································· *285*

ガスホワール
gas whirl ·· *314,320*

仮想質量法
VFM, Virtual Fluid Mass ·································· *397,398*

過渡応答
transient response ·· *18*

カルマン渦
Kármán vortex
······················ *8,33,34,36,40,43,49,50,52,58,59,76,77,90,103*

乾き度
quality ·· *120*

管群
tube bundle, tube array ································ *59,61,89*

間欠流
intermittent flow ································ *62,70,71,152,158*

換算減衰
reduced damping ································ *40,41,57*

換算流速
reduced velocity ································ *38,40,43,56*

環状シール
annular seal ································ *314,316*

環状すきま
annular leakage passage ································ *139,149*

環状流
annular flow ································ *69,162,164*

管内流
pipe flow ·· *2,151*

危険速度
critical speed ·· *303*

気体体積流量率
volume flow rate ·· *69*

気柱共鳴
acoustic resonance ································ *89,91,94,97,103,109*

気柱共鳴周波数
acoustic resonance frequency
······················ *183,184,185,186,189,193,228*

気柱振動
gas column vibration ································ *252,254,255,256,262*

気泡
air bubble ································ *201,208,210,218*

気泡流
bubbly flow ································ *57,69,70,162,164*

逆止弁
check valve ································ *216,221*

424

索 引

キャビティ
cavity ·· 91,93,103,226

キャビティトーン
cavity tone ·························· 225,226,231,232,233,247

キャビテーション
cavitation ································ 209,210,212,214,238

キャビテーションサージ
cavitation surge ·· 210

ギャロッピング
galloping ······························· 8,52,77,78,83,108

CANDU型原子炉
CANDU reactor ·· 121

キャンベル線図
Campbell diagram ·· 285

給水加熱器
feed water heater ··· 9

境界要素法
boundary element method ············· 18,184,185

凝縮
condensation ··· 268

共振
resonance ····································· 20,204,213

共振応答
resonant response ·· 357

強制振動
forced vibration ··········· 24,200,203,213,283,285,295

共鳴
resonance ·· 183,193

共鳴器
resonator ·· 261,262

近接干渉
proximity interference ····························· 51

空力弾性
aeroelasticity ···································· 36,44,128

空気弁
air valve ·· 216,221

Keulegan−Carpenter数
Keulegan Carpenter number ····················· 340

矩形タンク
rectangular tank ··· 349

クロスばね
cross term of stiffness ····················· 314,317,318

k−ε法
k−ε method ··· 14

形状関数
shape function ··· 393

係数励振
parametric excitation ································· 358

係数励振振動

parametric vibration ···································· 174

ゲート
Gate ·· 367,368,372

限界流速
critical flow velocity ································ 149

減衰長
damping length ··· 240

減衰比
damping ratio ·· 259

剛性マトリックス法
stiffness matrix method ····················· 184,185,390

構造減衰
structural damping ······································ 297

剛体液柱理論
rigid liquid column theory ····················· 217,219

高調波
harmonics ·· 183,202

後流干渉
wake interference ··· 51

抗力
drag force ····························· 38,41,62,76,78,79

抗力モード
mode in the in−flow direction ·········· 92,94,96,105

呼吸モード
breath mode ·· 405

固定水
Impulsive mass ··· 347

コナーズ式
Connors fomula ··· 69

固有関数
eigen function ·· 154

固有振動数
natural frequency
··············· 7,127,136,149,161,164,165,204,205,328,336,353

固有振動モード
mode shape ·· 352,358

固有値
eigen value ·· 154

固有値解析
eigenvalue analysis ····································· 395

固有方程式
eigen equation ·· 141

コリオリ力
Coriolis force ·· 309

コルゲートパイプ
corrugated pipe ··· 166

混相流
mixture flow, multi phase flow ····················· 49

コンボリューション
convolution ·· 166,169

425

索 引

コンボリューションピッチ
convolution pitch ·· 167

【サ行】

サージタンク
surge tank ··· 213,221

サージドラム
surge drum ·· 194

サージング
surging ··· 2,205,212,213

サイドブランチ
side branch ··················· 186,196,214,228,229,262

材料減衰
material damping ·· 297

ジェットエンジンアフターバーナ
after burner of jet engine ······················ 149,150

ジェットスイッチ現象
jet switch phenomenon ································ 61

ジェットポンプ
jet pump ··· 150

シェル
shell ··· 344,352

シェルフラッター
shell flutter ·· 134

弛緩振動
relaxation oscillation ····························· 273,276

軸方向振動
axial vibration ·· 168

時刻歴
time history ·· 18

失速
stall ·· 283,286

失速フラッタ
stall flutter ·· 294

質量減衰パラメータ
mass damping parameter ····························· 37

質量マトリックス
mass matrix ·· 395

自動調心作用
self centering ··· 303

十字管
intersection circular cylinder ······················ 53

十字交差
criss cross ··· 52,57

自由水
convective mass ·· 347

自由せん断層
free sheer layer ·· 166

自由せん断流
free shear flow ·· 225

集中抵抗
resistance ·· 185,186

集中定数系
lumped parameter ·· 178

主蒸気止め弁
main steam stop valve ·································· 234

消音器
silencer ··· 196

蒸気乾燥器
steam dryer ·· 233

蒸気空洞モデル
vapor cavity model ······································ 219

蒸気発生器
steam generator ····································· 115,121

小口径配管
small bore piping ···································· 194,195

ショットノイズ
shot noise ··· 71

自励音
self−excited sound ································· 225,231

自励振動
self−induced vibration,self−excited vibration
············· 18,50,59,61,64,77,79,83,137,142,145,205,212,237

シンギングフレーム
singing flame ··· 253

シングルベローズ
single bellows ·························· 166,167,168,169

伸展圧
transmural pressure ····································· 177

振動翼理論
oscillating airfoil theory ······························ 129

振動流
sinusoidal flow,oscillating flow
··················· 33,35,36,38,44,50,53,74,158

水圧鉄管
penstock ··· 245

水撃
water hammer ··························· 216,222,268,270,271

水車
hydroturbine ·· 200,211,214

水力等価直径
hydraulic diameter ································· 117,120

数値解析
numerical analysis,CFD : Computational Fluid
Dynamics ·· 298

数値流体力学
Computational Fluid Dynamics,CFD ············ 14,376

すきま流
leakage flow ··· 139

スクイーズ膜効果

索 引

squeeze film effect ·· *141*

スクルートン数
Scruton number ·· *17,76*

スチームホワール
steam whirl ·· *314,319*

スチフナリング
stiffener ring ·· *235*

ストークスパラメータ
Stokes parameter ·· *340*

ストローハル数（St）
Strouhal number
·············· *17,34,36,62,77,79,90,92,99,167,226,228,230*

スナッバ
snubber ·· *191,193,194*

スパージャ
sparger ·· *138*

スプール弁
spool valve ·· *239,243*

スプリッタプレート
splitter plate ·· *39,76*

スラグ
slug ·· *273*

スラグ流
slug flow ·· *69,162,164*

スリーブ
sleeve ·· *174*

スロッシング
sloshing ·· *327,344,349,350,361,362,363*

スワールキャンセラ
swirl canceller ·· *318,320*

静止流体
quiescent flow ·· *28*

整流格子（流体工学）
honeycomb ·· *196*

節点
node ·· *377,381,389,390,395,397,400*

摂動法
perturbation method ·· *18,357*

セレイテッドフィン
serrated fin ·· *98*

旋回流
swirling flow ·· *196*

漸硬ばね
hard spring ·· *344,357*

全失速
large stall ·· *286*

浅水
shallow water ·· *311*

浅水波理論
shallow water wave theory ·· *344,357*

先端渦
end-cell-vortex ·· *35,38,43*

せん断流
shear flow ·· *2,31,37,74*

漸軟ばね
soft spring ·· *344,357*

先閉分岐管
side branch ·· *185,186,194,228*

騒音
noise ·· *1,89*

相関
correlation ·· *42,61,95*

双極子音源
dipole sound source ·· *205*

相互相関
cross correlation ·· *116*

層状流
stratified flow ·· *162,164*

送水管
pipe conveying fluid ·· *2*

送風機
fan, blower ·· *182,198*

層流
laminar flow ·· *140*

速度三角形
velocity triangle ·· *283*

速度ポテンシャル理論
velocity potential theory ·· *344,349*

ソリッドフィン
solid fin ·· *98*

ゾントハウス管
Sondhauss pipe ·· *253,256,260*

【夕行】

タービン
turbine ·· *196,198*

ターボ形ポンプ
turbopump ·· *200,203,205,209*

対称渦
symmetric vortex ·· *34,36,37,40,49,63*

体積弾性率
bulk modulus of elasiticity ·· *220*

ダイバージェンス
divergence ·· *109,111,114,125,128,142,154,157*

ダクト
duct ·· *89,92,93,95,99,103*

多孔板
perforated plate ·· *225,231,234*

多重尺度法
multiple scale method ·· *18*

427

索 引

ダブルベローズ
double bellows ················· *166,171*

ダム
Dam ················· *367,368,372*

単管（気柱共鳴の）
open pipe ················· *185,193*

弾性連成
stiffness coupling ················· *20*

単相流
single phase flow ················· *9,31,43,44,54,61,74,116,166*

ダンパ
damper ················· *108*

チェック弁
check valve ················· *221,241*

チェンのパラメータ
Chen's parameter ················· *100,101*

千鳥配列
staggered array ················· *91,98,101*

チャギング
chugging ················· *268*

チューブ則
tube law ················· *176*

跳躍
jump ················· *303,307,359*

直交流
cross flow ················· *5,9,31,50,59*

DNS法
Direct Numerical Simulation,DNS method ······· *14*

定常流
steady flow ················· *2,8,9,31,33,49,50,76,79*

テーパ円柱
tapered cylinder ················· *37*

出口圧力損失係数
outlet pressure loss factor ················· *140*

伝達マトリックス
transfer matrix ················· *143,144,186,201,204,208*

伝達マトリックス法
transfer matrix method ················· *143,185*

転倒モーメント
overturning moment ················· *344,351*

動液圧
dynamic fluid pressure ················· *351,352*

等価管路
equivalent pipe ················· *204*

等価減衰係数
equivalent damping coefficient ················· *187*

等価線形化法
equivalent linearization method ················· *187*

同心二重円筒殻
concentric annular shell ················· *149*

動水圧
hydrodynamic pressure ················· *367,368*

動的安定判別
dynamic stability criterion ················· *368,370*

動的マッハ数
kinetic Mach number ················· *337*

動的レイノルズ数
kinetic Reynolds number ················· *337*

Thomasの式
Thomas force ················· *321*

特性曲線法
method of characteristics ················· *217*

ドラム
drum ················· *194*

トリッピングワイヤ
tripping wire ················· *107*

【ナ行】

NASTRAN ················· *400,405*

near−field flow noise ················· *114*

二相流
two−phase flow
········· *8,9,31,43,44,54,62,68,69,70,74,114,120,161,164,165,268*

二相流減衰
two−phase flow damping ················· *343*

熱応力
thermal stress ················· *149,161*

熱音響
thermo−acoustic ················· *255*

熱交換器
heat exchanger ················· *48,59,89,91,96,103*

熱交換器伝熱管
heat exchanger tube ················· *114*

熱延び
thermal expansion ················· *161*

燃焼轟音
combustion roar ················· *252,253,263*

燃焼振動
combustion driven vibration ················· *252,253,261,262*

燃焼速度
combustion velocity ················· *257,259,264*

燃料集合体
fuel assembly ················· *114*

【ハ行】

パーカーの式

428

索 引

Paker equation ···································· 99

バーナ
burner ······························· 254,255,259,261,262

バーンアウト
burnout ··· 272

配管振動
vibration of piping ················· 183,189,192,194

配管振動許容値
maximum allowable level of piping vibration ····· 192

排除厚さ
displacement thickness ························· 226

ハイドロホワール
hydro whirl ································· 314,319

ハウスナー理論
Housner theory ····························· 345,348

はく離
separation ································ 226,234

はく離流
separation flow ································ 2

波状流
wavy flow ································ 162,164

バタフライ弁
butterfly valve ································ 237

発振比
growth ratio ································ 259

バッフル板
baffle plate ····················· 90,94,103,108

羽根後縁
trailing edge of blade ····················· 206,211

パネルフラッター
panel flutter ································ 130

バフェッティング
buffetting ································ 10,136

パラメトリック振動
parametric vibration ····················· 160,163

バルジング
bulging ································ 344,352

パルセーションダンパ
pulsation damper ································ 194

波浪
coastal wave ································ 53

パワーステアリング
power steering ································ 245

パワースペクトル密度
power spectrum density
································ 26,38,43,68,71,78,83,116,118,136

非圧縮性流れ
incompressible flow ································ 139

ヒステリシス
hysteresis ································ 286,304,307

ピッチ直径比
pitch-to-diameter ratio ································ 54

ピッチング
pitching ································ 360

非定常管摩擦
unsteady pipe friction ································ 219

非定常流
unsteady flow ······················· 2,8,9,31,33,282,285

far-field flow noise ································ 114

ファン・デル・ポール方程式
van der Pol's equation ································ 36,275

不安定振動
unstable oscillation ································ 61,87

フィードバック
feedback ································ 92,94

フィッツフーのマップ
Fitz-hugh map ································ 99

フィンつき管
finned tube ························· 62,92,94,99

付加慣性モーメント
added mass moment of inertia ··············· 333,335

付加減衰
added damping ····················· 327,328,338

付加減衰係数
added damping coefficient ················· 141,145

付加質量
added mass ························· 327,328

付加質量係数
added mass coefficient ········· 141,145,169,170,329,337

付加水質量マトリックス
added mass matrix ································ 398

負減衰力
negative damping force ································ 19,146

腐食
corrosion ································ 174

負性抵抗
negative resistance ································ 176

沸騰水型原子炉
boiling water reactor,BWR ································ 114

不つり合い
unbalance ································ 303

部分失速
small Stall ································ 286

プラグ流
plug flow ································ 162,164

フラッター
flutter ······· 44,77,78,109,111,113,114,125,128,130,134,148,
154,155,156,157,237,285,294

フルード数
Froude number ································ 17

429

索 引

フロス流
froth flow ·· *69,162,164*

ブロワ
blower ·· *174*

分岐管
branch pipe ·· *196*

分布定数系
distributed parameter system ····················· *178*

噴霧流
mist flow ·· *69,70,162,164*

平均法
averaging method ·································· *18*

平行流
parallel flow ·· *5*

並進1自由度系
single degree of freedom translational system ··· *139*

並列2円柱
side by side two circular cylinder ·················· *57*

ベーカー線図
Baker map ·· *68*

ベースシャー
base shear ·· *344,351*

壁面効果
wall effect ·· *37*

ベッセル関数
Bessel function ·· *351,359*

ベルヌーイの定理
Bernoulli's theorem ································ *352*

ヘルムホルツ管
Helmholtz pipe ·································· *252,262*

ヘルムホルツ共鳴（器）
Helmholtz resonator ························· *193,228,231*

弁
valve ·· *237*

ベンチュリ弁
Venturi valve ·· *401*

ベンド（配管）
bend ·· *190*

ボイド率
void fraction ·································· *43,44,61,68*

ボイラ
boiler ·································· *89,96,100,103,105*

ホールトーン
hole tone ·· *225,230*

ポテンシャル流れ
potential flow ·· *26*

ポテンシャル理論
potential theory ·································· *368*

ポペット弁

poppet valve ·· *239,243*

ボリュート舌部
volute tongue ·· *206*

ポンプ・インピーダンス
pump impedance ·································· *208*

【マ行】

曲げ振動
bending vibration ·································· *158,160,196*

曲げ捩りフラッター
bending−torsional flutter ·························· *128*

水切り
water cut ·· *206*

ミスチューニング
miss−tuning ·· *295*

乱れ度
turbulence intensity ·································· *66,78,79*

乱れ誘起振動
turbulence−induced vibration ······· *34,38,50,59,76,78,79*

密度波振動
density−wave type oscillation ·························· *277*

無次元化
nondimensionalization ·································· *18*

モーダル解析
modal analysis ·· *18*

モーダル解析法
modal analysis method ·································· *184,185*

モーダル質量
modal mass ·· *25*

モード連成
modal coupling ·································· *147,148*

モデル問題
model problem ·· *2*

モリソンモデル
Morison model ·································· *38,44*

【ヤ行】

誘起速度
induced velocity ·· *295*

有限差分法
Finite Difference Method,FDM ········· *299,377,382,402*

有限体積法
Finite Volume Method,FVM ·········· *13,18,299,381*

有限要素法
Finite Element Method,FEM
·········· *13,18,75,184,185,299,388,389,390,397*

有効付加質量
effective added mass ·································· *336*

430

有効流速
effective flow velocity ································· 68

陽解法
Explict method ································· 382

容積
volume ································· 185

容積形圧縮機
displacement type compressor ············· 182,183,195

容積形ポンプ
positive displacement pump ············· 200,202

要素
element ································· 389,390,392,396

溶存ガス
desolved gas ································· 219,220

揚力
lift force ································· 41,62,76,78,79,83

揚力モード
mode in the out-of-flow direction ······· 92,93,98,104,105

抑制管
control wire ································· 52

翼通過振動数
blade passing frequency ················· 183,211

翼列干渉
cascade interaction ························· 286

横方向振動
transverse vibration ················· 168,169,170,171

予混合炎
premix flame ································· 264

【ラ行】

裸管
bare tube ································· 91,98

螺旋ストリーク
spiral streek ································· 45

ラビリンスシール
labyrinth seal ································· 315,317

ラプラス変換
Laplace transformation ················· 141

RANS
Reynolds Averaged Numerical Simulation ········ 383

ランダム圧力変動
random pressure ································· 136

ランダム振動
random vibration ············· 34,38,42,59,61,68,70,109,114

乱流
turbulent flow ································· 140

乱流境界層
turbulent boundary layer ················· 117

乱流強度
turbulent intensity ································· 120

乱流モデル
turbulence model ················· 299,376,383,404

リミットサイクル振動
limit cycle vibration ································· 18

粒子速度
particle velocity ································· 93,96

流体慣性力
fluid inertia force ································· 141,145

流体関連振動・騒音
Flow-Induced Vibration and Noise,FIVN ·········· 1

流体機械
fluid machinery ································· 2,182

流体減衰
fluid damping ················· 297,328,339,342

流体減衰力
fluid damping ································· 187

流体振動
fluid oscillation ································· 181,268

流体付加質量
fluid added mass ································· 167

流体輸送管
pipe conveying fluid ································· 152

流体力
fluid force ································· 35,36,44

流体連成
fluid interaction ································· 188,189

流動防止板
flow preventing plate ································· 312

流動様式
flow pattern ················· 68,70,161,162,164

流動励起振動
Flow-Induced Vibration,FIV ················· 1,8,9

流量逸走
flow excursion ································· 273

流量分配差異
flow maldistribution ································· 273

流力弾性振動
fluidelastic vibration ················· 59,61,63,70,108

流路抵抗
flow resistance ································· 145

流路摩擦係数
wall friction factor ································· 140

リリーフ弁
relief valve ································· 220,221

臨界ストローハル数
critical Strouhal number ································· 229

臨界流速
critical flow velocity ················· 128,156,167,174

431

索　引

ルーツブロア
roots blower ··· 196,198

レイケ管
Rijke pipe ·· 253,254,260

レイノルズ数（Re）
Reynolds number
·················· 17,31,36,38,43,51,62,66,77,79,101,226,230

レインバイブレーション
rain−induced vibration ································ 47,52

連続体
continuous system ····································· 139,147

ローパスフィルタ
low pass filter ··· 193

ロッキング振動
rocking vibration ································ 171,172,173

ロックイン
lock−in ·········· 34,36,37,40,41,45,50,58,63,67,76,77,91,231

Lomakin 効果
Lomakin effect ··· 317

【ワ行】

Watchel の式
Watchel equation ··· 321

事例に学ぶ 流体関連振動（第 3 版）　　　定価はカバーに表示してあります。

2003 年 9 月 20 日　1 版 1 刷発行	ISBN978-4-7655-3267-9 C3053
2008 年 6 月 26 日　2 版 1 刷発行	編　者　日 本 機 械 学 会
2018 年 11 月 15 日　3 版 1 刷発行	発行者　長　　　滋　彦

発行所　技報堂出版株式会社

〒101-0051
東京都千代田区神田神保町 1-2-5

日本書籍出版協会会員
自然科学書協会会員
土木・建築書協会会員

電　話　　営　業　(03)(5217)0885
　　　　　編　集　(03)(5217)0881
Ｆ Ａ Ｘ　　　　　(03)(5217)0886
振替口座　00140-4-10
http://gihodobooks.jp/

Printed in Japan

Ⓒ The Japan Society of Mechanical Engineers, 2018　　　装幀 ジンキッズ　印刷・製本 愛甲社

落丁・乱丁はお取り替えいたします。
本書の無断複写は，著作権法上での例外を除き，禁じられています。

JCOPY ＜(社)出版者著作権管理機構 委託出版物＞

本書の無断複写は著作権法上での例外を除き禁じられています。複写される場合は，そのつど事前に，(社)出版者
著作権管理機構（電話：03-3513-6969，FAX：03-3513-6979，E-mail：info@jcopy.or.jp）の許諾を得てください。